21世纪高等学校计算机专业实用规划教材

Java 语言程序设计（第2版）

◎千锋教育高教产品研发部 / 编著

清华大学出版社
北京

内 容 简 介

本书以基础讲解为宗旨,结合大量现实生活中的常见事例引导读者学习,采用通俗易懂的语言,从零开始、由浅入深、层层递进、细致而又详尽地讲解 Java 编程语言。

本书知识系统全面,全书共 12 章,内容不仅涵盖了 Java 入门基础、Eclipse 开发工具、数组、方法、面向对象、异常、多线程、Java 基础库类、集合类、IO、GUI、网络编程等主流 Java 语言开发技能,还对 Java 8 中 Lambda 表达式、函数式接口、Stream API、forEach 遍历、时间日期 API 等新特性进行了详细的讲解。附有配套视频、教学大纲、教学 PPT、教学设计、源代码等资源,为了帮助读者更好地学习本书中的内容,还提供了在线答疑,希望得到更多读者的支持。

本书面向初学者和中等水平的 Java 开发人员、高等院校及培训学校的老师和学生,是牢固掌握 Java 语言开发技术的必读之作。

本书封面贴有清华大学出版社防伪标签,无标签者不得销售。
版权所有,侵权必究。举报:010-62782989,beiqinquan@tup.tsinghua.edu.cn。

图书在版编目(CIP)数据

Java 语言程序设计/千锋教育高教产品研发部编著. —2 版. —北京:清华大学出版社,2020.6
(2024.7重印)
21 世纪高等学校计算机专业实用规划教材
ISBN 978-7-302-55542-1

Ⅰ. ①J… Ⅱ. ①千… Ⅲ. ①JAVA 语言－程序设计－高等学校－教材 Ⅳ. ①TP312.8

中国版本图书馆 CIP 数据核字(2020)第 085995 号

责任编辑:黄 芝 薛 阳
封面设计:胡耀文
责任校对:李建庄
责任印制:丛怀宇

出版发行:清华大学出版社
  网 址:https://www.tup.com.cn,https://www.wqxuetang.com
  地 址:北京清华大学学研大厦 A 座 邮 编:100084
  社 总 机:010-83470000 邮 购:010-62786544
  投稿与读者服务:010-62776969,c-service@tup.tsinghua.edu.cn
  质量反馈:010-62772015,zhiliang@tup.tsinghua.edu.cn
  课件下载:https://www.tup.com.cn,010-83470236
印 装 者:北京嘉实印刷有限公司
经 销:全国新华书店
开 本:185mm×260mm 印 张:29.25 字 数:709 千字
版 次:2017 年 7 月第 1 版 2020 年 8 月第 2 版 印 次:2024 年 7 月第 9 次印刷
印 数:14901～16900
定 价:69.80 元

产品编号:087069-01

本书编委会
（排序不论先后）

主　任：胡耀文　王向军
副主任：吴　阳　杜海峰　郑春光
委　员：曹秀秀　杨　轩　聂千琳　孙建超
　　　　甘杜芬　李海生　袁怀民　孔德凤
　　　　徐　娟　武俊生　常　娟　王玉清
　　　　夏冰冰　周雪芹　孙玉梅　杨　忠

前言

千锋教育是一家拥有核心教研能力以及校企合作能力的职业教育培训企业，2011年成立于北京，秉承"初心至善 匠心育人"的核心价值观，以坚持面授的泛IT职业教育培训为根基，公司现有教育培训、高校服务、企业服务三大业务板块。教育培训业务分为大学生职业技能培训和职后技能培训；高校服务业务主要提供校企合作全解决方案与定制服务。

党的二十大报告指出"教育是国之大计、党之大计。培养什么人、怎样培养人、为谁培养人是教育的根本问题"；强调"必须坚持科技是第一生产力、人才是第一资源、创新是第一动力，深入实施科教兴国战略、人才强国战略、创新驱动发展战略，开辟发展新领域新赛道，不断塑造发展新动能新优势"；使用了"强化企业科技创新主体地位"的全新表达，特别强调要"加强企业主导的产学研深度融合"。

千锋教育面对IT技术日新月异的发展环境，不断探索新的应用场景和技术方向，紧随当下新产业、新技术和新职业发展，并将其融合到高校人才培养方案中去，秉承精品、系列、前沿、实战，编著适应当前教学应用的系列教材。本系列教材注重理论与实践相融合，坚持思想性、系统性、科学性、生动性、先进性相统一，做到结构严谨、逻辑性强、体系完备。鼓励开展探索性科学实践项目，调动学生积极性和主动性，激发学生学习兴趣和潜能，增强学生创新创造能力。

为此，做好教材建设先行的工作，是我们奋力编写"好程序员成长"丛书的目的与初衷。系列丛书提供配套的教辅资源和服务，具体如下。

高校服务

"锋云智慧"（www.fengyunedu.cn）是千锋旗下面向高校业务的服务品牌。我们提供从教材到实训教辅、师资培训、赛事合作、实习实训、精品特色课建设、实验室建设、专业共建、产业学院共建等多维度、全方位的产教融合平台。致力于融合创新、产学合作、赋能职业落地教育改革，加快构建现代职业化教育体系，培养更多高素质技术技能人才。

锋云智慧实训教辅平台是基于教材，专为中国高校打造的开放式实训教辅平台，旨在为高校提供高效的数字化新形态教学全场景、全流程的教学活动支撑。平台由教师端、学生端构成，教师可利用平台中的教学资源和教学工具，构建高质量的教案和教辅流程。同时，教师端和学生端可以实现课程预习、在线作业、在线实训、在线考试教学环节和学习行为和结果分析统计，提升教学效果，延伸课程管理，推进"三全育人"教改模式。扫下方二维码即可体验该平台。

教师服务与交流群

教师服务与交流群（QQ群号：713880027）是图书编者建立的，专门为教师提供教学服务，如分享教学经验和案例资源、答疑解惑、师资培训等，帮助提高教学质量。

锋云智慧公众号

大学生服务与交流群

学 IT 有疑问,就找"千问千知"。"千问千知"是一个有问必答的 IT 学习平台,平台上的专业答疑辅导老师承诺在工作日的 24 小时内答复您学习时遇到的专业问题。本书配套学习资源可添加 QQ 号 2133320438 或扫下方二维码索取。

千问千知公众号

前　言

如今，科学技术与信息技术快速发展和社会生产力变革对 IT 行业从业者提出了新的需求，从业者不仅要具备专业技术能力和业务实践能力，更需要培养健全的职业素质，复合型技术技能人才更受企业青睐。高校毕业生求职面临的第一道门槛就是技能与经验，教科书也应紧随新一代信息技术和新职业要求的变化及时更新。

本书倡导理实一体，实战就业，在语言描述上力求专业、准确、通俗易懂。引入企业项目案例，针对重要知识点，精心挑选案例，将理论与技能深度融合，促进隐性知识与显性知识的转化。案例讲解包含设计思路、运行效果、代码实现、代码分析、疑点剖析。从动手实践的角度，帮助读者逐步掌握前沿技术，为高质量就业赋能。

本书在章节编排上采用循序渐进的方式，内容精练且全面。在阐述语法时尽量避免使用生硬的术语和枯燥的公式，从项目开发的实际需求入手，将理论知识与实际应用相结合，促进学习和成长，使读者快速掌握数据结构与算法的各种知识点与应用，从而在进入职场时拥有较高起点。

本 书 特 点

Java 语言在互联网时代得到了快速的发展，在人们生活中已无处不在，成为全球最流行的开发语言之一。截止目前，超过数百万的开发者在使用 Java 语言。此外，Java 语言在整个 IT 领域已构建了一个较为完整的开发生态，涵盖 Web 开发、移动端开发、后端开发、大数据开发等诸多领域。本书站在初学者的角度，构建书中的知识体系，每个章节均配置了丰富的示例或综合测试案例，通过通俗易懂的语言帮助读者深入透彻地理解 Java 语言中的基本概念和开发技巧，逐步培养读者编程的兴趣和能力。

通过本书读者将学习到以下内容。

第 1 章：介绍 Java 语言的发展历程和特点，教授如何搭建 Java 开发运行环境以及使用 Eclipse 工具编写简单的 Java 控制台程序，并介绍了 Java 程序的运行机制。

第 2 章：讲解 Java 编程的基础知识，主要包括 Java 的基本语法、基本数据类型、变量与常量以及运算符，并讲解了如何控制 Java 程序的流程。

第 3 章：介绍 Java 中数组和方法的使用，包括数组定义和初始化、常用的数组操作、数组的内存原理、二维数组、方法的定义和调用、方法重载、递归以及数组的引用传递。

第 4 章：详细介绍 Java 语言面向对象编程的基础知识，包括面向对象的概念、Java 中的类与对象、构造方法、this 关键字、垃圾回收机制、static 关键字和内部类。

第 5 章：介绍面向对象封装、继承和多态特性，并讲解了 final 关键字、抽象类和接口、Java 中包的使用以及 Lambda 表达式。

第 6 章：介绍 Java 的异常处理机制，包括异常的概念、Java 的异常类型、异常处理机制、自定义异常、断言和异常的使用原则。

第 7 章：详细介绍 Java 的基础类库，包括基本类型的包装类、Scanner 类、字符串相关类、系统相关类、数学相关类以及日期操作类。

第 8 章：主要介绍 Java 集合相关知识，包括集合的概念，Collection 接口及其子接口 List、Set、Queen 以及 Map 接口和泛型，并讲解了 forEach 遍历、Collections 类、Arrays 类、集合之间的转换和 Stream API。

第 9 章：介绍了 Java 中 I/O 流的使用，包括字节流、字符流和其他常见 I/O 流的，并介绍了 FIle 类相关的知识以及 NI/O 的概念及基本使用。

第 10 章：讲解 Java 图形用户界面(GUI)编程，包括 AWT 的事件处理、常用事件分类、布局管理器、AWT 绘图、Swing 和 JavaFX 工具。

第 11 章：主要介绍多线程相关知识，包括线程的创建、线程的生命周期及状态转换、线程的调度及多线程同步。

第 12 章：主要介绍网络编程的基本知识，包括网络通信协议、UDP 通信、TCP 通信，以及如何利用这些知识实现聊天程序和文件上传的功能。

通过对本书系统的学习，读者能够将理论与技能深度融合，促进隐性知识向显性知识转化，提升编程与解决问题的能力，提高程序的性能和维护性，以及提高软件开发效率。

致　　谢

千锋教育 Java 教学团队将多年积累的教学实战案例进行整合，通过反复的精雕细琢最终完成了这本著作。另外，多名院校老师也参与了教材的部分编写与指导工作。除此之外，千锋教育 500 多名学员也参与了教材的试读工作中，他们从初学者的角度对教材提供了许多宝贵的修改意见，在此一并表示衷心的感谢。

意 见 反 馈

在本书的编写过程中，虽然力求完美，但难免有一些不足之处，欢迎各界专家和读者朋友们给予宝贵的意见，联系方式：textbook@1000phone.com。

编者
2020 年 6 月于北京

目 录

第 1 章 Java 开发入门 ……………………………………………………………… 1
1.1 Java 概述 ………………………………………………………………………… 1
1.1.1 认识 Java ………………………………………………………………… 1
1.1.2 Java 发展史 ……………………………………………………………… 2
1.1.3 Java 语言的特点 ………………………………………………………… 2
1.2 JDK 的使用 ……………………………………………………………………… 3
1.2.1 下载 JDK ………………………………………………………………… 3
1.2.2 安装 JDK ………………………………………………………………… 4
1.2.3 配置 JDK ………………………………………………………………… 6
1.2.4 测试开发环境 …………………………………………………………… 8
1.2.5 JDK 目录介绍 …………………………………………………………… 8
1.3 第一个 Java 程序 ……………………………………………………………… 10
1.3.1 编写 Java 源文件 ……………………………………………………… 10
1.3.2 编译运行 ………………………………………………………………… 11
1.3.3 Java 虚拟机 …………………………………………………………… 13
1.4 Java 运行流程 ………………………………………………………………… 14
1.5 Eclipse 开发工具 ……………………………………………………………… 15
1.5.1 Eclipse 的概念 ………………………………………………………… 15
1.5.2 Eclipse 安装与启动 …………………………………………………… 15
1.5.3 Eclipse 工作台 ………………………………………………………… 18
1.5.4 Eclipse 透视图 ………………………………………………………… 20
1.5.5 使用 Eclipse 进行程序开发 …………………………………………… 21
小结 ……………………………………………………………………………………… 27
习题 ……………………………………………………………………………………… 27

第 2 章 Java 编程基础 ……………………………………………………………… 29
2.1 Java 的基本语法 ……………………………………………………………… 29
2.1.1 语句和表达式 …………………………………………………………… 29
2.1.2 基本格式 ………………………………………………………………… 30
2.1.3 注释 ……………………………………………………………………… 30

	2.1.4 标识符与关键字	31
	2.1.5 进制转换	32
2.2	基本数据类型	35
	2.2.1 整数类型	35
	2.2.2 浮点数类型	36
	2.2.3 字符类型	36
	2.2.4 布尔类型	36
2.3	变量与常量	37
	2.3.1 变量的定义	37
	2.3.2 变量的类型转换	37
	2.3.3 变量的作用域	39
	2.3.4 常量	40
2.4	Java中的运算符	41
	2.4.1 算术运算符	42
	2.4.2 赋值运算符	43
	2.4.3 关系运算符	43
	2.4.4 逻辑运算符	44
	2.4.5 位运算符	46
	2.4.6 运算符的优先级	50
2.5	程序的结构	50
	2.5.1 顺序结构	51
	2.5.2 选择结构	51
	2.5.3 循环结构	58
	2.5.4 循环中断	62
小结		65
习题		65

第3章 数组与方法 67

3.1	数组	67
	3.1.1 数组的定义	67
	3.1.2 数组的初始化	68
	3.1.3 数组的常用操作	69
	3.1.4 数组的内存原理	74
	3.1.5 二维数组	75
3.2	方法	79
	3.2.1 方法的定义	79
	3.2.2 方法的调用	81
	3.2.3 方法的重载	83
	3.2.4 方法的递归	85

3.3 数组的引用传递 ·· 86

小结 ··· 89

习题 ··· 89

第 4 章 面向对象(上) ··· 90

4.1 面向对象的概念 ·· 90

4.2 类与对象 ··· 92

 4.2.1 类的定义 ··· 93

 4.2.2 对象的创建与使用 ··· 94

 4.2.3 类的封装 ··· 97

 4.2.4 访问修饰符 ·· 100

4.3 构造方法 ··· 103

 4.3.1 构造方法的定义 ·· 104

 4.3.2 构造方法的重载 ·· 105

4.4 this 关键字 ··· 106

4.5 垃圾回收 ··· 111

4.6 static 关键字 ·· 114

 4.6.1 静态变量 ··· 114

 4.6.2 静态方法 ··· 116

 4.6.3 代码块 ·· 117

 4.6.4 单例模式 ··· 120

4.7 内部类 ·· 121

 4.7.1 成员内部类 ·· 121

 4.7.2 静态内部类 ·· 122

 4.7.3 方法内部类 ·· 123

 4.7.4 匿名内部类 ·· 124

小结 ··· 125

习题 ··· 125

第 5 章 面向对象(下) ··· 127

5.1 类的继承 ··· 127

 5.1.1 继承的概念 ·· 127

 5.1.2 重写父类方法 ··· 129

 5.1.3 super 关键字 ·· 130

5.2 final 关键字 ··· 133

 5.2.1 final 关键字修饰类 ·· 133

 5.2.2 final 关键字修饰方法 ··· 134

 5.2.3 final 关键字修饰变量 ··· 135

5.3 抽象类和接口 ··· 137

5.3.1　抽象类 ……………………………………………………………… 137
　　5.3.2　接口 ………………………………………………………………… 139
　　5.3.3　接口的实现 ………………………………………………………… 140
　　5.3.4　接口的继承 ………………………………………………………… 141
　　5.3.5　抽象类和接口的关系 ……………………………………………… 142
5.4　多态 ………………………………………………………………………… 143
　　5.4.1　多态的概念 ………………………………………………………… 143
　　5.4.2　对象的类型转换 …………………………………………………… 145
　　5.4.3　Object 类 …………………………………………………………… 147
　　5.4.4　设计模式——工厂设计模式 ……………………………………… 150
　　5.4.5　设计模式——代理设计模式 ……………………………………… 155
5.5　包 …………………………………………………………………………… 156
　　5.5.1　包的定义与使用 …………………………………………………… 156
　　5.5.2　import 语句 ………………………………………………………… 157
　　5.5.3　Java 的常用包 ……………………………………………………… 161
　　5.5.4　给 Java 应用程序打包 ……………………………………………… 161
5.6　Lambda 表达式 …………………………………………………………… 165
　　5.6.1　Lambda 表达式语法 ………………………………………………… 165
　　5.6.2　Lambda 表达式案例 ………………………………………………… 166
　　5.6.3　函数式接口 ………………………………………………………… 167
　　5.6.4　方法引用与构造器引用 …………………………………………… 171
小结 ………………………………………………………………………………… 173
习题 ………………………………………………………………………………… 173

第 6 章　异常 …………………………………………………………………… 176

6.1　异常的概念 ………………………………………………………………… 176
6.2　异常的类型 ………………………………………………………………… 177
6.3　异常的处理 ………………………………………………………………… 178
　　6.3.1　使用 try-catch 处理异常 …………………………………………… 178
　　6.3.2　使用 throws 关键字抛出异常 ……………………………………… 182
　　6.3.3　使用 throw 关键字抛出异常 ………………………………………… 183
6.4　自定义异常 ………………………………………………………………… 185
6.5　断言 ………………………………………………………………………… 187
6.6　异常的使用原则 …………………………………………………………… 190
小结 ………………………………………………………………………………… 190
习题 ………………………………………………………………………………… 190

第 7 章　Java 基础类库 ………………………………………………………… 192

7.1　基本类型的包装类 ………………………………………………………… 192

7.2 JDK 5.0新特性——自动装箱和拆箱 194
7.3 Scanner类 195
7.4 String类、StringBuffer类和StringBuilder类 196
    7.4.1 String类的初始化 196
    7.4.2 String类的常见操作 198
    7.4.3 StringBuffer类 202
    7.4.4 StringBuilder类 204
    7.4.5 String类对正则表达式的支持 205
    7.4.6 String、StringBuffer、StringBuilder的区别 207
7.5 System类与Runtime类 208
    7.5.1 System类 208
    7.5.2 Runtime类 209
7.6 Math类与Random类 210
    7.6.1 Math类 210
    7.6.2 Random类 212
7.7 日期操作类 214
    7.7.1 Date类 214
    7.7.2 Calendar类 214
    7.7.3 DateFormat类 216
    7.7.4 SimpleDateFormat类 217
    7.7.5 JDK 8.0新特性——日期和时间API 218
7.8 JDK 7.0新特性——switch语句支持字符串类型 220
小结 221
习题 221

第8章 集合类 223

8.1 集合概述 223
8.2 Collection接口 224
8.3 List接口 225
    8.3.1 List接口简介 225
    8.3.2 ArrayList集合 226
    8.3.3 LinkedList集合 227
    8.3.4 Iterator接口 228
    8.3.5 JDK 5.0新特性——foreach循环 229
    8.3.6 ListIterator接口 231
    8.3.7 Enumeration接口 233
8.4 Set接口 234
    8.4.1 Set接口简介 234
    8.4.2 HashSet集合 234

8.4.3 TreeSet 集合 ······ 237
8.5 Queue 接口 ······ 241
   8.5.1 Queue 接口简介 ······ 241
   8.5.2 PriorityQueue 实现类 ······ 242
   8.5.3 Deque 接口与 ArrayDeque 实现类 ······ 243
8.6 Map 接口 ······ 246
   8.6.1 Map 接口简介 ······ 246
   8.6.2 HashMap 集合 ······ 246
   8.6.3 LinkedHashMap 集合 ······ 249
   8.6.4 TreeMap 集合 ······ 250
   8.6.5 Properties 集合 ······ 251
8.7 JDK 5.0 新特性——泛型 ······ 253
   8.7.1 为什么使用泛型 ······ 253
   8.7.2 泛型定义 ······ 253
   8.7.3 通配符 ······ 254
   8.7.4 有界类型 ······ 254
   8.7.5 泛型的限制 ······ 255
   8.7.6 自定义泛型 ······ 255
8.8 JDK 8.0 新特性——forEach 遍历 ······ 257
8.9 Collections 工具类 ······ 261
8.10 Arrays 工具类 ······ 263
8.11 集合转换 ······ 264
8.12 JDK 8.0 新特性——Stream API ······ 266
小结 ······ 274
习题 ······ 274

第 9 章 I/O（输入/输出）流 ······ 276

9.1 流概述 ······ 276
9.2 字节流 ······ 277
   9.2.1 字节流的概念 ······ 277
   9.2.2 字节流读写文件 ······ 278
   9.2.3 文件的复制 ······ 281
   9.2.4 字节流的缓冲区 ······ 282
   9.2.5 装饰设计模式 ······ 283
   9.2.6 字节缓冲流 ······ 285
9.3 字符流 ······ 286
   9.3.1 字符流定义及基本用法 ······ 286
   9.3.2 字符流操作文件 ······ 287
   9.3.3 字符流的缓冲区 ······ 288

  9.3.4 LineNumberReader ·· 289
  9.3.5 转换流 ··· 290
 9.4 其他 I/O 流 ·· 292
  9.4.1 ObjectInputStream 和 ObjectOutputStream ·· 292
  9.4.2 DataInputStream 和 DataOutputStream ··· 295
  9.4.3 PrintStream ··· 296
  9.4.4 标准输入输出流 ·· 296
  9.4.5 PipedInputStream 和 PipedOutputStream ··· 298
  9.4.6 ByteArrayInputStream 和 ByteArrayOutputStream ·· 300
  9.4.7 CharArrayReader 和 CharArrayWriter ··· 301
  9.4.8 SequenceInputStream ·· 302
 9.5 File 类 ··· 304
  9.5.1 File 类的常用方法 ··· 304
  9.5.2 遍历目录下的文件 ·· 306
  9.5.3 文件过滤 ·· 308
  9.5.4 删除文件及目录 ·· 309
 9.6 RandomAccessFile ·· 311
 9.7 字符编码 ··· 312
  9.7.1 常用字符集 ·· 312
  9.7.2 字符编码和解码 ·· 314
  9.7.3 字符传输 ·· 315
 9.8 NI/O ··· 316
  9.8.1 NI/O 概述 ··· 316
  9.8.2 NI/O 基础 ··· 317
  9.8.3 NI/O 中的读和写操作 ·· 319
  9.8.4 注意事项 ·· 320
小结 ··· 321
习题 ··· 321

第 10 章 GUI(图形用户界面) ··· 323

 10.1 AWT 概述 ··· 323
 10.2 AWT 事件处理 ·· 325
  10.2.1 事件处理机制 ··· 325
  10.2.2 事件适配器 ·· 327
  10.2.3 用匿名内部类实现事件处理 ··· 328
 10.3 常用事件分类 ·· 329
  10.3.1 窗体事件 ·· 329
  10.3.2 鼠标事件 ·· 330
  10.3.3 键盘事件 ·· 332

10.3.4 动作事件 …… 334
10.4 布局管理器 …… 334
　　10.4.1 FlowLayout …… 334
　　10.4.2 BorderLayout …… 335
　　10.4.3 GridLayout …… 336
　　10.4.4 GridBagLayout …… 337
　　10.4.5 CardLayout …… 339
　　10.4.6 不使用布局管理器 …… 342
10.5 AWT 绘图 …… 342
10.6 Swing …… 344
　　10.6.1 JFrame …… 344
　　10.6.2 JDialog …… 345
　　10.6.3 中间容器 …… 347
　　10.6.4 文本组件 …… 349
　　10.6.5 按钮组件 …… 352
　　10.6.6 JComboBox …… 356
　　10.6.7 菜单组件 …… 358
　　10.6.8 创建 Tree …… 361
　　10.6.9 JTable …… 363
　　10.6.10 Swing 模仿 QQ 登录界面 …… 364
10.7 JavaFX 图形用户界面工具 …… 369
　　10.7.1 JavaFX 简介 …… 369
　　10.7.2 配置 JavaFX 开发环境 …… 370
　　10.7.3 Eclipse 安装 JavaFX Scene Builder …… 375
　　10.7.4 Eclipse 中配置 Scene Builder …… 378
　　10.7.5 JavaFX 基础入门 …… 378
小结 …… 387
习题 …… 387

第 11 章 多线程 …… 389

11.1 线程概述 …… 389
　　11.1.1 进程 …… 390
　　11.1.2 线程 …… 390
11.2 线程的创建 …… 391
　　11.2.1 继承 Thread 类创建线程 …… 391
　　11.2.2 实现 Runnable 接口创建线程 …… 393
　　11.2.3 使用 Callable 接口和 Future 接口创建线程 …… 394
　　11.2.4 三种实现线程方式的对比分析 …… 396
11.3 线程的生命周期及状态转换 …… 397

- 11.4 线程的调度 ··· 398
  - 11.4.1 线程的优先级 ··· 398
  - 11.4.2 线程休眠 ··· 400
  - 11.4.3 线程让步 ··· 401
  - 11.4.4 线程插队 ··· 402
  - 11.4.5 后台线程 ··· 403
- 11.5 多线程同步 ··· 404
  - 11.5.1 线程安全 ··· 404
  - 11.5.2 同步代码块 ··· 405
  - 11.5.3 同步方法 ··· 407
  - 11.5.4 死锁问题 ··· 408
- 11.6 多线程通信 ··· 409
- 11.7 线程组和未处理的异常 ··· 412
- 11.8 线程池 ··· 415
- 小结 ··· 416
- 习题 ··· 417

第 12 章 网络编程 ··· 418

- 12.1 网络通信协议 ··· 418
  - 12.1.1 IP 地址和端口号 ··· 419
  - 12.1.2 InetAddress ··· 420
  - 12.1.3 UDP 与 TCP ··· 421
- 12.2 UDP 通信 ··· 422
  - 12.2.1 DatagramPacket ··· 422
  - 12.2.2 DatagramSocket ··· 423
  - 12.2.3 UDP 网络程序 ··· 424
  - 12.2.4 UDP 案例——聊天程序 ··· 427
- 12.3 TCP 通信 ··· 429
  - 12.3.1 ServerSocket ··· 429
  - 12.3.2 Socket ··· 430
  - 12.3.3 简单的 TCP 网络程序 ··· 431
  - 12.3.4 多线程的 TCP 网络程序 ··· 433
  - 12.3.5 TCP 案例——文件上传 ··· 436
- 12.4 Java Applet ··· 439
- 小结 ··· 445
- 习题 ··· 445

第 1 章　Java 开发入门

本章学习目标

- 了解 Java 语言的特点。
- 熟练掌握 Java 开发环境的搭建。
- 熟练掌握环境变量的配置。
- 熟练掌握 Eclipse 的安装和使用。
- 理解 Java 的运行机制。

Java 语言在互联网时代得到了快速的发展，如今 Java 技术在人们的生活中已无处不在，成为全球最流行的开发语言之一，截至目前有超过 400 万的程序员在使用 Java 语言。并且 Java 语言已在整个 IT 领域构建了一个较为完整的体系，涉及 Web 开发、移动端开发、后端开发、大数据开发等诸多领域。本章将对 Java 语言的历史背景、程序的运行流程、运行环境的配置以及 Eclipse 开发工具的使用等内容进行讲解。

1.1　Java 概述

1.1.1　认识 Java

Java 是一门面向对象编程语言，它吸收了 C++ 语言的各种优点，摒弃了 C++ 中难以理解的多继承、指针等概念，因此 Java 语言具有功能强大和简单易用两个特征。Java 语言作为面向对象编程语言，极好地实现了面向对象思想，允许程序员以优雅的思维方式进行复杂编程。

为了满足不同开发人员的需求，Java 开发分为以下 3 个方向。

（1）Java SE(Java Platform Standard Edition)：主要用于桌面程序的开发。它是学习 Java EE 和 Java ME 的基础，包含 Java 语言的核心类，如数据库连接、接口定义、输入/输出和网络编程。

（2）Java ME(Java Platform Micro Edition)：主要用于嵌入式系统程序的开发。它包含 Java SE 中的一部分类，用于消费类电子产品的软件开发，如智能卡、手机、PDA 和机顶盒。

（3）Java EE(Java Platform Enterprise Edition)：主要用于网页程序开发。它包含 Java SE 中的所有类，并且还包含用于开发企业级应用的类，如 EJB、Servlet、JSP、XML 和事务控制，也是现在 Java 应用的主要方向。

1.1.2 Java 发展史

1995 年，Sun 公司推出 Java 语言，受到广泛的关注。那么 Java 到底有何神奇之处呢？

Java 语言最早诞生于 1991 年，起初被称为 OAK 语言，是 Sun 公司为一些消费性电子产品而设计的一个通用环境。他们最初的目的只是为了开发一种独立于平台的软件技术，而且在网络出现之前，OAK 可以说是默默无闻，甚至差点儿夭折。但是，网络的出现改变了 OAK 的命运。

在 Java 语言出现以前。Internet 上的信息内容都是一些乏味死板的 HTML 文档。这对于那些迷恋于 Web 浏览的人来说简直不可容忍。他们迫切希望能在 Web 中看到一些交互式的内容，开发人员也希望能够在 Web 上创建一类无须考虑软硬件平台就可以执行的应用程序，当然这些程序还要有极大的安全保障。

对于用户的这种要求，传统的编程语言显得无能为力，Sun 公司的工程师敏锐地察觉到了这一点，从 1994 年起，他们开始将 OAK 技术应用于 Web 上，并且开发出了 HotJava 的第一个版本。当 Sun 公司于 1995 年正式以 Java 这个名字推出的时候，几乎所有的 Web 开发人员都认为这正是大家所梦寐以求的。于是 Java 成了一颗耀眼的明星，丑小鸭一下子变成了白天鹅。

Java 语言历时二十多年，已发展成为人类计算机史上影响深远的编程语言，同时还诞生了无数和 Java 相关的产品、技术和标准。

1.1.3 Java 语言的特点

Java 语言是面向对象的程序设计语言，它吸收了 Smalltalk 语言和 C++ 语言的优点，并增加了其他特性，如支持并发程序设计、网络通信和多媒体数据控制等。其主要特性如下。

1. Java 语言是简单的

Java 语言是简单的，在 Java 的设计上尽可能让它与 C++ 相近，以确保系统更容易被理解，但 Java 删除了许多极少被使用、不容易理解和令人混淆的 C++ 功能，如运算符重载、多继承以及自动类型转换。特别是 Java 语言不使用指针，并提供了自动的垃圾回收机制，程序员不必担忧内存管理问题。

2. Java 语言是面向对象的

Java 是一种面向对象的语言，它提供类、接口和继承等原语，简单起见，Java 只支持类之间的单继承，但支持接口之间的多继承，并支持类与接口之间的实现机制（关键字为 implements）。

3. Java 语言是分布式的

Java 语言非常适合开发分布式计算的程序，因为它具有强大的、易于使用的联网能力，在基本的 Java 应用编程接口中有一个网络应用编程接口（java.net），它提供了用于网络应用编程的类库，包括 URL、URLConnection、Socket、ServerSocket 等。Java 应用程序可以像访问本地文件系统那样通过 URL 访问远程对象。Java 的 RMI（远程方法激活）机制也是开发分布式应用的重要手段。

4. Java 语言是健壮的

Java 语言具备了强类型机制、异常处理、垃圾自动收集等特性，保证了程序的稳定、健壮。对指针的丢弃和使用安全检查机制使得 Java 更具健壮性。

5. Java 语言是安全的

Java 语言的设计目的是用于网络/分布式运算环境，为此，Java 语言非常强调安全性，以防恶意代码的攻击。除了以丢弃指针来保证内存的使用安全以外，Java 语言对通过网络下载的类也具有一个安全防范机制，如分配不同的空间以防替代本地的同名类、字节代码检查，并提供安全管理机制为 Java 应用设置安全哨兵。

6. Java 语言是体系结构中立的

Java 程序（后缀为 .java 的文件）通过 Java 编译器生成一种具备体系结构中立性的目标文件格式（后缀为 .class 的文件），也就是说，Java 编译器通过伪编译后，将生成一个与任何计算机系统无关的中立的字节码文件。这种途径适合于异构的网络环境和软件的分发。

7. Java 语言是可移植的

体系结构中立性是确保程序可移植的最重要部分，另外，Java 还严格规定了各个基本数据类型的长度。Java 系统本身也具有很强的可移植性，Java 编译器是用 Java 语言实现的，Java 的运行环境是用 ANSI C 实现的。

8. Java 语言是解释型的

Java 语言是一种解释型语言，它可以在不同平台上运行 Java 解释器，对 Java 代码进行解释，执行 Java 字节码，实现"一次编写，到处运行"。

9. Java 是高性能的

与那些解释型的高级脚本语言相比，Java 的确是高性能的。事实上，Java 的运行速度随着 JIT(Just-In-Time) 编译器技术的发展越来越接近于 C++。

10. Java 语言是多线程的

Java 语言的一个重要特点是支持多线程机制，很多操作系统都把线程视为基本的执行单位，如 Windows NT、Windows 95 等。语言自身支持多线程机制可以为程序设计者在运用多线程功能上带来方便。

11. Java 语言是动态的

从许多方面而言，Java 是一种比 C 或 C++ 更具动态特性的语言。适应动态变化的环境是 Java 语言的设计目标之一，主要表现在两个方面：第一，Java 语言中可以简单、直观地查询运行时的信息；第二，可以将新代码加入到一个正在运行的程序中。

1.2 JDK 的使用

1.2.1 下载 JDK

JDK 是整个 Java 开发环境的核心，它包含 Java 的运行环境、Java 工具和 Java 基础的类库。本书中使用的是 JDK 8.0 版本，读者可以直接从 Oracle 公司的官方网站（http://www.oracle.com/index.html）下载，如图 1.1 所示。

图 1.1 Oracle 公司官网首页

1.2.2 安装 JDK

下载 JDK 安装文件成功后,就可以安装了。接下来详细演示 Windows 64 位平台下 JDK 的安装过程,具体步骤如下。

(1) 双击从 Oracle 官网下载的 JDK 安装文件,进入 JDK 安装界面,如图 1.2 所示。

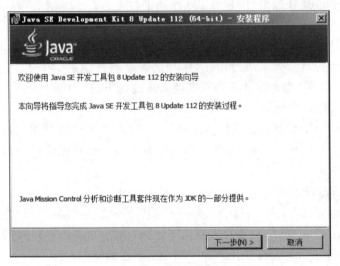

图 1.2 JDK 安装界面

(2) 单击图 1.2 中的"下一步"按钮,进入 JDK 自定义安装界面,如图 1.3 所示。

(3) 图 1.3 中左侧有 3 个组件可选项,开发人员可以根据自己的需求来选择所要安装的组件。单击某个组件前面的 图标,在组件下面会弹出该组件的功能操作选项,如图 1.4 所示。

组件功能说明:

(1) 开发工具——JDK 核心功能组件,包含一系列编译命令的可执行程序,如 javac.exe、

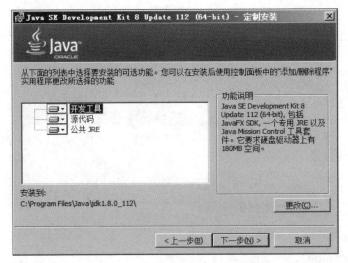

图1.3 自定义安装功能和路径

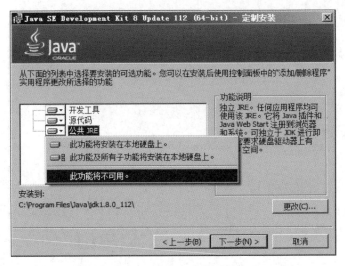

图1.4 自定义安装功能

java.exe 等,还包含一个专用的 JRE 工具。

（2）源代码——Java 核心类库的源代码。

（3）公共 JRE——Java 程序的运行环境。由于开发工具中已经包含一个专用的 JRE,因此不需要再安装公共的 JRE,此项可以不选。

（4）单击图 1.4 右侧的"更改"按钮,会弹出选择安装目录的界面,如图 1.5 所示。

通过单击下拉框选择或直接输入路径的方式来确定 JDK 安装目录,安装路径中不要有中文,最好也不要有空格或特殊符号。这里使用默认安装目录,直接单击"确定"按钮即可。

（5）在完成所有的安装选项的选择后,单击图 1.4 中的"下一步"按钮,开始安装 JDK。安装完成后会进入安装完成界面,如图 1.6 所示。单击"关闭"按钮,关闭当前界面,完成 JDK 的安装。

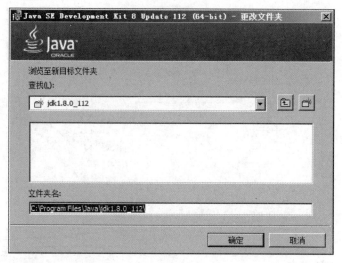

图 1.5 JDK 安装目录

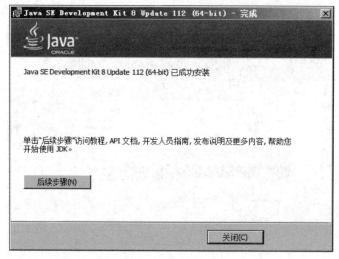

图 1.6 完成安装

1.2.3 配置 JDK

在安装完 JDK 之后,需要对环境变量进行配置,具体步骤如下。

(1) 右击"我的电脑",选择"属性"选项,进入"系统"窗口,如图 1.7 所示。

(2) 单击"高级系统设置",打开"系统属性"对话框,如图 1.8 所示。

(3) 单击"环境变量"按钮,打开"环境变量"对话框,如图 1.9 所示。

(4) 在"系统变量"区域,单击"新建"按钮,打开"新建系统变量"对话框。在"变量名"文本框中输入"JAVA_HOME",在"变量值"文本框中输入 JDK 安装目录,本例的安装目录为"C:\Program Files\Java\jdk1.8.0_112",如图 1.10 所示。单击"确定"按钮,完成 JAVA_HOME 环境变量的配置。

图 1.7　系统基本信息

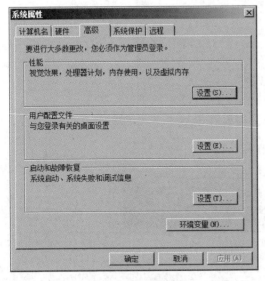

图 1.8　系统属性

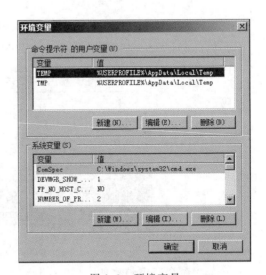

图 1.9　环境变量

（5）在"系统变量"区域，选中系统变量 Path，单击"编辑"按钮，打开"编辑系统环境变量"对话框，如图 1.11 所示。

图 1.10　配置 JAVA_HOME　　　　　图 1.11　编辑系统环境变量

(6) 在"变量值"文本框中的起始位置添加"%JAVA_HOME%/bin;",请注意使用分隔符与其他变量值相分隔,分隔符必须采用英文半角模式输入,如图 1.12 所示。然后依次单击打开对话框的"确定"按钮,保存环境变量,完成配置。

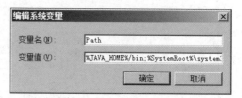

图 1.12　配置 JDK 环境变量

1.2.4　测试开发环境

JDK 安装和配置完成后,需要测试 JDK 是否能够在计算机上运行,具体步骤如下。

(1) 单击"开始"中的"运行"命令,在"运行"对话框中输入"cmd",如图 1.13 所示。不同操作系统打开命令行窗口的操作不尽相同,本书是以 Windows 为例。

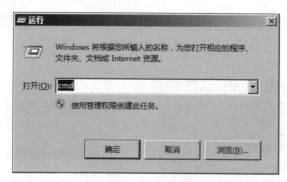

图 1.13　"运行"对话框

(2) 单击"确定"按钮,进入命令行窗口,如图 1.14 所示。

图 1.14　命令行窗口

(3) 在命令行窗口中输入"javac"命令,并按 Enter 键,系统会输出 javac 的帮助信息,如图 1.15 所示。这说明 JDK 已经成功配置,否则需要仔细检查上面步骤的配置是否正确。

1.2.5　JDK 目录介绍

JDK 安装完成后,在 JDK 安装路径下会生成一个目录,称为 JDK 安装目录,如图 1.16 所示。

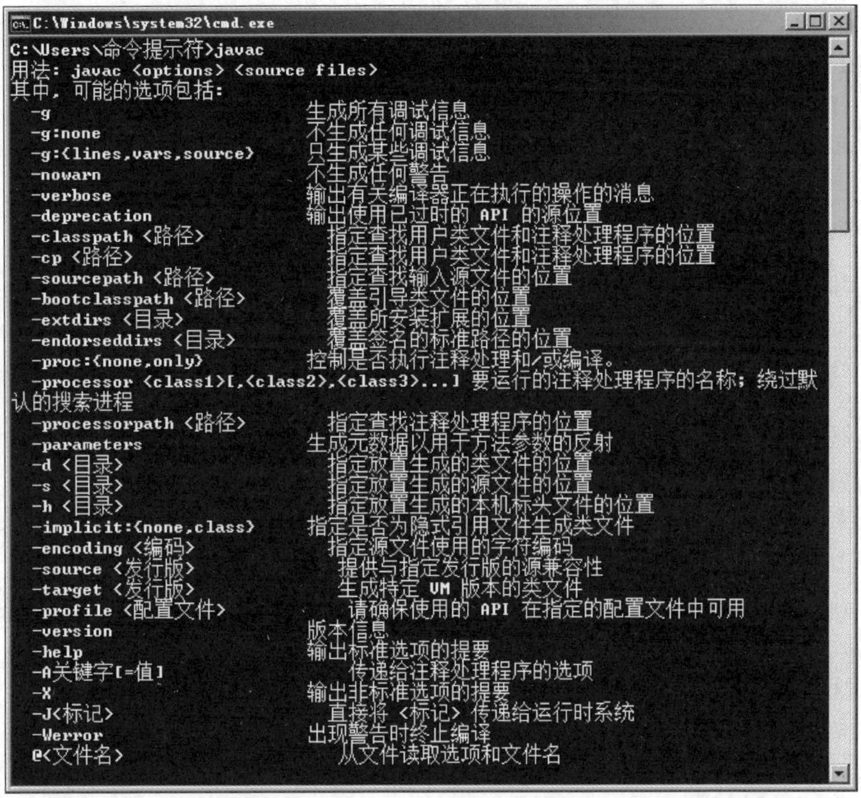

图 1.15　javac 命令

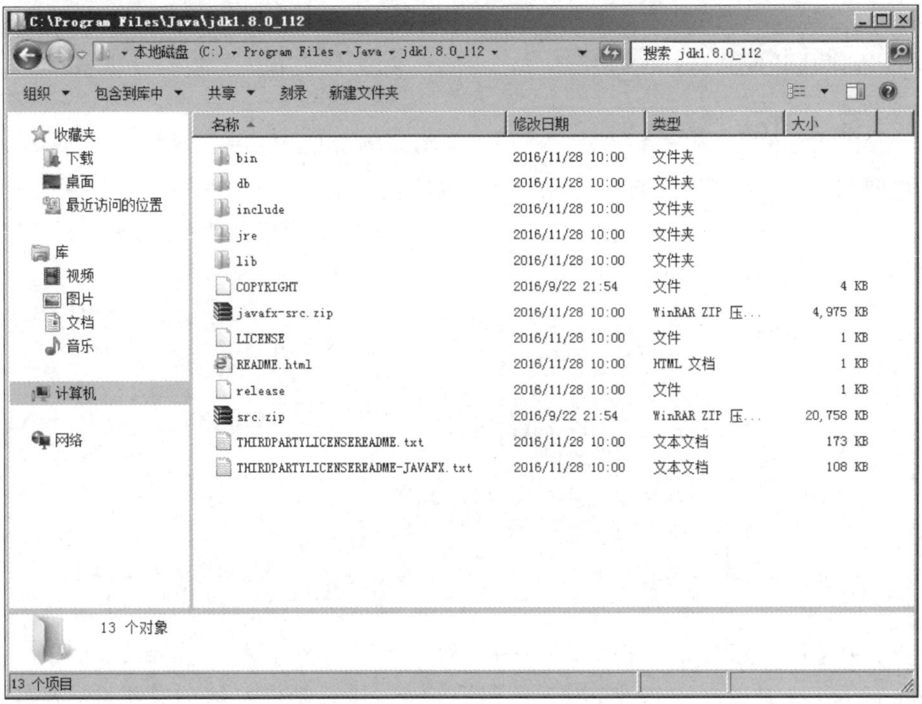

图 1.16　JDK 目录

开发人员应熟悉 JDK 安装目录下各个子目录的含义和作用。接下来分别对 JDK 安装目录下的子目录（及压缩文件）进行详细介绍。

（1）bin：该目录存放一些编译器和工具，常用的有 javac.exe（Java 编译器）、java.exe（Java 运行工具）、jar.exe（打包工具）、jdb-debugger（查错工具）和 javadoc.exe（文档生成工具）等。

（2）db：该目录是安装 JDK 时附带安装的小型数据库 Java DB。Java 在 JDK 6.0 开始引入成员 Java DB，这是一个纯 Java 实现、开源的数据库管理系统。这个数据库不仅很轻便，还支持大部分的数据库应用所需要的特性。因此 Java 程序员不再需要耗费大量精力安装和配置数据库，可直接使用 Java DB。

（3）include：该目录是存放一些启动 JDK 时需要引入的 C 语言的头文件。

（4）jre：jre 是 Java Runtime Environment 的简写，即 Java 程序运行时环境。该目录是存放 Java 运行时环境的根目录，它包含 Java 虚拟机、运行时的类包、Java 应用启动器以及一个 bin 目录，但不包括开发环境中的开发工具。

（5）lib：lib 是 library 的简写，其中存放的是 Java 类库或库文件。

（6）javafx-src.zip：该压缩文件里存放的是 Java FX 所有核心类库的源代码。

（7）src.zip：该压缩文件里存放的是 Java 所有核心类库的源代码。

（8）README 和 LICENSE：说明性文档。

1.3　第一个 Java 程序

现在自己来动手编写一个 Java 程序，亲自感受一下 Java 语言的基本形式。下面将编写第一个 Java 程序，其功能是控制台输出"Hello World!"。通过本节学习，读者可清楚地了解 Java 程序从开发到运行的过程。

1.3.1　编写 Java 源文件

在磁盘目录中，本例目录为"D:\com\1000phone\chapter01"，创建一个文本文件，并重命名为"HelloWorld.java"。用记事本打开，编写一段 Java 代码，如例 1-1 所示。

例 1-1　HelloWorld.java

```
1   class HelloWorld
2   {
3       // main 是程序的入口,所有的程序都是从此处开始运行
4       public static void main(String[ ] args)
5       {
6           // 在屏幕中打印输出"Hello World!"语句
7           System.out.println("Hello World!");
8       }
9   }
```

例 1-1 中是编写好的 Java 程序，下面分别对每条语句进行详细的讲解，如图 1.17 所示。

第 1 行，class 是一个关键字，用于声明一个类，其后紧接着的就是类名，本例类名为 HelloWorld。

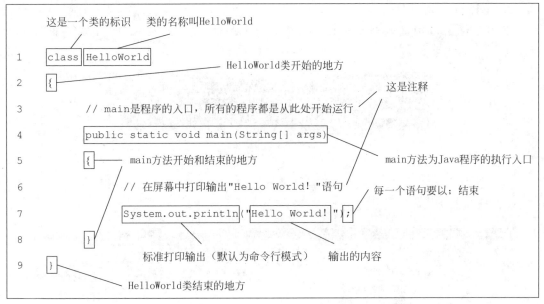

图 1.17 HelloWorld 程序分析

第 2 行和第 9 行，大括号规定类的作用范围，在该范围内的所有内容都属于 HelloWorld 类的一部分。

第 3 行和第 6 行，这两行都是注释行，注释部分不会被执行，它提高了程序的可读性。该注释属于单行注释，以//开头，后面部分均为注释。

第 4 行，这是一个 main 方法，它是整个程序的入口，所有程序都是从 public static void main(String[] args) 开始执行的，该行的代码格式是固定的。其中，public 和 static 都是 Java 关键字，它们一起表明 main 是公有的静态的方法。void 也是 Java 的关键字，表明该方法没有返回值。main 是方法的名称。小括号内的是参数列表，String[] args 是一个参数，String 为参数类型，表示字符串类型，args 是参数名。

第 5 行和第 8 行，大括号是 main 方法的开始和结束标志，它们定义了该方法的作用范围，在该范围内的语句都属于 main 方法。

第 7 行，System.out.println 是 Java 内部的一条输出语句，引号中的内容"Hello World!"会在控制台打印输出。

1.3.2 编译运行

1. 打开命令行窗口

打开命令行窗口，输入"cd D:\com\1000phone\chapter01"和"d:"命令，切换到 Java 源文件所在目录，如图 1.18 所示。

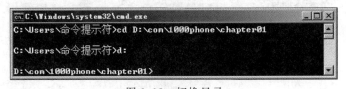

图 1.18 切换目录

2. 编译 Java 源文件

在命令行窗口中输入"javac HelloWorld.java"命令,对源文件进行编译,如图 1.19 所示。

图 1.19　编译 Java 源文件

成功执行完 javac 命令后,会在 bin 目录下生成一个名为"HelloWorld.class"的字节码文件,如图 1.20 所示。

图 1.20　字节码文件

3. 运行 Java 程序

在命令行窗口中输入"java HelloWorld"命令,运行编译好的字节码文件,运行结果如图 1.21 所示。

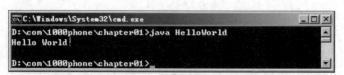

图 1.21　程序运行结果

上面演示了一个Java程序从编写、编译到运行的过程。其中有两点需要注意：第一，使用javac命令编译时,需要输入完整的文件名;第二,在使用java命令运行程序时,需要输入的是类名,而非完整的文件名,不要加.class后缀,否则会报错。

1.3.3 Java 虚拟机

Java 虚拟机(Java Virtual Machine,JVM)可以看作是在机器和编译程序之间加入了一层抽象的虚拟机器,并提供给编译程序一个共同的接口。编译程序只需面向虚拟机,生成虚拟机能够识别的代码,接着再由解释器将虚拟代码转换成具体平台上的机器指令并执行。

运行 Java 程序的环境集合称为 Java 运行环境(Java Runtime Environment,JRE),它由 Java 的虚拟机和 Java 的 API 组成。若一个 Java 程序要运行在 Java 虚拟机里,首先由 Java 编译器将java 源文件编译成.class 文件,然后将.class 文件交给 Java 虚拟机,生成最终可执行程序。.class 文件本质上是一种标准化的可移植的二进制格式,它是实现跨平台的基础。因此,Java 是通过 JVM 实现跨平台的,这就是 Java 能够"一次编译,到处运行"的原因,如图 1.22 所示。

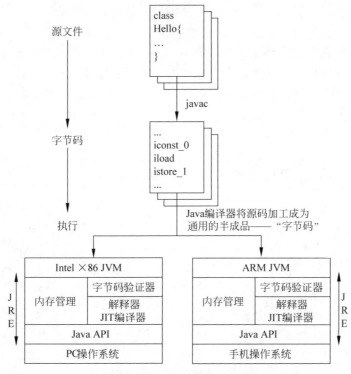

图 1.22 JVM 执行过程

正是因为有了 JVM,Java 不但可以让字节码在 PC 操作系统上运行,也可以让其在手机操作系统上运行。

1.4　Java 运行流程

简单来说，Java 程序的运行机制分为编写、编译和运行 3 个步骤。

1. 编写

编写是指在 Java 开发环境中进行程序代码的编辑，最终生成后缀名为.java 的 Java 源文件。

2. 编译

编译是指使用 Java 编译器对源文件进行错误排查的过程，编译后将生成后缀名为.class 的字节码文件，该文件可以被 JVM 的解释器正常读取。

3. 运行

运行是指使用 Java 解释器将字节码文件翻译成机器代码，执行并显示结果。字节码文件是一种和任何具体机器环境及操作系统环境无关的中间代码，它是一种二进制文件，是 Java 源文件由 Java 编译器编译后生成的目标代码文件。编程人员和计算机都无法直接读懂字节码文件，它必须由专用的 Java 解释器来解释执行，因此 Java 是一种在编译基础上进行解释运行的语言。

在运行 Java 程序时，首先会启动 JVM，然后由它来负责解释执行 Java 的字节码，并且 Java 字节码只能运行于 JVM 之上。这样利用 JVM 就可以把 Java 字节码程序和具体的硬件平台以及操作系统环境分隔开来，只要在不同的计算机上安装了针对特定具体平台的 JVM，Java 程序就可以运行，而不用考虑当前具体的硬件平台及操作系统环境，也不用考虑字节码文件是在何种平台上生成的。JVM 把这种不同软硬件平台的具体差别隐藏起来，从而实现了真正的二进制代码级的跨平台移植。JVM 是 Java 平台无关的基础，Java 的跨平台特性正是通过在 JVM 中运行 Java 程序实现的。接下来了解一下 Java 的运行流程，如图 1.23 所示。

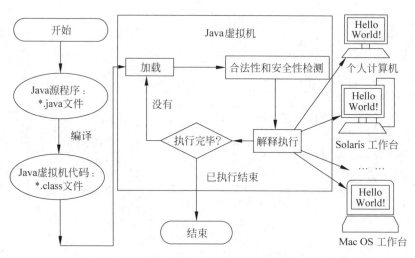

图 1.23　Java 运行流程

图 1.23 中，从编写出来的 Java 源文件，到编译为字节码文件，再到通过 JVM 执行程序，最后将程序的运行结果展示给用户，这是一个完整的 Java 运行流程。

1.5　Eclipse 开发工具

在 Java 的学习和开发过程中，离不开一款功能强大、使用简单、能够辅助程序设计的集成开发工具（IDE），Eclipse 是目前最流行的 Java 语言开发工具，它有强大的代码辅助功能，可帮助开发人员自动完成语法检查、补全文字、代码修正和 API 提示等功能，提高了开发效率，节省了大量的开发时间。

1.5.1　Eclipse 的概念

Eclipse 最初是 IBM 公司开发的替代商业软件 Visual Age for Java 的下一代 IDE，于 2001 年 11 月贡献给开源社区，现在它由非盈利软件供应商联盟 Eclipse 基金会（Eclipse Foundation）管理。

Eclipse 是目前最流行的 Java 集成开发工具之一，是一个开放源代码的、基于 Java 的可扩展开发平台。就其本身而言，它只是一个框架和一组服务，用于通过插件构建开发环境。众多插件的支持使得 Eclipse 有高度的灵活性。

1.5.2　Eclipse 安装与启动

（1）打开浏览器，进入 Eclipse 官网（http://www.eclipse.org），如图 1.24 所示。

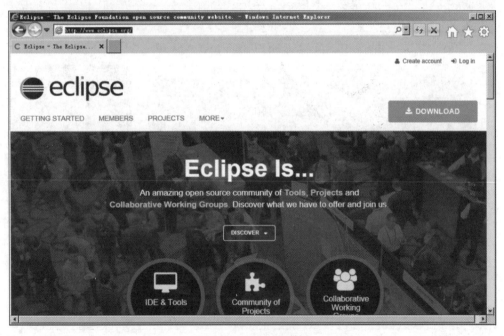

图 1.24　Eclipse 官网

（2）单击 DOWNLOAD 按钮，进入 Eclipse 下载页，如图 1.25 所示。

（3）单击 Download Packages 超链接，进入 Eclipse Packages 页面，如图 1.26 所示。在新页面中，单击 Eclipse…Release for 下拉框选择适当的操作系统，并在 Eclipse IDE for

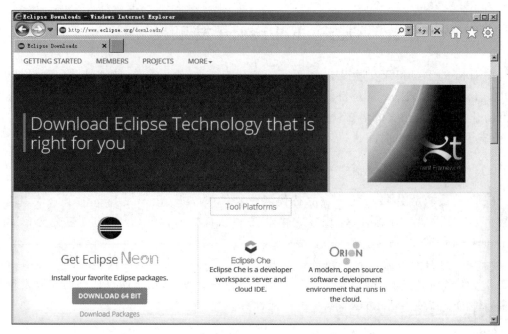

图 1.25　Eclipse 下载页

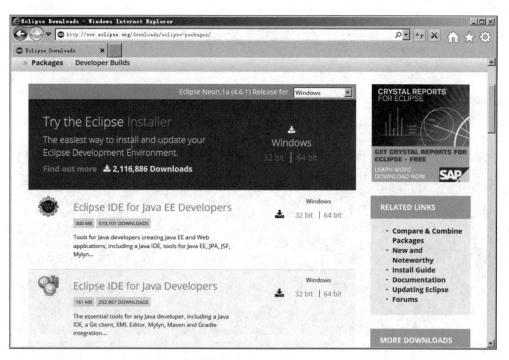

图 1.26　Eclipse Packages 页

Java Developers 栏中选择下载适当系统位数的版本，进入具体 Eclipse 版本的下载页。

（4）单击 DOWNLOAD 超链接下载 Eclipse，如图 1.27 所示。

（5）Eclipse 开发包下载完成后，直接进行解压缩，如图 1.28 所示。

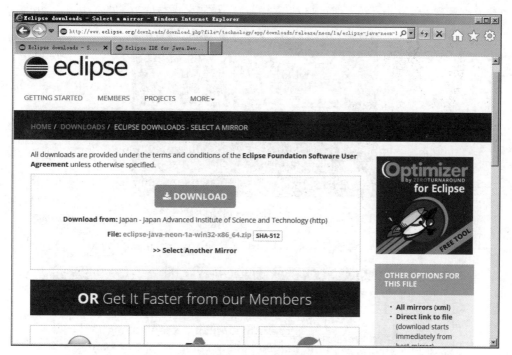

图 1.27 下载 Eclipse

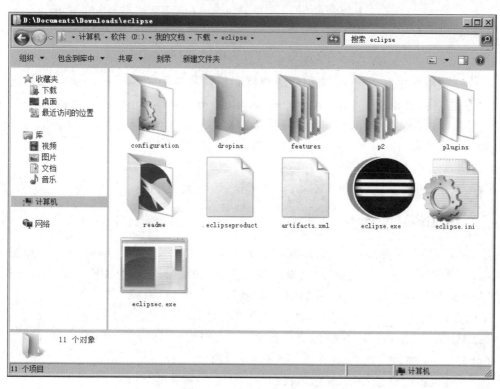

图 1.28 Eclipse 解压目录

（6）直接运行 eclipse.exe 即可启动 Eclipse 开发工具，启动后的界面如图 1.29 所示。

图 1.29　Eclipse 启动界面

（7）启动后会弹出一个对话框，提示选择工作空间（Workspace），如图 1.30 所示。

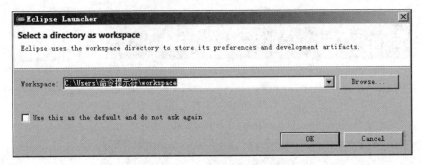

图 1.30　工作空间

工作空间用于保存 Eclipse 中创建的项目和相关配置。可以单击 Browse 按钮进行设置，本书使用默认路径。Use this as the default and do not ask again 复选框表示将此工作空间设置为默认，再次启动时将不再出现此提示对话框。工作空间设置完成后单击 OK 按钮即可。

（8）首次启动之后，会进入 Eclipse 的欢迎界面，如图 1.31 所示。

（9）关闭欢迎界面窗口，进入 Eclipse 主界面，如图 1.32 所示。

1.5.3　Eclipse 工作台

Eclipse 主窗口又称工作台，它是程序员开发程序的主要场所。Eclipse 工作台主要包含标题栏、菜单栏、工具栏、编辑器、透视图和视图等内容。工作台界面有包资源管理视图、编辑器视图、大纲视图等多个模块，如图 1.33 所示。

下面介绍 Eclipse 工作台上几种主要视图的作用。

（1）Package Explorer：包资源管理器视图，用于显示项目文件的组成结构。

（2）Editor：编辑器视图，用于编写代码的区域。

（3）Problems：问题视图，显示项目中的一些警告和错误。

（4）Console：控制台视图，显示程序的输出信息、异常和错误。

（5）Outline：大纲视图，显示代码中的类结构。

图 1.31　Eclipse 欢迎界面

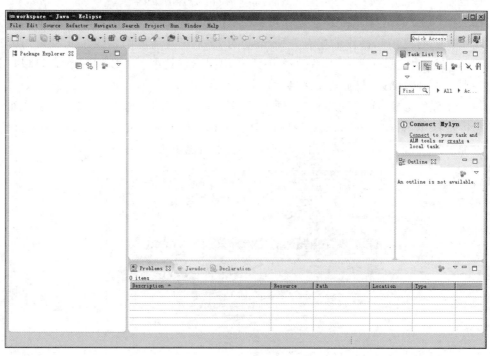

图 1.32　Eclipse 主界面

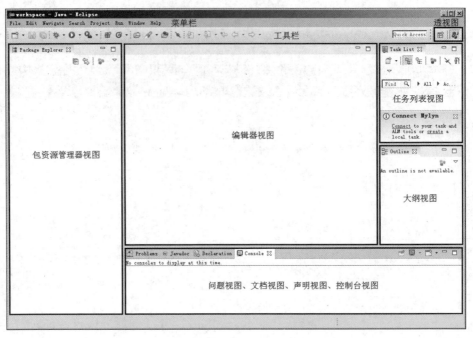

图 1.33　Eclipse 工作台

1.5.4　Eclipse 透视图

透视图（Perspective）是一系列视图的布局和可用操作的集合。例如，Eclipse 提供的 Java 透视图（ ）就是与 Java 程序设计相关的视图和操作的集合，而调试透视图（ ）是与程序调试有关的视图和操作的集合。Eclipse 的 Java 开发环境中提供了几种常用的透视图，如 Java 透视图、调试透视图、资源透视图、小组同步透视图等。Eclipse 窗口可以打开多个透视图，但在同一时间只能有一个透视图处于激活状态。

（1）切换透视图。用户可以通过"透视图"按钮 在不同的透视图之间切换，也可以在菜单栏中选择 Window→Perspective→Open Perspective→Other 打开其他透视图，如图 1.34 所示。在弹出的 Open Perspective 窗口中选择要打开的透视图，如图 1.35 所示。

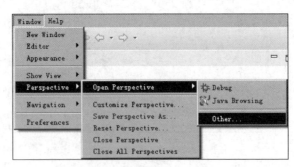

图 1.34　Perspective 命令

（2）重置透视图。在菜单栏选择 Window→Perspective→Reset Perspective 命令进行重置，如图 1.36 所示。

图 1.35　Open Perspective 窗口

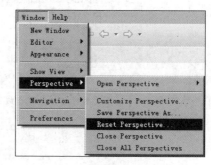
图 1.36　Reset Perspective 命令

1.5.5　使用 Eclipse 进行程序开发

1. 创建 Java 项目

在 Eclipse 中编写程序,必须先创建项目。Eclipse 中可以创建很多种类的项目,其中,Java 项目用于管理和编写 Java 程序。创建 Java 项目的步骤如下。

(1) 在 Eclipse 窗口的菜单栏中选择 File→New→Java Project 命令,或者在 Package Explorer 视图中右击,然后选择 New→Java Project 命令,创建 Java 项目,如图 1.37 所示。

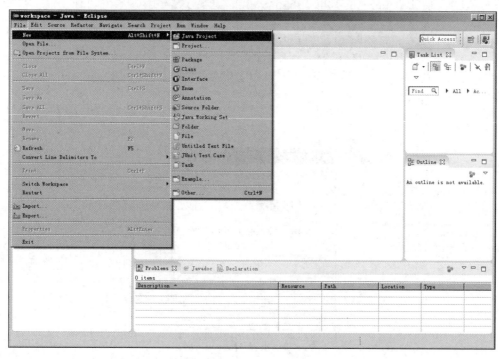
图 1.37　Java Project 命令

(2)之后弹出 New Java Project 窗口,在该窗口中的 Project name 文本框中输入项目名称,这里将项目命名为 HelloWorld,其余选项默认,然后单击 Finish 按钮完成项目的创建,如图 1.38 所示。

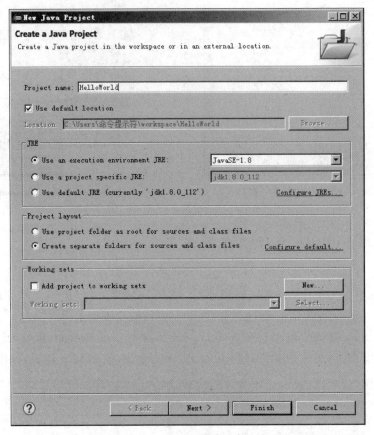

图 1.38　New Java Project 窗口

(3)创建完成之后,在 Package Explorer 视图中便会出现 HelloWorld 的 Java 项目,如图 1.39 所示。

图 1.39　项目 HelloWorld

2. 创建类文件

（1）在 Package Explorer 视图中，鼠标右键单击 HelloWorld 项目下的 src 文件夹，选择 New→Package 创建包，如图 1.40 所示。

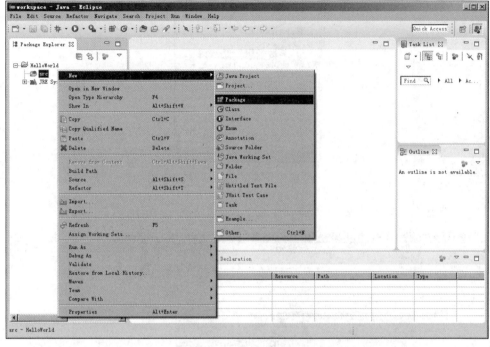

图 1.40　创建包

（2）之后会弹出 New Java Package 窗口，其中，Source folder 文本框表示项目所在目录，Name 文本框表示包名称，这里将包命名为"com.1000phone.www"，如图 1.41 所示。

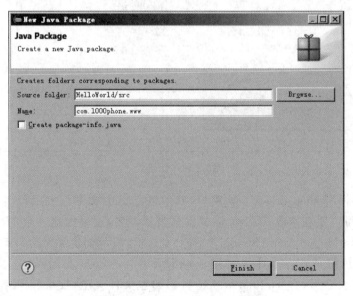

图 1.41　New Java Package 窗口

（3）创建完成之后，在 HelloWorld 项目下的 src 文件夹中，便会出现包名对应的文件夹，如图 1.42 所示。

图 1.42　项目 HelloWorld

（4）右击包名，选择 New→Class 命令创建类，如图 1.43 所示。

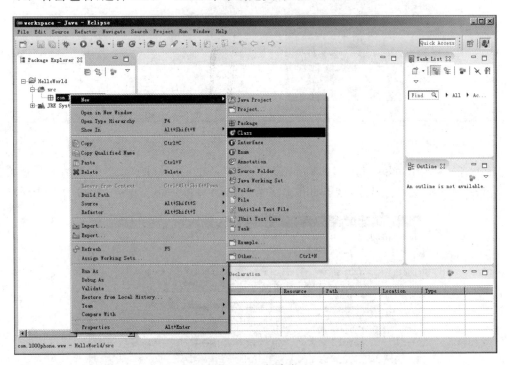

图 1.43　创建类

（5）之后会弹出 New Java Class 窗口，其中，Package 文本框表示包名，此处会默认显示一个包名，也可以手动修改，而 Name 文本框表示类名，这里创建一个 HelloWorld 类，然后选中 public static void main(String[] args) 复选框，表示创建类时会自动生成 main() 方法，单击 Finish 按钮完成类的创建，如图 1.44 所示。

（6）创建完成之后，在 HelloWorld 项目下的包文件夹中，便会出现名为 HelloWorld.java 的类，并会在编辑区自动打开，如图 1.45 所示。

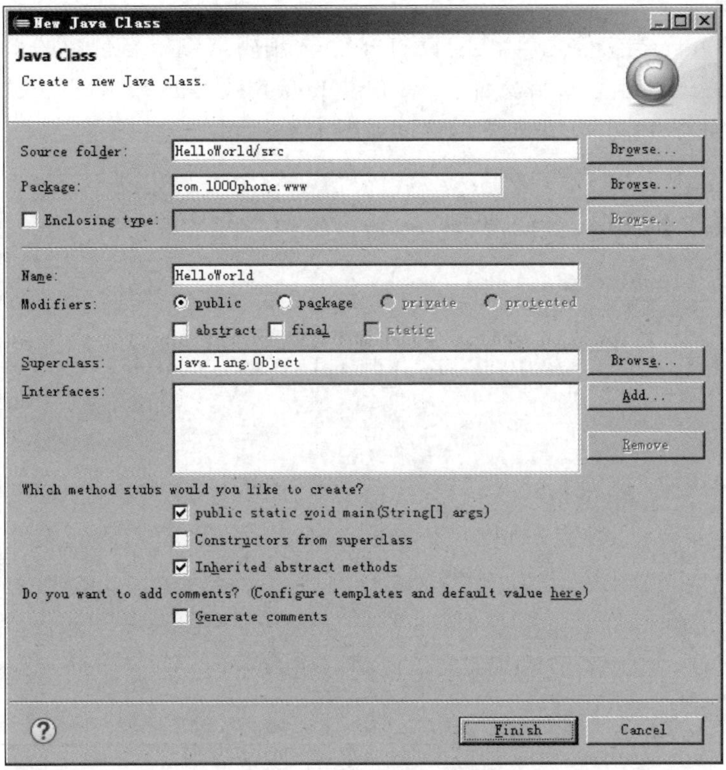

图 1.44　New Java Class 窗口

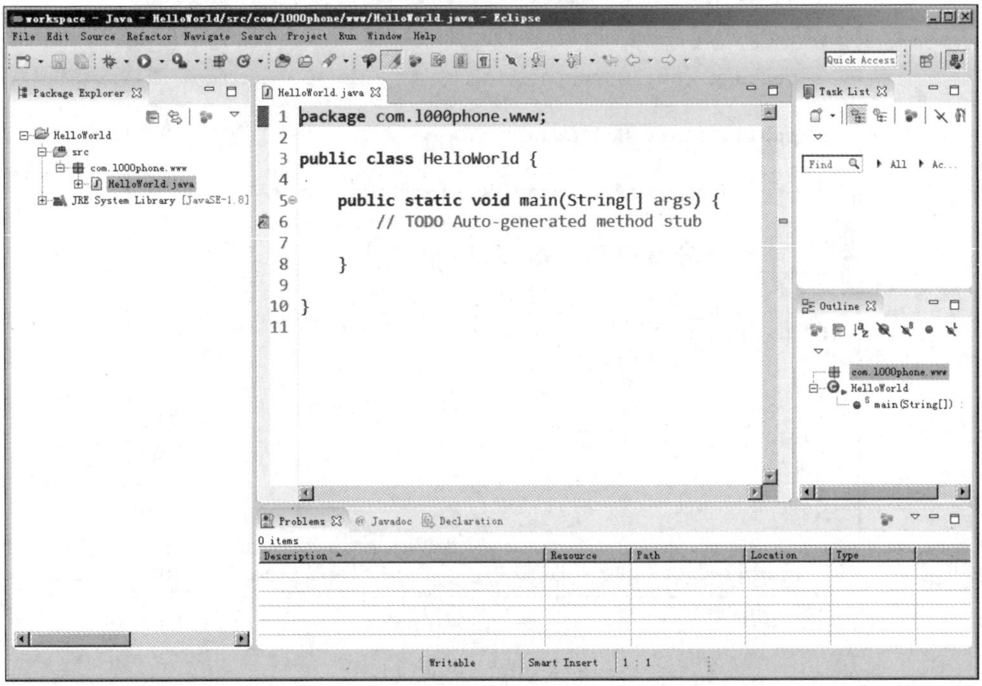

图 1.45　HelloWorld 工作台

3. 编写代码

（1）在创建 Java 类文件之后，会自动打开 Java 编辑器编辑新创建的 Java 类文件。除此之外，还可以通过双击 Java 源文件，或者右击 Java 源文件选择"打开方式"→"Java 编辑器"命令的方式来打开。Java 编辑器的界面如图 1.46 所示。

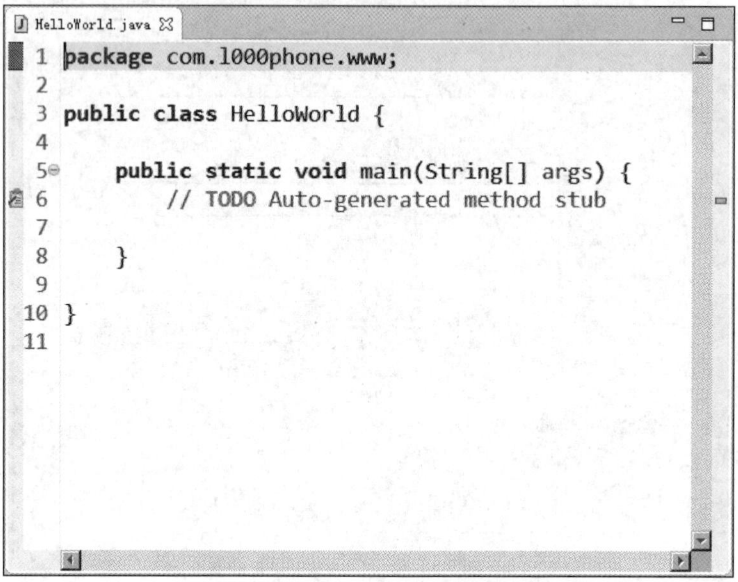

图 1.46　编写代码

（2）在文本编辑器中编写代码，如图 1.47 所示。

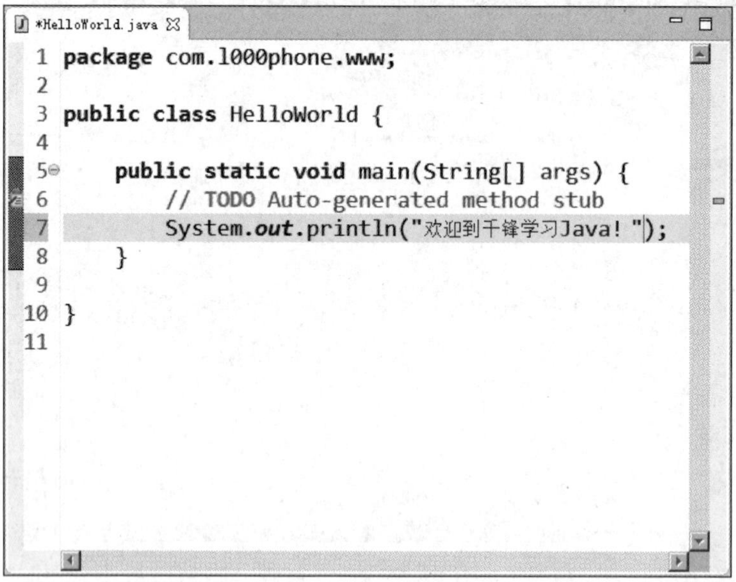

图 1.47　编写代码

程序编辑完成后，直接单击工具栏上的 按钮运行程序，也可以右击 Package Explorer 视图中的 HelloWorld.java 文件或文本编辑区，选择 Run As→Java Application 命令运行程序,如图 1.48 所示。

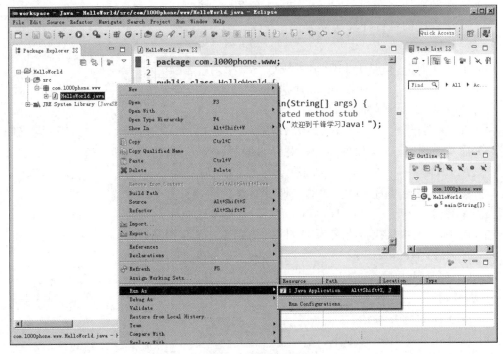

图 1.48　运行程序

程序运行完成后,在 Console 视图中打印运行结果,程序的运行结果如图 1.49 所示。

图 1.49　运行结果

小　　结

通过本章的学习,读者能够对 Java 语言及其相关特性有初步的认识,重点应掌握的是 Java 开发环境的搭建、环境变量的配置、Eclipse 开发工具的安装与使用,能编写出一个简单的程序,理解 Java 的运行机制。

习　　题

1. 填空题

(1) Java 语言最早诞生于 1991 年,起初被称为_____语言。

(2) Java 的跨平台特性正是通过在_____中运行 Java 程序实现的。

(3) Java 的运行环境是用_____实现的。
(4) Java 源程序文件和字节码文件的扩展名分别为_____和_____。
(5) Java 程序的运行环境简称为_____。

2. 选择题

(1) 下列选项中,不属于 Java 语言特点的一项是(　　)。
  A. 分布式   B. 编译执行   C. 安全性   D. 面向对象
(2) Java 属于以下哪种语言?(　　)
  A. 机器语言   B. 高级语言   C. 汇编语言   D. 以上都不是
(3) 简单来说,Java 程序的运行机制分为编写、(　　)和运行三个步骤。
  A. 编辑   B. 汇编   C. 编码   D. 编译
(4) Java 程序经过编译后生成的文件后缀是(　　)。
  A. .obj   B. .exe   C. .class   D. .java
(5) 用 Java 虚拟机执行类名为 Hello 的应用程序的正确命令是(　　)。
  A. java Hello.class   B. Hello.class
  C. java Hello.java   D. java Hello

3. 思考题

(1) 简述什么是 Java 语言。
(2) 简述什么是 JRE 和 JDK。
(3) 简述对 JVM 的理解。
(4) 简述 Java 语言有哪些特点。
(5) 简述使用 Eclipse 工具进行 Java 程序开发的步骤。

4. 编程题

编写程序,显示两条信息"众里寻他午千度""宝剑锋从磨砺出"。

第 2 章　Java 编程基础

本章学习目标
- 熟练掌握 Java 的基本语法。
- 理解 Java 的常量与变量。
- 熟练掌握 Java 的基本数据类型及类型转换。
- 掌握 Java 的运算符。
- 理解 Java 程序的流程控制。

"万丈高楼平地起",要建成一栋高楼大厦的前提是将地基打牢。同样,要想使用 Java 语言开发出一款功能完备的项目,首先需要掌握好 Java 语言的基础知识并能灵活地运用。学好基础知识是学好任何一门语言的关键,只有掌握牢固基础知识,才能够在学习的道路上越走越远。本章将对 Java 语言的基本语法、数据类型、变量的使用、运算符以及程序的结构等基础知识进行讲解。

2.1　Java 的基本语法

2.1.1　语句和表达式

在 Java 程序中要完成的所有任务都可分解为一系列的语句。在编程语言中,语句是简单命令,它会命令计算机执行某种操作。

语句表示程序中发生的单个操作,接下来先看两条简单的 Java 语句,具体示例如下。

```
int i = 10;
System.out.println("Hello World!");
```

如上所示是两条简单的 Java 语句,还有些语句能够提供一个值,例如将两个数相加,生成一个值的语句称为表达式,这个值可以存储下来供程序使用,语句生成的值称为返回值。另外,有些表达式生成数字值,有些表达式生成布尔值等。

Java 程序中通常每条语句占一行,但这只是一种格式规范,并不能决定语句到哪里结束,Java 语句都以分号(;)结尾,可以在一行写多条语句,具体示例如下。

```
int i1 = 10; int i2 = 20;
```

如上所示是两条 Java 语句,但为了让程序便于他人阅读和理解,建议写代码时遵循格式规范,每条语句占一行。

2.1.2 基本格式

Java 语言的语法简单明了,容易掌握,它有着自己独特的语法规范,因此要学好 Java 语言,首先需要学习它的基本语法。

1. 类

类(class)是 Java 的基本结构,一个程序可以包含一个或多个类,Java 使用 class 关键字声明一个类,其语法格式如下。

```
修饰符 class 类名 {
    程序代码
}
```

如上所示为声明一个类的格式,接下来按照这个格式来声明一个类,具体示例如下。

```
public class HelloWorld {                    // 声明一个名为 HelloWorld 的类
}
```

2. 修饰符

修饰符(modifier)用于指定数据、方法、类的属性以及用法,具体示例如下。

```
public class HelloWorld {                    // public 修饰为公有的
    public static void main(String[] args) { // static 修饰为静态的
    }
}
```

3. 块

Java 中使用左大括号({)和右大括号(})将语句编组,组中的语句称为代码块或块语句,具体示例如下。

```
{
    int i1 = 10;
    int i2 = 20;
}
```

如上所示的两条语句在大括号内,称为块语句。

2.1.3 注释

在编写程序时,为了使代码易于阅读,通常会在实现功能的同时为代码加一些注释。注释是对程序的某个功能或者某行代码的解释说明,它只在 Java 源文件中有效,在编译程序时,编译器会忽略这些注释信息,不会将其编译到 class 字节码文件中去。另外,注释还能屏蔽一些暂时不用的语句,等需要时直接取消此语句的注释即可,注释是代码调试的重要方法。

在 Java 中根据功能的不同,注释主要分为单行注释、多行注释和文档注释 3 种。

1. 单行注释

用于对程序的某一行代码进行解释。在注释内容前面加双斜杠"//",Java 编译器会忽略掉这部分信息,具体示例如下。

```
int num;                    // 定义一个整型变量
```

2. 多行注释

用于注释内容有多行时。在注释内容前面以单斜杠加一个星号"/*"开头,并在注释内容末尾以一个星号加单斜杠"*/"结束,具体示例如下:

```
/*
    int x = 10;
    int n = 20;
*/
```

3. 文档注释

用于对一段代码概括地解释说明,可使用 javadoc 命令将注释内容提取生成正式的帮助文档。以单斜杠加两个星号"/**"开头,并以一个星号加单斜杠"*/"结束。

脚下留心

在 Java 中,有的注释能嵌套使用,有的则不能嵌套,下面列出两种具体的情况。

(1) 多行注释中可以嵌套单行注释,具体示例如下。

```
/*
    int x = 10;            // 定义一个整型变量 x
    int n = 20;
*/
```

(2) 多行注释中不能嵌套多行注释,具体示例如下。

```
/*
    /* int x = 10; */
    int n = 20;
*/
```

上面的代码编译报错:Syntax error on tokens, delete these tokens。原因在于编译器会对第一个"/*"和第一个"*/"进行匹配,第二个"/*"被当作注释的内容,第二个"*/"找不到匹配,故编译报错。

2.1.4 标识符与关键字

现实世界中每种事物都有自己的名称,从而与其他事物进行区分。例如,生活中每种交通工具都有一个用来标识的名称,如图 2.1 所示。

在 Java 语言中,同样也需要对程序中各个元素通过命名加以区分,这种用来标识变量、函数、类等元素的符号称为标识符。

Java 语言规定,标识符可以由字母、数字、下画线(_)、美元符($)组成,并且只能以字母或下画线开头。在使用标识符时应注意以下几点。

(1) 命名时应遵循见名知义的原则。
(2) 系统已用的关键字不得用作标识符。
(3) 下画线对解释器有特殊的意义,建议避免使用以下画线开头的标识符。

图 2.1 生活中的标识符

(4) 标识符是区分大小写的。

关键字是指 Java 语言中规定了特定含义的标识符,如 if、class 等,因此不能再使用关键字作为其他名称的标识符。表 2.1 列出了 Java 中常用的关键字。

表 2.1 Java 中常用的关键字

abstract	continue	for	new	switch
assert	default	if	package	synchronized
boolean	do	goto	private	this
break	double	implements	protected	throw
byte	else	import	public	throws
case	enum	instanceof	return	transient
catch	extends	int	short	try
char	final	interface	static	void
class	finally	long	strictfp	volatile
const	float	native	super	while

对于这些关键字,要特别注意以下三点。

(1) enum 是 JDK 5.0 新增关键字,用于定义一个枚举。

(2) goto 和 const 关键字也被称为保留字,是 Java 现在还未使用,但可能在未来的 Java 版本中使用的关键字。

(3) true、false 和 null 是特殊的直接量,虽然不是关键字,但是却作为一个单独标识类型,也不能直接使用。

2.1.5 进制转换

进制就是进位制,是人们规定的一种进位方法。对于任何一种进制——X 进制,就表示某一位置上的数运算时是逢 X 进一位。二进制就是逢二进一,八进制是逢八进一,十进制是逢十进一,十六进制是逢十六进一。同一数值可以在不同进制之间转换,具体转换方式如下。

1. 二进制与十进制的转换

1) 二进制转十进制

按权相加法,即将二进制每位上的数乘以权(N 进制,整数部分第 i 位的权为 $N^{(i-1)}$,小

数部分第 i 位权为 N^{-i}），然后相加的和即是十进制。

如将二进制数 101.101 转换为十进制，具体示例如下。

$$1*2^2 + 0*2^1 + 1*2^0 + 1*2^{-1} + 0*2^{-2} + 1*2^{-3} = 5.625$$

上述表达式可以简写，具体示例如下。

$$1*2^2 + 1*2^0 + 1*2^{-1} + 1*2^{-3} = 5.625$$

2）十进制转换二进制

十进制数转换为二进制数时，由于整数和小数的转换方法不同，所以先将十进制数的整数部分和小数部分分别转换后，再加以合并。

（1）整数部分。

除 2 取余法，即每次将整数部分除以 2，余数为权位上的数，商继续除以 2，直到商为 0 为止，余数逆序读取即是二进制值。

如将十进制数 10 转换为二进制数，转换方法如图 2.2 所示。

图 2.2 中余数逆序读取的值为 1010，即是十进制 10 的二进制值。

（2）小数部分。

乘 2 取整法，即将小数部分乘以 2，取整数部分，剩余小数部分继续乘以 2，直到小数部分为 0 为止，整数部分顺序读取即是二进制值。

如将十进制值 0.125 转换为二进制，转换方式如图 2.3 所示。

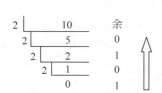

图 2.2　十进制整数转换为二进制 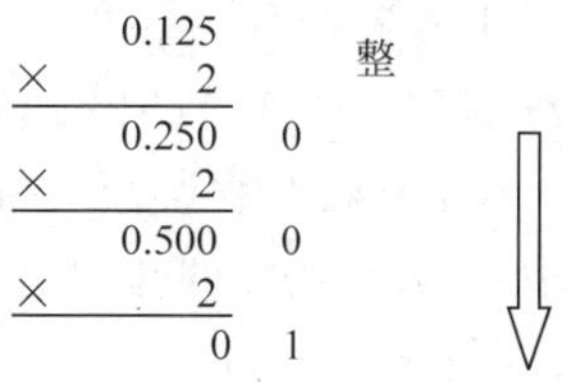　　图 2.3　十进制小数转换为二进制

在图 2.3 中整数顺序读取值为 0.001，即是十进制 0.125 的二进制值。

2. 二进制与八进制的转换

数学关系 $2^3=8$，$2^4=16$，八进制和十六进制就是由此关系衍生而来的，即用三位二进制表示一个八进制，用四位二进制表示一个十六进制。

1）二进制转八进制

取三合一法，即从二进制的分界点（小数点）向左（向右）每三位取成一位，将这三位二进制按权相加，得到的数就是一位八进制数，然后按顺序进行排列，小数点的位置不变，得到的数即是八进制数。如果无法凑足三位，则补 0 凑足三位。

如将二进制数 1101.1 转换为八进制，转换方式如图 2.4 所示。

在图 2.4 中，先从小数点开始每三位取成一位，不足补 0，将三位二进制按权相加，所得数按顺序读取值为 15.4，即是二进制 1101.1 的八进制值。

2）八进制转二进制

取一分三法，即将一位八进制数分解成三位二进制数，用三位二进制按权相加去凑这位八进制数,小数点位置照旧。

如将八进制数 63.2 转换为二进制,转换方式如图 2.5 所示。

```
  1 101 . 1                        6   3  . 2
001 101 . 100  补0              110 011 . 010
 1   5  . 4                     110 011 . 01   去0
```

图 2.4 二进制转八进制   图 2.5 八进制转二进制

二进制与八进制转换过程中的数值对应关系如表 2.2 所示。

表 2.2 二进制和八进制数值对应表

二 进 制	八 进 制	二 进 制	八 进 制
000	0	100	4
001	1	101	5
010	2	110	6
011	3	111	7

3. 二进制与十六进制的转换

这种转换和二进制与八进制转换类似,只不过是将十六进制一位与二进制四位相转换。

1) 二进制转十六进制

取四合一法,即从二进制的分界点(小数点),向左(向右)每四位取成一位,将这四位二进制按权相加,得到的数就是一位十六进制数,然后,按顺序进行排列,小数点的位置不变,得到的数即是十六进制数。如果无法凑足四位,则补 0,凑足四位。

如将二进制数 101011.101 转换为十六进制,转换方式如图 2.6 所示。

在图 2.6 中,先从小数点开始每四位取成一位,不足补 0,将四位二进制按权相加,所得数按顺序读取值为 2B.A,即是二进制 101011.101 的十六进制值。

2) 十六进制转二进制

取一分四法,即将一位十六进制数分解成四位二进制数,用四位二进制按权相加去凑这位十六进制数,小数点位置照旧。

如将十六进制数 6E.2 转换为二进制,转换方式如图 2.7 所示。

```
  10 1011 . 101                      6    E  . 2
0010 1011 . 1010  补0             0110 1110 . 0010
  2    B  . A                      110 1110 . 001   去0
```

图 2.6 二进制转十六进制   图 2.7 十六进制转二进制

二进制与十六进制转换过程中的数值对应关系如表 2.3 所示。

4. 八进制与十六进制的转换

这种转换不能直接进行,先将八进制(或十六进制)转换为二进制,然后再将二进制转换为十六进制(或八进制),小数点位置不变。

5. 八进制、十六进制与十进制的转换

(1) 间接法,先将进制数转换为二进制,然后再将二进制转换为目标进制。

(2) 直接法,和二进制与十进制的转换类似。

表 2.3 二进制和十六进制数值对应表

二 进 制	十六进制	二 进 制	十六进制
0000	0	1000	8
0001	1	1001	9
0010	2	1010	A
0011	3	1011	B
0100	4	1100	C
0101	5	1101	D
0110	6	1110	E
0111	7	1111	F

2.2 基本数据类型

Java 语言中只包含 8 种基本数据类型,根据存储类型分为数值型、字符型和布尔型,如图 2.8 所示。

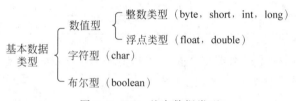

图 2.8 Java 基本数据类型

2.2.1 整数类型

整数类型变量用来存储整数值,即数据中不含有小数或分数。在 Java 中,整数类型分为字节型(byte)、短整型(short)、整型(int)和长整型(long)四种,四种类型所占内存空间大小和取值范围如表 2.4 所示。

表 2.4 整型类型

类 型	占用空间	取值范围
byte	8 位(1B)	$-2^7 \sim 2^7-1$
short	16 位(2B)	$-2^{15} \sim 2^{15}-1$
int	32 位(4B)	$-2^{31} \sim 2^{31}-1$
long	64 位(8B)	$-2^{63} \sim 2^{63}-1$

表 2.3 中列出了四种整数类型变量所占内存空间大小和取值范围。如一个 byte 类型的变量会占用 1B 大小的内存空间,存储的值必须为 $-2^7 \sim 2^7-1$ 的整数。

在 Java 中直接给出一个整型值,其默认类型就是 int 类型。使用中通常有两种情况,具体如下。

(1) 直接将一个在 byte 或 short 类型取值范围内的整数值赋给 byte 或 short 变量,系统会自动把这个整数当成 byte 或 short 类型来处理。

```
byte n = 100;              // 系统自动将 int 常量 100 当成 byte 类型处理
```

（2）将一个超出 int 取值范围的整数值赋给 long 变量，系统不会自动把这个整数值当成 long 类型来处理。此时必须声明 long 型常量，即在整数值后面添加字母 l 或 L。如果整数值未超过 int 型的取值范围，则可以省略字母 l 或 L。

```
long x = 99999;             // 所赋的值未超出 int 取值范围,可以加 L,也可省略
long z = 9999999999L;       // 所赋的值超出 int 取值范围,必须加 L 后缀
```

2.2.2 浮点数类型

浮点数类型变量用来存储实数值。在 Java 中，浮点数分为两种：单精度浮点数（float）和双精度浮点数（double）。Java 的浮点数遵循 IEEE 754 标准，采用二进制数据的科学记数法来表示。浮点数类型所占内存空间大小和取值范围如表 2.5 所示。

表 2.5 整型类型

类 型	占 用 空 间	取 值 范 围
float	32 位（4B）	$-3.4 \times 10^{38} \sim 3.4 \times 10^{38}$
double	64 位（8B）	$-1.79 \times 10^{308} \sim 1.79 \times 10^{308}$

表 2.4 中列出了两种浮点数类型变量所占内存空间大小和取值范围。如一个 float 类型的变量会占用 4B 的内存大小，存储的值必须为 $-3.4 \times 10^{38} \sim 3.4 \times 10^{38}$。

在 Java 中，使用浮点型数值时，默认的类型是 double，在数值后面可加上 d 或 D，作为 double 类型的标识。在数值后面加上 f 或 F，则作为 float 类型的识别。若没有加上，Java 就会将该数据视为 double 类型，而在编译时就会发生错误，提示可能会丢失精度。具体示例如下。

```
double n = 10.0;           // 数值默认为 double 型
float x = 10.0;            // 将丢失精度,错误赋值
float y = 10.0f;           // 正确赋值,给数值添加 f 后缀,将数值视为 float 型
```

2.2.3 字符类型

字符型变量用来存储单个字符，字符型值必须使用英文半角格式的单引号"'"括起来。Java 语言使用 char 表示字符型，占用 2B 内存空间，取值范围为 0～65 535 的整数。Java 语言采用 16 位 Unicode 字符集编码，为每个字符制定一个统一并且唯一的数值，支持中文字符。具体示例如下。

```
char a = 'b';              // 为一个 char 类型的变量赋值字符 b
```

2.2.4 布尔类型

布尔类型变量用来存储布尔类型的值，布尔类型的值只有 true（真）和 false（假）两种。Java 的布尔类型用 boolean 表示，占用 1B 内存空间。具体示例如下。

```
boolean b1 = true;          // 声明 boolean 型变量值为 true
boolean b2 = false;         // 声明 boolean 型变量值为 false
boolean b3 = 1;             // 不能用非 0 来代表真,错误
boolean b4 = 0;             // 不能用 0 来代表假,错误
```

2.3 变量与常量

在程序执行过程中,其值不能被改变的量称为常量,其值能被改变的量称为变量。变量与常量在编写程序中需要经常使用,本节将详细介绍变量与常量的使用方法。

2.3.1 变量的定义

变量的使用是程序设计中一个十分重要的环节,定义变量就是告诉编译器这个变量的数据类型,这样编译器才知道需要配置多少内存空间给它,以及它能存放什么样的数据。在程序运行过程中,空间内的值是变化的,这个内存空间就称为变量。为了便于操作,给这个空间取个名字,称为变量名。变量的命名必须是合法的标识符。内存空间内的值就是变量值,在声明变量时可以不赋值,也可以直接赋给初值。

声明变量的语法格式如下。

```
数据类型 变量名;
```

如需声明多个相同类型的变量时,可使用下面的语法格式。

```
数据类型 变量名1,变量名2,…,变量名n;
```

接下来,通过具体的代码学习变量的定义,具体示例如下。

```
int n,q = 1;                // 定义了两个 int 类型的变量,为 q 赋初值为 1
double x, y, z;             // 定义了 3 个 double 类型的变量
```

对于变量的命名并不是任意的,应遵循以下 4 条规则。
(1) 变量名必须是一个有效的标识符。
(2) 变量名不可以使用 Java 关键字。
(3) 变量名不能重复。
(4) 应选择较有意义的单词作为变量名。

2.3.2 变量的类型转换

Java 的数据类型在定义时就已经明确了,但程序中有时需要进行数据类型的转换,Java 允许用户有限度地进行数据类型转换。数据类型转换方式分为自动类型转换和强制类型转换两种。

1. 自动类型转换

自动类型转换也称为隐式类型转换,指两种数据类型在转换过程中不需要显式地进行声明。Java 会在下列条件成立时,自动做数据类型的转换。

(1) 转换的两种数据类型彼此兼容。
(2) 目标数据类型的取值范围比原类型大。

类型转换只限该行语句，并不会影响原先定义的变量类型，而且自动类型转换可以保持数据的精度，不会因为转换而丢失数据内容。

Java 支持自动类型转换的类型如图 2.9 所示。

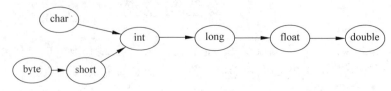

图 2.9　自动数据类型转换图

自动类型转换示例说明如下。

```
byte b = 97;              // 声明 byte 型变量值为 97
char c = b;               // 错误，byte 类型不能自动类型转换为 char 类型
float f = b;              // 正确，byte 类型能自动类型转换为 float 类型
double d = 'c';           // 正确，char 类型能自动类型转换为 double 类型
```

在 Java 中，任何基本类型的值和字符串进行连接运算"+"时，基本类型的值将自动类型转换为字符串类型，字符串用 String 类表示，是引用类型。具体示例如下。

```
String s = 97;            // 错误，不能直接将基本类型赋值给字符串
String str = 97 + "";     // 正确，基本类型的值自动转换为字符串，""代表空字符串
```

2. 强制类型转换

强制类型转换也称为显式转换，指两种数据类型转换过程中需要显式地进行声明。当转换的两种数据类型彼此不兼容，或者目标数据类型的取值范围小于原类型，而无法进行自动类型转换时，就需要进行强制类型转换。打开 Eclipse 开发工具，新建一个 Java 项目，在 src 根目录下新建一个 test 包。并在该包下新建 TestTypeCast 测试类，如例 2-1 所示。

例 2-1　TestTypeCast.java

```
1   package test;
2   public class TestTypeCast {
3       public static void main(String[] args) {
4           int n = 128;
5           byte b = n;
6           System.out.println(b);
7       }
8   }
```

程序的运行结果如图 2.10 所示。

在图 2.10 中，由控制台中打印的结果可以看出运行代码时出现了编译错误，提示第 5 行代码类型不兼容，出现这样错误的原因是将 int 转换到 byte 时，int 类型的取值范围大于 byte 类型的取值范围，转换会导致精度损失，也就是用 1B 的变量来存储 4B 的变量值。

图 2.10　例 2-1 运行结果

对第 5 行代码进行强制类型转换，修改为下面的代码：

byte b = (byte) n;

程序的运行结果如图 2.11 所示。

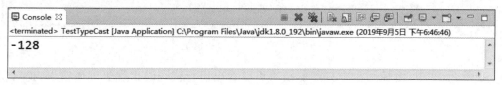

图 2.11　例 2-1 修改后运行结果

当试图强制把取值范围大的类型转换为取值范围小的类型时，将会引起溢出，从而导致数据丢失。图 2.11 中运行结果为 −128，出现这种现象的原因是，int 类型占 4B，byte 类型占 1B，将 int 类型变量强制转换为 byte 类型时，Java 会将 int 类型变量的 3 个高位字节截断，直接丢弃，变量值发生了改变，如图 2.12 所示。

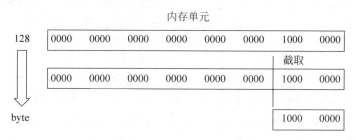

图 2.12　强制转换过程

2.3.3　变量的作用域

变量的作用域是指它的作用范围，只有在这个范围内，程序代码才能访问它。变量声明在程序中的位置决定了变量的作用域。变量一定会声明在一对大括号中，该大括号所包含的代码区域就是这个变量的作用域。下面通过一个示例来分析变量的作用域，如例 2-2 所示。

例 2-2　TestScope.java

```
1    package test;
2    public class TestScope {
3        public static void main(String[] args) {
```

```
4        int x = 100;                    // 定义变量 x
5        {
6            int y = 200;                // 定义变量 y
7        }
8        System.out.println(y);          // 访问变量 y
9    }
10 }
```

程序的运行结果如图 2.13 所示。

图 2.13　例 2-2 编译报错

在图 2.13 中,由控制台中打印的结果可以看出运行代码时出现了编译错误,提示"找不到符号"。报错的原因在于:第 8 行代码中的变量 y 超出了其作用域。将第 8 行代码放置在第 6 行代码之后,再次编译程序不再报错,程序的运行结果如图 2.14 所示。

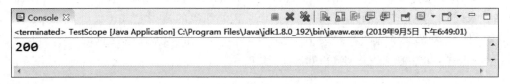

图 2.14　例 2-2 修改后运行结果

2.3.4　常量

常量就是一个固定的值,是不能被改变的数据。Java 程序中使用的直接量称为常量,是在程序中通过源代码直接给出的值,在整个程序执行过程中都不会改变,也称最终量。

1. 整型常量

整型常量是整数类型的数据,可分为二进制、八进制、十进制和十六进制 4 种,具体表示如下。

(1) 二进制:由数字 0 和 1 组成,用 0b 或 0B 开头的字面值,如 0b110、0B110。

(2) 八进制:由[0,7]的整数组成,用 0 开头的字面值,如 0110。

(3) 十进制:由[0,9]的整数组成的字面值,如 110。

(4) 十六进制:由数字[0,9]和字符[A,F]组成,用 0x 或 0X 开头的字面值,如 0x12、0XAbA。

2. 浮点数常量

浮点数就是实数,包含小数点,可以用标准小数形式和科学记数法形式两种方式表示,具体表示如下。

(1) 标准小数:由整数部分、小数点和小数部分构成,如 1.5、2.2。

(2) 科学记数法：由一个标准式加上一个以 10 为底的幂构成，两者间用 e 或 E 隔开，如 1.2e+6,5E-8。

在 Java 中，分为 float 单精度浮点数和 double 双精度浮点数两种类型，单精度浮点数以 f 或 F 结尾，双精度浮点数以 d 或 D 结尾。不加后缀会默认为双精度浮点数。

3. 字符常量

字符常量有三种形式，具体表示如下。

(1) 用单引号括起来的字符，如'a''0'。

(2) 转义字符，如'\n''\t''\0'。

(3) 用 Unicode 值表示的字符，格式是'\uXXXX'，其中，XXXX 代表一个十六进制的整数，如'\u0000'。

4. 字符串常量

字符串常量就是用双引号括起来的字符序列，如"欢迎学习 Java""A"。

5. 布尔常量

布尔常量就是布尔类型的两个值 true 和 false，用于表示真和假。

6. null 常量

null 常量只有一个值 null，表示对象引用为空。

多学一招：转义字符

Java 定义了一种特殊的标记来表示特殊字符，这种标记称为转义序列，转义序列由(\)后面加上一个字符或者一些数字位组成。如\t 表示 Tab 字符，\u000A 表示换行符\n。转义序列中的序列号作为一个整体翻译，而不是分开翻译。一个转义序列被当作一个字符。

常用的转义序列如下。

(1) \b，退格键，Unicode 码为\u0008。

(2) \t，Tab 键，Unicode 码为\u0009。

(3) \n，换行符，Unicode 码为\u000A。

(4) \r，回车符，Unicode 码为\u000D。

反斜杠\被称为转义字符，它是一个特殊字符。有特殊意义的字符，无法直接表示，需要用转义序列来表示。

(1) \'，单引号字符，Java 中单引号表示字符的开始和结束，直接写单引号字符(')，编译器会匹配前两个是一对，会报错，所以需要使用转义字符\'。

(2) \"，双引号字符，Java 中双引号表示字符串的开始和结束，要显示双引号需要使用转义字符\"，如"欢迎学习\"Java\""。

(3) \\，反斜杠字符，Java 中的反斜杠是转义字符，要显示反斜杠，需要使用转义字符\\。

2.4 Java 中的运算符

程序是由许多语句组成的，而组成语句的基本单位就是表达式与运算符。Java 提供了很多运算符，这些运算符除了可以处理一般的数学运算外，还可以做逻辑运算、位运算等。根据功能的不同，运算符可以分为算术运算符、赋值运算符、关系运算符、逻辑运算符和位运算符。

2.4.1 算术运算符

算术运算符在数学上经常会用到。Java 中算术运算符主要用于进行基本的算术运算，如加法、减法、乘法、除法等。Java 中的算术运算符及其使用范例如表 2.6 所示。

表 2.6 算术运算符

运算符	运算	范例	结果
＋	正号	＋10	10
－	负号	n＝10；－n；	－10
＋	加	5＋5	10
－	减	5－5	0
＊	乘	5＊5	25
/	除	5/5	1
％	取模	10％3	1
＋＋	自增	a＝1；b＝＋＋a； a＝1；b＝a＋＋；	a＝2；b＝2； a＝2；b＝1；
－－	自减	a＝1；b＝－－a； a＝1；b＝a－－；	a＝0；b＝0； a＝0；b＝1；

算术运算符中有些特殊的运算符，使用时需要特别注意。

1. 除法运算符 /

（1）若除法运算符的两个操作数都是整型，则计算结果也是整型，除数不能为 0。

（2）若除法运算符的两个操作数只要有一个是浮点数，则计算结果也是浮点数。

```
System.out.println(10 / 3);          // 3
System.out.println(10 / 0);          // 除数不能为 0,错误
System.out.println(10 / 3.0);        // 3.3333333333333335
System.out.println(10.0 / 0);        // Infinity,正无穷大
System.out.println(-10 / 0.0);       // -Infinity,负无穷大
```

2. 取模运算符 ％

取模运算符也称取余运算符，运算得到的是除法运算的余数。运算结果的正负取决于被取模数（被除数）的符号，与模数（除数）的符号无关。

```
System.out.println(5.5 % 3.2);       // 2.3
System.out.println(5 % 0.0);         // NaN,非数
System.out.println(-5 % 0.0);        // NaN,非数
System.out.println(0 % 5.0);         // 0.0
System.out.println(0 % 0.0);         // NaN,非数
System.out.println(5 % 0);           // 除数不能为 0,错误
System.out.println((-5) % 3);        // -2
System.out.println(5 % (-3));        // 2
```

3. 自增、自减运算符 ＋＋、－－

（1）自增、自减运算符是单目运算符，即只有一个操作数。

（2）操作数只能是变量，不能是常量或表达式。根据所放位置不同，分为前缀和后缀。

运算规则：前缀，先算后用；后缀，先用后算。

```
int n = 1++;                  // 单目运算符的操作数不能是常量1，错误
int a = 1;
int b = ++a + 2;              // a = 2, b = 4; a 先自增，再进行加 2 运算
int c = a-- + 2;              // a = 1, c = 4; a 先进行加 2 运算，再自减
```

2.4.2 赋值运算符

赋值运算符用于为变量指定值，不能为常量或表达式赋值。当赋值运算符两边的数据类型不一致时，使用自动类型转换或强制类型转换原则进行处理。Java 中的赋值运算符和使用范例如表 2.7 所示。

表 2.7 赋值运算符

运算符	运算	范例	结果
=	赋值	a=3; b=2;	a=3; b=2;
+=	加等于	a=3; b=2; a+=b;	a=5; b=2;
-=	减等于	a=3; b=2; a-=b;	a=1; b=2;
*=	乘等于	a=3; b=2; a*=b;	a=6; b=2;
/=	除等于	a=3; b=2; a/=b;	a=1; b=2;
%=	模等于	a=3; b=2; a%=b;	a=1; b=2;

赋值语句的结果是将表达式的值赋给左边的变量。具体示例如下。

```
int n = 10;                   // 声明并赋值
int a, b, c;                  // 连续声明
a = b = c = 10;               // 多个变量同时赋值，表达式等价于 c = 10; b = c; a = b;
int x = y = z = 10;           // 错误，Java 不支持此语法
```

除了 = 运算符外，其他都是扩展赋值运算符，编译器首先会进行运算，再将运算结果赋值给变量。具体示例如下。

```
int a = 1;                    // 声明变量 a
a += 1;                       // a = 2; 表达式等价于 a = a + 1;
a *= 2;                       // a = 4; 表达式等价于 a = a * 2;
```

变量在赋值时，如果两种类型彼此不兼容，或者目标类型取值范围小于原类型时，需要进行强制转换。而使用扩展运算符赋值时，强制类型转换将自动完成，不需要显式声明的强制转换。具体示例如下。

```
byte b = 1;                   // 声明变量 b
b = b + 1;                    // 错误，因为常量1默认是 int 类型，b+1 就是 int 类型
b += 1;                       // 正确，自动完成强制类型转换
```

2.4.3 关系运算符

关系运算符即比较运算符，用于比较两个变量或常量的大小，比较运算的结果是一个布

尔值,即 true 或 false。Java 中的关系运算符和使用范例如表 2.8 所示。

表 2.8 关系运算符

运算符	运算	范例	结果
==	相等于	1==2	false
!=	不等于	1!=2	true
<	小于	1<2	true
>	大于	1>2	false
<=	小于或等于	1<=2	true
>=	大于或等于	1>=2	false

使用关系运算符时需要特别注意,除==运算符之外,其他关系运算符都只支持左右两边的操作数都是数值类型的情况。只要进行比较的两个操作数是数值类型,不论它们的数据类型是否相同,都能进行比较。基本类型变量、常量不能和引用类型的变量、常量使用==进行比较。boolean 类型的变量、常量不能与其他任意类型的变量、常量使用==比较。如果引用类型之间没有继承关系,也不能使用==进行比较。具体示例如下。

```
boolean b = 1 < 2.0;              // b = true
boolean b = "0" <= "0";           // <= 不支持引用类型的比较,错误
boolean b = "0" == "0";           // b = true; == 支持字符串类型比较
boolean b = true != 0;            // == 不支持布尔类型与其他类型比较
boolean b = true == false;        // b = false
```

2.4.4 逻辑运算符

逻辑运算符用于操作两个布尔型的变量和常量,其结果仍是布尔类型值。Java 中的逻辑运算符和使用范例如表 2.9 所示。

表 2.9 逻辑运算符

运算符	运算	范例	结果
&	与	true & true true & false false & false false & true	true false false false
|	或	true | true true | false false | false false | true	true true false true
^	异或	true ^ true true ^ false false ^ false false ^ true	false true false true
!	非	! true ! false	false true

续表

运算符	运算	范例	结果
&&	短路与	true && true true && false false && false false && true	true false false false
||	短路或	true || true true || false false || false false || true	true true false true

有些逻辑运算符有其独特的用法,使用时需要特别注意,具体如下。

1. &、&& 运算符

& 和 && 运算符都表示与操作,运算符前后的两个操作数的值皆为 true,运算的结果才会为 true,否则为 false。两者在使用上有一定的区别:使用 & 运算符,要求对运算符前后的两个操作数都进行判断;而使用 && 运算符,当运算符前面的操作数的值为 false 时,则其后面的操作数将不再判断。因此 && 被称为短路与,如例 2-3 所示。

例 2-3 TestAndOperator.java

```
1   public class TestAndOperator {
2       public static void main(String[] args) {
3           int i = 0;                      // 定义变量 i,并初始化为 0
4           int j = 0;                      // 定义变量 j,并初始化为 0
5           boolean flag;
6           flag = i > 0 & ++i > 0;         // 逻辑与 &,两边的操作数都会运算
7           System.out.println("& 运算结果:" + flag);
8           System.out.println("i = " + i);
9           // 短路与 &&,左边操作数为 false,右边操作数不再运算
10          flag = j > 0 && ++j > 0;
11          System.out.println("&& 运算结果:" + flag);
12          System.out.println("j = " + j);
13      }
14  }
```

程序的运行结果如图 2.15 所示。

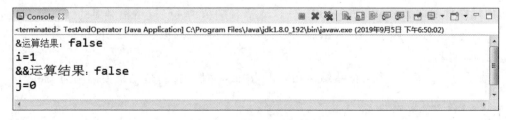

图 2.15 例 2-3 运行结果

在例 2-3 中,定义了整型变量 i 和 j,并初始化为 0。第 6 行代码中使用 & 运算符,运算符左边值为 false,此时无论右边表达式的结果是什么,整个表达式的值都为 false。由于 &

运算符的两边的操作数都会运算,所以执行表达式++i>0后,i的值为1。与之相对应的第10行代码,使用&&运算符,运算符左边值为false,右边的表达式将不再运算,因此变量j的值仍为0。

2. |、|| 运算符

|和||运算符都表示或操作,运算符前后的两个操作数的值只要有一个为true,运算结果就会为true,否则为false。两者在使用上也有一定的区别:当使用|运算符,要求对运算符前后的两个操作数都进行判断;而使用||运算符,当运算符前面的操作数的返回值为true,则其后面的操作数将不再判断。因此||被称为短路或,如例2-4所示。

例2-4 TestOrOperator.java

```
1   public class TestOrOperator {
2       public static void main(String[] args) {
3           int i = 0;                   // 定义变量i,并初始化为0
4           int j = 0;                   // 定义变量j,并初始化为0
5           boolean ret;
6           ret = true | ++i>0;          // 逻辑或|,两边的操作数都会运算
7           System.out.println("|运算结果:" + ret);
8           System.out.println("i = " + i);
9           ret = true || ++j>0;         // 短路或||,左边操作数为true,右边操作数不再运算
10          System.out.println("||运算结果:" + ret);
11          System.out.println("j = " + j);
12      }
13  }
```

程序的运行结果如图2.16所示。

图2.16 例2-4运行结果

例2-4中,定义了整型变量i和j,并初始化为0。第6行代码中使用|运算符,运算符左边值为true,此时无论右边表达式的结果是什么,整个表达式的值都为true。由于|运算符两边的操作数都会运算,执行表达式++i>0后,i的值为1。与之相对应的第9行代码,使用||运算符,当前面表达式为true,后面表达式将不再运算,因此变量j的值仍为0。

3. ^运算符

^表示异或运算,两个操作数结果相同则为false,两个操作数结果不同则为true。

2.4.5 位运算符

位运算操作就是指进行二进制位的运算。Java中的位运算符和使用范例如表2.10所示。

表 2.10 位运算符

运算符	运算	范例	结果
&	按位与	0 & 0 0 & 1 1 & 1 1 & 0	0 0 1 0
|	按位或	0 | 0 0 | 1 1 | 1 1 | 0	0 1 1 1
~	取反	~0 ~1	1 0
^	按位异或	0 ^ 0 0 ^ 1 1 ^ 1 1 ^ 0	0 1 0 1
<<	左移	0000 0001<<2 1000 0001<<2	0000 0100 0000 0100
>>	右移	0000 0100>>2 1000 0100>>2	0000 0001 1110 0001
>>>	无符号右移	0000 0100>>>2 1000 … 0100>>>2	0000 0001 0010 … 0001

位运算符只能操作整数类型的变量或常量。位运算的运算法则具体如下。

1. &

按位与运算符,参与按位与运算的两个操作数相对应的二进制位上的值同为 1,则该位运算结果为 1,否则为 0。

例如,将 byte 型的常量 12 与 6 进行与运算,12 对应二进制为 0000 1100,6 对应二进制为 0000 0110,具体演算过程如下所示。

$$
\begin{array}{r}
0000\ 1100 \\
\&\ 0000\ 0110 \\
\hline
0000\ 0100
\end{array}
$$

运算结果为 0000 0100,对应数值 4。

2. |

按位或运算符,参与按位或运算的两个操作数相对应的二进制位上的值有一个为 1,则该位运算结果为 1,否则为 0。

例如,将 byte 型的常量 12 与 6 进行或运算,具体演算过程如下所示。

$$
\begin{array}{r}
0000\ 1100 \\
|\ 0000\ 0110 \\
\hline
0000\ 1110
\end{array}
$$

运算结果为 0000 1110,对应数值 14。

3. ~

取反运算符为单目运算符,即只有一个操作数,二进制位值为1,则取反值为0;值为0,则取反值为1。

例如,将 byte 型的常量12进行取反运算,具体演算过程如下所示。

$$\begin{array}{r} \sim\ 0000\ 1100 \\ \hline 1111\ 0011 \end{array}$$

运算结果为1111 0011,对应数值-13。

4. ^

按位异或运算符,参与按位异或运算的两个操作数相对应的二进制位上的值相同,则该位运算结果为0,否则为1。

例如,将 byte 型的常量12与6进行异或运算,具体演算过程如下所示。

$$\begin{array}{r} 0000\ 1100 \\ \hat{}\ \ 0000\ 0110 \\ \hline 0000\ 1010 \end{array}$$

运算结果为0000 1010,对应数值10。

5. <<

左移运算符,将操作数的二进制位整体左移指定位数,左移后右边空位补0,左边移出去的舍弃。

例如,将 byte 型的常量12进行左移3位运算,具体演算过程如下所示。

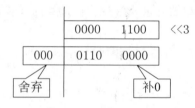

运算结果为0110 0000,对应数值96。

6. >>

右移运算符,将操作数的二进制位整体右移指定位数,右移后左边空位以符号位填充,右边移出去的舍弃,即如果第一个操作数为正数,则左空位补0;如果第一个操作数为负数,则左空位补1。

例如,将 byte 型的常量12与-12(二进制码为1111 0100)分别进行右移3位运算,具体演算过程如下所示。

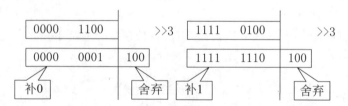

运算结果分别为0000 0001和1111 1110,对应数值分别为1和-2。

7. >>>

无符号右移运算符,将操作数的二进制位整体右移指定位数,右移后左边空位补0,右边移出去的舍弃。

例如,将 byte 型的常量 12 与 −12(二进制码为 1111 0100)分别进行无符号移 3 位运算,具体演算过程如下所示。

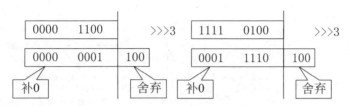

运算结果分别为 0000 0001 和 0001 1110,对应数值分别为 1 和 30。

进行位移运算遵循如下规则。

(1) 对于低于 int 类型(byte、short 和 char)的操作数总是先自动转换为 int 类型后再位移。

(2) 对于 int 类型的位移,当位移数大于 int 位数 32 时,Java 先用位移数对 32 求余,得到的余数才是真正的位移数。例如,a>>33 和 a>>1 的结果完全一样,而 a>>32 的结果和 a 相同。

(3) 对于 long 类型的位移,当位移数大于 long 位数 64 时,Java 先用位移数对 64 求余,得到的余数才是真正的位移数。

对低于 int 类型的操作数进行无符号位移时,需要注意,如果操作数是负数,在自动转换过程中会发生截断,数据丢失,导致位移结果不正确,如例 2-5 所示。

例 2-5 TestBitOperation.java

```
1  public class TestBitOperation {
2      public static void main(String[] args) {
3          int n = -12 >>> 3;              // 对 int 型无符号右移 3 位
4          System.out.println(n);
5          byte a = -12;
6          byte b = 3;
7          byte m = (byte) (a >>> b);      // 对 byte 型无符号右移 3 位
8          System.out.println(m);
9      }
10 }
```

程序的运行结果如图 2.17 所示。

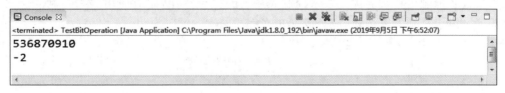

图 2.17 例 2-5 运行结果

图 2.17 中，分别对 int 和 byte 常量－12 进行无符号位移操作，其结果不相同，出现这种现象的原因在于：在对 byte 变量进行位移操作时会先自动转换为 int 型再位移，－12 的二进制码为 1111 0100，自动转换为 int 后的二进制码为 1111 1111 1111 1111 1111 1111 1111 0100，无符号右移 3 位为 0001 1111 1111 1111 1111 1111 1111 1110（即 536870910），再强制转换为 byte 类型，数据被截断为 1111 0100，即－2。具体演算过程如下所示。

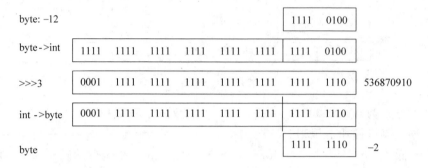

2.4.6 运算符的优先级

优先级就是运算符在计算时的顺序，运算符有不同的优先级。运算符的运算顺序称为结合性，Java 大部分运算符是从左向右结合的，只有单目运算符、赋值运算符和三目运算符是从右向左运算的。表 2.11 中列出了 Java 中运算符的优先级，数字越小优先级越高。

表 2.11 逻辑运算符

优先级	运算符	运算符说明	结合性
1	() [] . , ;	分隔符	从左向右
2	! +(正) -(负) ~ ++ --	单目运算符	从右向左
3	* / %	算术运算符	从左向右
4	+(加) -(减)		
5	<< >> >>>	位移运算符	从左向右
6	< <= >= > instanceof	关系运算符	从左向右
7	== !=		
8	&		
9	^	按位运算符	从左向右
10	|		
11	&&	逻辑运算符	从左向右
12	||		
13	?:	三目运算符	从右向左
14	= += *= /= %= &= |= ^= <<= >>= >>>=	赋值运算符	从右向左

不要过多依赖运算符的优先级来控制表达式的执行顺序，而应使用()来控制表达式的执行顺序。过于复杂的表达式，应分成几步来完成。

2.5 程序的结构

一般来说，程序的结构分为顺序结构、选择结构和循环结构三种，这三种不同的结构有一个共同点，就是它们都只有一个入口，也只有一个出口。这些单一入口、单一出口的结构可以让程序易读、好维护,也可以减少调试的时间。下面将详细介绍这三种不同的程序结构。

2.5.1 顺序结构

结构化程序中最简单的结构就是顺序结构。顺序结构是按照程序语句出现的先后顺序一句一句地执行,直到程序结束。顺序结构的执行流程,如图 2.18 所示。

2.5.2 选择结构

在日常生活中,经常能遇到需要进行选择的场景,例如,在利用提款机提款时,会进入到选择取款金额的界面,用户可以根据个人需求选择提取不同的金额,提款机根据用户的选择给出相应的金额,其程序的流程就是利用条件选择语句设计而成的。

选择结构也称分支结构,是根据条件的成立与否决定要执行哪些语句的一种结构,选择结构的执行流程如图 2.19 所示。

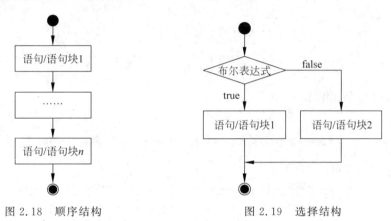

图 2.18　顺序结构　　　　图 2.19　选择结构

Java 提供了两种分支结构语句:if 语句和 switch 语句。其中,if 语句使用布尔表达式或布尔值作为分支条件来进行分支控制;而 switch 语句用于对多个整数值进行匹配,从而实现多分支控制。下面将分别对 if 语句和 switch 语句的使用进行详细的讲解。

1. if 语句

if 条件语句是一个重要的编程语句,用于告诉程序在某个条件成立的情况下执行某段语句,而在另一种情况下执行另外的语句。关键字 if 之后是作为条件的"布尔表达式",如果该表达式返回的结果为 true,则执行其后的语句;若为 false,则不执行 if 条件之后的语句。

其语法格式如下。

```
if (布尔表达式) {
    程序代码
}
```

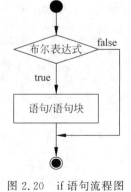

若 if 语句的主体块只有一条语句,则可以省略左右大括号。if 语句的执行流程如图 2.20 所示。

图 2.20　if 语句流程图

if 语句的具体用法如例 2-6 所示。

例 2-6　TestIf.java

```
1   public class TestIf {
2       public static void main(String[] args) {
3           double PI = 3.14;
4           int r = -2;
5           double perimeter = 0.0;
6           double area = 0.0;
7           if (r >= 0) {
8               perimeter = 2 * r * PI;
9           }
10          System.out.println("圆半径" + r +"的周长为:" + perimeter);
11          r = 6;
12          if (r >= 0) {
13              area = r * r * PI;
14          }
15          System.out.println("圆半径" + r +"的面积为:" + area);
16      }
17  }
```

程序的运行结果如图 2.21 所示。

图 2.21　例 2-6 运行结果

例 2-6 中,首先定义了变量 r 并将其初始化为-2,接着执行 if 判断语句,判断结果为 false,所以跳过 if 语句块继续执行,因此输出圆半径-2 的周长的值为 0.0。执行语句 r=6 后,if 语句的布尔表达式 r>=0 成立,表达式结果为 true,因此进入并执行 if 的主体语句块,最后输出圆半径 6 的面积为 113.04。

2. if-else 语句

if-else 语句是指满足某个条件,就执行某种处理,否则执行另一种处理。即当布尔表达式成立时,执行 if 语句主体;判断条件不成立时,则执行 else 的语句主体,其语法格式如下。

```
if (布尔表达式) {
    语句块 1
} else {
    语句块 2
}
```

若 if 或 else 的主体语句块只有一条时,则可以省略相应的左右大括号。if-else 语句的执行流程如图 2.22 所示。

if-else 语句的具体用法如例 2-7 所示。

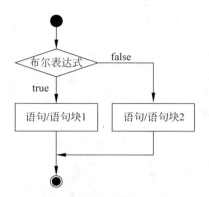

图 2.22　if-else 语句流程图

例 2-7　TestIfElse.java

```
1  public class TestIfElse {
2      public static void main(String[] args) {
3          double PI = 3.14;
4          int r = -2;
5          double perimeter = 0.0;
6          double area = 0.0;
7          if (r >= 0) {
8              perimeter = 2 * r * PI;
9              area = r * r * PI;
10             System.out.println(
11                 "圆半径" + r + "的周长为:" + perimeter + ",面积为:" +
12 area);
13         } else {
14             System.out.println("圆半径不能是负数!");
15         }
16     }
17 }
```

程序的运行结果如图 2.23 所示。

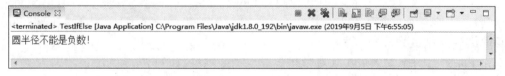

图 2.23　例 2-7 运行结果

在例 2-7 中，定义变量 r 并初始化为-2，执行 if 语句的布尔表达式，r>=0 不成立，表达式结果为 false，则跳过 if 语句块不执行而执行 else 语句块，并打印相应提示信息。

📖 **多学一招：三目运算符**

在 Java 中有一种特殊的运算符叫作三目运算符，它与 if-else 语句类似，具体语法如下。

判断条件？表达式1：表达式2；

当判断条件成立时,执行表达式1,否则将执行表达式2。三目运算符通常用于对变量赋值。具体示例如下。

```
int max = 0;                    // 定义变量 max 保存最大值
int x = 2;                      // 定义变量 x
int y = 6;                      // 定义变量 y
// if-else 形式   获取最大值
if (x > y) {
        max = x;
} else {
        max = y;
}
// 三目运算符   获取最大值
max = x > y ? x : y;
```

3. if-else if-else 语句

由于 if 语句体或 else 语句体可以是多条语句,所以如果需要在 if-else 里判断多个条件,可以"随意"嵌套。比较常用的是 if-else if-else 语句,可用于对多个条件进行判断,进行多种不同的处理。其语法格式如下。

```
if (布尔表达式 1) {
    语句块 1
} else if (布尔表达式 2) {
    语句块 2
}
...
else if (布尔表达式 n) {
    语句块 n
} else {
    语句块 n+1
}
```

当布尔表达式1为 true 时,会执行语句块1。当布尔表达式1为 false 时,则执行布尔表达式2,如果布尔表达式2为 true,则执行语句块2。以此类推,如果所有的条件都为 false,则意味所有条件均未满足,那么 else 后面{}中的语句块 n+1 会执行。if-else if-else 语句的执行流程如图 2.24 所示。

接下来通过一个案例来实现对学生优异成绩的划分,如例 2-8 所示。

例 2-8 TestIfElseIfElse.java

```
1   public class TestIfElseIfElse {
2       public static void main(String[] args) {
3           int score = 58;
4           if (score >= 90) {              // 分数大于或等于 90
5               System.out.println("A");
6           } else if (score >= 80) {       // 分数为[80, 90)
7               System.out.println("B");
8           } else if (score >= 70) {       // 分数为[70, 80)
```

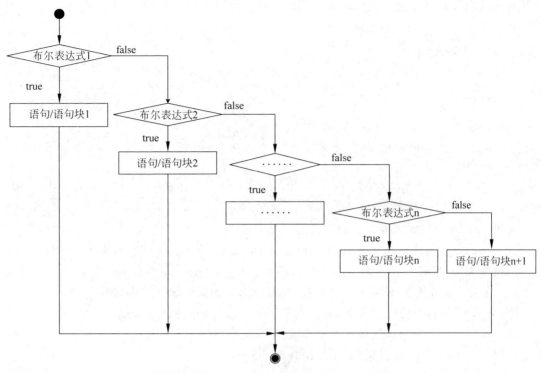

图 2.24　if-else if-else 语句流程图

```
 9              System.out.println("C");
10          } else if (score >= 60) {          // 分数为[60, 70)
11              System.out.println("D");
12          } else {                           // 分数低于 60
13              System.out.println("E");
14          }
15      }
16  }
```

程序的运行结果如图 2.25 所示。

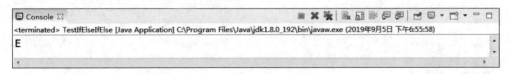

图 2.25　例 2-8 运行结果

在例 2-8 中,首先定义变量 score,并初始化为 58,它不满足第一个布尔表达式 score>= 90,因此会执行第二个布尔表达式,以此类推,当所有的布尔表达式都不成立时,将执行 else 语句块,因此打印结果 E。

4. switch 语句

虽然嵌套的 if-else 语句可以实现多重选择处理,但语句较为复杂,容易将 if 和 else 匹配混淆,从而造成逻辑混乱。在这种情况下,可以使用 switch 语句来实现多重选择的处理。

switch 语句只针对某个表达式的值做出判断,并做出相应的处理。其语法格式如下。

```
switch(表达式) {
    case 常量值 1 :
        语句块 1
        break;
    case 常量值 2 :
        语句块 2
        break;
    ...
    default :
        默认语句块
}
```

使用 switch 语句时需要注意以下几点。

(1) switch 语句的判断条件只能是 byte、short、char 和 int 四种基本类型,JDK 5.0 开始支持枚举类型,JDK 7.0 开始支持 String 类型,不能是 boolean 类型。

(2) 常量 1~常量 N 必须与判断条件类型相同,且为常量表达式,不能是变量。

(3) case 子句后面可以有多条语句,这些语句可以使用大括号括起来。

(4) 程序将从第一个匹配的 case 子句处开始执行后面的所有代码(包括后面 case 子句中的代码)。可以使用 break 跳出 switch 语句。

(5) default 语句是可选的,当所有 case 子句条件都不满足时执行。

接下来用一个例子来说明 switch 语句的具体用法,如例 2-9 所示。

例 2-9　TestSwitch.java

```
1   public class TestSwitch {
2       public static void main(String[] args) {
3           char score = 'B';
4           switch (score) {
5               case 'A':
6                   System.out.println("优秀");
7                   break;
8               case 'B':
9                   System.out.println("良好");
10                  break;
11              case 'C':
12                  System.out.println("中等");
13                  break;
14              case 'D':
15                  System.out.println("及格");
16                  break;
17              case 'E':
18                  System.out.println("不及格");
19                  break;
20              default:
21                  System.out.println("成绩输入错误!");
22          }
23      }
24  }
```

程序的运行结果如图 2.26 所示。

```
Console
<terminated> TestSwitch (1) [Java Application] C:\Program Files\Java\jdk1.8.0_192\bin\javaw.exe (2019年9月5日 下午6:56:58)
良好
```

图 2.26 例 2-9 运行结果

在例 2-9 中，定义变量 score 并初始化为 'B'。执行 case 语句进行匹配时，判断结果满足第 8 行代码条件，因此打印"良好"，然后再执行 break 跳出 switch 语句，否则将继续执行后面的 switch 代码，直到遇到 break 语句跳出 switch 或 switch 语句执行完毕为止，如例 2-10 所示。

例 2-10　TestSwitchBreak.java

```java
1   public class TestSwitchBreak {
2       public static void main(String[] args) {
3           char score = 'B';
4           switch (score) {
5               case 'A':
6                   System.out.println("case 'A':");
7               case 'B':
8                   System.out.println("case 'B':");
9               case 'C':
10                  System.out.println("case 'C':");
11              case 'D':
12                  System.out.println("及格");
13                  break;
14              case 'E':
15                  System.out.println("不及格");
16                  break;
17              default:
18                  System.out.println("成绩输入错误!");
19          }
20      }
21  }
```

程序的运行结果如图 2.27 所示。

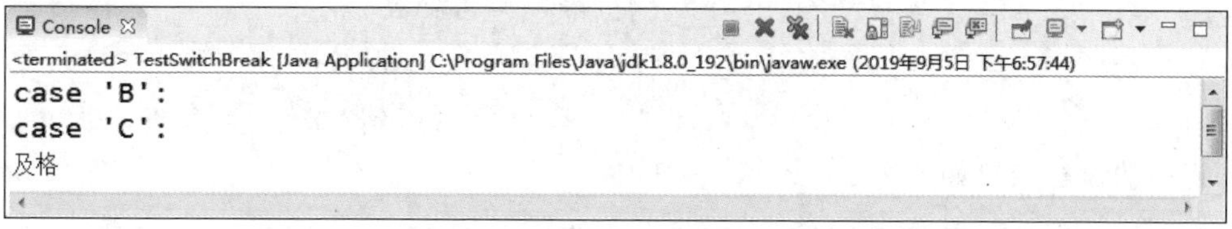

```
Console
<terminated> TestSwitchBreak [Java Application] C:\Program Files\Java\jdk1.8.0_192\bin\javaw.exe (2019年9月5日 下午6:57:44)
case 'B':
case 'C':
及格
```

图 2.27 例 2-10 运行结果

在例 2-10 中，定义变量 score 并初始化为 'B'。执行 case 语句进行匹配时，判断结果满足第 7 行代码，因此打印 case 'B':，之后由于未遇到 break 语句，故继续往下执行，一直到第 13 行代码遇到 break 语句后跳出 switch 语句。

2.5.3 循环结构

循环结构是程序中的另一种重要结构。在实际应用中,当碰到需要多次重复地执行一个或多个任务的情况时,应考虑使用循环结构来解决。循环结构的特点是在给定条件成立时,重复执行某个程序段。通常称给定条件为循环条件,称反复执行的程序段为循环体。

Java 程序设计中引入了循环语句。循环语句共有三种常见的形式:while 循环语句、do-while 循环语句和 for 循环语句。下面逐个进行介绍。

1. while 循环

while 循环语句也是条件判断语句,用于事先不知道循环次数的情况,其语法格式如下:

```
while (循环条件) {
    循环体
}
```

若 while 循环的循环体只有一条语句,则可以省略左右大括号。while 的循环体是否执行,取决于循环条件是否成立,当循环条件为 true 时,循环体就会被执行。循环体执行完毕继续判断循环条件,如果条件仍为 true,则会继续执行,直到循环条件为 false 时,整个循环过程才会执行结束。while 循环的执行流程如图 2.28 所示。

接下来演示用 while 循环计算出 1~100 的和,如例 2-11 所示。

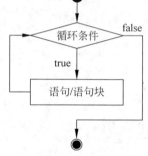

图 2.28 while 循环流程图

例 2-11 TestWhile.java

```
1   public class TestWhile {
2       public static void main(String[] args) {
3           int sum = 0;              // 累加和
4           int i = 1;                // 循环变量
5           while (i <= 100) {        // 循环条件
6               sum += i;             // 累加操作
7               i++;                  // 迭代语句:修改循环变量
8           }
9           System.out.println(i);
10          System.out.println("1~100 的累加和:" + sum);
11      }
12  }
```

程序的运行结果如图 2.29 所示。

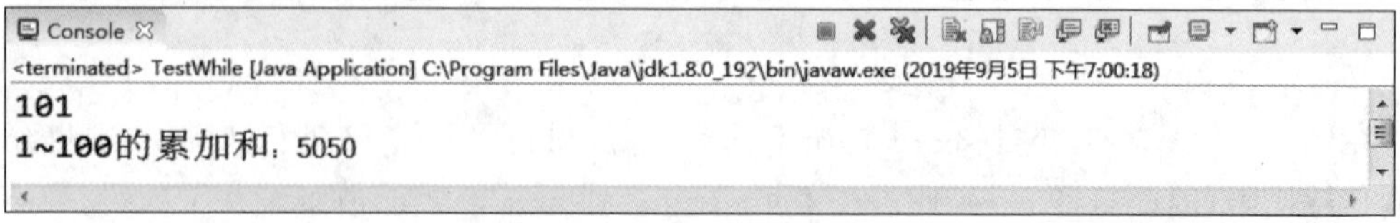

```
Console
<terminated> TestWhile [Java Application] C:\Program Files\Java\jdk1.8.0_192\bin\javaw.exe (2019年9月5日 下午7:00:18)
101
1~100的累加和:5050
```

图 2.29 例 2-11 运行结果

在例 2-11 中,首先将循环变量 i 的值赋值为 1,接着进入 while 循环的判断条件为 i<=100,在满足循环条件 i<=100 的情况下,循环体会重复执行,sum+i 后再指定给 sum 存放,变量 i 会进行自增。直到 i 大于 100 即跳出循环,表示累加的操作已经完成,最后再将 sum 的值输出。

2. do-while 循环

do-while 语句与 while 语句类似,它们之间的区别在于:while 语句是先判断循环条件的真假,再决定是否执行循环体,而 do-while 语句则先执行循环体,然后再判断循环条件的真假,因此 do-while 循环体至少被执行一次。在日常生活中,如果能够多加注意,并不难找到 do-while 循环的影子。例如,在利用提款机提款前,会先进入输入密码的界面,允许用户输入 3 次密码,如果 3 次都输入错误,即会将银行卡吞掉,其程序的流程就是利用 do-while 循环设计而成的。其语法格式如下。

```
do {
    循环体
} while (循环条件);
```

do-while 语句与 while 语句还有一个明显的区别是,如果 while 语句误添加分号,会导致死循环,而 do-while 的循环条件后面必须有一个分号,用来表明循环结束。do-while 的循环流程如图 2.30 所示。

接下来演示用 do-while 循环计算出 1~100 的和,如例 2-12 所示。

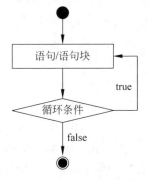

图 2.30 do-while 循环流程图

例 2-12 TestDoWhile.java

```
1   public class TestDoWhile {
2       public static void main(String[] args) {
3           int sum = 0;                    // 累加和
4           int i = 1;                      // 循环变量
5           do {
6               sum += i;                   // 累加操作
7               i++;                        // 迭代语句:修改循环变量
8           } while (i <= 100);             // 循环条件
9           System.out.println(i);
10          System.out.println("1~100 的累加和:" + sum);
11      }
12  }
```

程序的运行结果如图 2.31 所示。

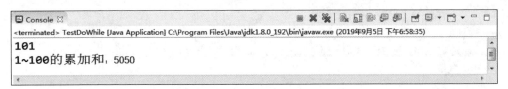

图 2.31 例 2-12 运行结果

在例 2-12 中,首先将循环变量 i 的值赋值为 1,并将 sum 设初值为 0,接着进入 do-while 循环,执行 sum＝sum＋i,i＋＋后 i 的值为 2,在满足循环条件 i＜＝100 的情况下,返回到 do-while 循环主体重复执行,直到 i 大于 100 即跳出循环,表示累加的操作已经完成,最后再将 sum 的值输出。

3. for 循环

for 循环是 Java 程序设计最常用的循环语句之一。一个 for 循环可以用来重复执行某条语句,直到某个条件得到满足。其语法格式如下。

```
for (赋初始值; 循环条件;迭代语句) {
    语句 1;
    …
    语句 n;
}
```

若循环主体中要处理的语句只有一个,可以将大括号去掉,但是一般不建议这样做。下面列出 for 循环的流程。

（1）第一次进入 for 循环时,对循环控制变量赋初始值。

（2）根据判断条件的内容检查是否要继续执行循环,当判断条件值为 true 时,继续执行循环主体内的语句；判断条件值为 false 时,则会跳出循环,执行其他语句。

（3）执行完循环主体内的语句后,会根据增减量的要求,更改循环控制变量的值,再回到步骤（2）重新判断是否继续执行循环。

for 循环流程如图 2.32 所示。

接下来演示用 for 循环计算出 1～100 的和,如例 2-13 所示。

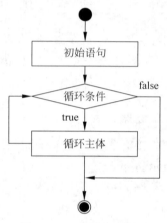

图 2.32　for 循环流程图

例 2-13　TestFor.java

```
1  public class TestFor {
2      public static void main(String[] args) {
3          int sum = 0;                        // 累加和
4          for (int i = 0; i <= 100; i++) {
5              sum += i;                       // 累加操作
6          }
7          System.out.println("1～100 的累加和:" + sum);
8      }
9  }
```

程序的运行结果如图 2.33 所示。

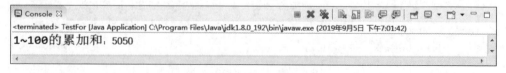

图 2.33　例 2-13 运行结果

在例2-13中,首先初始化循环变量为1,接着判断循环条件i<=100成立,执行累加操作,执行完毕,会执行迭代语句i++,i的值递增,然后继续判断循环条件,开始执行下一次循环,直到i=101时,循环条件i<=100不成立,结束循环,执行for循环后面的代码。

4. 循环嵌套

当循环语句中又出现循环语句时,就称为循环嵌套,如嵌套for循环、嵌套while循环等。当然读者也可以使用混合嵌套循环,也就是循环中又有其他不同种类的循环。程序中最常用的是嵌套for循环,接下来演示用嵌套for循环打印出九九乘法表,如例2-14所示。

例2-14 TestLoopNesting.java

```
1  public class TestLoopNesting {
2      public static void main(String[] args) {
3          for (int i = 1; i < 10; i++) {                // 外层循环
4              for (int j = 1; j <= i; j++) {            // 内存循环
5                  System.out.print(j + "*" + i + "=" + (i*j) + "\t");
6              }
7              System.out.print("\n");                   // 换行
8          }
9      }
10 }
```

程序的运行结果如图2.34所示。

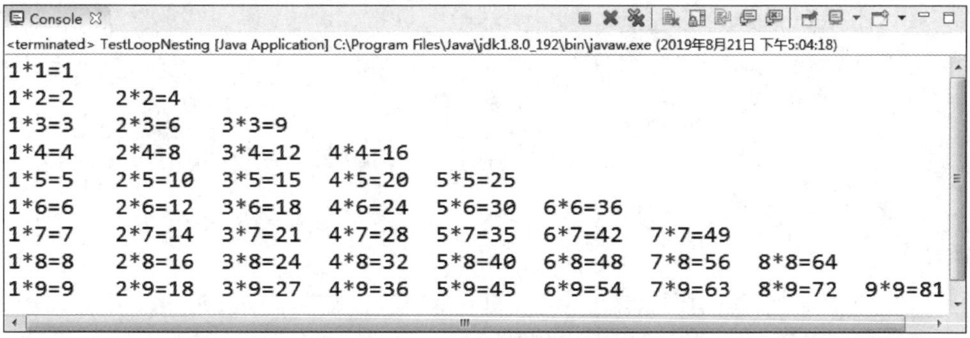

```
Console
<terminated> TestLoopNesting [Java Application] C:\Program Files\Java\jdk1.8.0_192\bin\javaw.exe (2019年8月21日 下午5:04:18)
1*1=1
1*2=2    2*2=4
1*3=3    2*3=6    3*3=9
1*4=4    2*4=8    3*4=12   4*4=16
1*5=5    2*5=10   3*5=15   4*5=20   5*5=25
1*6=6    2*6=12   3*6=18   4*6=24   5*6=30   6*6=36
1*7=7    2*7=14   3*7=21   4*7=28   5*7=35   6*7=42   7*7=49
1*8=8    2*8=16   3*8=24   4*8=32   5*8=40   6*8=48   7*8=56   8*8=64
1*9=9    2*9=18   3*9=27   4*9=36   5*9=45   6*9=54   7*9=63   8*9=72   9*9=81
```

图2.34 例2-14运行结果

在例2-14中,i为外层循环的控制变量,j为内层循环的控制变量。当i为1时,符合外层for循环的判断条件(i<10),进入内层for循环主体,由于是第一次进入内层循环,所以j的初值为1,符合内层for循环的判断条件(j<=i),进入循环主体,输出i×j的值(1×1=1),j再加1等于2,不再符合内层for循环的判断条件(j<=i),离开内层for循环,回到外层循环。接着i会自加等于2,符合外层for循环的判断条件,继续执行内层for循环主体,直到i的值不小于10时,结束嵌套循环。

当i为1时,内层循环会执行1次;当i为2时,内层循环会执行2次;以此类推,当i为9时,内层循环会执行9次,因此,这个程序共执行1+2+3+…+9=45次内层循环,而显示器上也正好输出45个式子。

2.5.4 循环中断

在 Java 语言中,可以使用 break、continue 中断语句来实现循环执行过程中程序流程的跳转,从而更方便或更简捷地进行程序的设计。接下来介绍 break 和 continue 语句。

1. break 语句

break 语句不仅可以用于 switch 语句中,也可以用于循环体中,其作用是使程序立即退出循环,转而执行该循环外的下一条语句。如果 break 语句出现在嵌套循环中的内层循环,则 break 语句只会跳出当前层的循环。break 的流程图如图 2.35 所示。

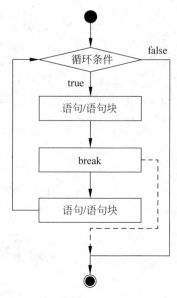

图 2.35 break 控制循环流程图

break 语句的具体用法,如例 2-15 所示。

例 2-15 TestBreak.java

```
1   public class TestBreak {
2       public static void main(String[] args) {
3           for (int i = 0; i < 10; i++) {
4               System.out.println(i);
5               if (2 == i)
6                   break;                  // 执行该语句将结束循环
7           }
8       }
9   }
```

程序的运行结果如图 2.36 所示。

在例 2-15 中,首先定义了循环变量 i 并赋初始值为 0,当 i 自加到 2 时判断条件为 true,执行 break 语句,程序立即跳出该循环。

在有些场景下,需要从很深的循环中退出时,可以使用带标记的 break 语句,标记必须在 break 所在循环的外层循环之前定义才有意义,定义在当前循环之前,就失去标记的意义

图 2.36　例 2-15 运行结果

了,因为 break 默认就是结束其所在循环,如例 2-16 所示。

例 2-16　TestBreakLabel.java

```
1   public class TestBreakLabel {
2       public static void main(String[] args) {
3           label:                                  // 定义标记
4           for (int i = 1; i < 10; i++) {          // 外层循环
5               for (int j = 1; j < 10; j++) {      // 内层循环
6                   System.out.println(i + "," + j);
7                   if (j % 2 == 0)
8                       break label;                // 跳出 label 标记所标识的循环
9               }
10          }
11      }
12  }
```

程序的运行结果如图 2.37 所示。

图 2.37　例 2-16 运行结果

在例 2-16 中,首先定义了 label 标签,label 就是 break 要跳出的标签,外层循环进入内层循环后,当 j 自加到 2 时判断条件为 true,执行"break label;"语句,该语句将结束 label 所标识的循环,而不是结束 break 当前所在的循环,因此程序会跳出外层循环,结束该嵌套循环程序段。

2. continue 语句

在 while、do-while 和 for 语句的循环体中,执行 continue 语句可以结束本次循环而立即测试循环体的条件,执行下一次循环,但不会终止整个循环。其流程如图 2.38 所示。

continue 语句的具体用法,如例 2-17 所示。

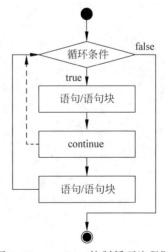

图 2.38　continue 控制循环流程图

例 2-17 TestContinue.java

```java
1  public class TestContinue {
2      public static void main(String[] args) {
3          for (int i = 0; i < 6; i++) {
4              if (i % 2 == 0)
5                  continue;                       // 结束本次循环
6              System.out.println(i);
7          }
8      }
9  }
```

程序的运行结果如图 2.39 所示。

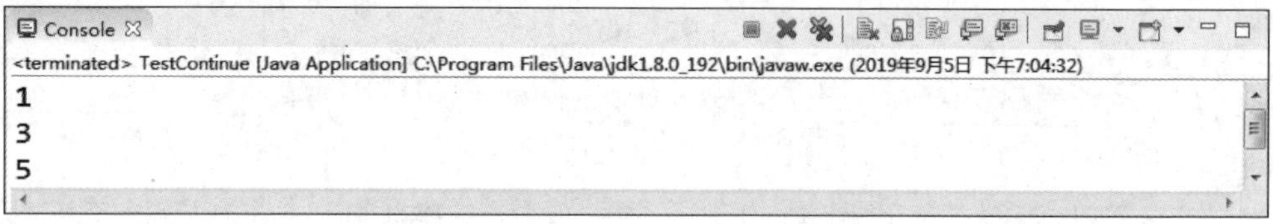

```
1
3
5
```

图 2.39 例 2-17 运行结果

在例 2-17 中，在循环过程中，当 i 的值为偶数时，将执行 continue 语句结束本次循环，不再执行循环体内的其他语句，而是在执行 i++，再回到 i<6 处判断是否执行循环。所以运行结果中只打印出了奇数。

continue 语句和 break 语句一样可以和标签搭配使用，其作用也是用于跳出深度循环，如例 2-18 所示。

例 2-18 TestContinueLabel.java

```java
1  public class TestContinueLabel {
2      public static void main(String[] args) {
3          label:                                  // 定义标记
4          for (int i = 1; i < 5; i++) {           // 外层循环
5              for (int j = 1; j < 5; j++) {       // 内层循环
6                  System.out.println(i + "," + j);
7                  if (j % 2 == 0)
8                      // 结束 label 标记所标识的本次循环
9                      continue label;
10             }
11         }
12     }
13 }
```

程序的运行结果如图 2.40 所示。

在例 2-18 中，从外层循环进入内层循环后，此时 j=2，if 条件成立，程序将运行"continue label;"语句，结束 label 所标识的本次循环，而重新执行下一次循环，因此内层循环每次循环只打印两次。

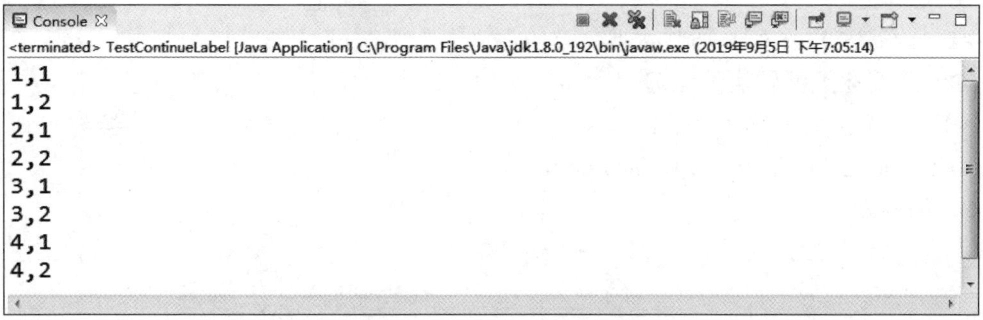

```
Console
<terminated> TestContinueLabel [Java Application] C:\Program Files\Java\jdk1.8.0_192\bin\javaw.exe (2019年9月5日 下午7:05:14)
1,1
1,2
2,1
2,2
3,1
3,2
4,1
4,2
```

图 2.40 例 2-18 运行结果

小　　结

通过本章的学习,读者能够掌握 Java 的基本语法,重点要理解的是当需对某种条件进行判断,结果为真或为假时分别执行不同的语句时,可以使用 if 语句。假如需要检测的条件很多,就用 if 与 else 配对使用。假如条件过多,就使用 switch 语句。当需重复执行某些语句,并且能够确定执行的次数时,就用 for 语句;假如不能确定执行的次数,可以用 while 语句;假如确定至少能执行一次,那么用 do-while 语句。另外,continue 语句可以使当前循环结束,并从循环的开始处继续执行下次循环,break 语句会使循环直接结束。

习　　题

1. 填空题

(1) 将两个数相加,生成一个值的语句称为_____。

(2) 数据类型转换方式分为自动类型转换和_____两种。

(3) 选择结构也称_____,根据条件的成立与否决定要执行哪些语句。

(4) 通常称给定条件为循环条件,称反复执行的程序段为_____。

(5) 结构化程序中最简单的结构是_____。

2. 选择题

(1) do-while 循环结构中的循环体执行的最少次数为(　　)。
　　A. 1　　　　　　　B. 0　　　　　　　C. 3　　　　　　　D. 2

(2) 已知 y=2,z=3,n=4,则经过 n=n+ －y*z/n 运算后 n 的值为(　　)。
　　A. －12　　　　　　B. －1　　　　　　C. 3　　　　　　　D. －3

(3) 已知 a=2,b=3,则表达式 a%b*4%b 的值为(　　)。
　　A. 2　　　　　　　B. 1　　　　　　　C. －1　　　　　　D. －2

(4) 语句 while(!e);中的条件!e 等价于(　　)。
　　A. e==0　　　　　　B. e!=1　　　　　　C. e!=0　　　　　　D. ~e

(5) while 循环,条件为(　　)执行循环体。
　　A. False　　　　　　B. True　　　　　　C. 0　　　　　　　D. 假或真

3. 思考题

（1）请简述 Java 的 8 种基本类型及所占内存大小。

（2）请简述类型转换的原理。

（3）请简述 & 和 && 的区别。

（4）请简述 break 和 continue 语句的区别。

4. 编程题

编写程序实现求 1！＋2！＋3！＋…＋20！。

第 3 章 数组与方法

本章学习目标
- 了解 Java 数组的定义。
- 掌握 Java 数组的常用操作。
- 掌握 Java 的方法定义与使用。
- 掌握 Java 方法重载与递归。
- 理解 Java 数组的引用传递。

数组能够用来存储固定大小的同类型元素,当在 Java 开发的过程中遇到需要定义多个相同类型的变量时,使用数组将会是一个很好的选择。例如,要存储 80 名学生的成绩,如果定义 80 个变量,会耗费大量的时间和精力,而此时如果使用数组不仅能够达到异曲同工之妙,还会提高代码的简洁性和扩展性。Java 中的方法是代码语句的集合,把这些语句组合在一起能够执行某个特定的功能,而且当遇到有些代码需要反复使用的情况时,也可以将代码声明成一个方法,以供程序反复调用,本章将对数组和方法的使用进行详细讲解。

3.1 数 组

数组是一种数据结构,可以用来存储一系列的数据项,它是按照一定顺序排列的同种类型元素的集合。数组中的每一个元素都可以通过数组名和下标来确定,根据数组的维度可以分为一维数组、二维数组和多维数组等。使用数组时,可以通过数组元素的索引(下标)来访问数组元素,如数组元素的赋值和取值。

3.1.1 数组的定义

在 Java 中数组是相同类型元素的集合,可以存放上千万个数据,在一个数组中,数组元素的类型是唯一的,即一个数组中只能存储同一种数据类型的数据,而不能存储多种数据类型的数据。数组一旦定义完成就不能再修改数组长度,因为数组在内存中所占的大小是固定的,所以数组的长度不能改变,如果要修改就必须重新定义一个新数组或者引用其他的数组,因此数组的灵活性较差。

数组是可以保存一组数据的一种数据结构,它本身也会占用一个内存地址,因此数组是引用类型。定义数组的语法格式如下。

```
数据类型[] 数组名;
```

对于数组的声明也可用另外一种形式,其语法格式如下。

```
数据类型 数组名[];
```

上述两种不同语法格式声明的数组中,"[ ]"是一维数组的标识,从语法格式可以看出,它既可放置在数组名前面,也可以放在数组名后面。面向对象程序设计更侧重放在前面,保留放在后面是为了迎合 C 程序员的使用习惯,在这里推荐使用第一种格式。下面演示不同数据类型的数组声明,具体示例如下。

```
int[] a;                    // 声明一个 int 类型的数组
double b[];                 // 声明一个 double 类型的数组
```

上述示例中声明了一个 int 类型的数组 a 与一个 double 类型的数组 b,数组名是用来统一这组相同数据类型的元素名称,数组名的命名规则和变量相同。

3.1.2 数组的初始化

在 Java 程序开发中,使用数组之前都会对其进行初始化,这是因为数组是引用类型,声明数组只是声明一个引用类型的变量,并不是数组对象本身,只要让数组变量指向有效的数组对象,程序中就可使用该数组变量来访问数组元素。数组初始化,就是让数组名指向数组对象的过程,该过程主要分为两个步骤:一是对数组对象进行初始化,即为数组中的元素分配内存空间和赋值;二是对数组名进行初始化,即将数组名赋值为数组对象的引用。

通过两种方式可对数组进行初始化,即静态初始化和动态初始化。下面将演示这两种方式的具体语法。

1. 静态初始化

静态初始化是指由程序员在初始化数组时为数组每个元素赋值,由系统决定数组的长度。

数组的静态初始化有两种方式,具体示例如下。

```
Int[] array;                              //声明一个 int 类型的数组
array = new int[]{1,2,3,4,5};             //静态初始化数组
int[] array = new int[]{1,2,3,4,5};       //声明并初始化数组
```

对于数组的静态初始化也可简写,具体示例如下。

```
Int[] array = {1,2,3,4,5};                //声明并初始化一个 int 类型的数组
```

上述示例中静态初始化了数组,其中大括号包含数组元素值,元素值之间用逗号","分隔。此处注意,只有在定义数组的同时执行数组初始化才支持使用简化的静态初始化。

2. 动态初始化

动态初始化是指由程序员在初始化数组时指定数组的长度,由系统为数组元素分配初始值。

数组动态初始化的具体示例如下。

```
int[] array = new int[10];                // 动态初始化数组
```

上述示例会在数组声明的同时分配一块内存空间供该数组使用,其中数组长度是 10,

由于每个元素都为 int 型,因此上例中数组占用的内存共有 10×4=40B。此外,动态初始化数组时,其元素会根据它的数据类型被设置为默认的初始值。本例数组中每个元素的默认值为 0,其他常见的数据类型默认值如表 3.1 所示。

表 3.1 数据类型默认值

成员变量类型	初 始 值	成员变量类型	初 始 值
byte	0	double	0.0D
short	0	char	空字符,'\u0000'
int	0	boolean	false
long	0L	引用数据类型	null
float	0.0F		

3.1.3 数组的常用操作

1. 访问数组

在 Java 中,数组对象有一个 length 属性,用于表示数组的长度,所有类型的数组都是如此。

获取数组的长度的语法格式如下。

```
数组名.length
```

接下来用 length 属性获取数组的长度,具体示例如下。

```
int[] list = new int[10];        // 定义一个 int 类型的数组
int size = list.length;          // size = 10,数组的长度
```

数组中的变量又称为元素,考虑到一个数组中的元素可能会很多,为了便于区分它们,每个元素都有下标(索引),下标从 0 开始,如在 int[] list = new int[10]中,list[0]是第 1 个元素,list[1]是第 2 个元素,……,list[9]是第 10 个元素,也就是最后一个元素。因此,假如数组 list 有 n 个元素,那么 list[0]是第 1 个元素,而 list[n-1]则是最后一个元素。

如果下标值小于 0,或者大于或等于数组长度,编译程序不会报任何错误,但运行时将出现异常:ArrayIndexOutOfBoundsException:N,即数组下标越界异常,N 表示试图访问的数组下标。

2. 数组元素的存取

通过操作数组的下标可以访问到数组中的元素,也可以实现数组元素的存取。接下来演示数组元素的存取操作,如例 3-1 所示。

例 3-1　TestArray.java

```
1  public class TestArray {
2      public static void main(String[] args) {
3          //声明数组
4          int[] a = new int[5];
5          //存入数组元素
```

```
6        a[0] = 5;                    // 往数组的第一个元素中存入数据 5
7        a[1] = 10;                   // 往数组的第二个元素中存入数据 10
8        a[4] = 9;                    // 往数组的第五个元素中存入数据 9
9        //读取数组元素
10       System.out.print("数组中的元素为:");
11       System.out.println(a[0] + "," + a[1] + "," + a[2] + ", " + a[3] + ", " + a[4]);
12    }
13 }
```

程序运行结果如图 3.1 所示。

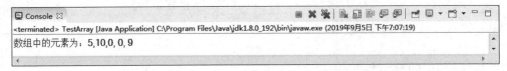

图 3.1　例 3-1 运行结果

从图 3.1 中可以看出，数组中的元素已经存取成功，而且在例 3-1 中，数组下标为 2、3 的位置中并未存入数据，但是却能取到数据为 0 的元素，可见声明为 int 类型的数组元素的默认值为 0。

3. 数组遍历

数组的遍历是指依次访问数组中的每个元素。接下来演示循环遍历数组，如例 3-2 所示。

例 3-2　TestArrayTraversal.java

```
1 public class TestArrayTraversal {
2     public static void main(String[] args) {
3         int[] list = {1, 2, 3, 4, 5};            // 定义数组
4         for (int i = 0; i < list.length; i++) {  // 遍历数组元素
5             System.out.println(list[i]);         // 索引访问数组
6         }
7     }
8 }
```

程序的运行结果如图 3.2 所示。

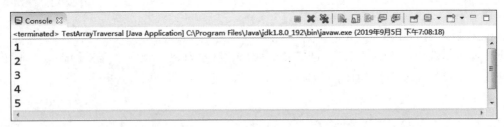

图 3.2　例 3-2 运行结果

在例 3-2 中，声明并静态初始化一个 int 类型的数组，然后利用 for 循环中的循环变量充当数组的索引，依次递增索引，从而遍历数组元素。

4. 数组最大值和最小值

通过前面已经掌握的知识,用数组的基本用法与流程控制语句的使用来实现得到数组中的最大值和最小值,首先把数组的第一个数赋值给变量 max 和 min,分别表示最大值和最小值,再依次判断数组的其他数值的大小,判断当前值是否是最大值或最小值,如果不是则进行替换,最后输出最大值和最小值。接下来通过一个案例来获取数组的最大值和最小值,如例 3-3 所示。

例 3-3　　TestMostValue.java

```java
1   public class TestMostValue {
2       public static void main(String[] args) {
3           // 定义数组
4           int[] score = {88, 62, 12, 100, 28};
5           int max = 0;                         // 最大值
6           int min = 0;                         // 最小值
7           max = min = score[0];                // 把第一个元素值赋给 max 和 min
8           for (int i = 1; i < score.length; i++) {
9               if (score[i] > max) {            // 依次判断后面元素值是否比 max 大
10                  max = score[i];              // 如果大,则修改 max 的值
11              }
12              if (score[i] < min) {            // 依次判断后面元素值是否比 min 小
13                  min = score[i];              // 如果小,则修改 min 的值
14              }
15          }
16          System.out.println("最大值:" + max);
17          System.out.println("最小值:" + min);
18      }
19  }
```

程序的运行结果如图 3.3 所示。

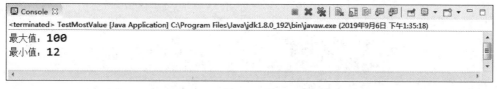

图 3.3　例 3-3 运行结果

在例 3-3 中,main()方法声明并静态初始化了 score 数组,并定义了两个变量 max 与 min,分别用来存储最大值与最小值。接着把 score 数组第一个元素 score[0]分别赋值到 max 与 min 中,然后使用 for 循环对数组进行遍历。下面通过一个图例来分析 min 和 max 的比较过程,如图 3.4 所示。

在图 3.4 中,max 与 min 最初存储的数值都是 score 数组的第一个元素 88,在遍历过程中只要遇到比 max 值还大的元素,就将该元素赋值给 max,遇到比 min 还小的元素,就将该元素赋值给 min。

5. 数组排序

数组排序是指数组元素按照特定的顺序排列。在实际应用中,经常需要对数据排序,如

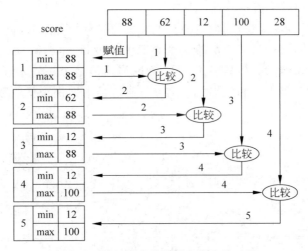

图 3.4　数组最大值和最小值比较过程

老师对学生的成绩排序。数组排序有多种算法,本节介绍一种简单的排序算法——冒泡排序。这种算法是不断地比较相邻的两个元素,较小的向上冒,较大的向下沉,排序过程如同水中气泡上升,即两两比较相邻元素,反序则交换,直到没有反序的元素为止,如例 3-4 所示。

例 3-4　TestBubbleSort.java

```java
1   public class TestBubbleSort {
2       public static void main(String[] args) {
3           int[] array = {88, 62, 12, 100, 28};            // 定义数组
4           // 外层循环控制排序轮数
5           // 最后一个元素,不用再比较
6           for (int i = 0; i < array.length - 1; i++) {
7               // 内层循环控制元素两两比较的次数
8               // 每轮循环沉底一个元素,沉底元素不用再参加比较
9               for (int j = 0; j < array.length - 1 - i; j++) {
10                  // 比较相邻元素
11                  if (array[j] > array[j + 1]) {
12                      // 交换元素
13                      int tmp = array[j];
14                      array[j] = array[j + 1];
15                      array[j + 1] = tmp;
16                  }
17              }
18              // 打印每轮排序结果
19              System.out.print("第" + (i + 1) + "轮排序:");
20              for (int j = 0; j < array.length; j++) {
21                  System.out.print(array[j] + "\t");
22              }
23              System.out.println();
24          }
25          System.out.print("最终排序 :");
26          for (int i = 0; i < array.length; i++) {
```

```
27              System.out.print(array[i] + "\t");
28          }
29          System.out.println();
30      }
31  }
```

程序的运行结果如图 3.5 所示。

```
第1轮排序：62    12    88    28    100
第2轮排序：12    62    28    88    100
第3轮排序：12    28    62    88    100
第4轮排序：12    28    62    88    100
最终排序：12    28    62    88    100
```

图 3.5　例 3-4 运行结果

在例 3-4 中,通过嵌套循环实现了冒泡排序。其中,外层循环是控制排序的轮数,每一轮可以确定一个元素位置,由于最后一个元素不需要进行比较,因此外层循环的轮数为 array.length－1。内层循环控制每轮比较的次数,每轮循环沉底一个元素,沉底元素不用再参加比较,因此,内层循环的次数为 array.length－1－i。内层循环的次数被作为数组的索引,索引循环递增,实现相邻元素依次比较,如果当前元素小于后一个元素,则交换两个元素的位置,如图 3.6 所示。

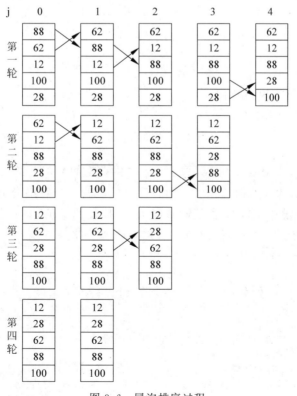

图 3.6　冒泡排序过程

在例 3-4 中，第 11～16 行代码实现了数组中两个元素的交换。首先定义一个临时变量 tmp 用于保存 array[j] 的值，然后用 array[j+1] 的值覆盖 array[j]，最后将 tmp 的值赋给 array[j+1]，从而实现了两个元素的交换，如图 3.7 所示。

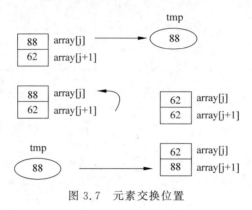

图 3.7　元素交换位置

3.1.4　数组的内存原理

数组是引用数据类型，因此数组变量就是一个引用变量，通常被存储在栈（Stack）内存中。数组初始化后，数组对象被存储在堆（Heap）内存中的连续内存空间，而数组变量存储了数组对象的首地址，指向堆内存中的数组对象。一维数组在内存中的存储原理如图 3.8 所示。

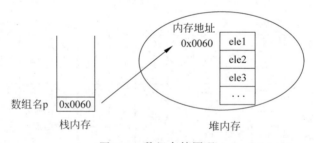

图 3.8　数组存储原理

在 Java 中，数组一旦初始化完成，数组元素的内存空间分配即结束，此后程序只能改变数组元素的值，而无法改变数组的长度。但程序可以改变一个数组变量所引用的数组，从而造成数组长度可变的假象。同理，在复制数组时，直接使用赋值语句不能实现数组的复制，这样做只是使两个数组引用变量指向同一个数组对象，如例 3-5 所示。

例 3-5　TestCopyArray.java

```
1    public class TestCopyArray {
2        public static void main(String[] args) {
3            int[] x = {88, 62, 12, 100, 28};
4            // 直接用赋值语句复制数组，赋的是数组的首地址
5            int[] y = x;
6            System.out.println(x);              // 打印源数组名
7            System.out.println(y);              // 打印目的数组名
```

```
8              x[0] = 22;                      // 修改源数组
9              System.out.println(y[0]);       // 访问目的数组
10         }
11 }
```

程序的运行结果如图 3.9 所示。

```
[I@15db9742
[I@15db9742
22
```

图 3.9　例 3-5 运行结果

在图 3.9 中，从程序运行结果可发现，数组变量保存的就是数组首地址。通过赋值运算符复制数组，复制的是数组的首地址，原数组名和目的数组名都指向实际的数组内存单元，因此它们操作的是同一数组，所以不能通过赋值运算符来复制数组，如图 3.10 所示。

要复制数组，可以使用循环来复制每一个元素，或者使用 System 类的 arraycopy() 方法以及使用数组的 clone() 方法来复制数组。

3.1.5　二维数组

虽然一维数组可以处理一些简单的一维模型，但在实际应用中模型却往往不止一维，例如棋盘，如图 3.11 所示。

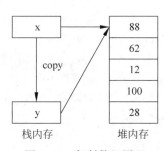

图 3.10　复制数组原理

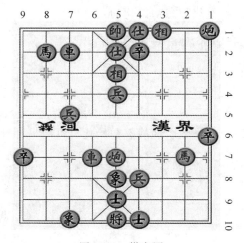

图 3.11　棋盘图

图 3.11 中有 10 行 9 列，因此它需要用二维模型来表示。Java 中用二维数组来模拟二维模型，因此，二维数组的第一维可以表示棋盘的 10 行，第二维可以表示棋盘的 9 列。假定数组名为 a，该棋盘用二维数组则可以表示为 a[10][9]，红帅的位置在第 1 行第 5 列，该位置就表示为 a[0][4]，其他位置以此类推。接下来详细讲解二维数组的声明及使用。

1. 二维数组

二维数组可以看成以数组为元素的数组，常用来表示表格或矩形。二维数组的声明、初始化与一维数组类似。

二维数组的声明，示例如下。

```
int[][] array;
int array[][];
```

二维数组动态初始化的示例如下。

```
array = new int[3][2];          // 动态初始化 3×2 的二维数组
array[0] = {1, 2};              // 初始化二维数组的第一个元素
array[1] = {3, 4};              // 初始化二维数组的第二个元素
array[2] = {5, 6};              // 初始化二维数组的第三个元素
```

上述示例定义了一个 3 行 2 列的二维数组，即二维数组的长度为 3，每个二维数组的元素是一个长度为 2 的一维数组。该二维数组元素的存储形式如图 3.12 所示。

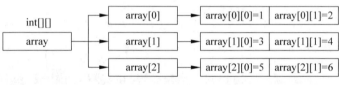

图 3.12　二维数组动态初始化

二维数组静态初始化的示例如下。

```
array = new int[][]{
    {1},
    {2, 3},
    {4}
};
```

对于二维数组的静态初始化也可用另一种形式，具体示例如下。

```
int[][] array = {
    {1},
    {2, 3},
    {4}
};
```

需要注意的是静态初始化由系统指定数组长度，不能手动指定，下面演示的是错误的静态初始化。

```
array = new int[3][3]{         // 非法，静态初始化由系统指定数组长度，不能手动指定
    {1, 2, 3},
    {4, 5, 6},
    {7, 8, 9}
};
```

以上静态初始化的二维数组元素的存储形式如图 3.13 所示。

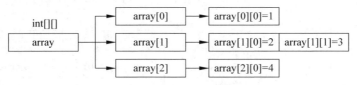

图 3.13 二维数组元素的存储形式

二维数组的每个元素是一个一维数组。二维数组 array 的长度是数组 array 的元素的个数,可由 array.length 得到;元素 array[i] 是一个一维数组,其长度可由 array[i].length 得到。具体示例如例 3-6 所示。

例 3-6 TestTwoDimensionalArray.java

```java
public class TestTwoDimensionalArray {
    public static void main(String[] args) {
        // 定义二维数组,3 行×3 列
        int[][] array = new int[3][3];
        // 动态初始化二维数组
        // array.length 获取二维数组的元数个数
        // array[i].length 获取二维数组元素指向的一维数组个数
        for (int i = 0; i < array.length; i++) {
            for (int j = 0; j < array[i].length; j++) {
                array[i][j] = 3 * i + j + 1;
            }
        }
        // 打印二维数组
        for (int i = 0; i < array.length; i++) {
            for (int j = 0; j < array[i].length; j++) {
                System.out.print(array[i][j] + "\t");
            }
            System.out.println();
        }
    }
}
```

程序的运行结果如图 3.14 所示。

图 3.14 例 3-6 运行结果

在例 3-6 中定义了一个 3×3 的二维数组,用嵌套 for 循环为二维数组赋值和打印。由此可发现,每多一维,嵌套循环的层数就多一层,维数越多的数组其复杂度也就越高。该二维数组在内存中的存储原理如图 3.15 所示。

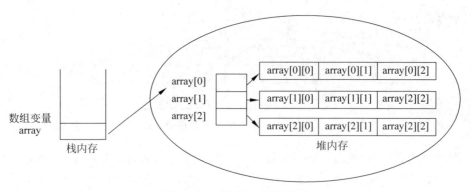

图 3.15 二维数组存储原理

2. 锯齿数组

二维数组中的每一行就是一个一维数组,因此,各行的长度就可以不同,这样的数组称为锯齿数组。创建锯齿数组时,可以只指定第一个下标,此时二维数组的每个元素为空,因此必须为每个元素创建一维数组,如例 3-7 所示。

例 3-7　TestJaggedArray.java

```
1   public class TestJaggedArray{
2       public static void main(String[] args) {
3           // 静态初始化锯齿数组
4           int[][] array = {
5                   {1, 2, 3, 4, 5},
6                   {2, 3, 4, 5},
7                   {3, 4, 5},
8                   {4, 5},
9                   {5}
10          };
11          // 动态初始化锯齿数组
12          int[][] x = new int[5][];
13          x[0] = new int[5];
14          x[1] = new int[4];
15          x[2] = new int[3];
16          x[3] = new int[2];
17          x[4] = new int[1];
18          // 为数组赋值
19          for (int i = 0; i < x.length; i++) {
20              for (int j = 0; j < x[i].length; j++) {
21                  x[i][j] = array[i][j];
22              }
23          }
24          // 打印二维数组
25          for (int i = 0; i < x.length; i++) {
26              for (int j = 0; j < x[i].length; j++) {
27                  System.out.print(x[i][j] + "\t");
28              }
29              System.out.println();
```

```
30        }
31    }
32 }
```

程序的运行结果如图3.16所示。

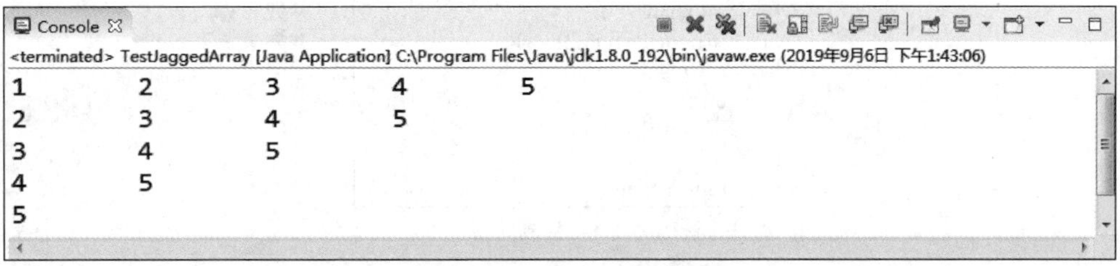

图 3.16　例 3-7 运行结果

在例3-7中,首先静态初始化锯齿数组array和动态初始化数组x,然后通过嵌套for循环将锯齿数组array的数组元素值赋值给锯齿数组x的数组元素,最后通过嵌套for循环将锯齿数组x的数组元素打印出来。通过该示例,可以了解锯齿数据的基本形态和使用方法。

3.2　方　　法

方法(method)是一段可重用的代码,为执行一个操作组合在一起的语句集合,用于解决特定问题。在程序中多次重复使用相同的代码,重复地编写及维护比较麻烦,因此可以将此部分代码定义成一个方法,以供程序反复调用。

3.2.1　方法的定义

Java中的方法定义在类中,一个类可以声明多个方法。方法的定义由方法名、参数、返回值类型以及方法体组成。

接下来说明如何定义方法,其语法格式如下。

```
修饰符 返回值类型 方法名([参数类型 参数名1,参数类型 参数名2,…]) {
    方法体
    return 返回值;
}
```

定义方法时需注意以下几点。

(1) 修饰符:方法的修饰符比较多,有对访问权限进行限定的,有静态修饰符static,还有最终修饰符final等。

(2) 返回值类型:限定返回值的类型。

(3) 参数类型:限定调用方法时传入参数的数据类型。

(4) 参数名:是一个变量,用于接收调用方法时传入的数据。

(5) return:关键字,用于结束方法以及返回方法指定类型的值。

(6) 返回值:被return返回的值,该值返回给调用者。

接下来演示方法声明,如图 3.17 所示。

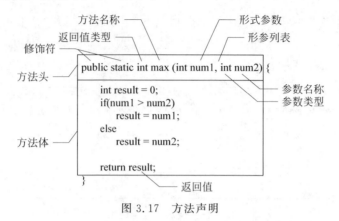

图 3.17　方法声明

在图 3.17 中,方法头中声明的变量称为形式参数,简称形参。当调用方法时,给参数传入的值称为实际参数,简称实参。形参列表是指形参的类型、顺序和数量。方法不需要任何参数,则形参列表为空。

方法可以有返回值,返回值必须为方法声明的返回值类型。如果方法没有返回值,则返回类型为 void,return 语句可以省略,如例 3-8 所示。

例 3-8　TestVoidMethod.java

```
1   public class TestVoidMethod {
2       public static void main(String[] args) {
3           int score = 78;
4           // 调用 void 方法
5           printGrade(score);
6           // 声明变量接收方法的返回值
7           char ret = getGrade(score);
8           System.out.println(ret);
9       }
10      // void 方法
11      public static void printGrade(double score) {
12          if (score < 0 || score > 100) {
13              System.out.println("成绩输入错误!");
14              return;
15          }
16          if (score >= 90.0) {
17              System.out.println('A');
18          } else if (score >= 80.0) {
19              System.out.println('B');
20          } else if (score >= 70.0) {
21              System.out.println('C');
22          } else if (score >= 60.0) {
23              System.out.println('D');
24          } else {
25              System.out.println('F');
26          }
```

```
27      }
28      // 带返回值的方法
29      public static char getGrade(double score) {
30          if (score >= 90.0) {
31              return 'A';
32          } else if (score >= 80.0) {
33              return 'B';
34          } else if (score >= 70.0) {
35              return 'C';
36          } else if (score >= 60.0) {
37              return 'D';
38          } else {
39              return 'F';
40          }
41      }
42  }
```

程序的运行结果如图 3.18 所示。

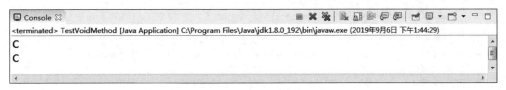

图 3.18 例 3-8 运行结果

例 3-8 中，定义了两个方法 printGrade()和 getGrade()，其中，printGrade()方法是用 void 修饰的，不返回任何值，而 getGrade()方法有返回值。用 void 修饰的方法不需要 return 语句，但它能用于终止方法返回到方法的调用者，控制程序的流程。当成绩不在 0～100，调用 printGrade()方法，程序将打印"成绩输入错误！"，执行 return 语句后，它后面的语句将不再执行，程序直接返回到调用者。

3.2.2 方法的调用

方法在调用时执行方法中的代码，因此要执行方法，必须调用方法。如果方法有返回值，通常将方法调用作为一个值来处理。如果方法没有返回值，方法调用必须是一条语句。具体示例如下：

```
int large = max(3, 4);              // 将方法的返回值赋给变量
System.out.println(max(3,4));       // 直接打印方法的返回值
System.out.println("Hello World!"); // println 方法没有返回值,必须是语句
```

如果方法定义中包含形参，调用时必须提供实参。实参的类型必须与形参的类型兼容，实参顺序必须与形参的顺序一致。实参的值传递给方法的形参，称为值传递（pass by value），方法内部对形参的修改不影响实参值。当调用方法时，程序控制权转移至被调用的方法。当执行 return 语句或到达方法结尾时，程序控制权转移至调用者，如例 3-9 所示。

例 3-9　TestCallMethod.java

```java
1   public class TestCallMethod {
2       public static void main(String[] args) {
3           int n = 5;
4           int m = 2;
5           System.out.println("before main\t:n = " + n + ", m = " + m);
6           swap(n, m);
7           System.out.println("end main\t:n = " + n + ", m = " + m);
8       }
9       // 交换两个数
10      public static void swap(int n, int m) {
11          System.out.println("before swap\t:n = " + n + ", m = " + m);
12          int tmp = n;
13          n = m;
14          m = tmp;
15          System.out.println("end swap\t:n = " + n + ", m = " + m);
16      }
17  }
```

程序的运行结果如图 3.19 所示。

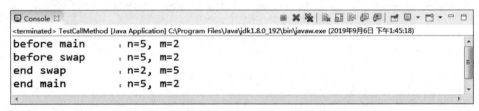

图 3.19　例 3-9 运行结果

在例 3-9 中,当调用 swap 方法时,程序将实参 n、m 的值传递给形参的 n、m,然后程序将控制流程转向 swap 方法。执行 swap 方法时,交换形参 n 和 m 的值,当 swap 方法执行完毕时,系统释放形参并将控制权返还给它的调用者 main 方法。因此,swap 方法不能交换实参 n 和 m 的值。

每当调用一个方法时,JVM 将创建一个栈帧,用于保存该方法的形参和变量。当方法调用结束返回到调用者时,JVM 释放相应的栈帧。每一个方法从调用开始到执行完成的过程,就对应着一个栈帧在 JVM 中从入栈到出栈的过程。接下来演示堆栈中调用方法的栈帧,如图 3.20 所示。

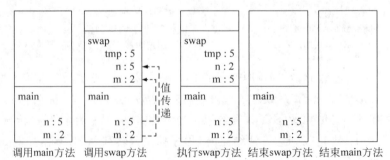

图 3.20　栈帧

在图 3.20 中，main 方法调用 swap 方法时，调用者 main 方法的栈帧不变，程序先为 swap 方法创建一个新的栈帧，用于保存形参 n、m 和局部变量 tmp 的值，再将实参值传递给形参，并保存在该栈帧中，方法内部操作的都是该方法栈帧中的值。当 swap 方法执行结束时，其对应的栈帧将被释放。

3.2.3 方法的重载

方法重载(overloading)是指方法名称相同，但形参列表不同的方法。调用重载的方法时，Java 编译器会根据实参列表寻找最匹配的方法进行调用，如例 3-10 所示。

例 3-10　TestOverload.java

```
1   public class TestOverload {
2       public static void main(String[] args) {
3           // 调用 max(int, int)方法
4           System.out.println("3 和 8 的最大值:" + max(3, 8));
5           // 调用 max(double, double)方法
6           System.out.println("3.0 和 8.0 的最大值:" + max(3.0, 8.0));
7           // 调用 max(double, double, double)方法
8           System.out.println("3.0、5.0 和 8.0 的最大值:" + max(3.0, 5.0, 8.0));
9           // 调用 max(double, double)方法
10          System.out.println("3 和 8.0 的最大值:" + max(3, 8.0));
11      }
12      // 返回两个整数的最大值
13      public static int max(int num1, int num2) {
14          int result;
15          if (num1 > num2)
16              result = num1;
17          else
18              result = num2;
19          return result;
20      }
21      // 返回两个浮点数的最大值
22      public static double max(double num1, double num2) {
23          double result;
24          if (num1 > num2)
25              result = num1;
26          else
27              result = num2;
28          return result;
29      }
30      // 返回三个浮点数的最大值
31      public static double max(double num1, double num2, double num3) {
32          return max(max(num1, num2), num3);
33      }
34  }
```

程序的运行结果如图 3.21 所示。

在图 3.21 中，从程序运行结果可以发现，max(3,8)调用的是 max(int,int)方法，max(3.0,8.0)调用的是 max(double,double)方法，max(3.0,5.0,8.0)调用的是 max

```
3和8的最大值: 8
3.0和8.0的最大值: 8.0
3.0、5.0和8.0的最大值: 8.0
3和8.0的最大值: 8.0
```

图 3.21　例 3-10 运行结果

(double,double,double)方法。而且 max(3,8.0)也能被执行,实参 3 被自动转换为 double 类型,然后调用 max(double,double)方法。

为什么 max(3,8)不会调用 max(double,double)方法呢? 其实,max(double,double)和 max(int,int)与 max(3,8)都可能匹配。当调用方法时,Java 编译器会根据实参的个数和类型寻找最准确的方法进行调用。因为 max(int,int)比 max(double,double)更精确,所以 max(3,8)会调用 max(int,int)。

调用一个方法时,出现两个或多个可能的匹配时,编译器无法判断哪个是最精确的匹配,则会产生编译错误,称为歧义调用(ambiguous invocation),如例 3-11 所示。

例 3-11　TestAmbiguousInvocation.java

```
1   package test;
2   public class TestAmbiguousInvocation {
3       public static void main(String[] args) {
4           System.out.println(max(3, 8));
5       }
6       // 返回整数和浮点数的最大值
7       public static double max(int num1, double num2) {
8           if (num1 > num2)
9               return num1;
10          else
11              return num2;
12      }
13      // 返回浮点数和整数的最大值
14      public static double max(double num1, int num2) {
15          if (num1 > num2)
16              return num1;
17          else
18              return num2;
19      }
20  }
```

程序的运行结果如图 3.22 所示。

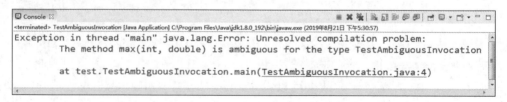

图 3.22　例 3-11 运行结果

在图 3.22 中,程序编译错误并提示"对 max 的引用不明确",原因在于 max(int,double)和 max(double,int)与 max(3,8)都匹配,从而产生歧义,导致编译错误。

方法只能根据参数列表(参数类型、参数顺序和参数个数)进行重载,而不能通过修饰符或返回值来重载。

注意:在同一个类中,方法重载指的是可以定义多个名称相同,形参列表不同的方法(即形参的排列顺序、类型、个数,满足任意一个不同即可),它对方法的返回值不做要求。在方法的调用上系统会自动根据传过来的参数数量和类型来决定使用哪一个方法。

3.2.4 方法的递归

方法的递归是指一个方法直接或间接调用自身的行为,递归必须要有结束条件,否则会无限地递归。递归用于解决使用简单循环难以实现的问题,如例 3-12 所示。

例 3-12 TestRecursion.java

```
1  public class TestRecursion {
2      public static void main(String[] args) {
3          System.out.println("4 的阶乘:" + fact(4));
4      }
5      /*
6          计算阶乘
7          阶乘计算公式:
8          0! = 1
9          n! = n * (n-1)!; n > 0
10      */
11     public static long fact(int n) {
12         // 结束条件
13         if (n == 0)
14             return 1;
15         return n * fact(n - 1);
16     }
17 }
```

程序的运行结果如图 3.23 所示。

图 3.23 例 3-12 运行结果

在例 3-12 中,定义 fact()方法用于计算阶乘,方法是将数学上的阶乘公式转换为代码。当用 n=0 调用该方法时,程序立即返回结果,这种简单情况称为结束条件,如果没有终止条件,就会出现无限递归。当用 n>0 调用该方法时,就将这个原始问题分解成计算 n−1 的阶乘的子问题,持续分解,直到问题达到最终条件为止,就将结果返回给调用者。然后调用者进行计算并将结果返回给它自己的调用者,过程持续进行,直到结果返回原始调用者为止。原始问题就可以通过将 fact(n−1)的结果乘以 n 得到。调用过程称为递归调用,如图 3.24 所示。

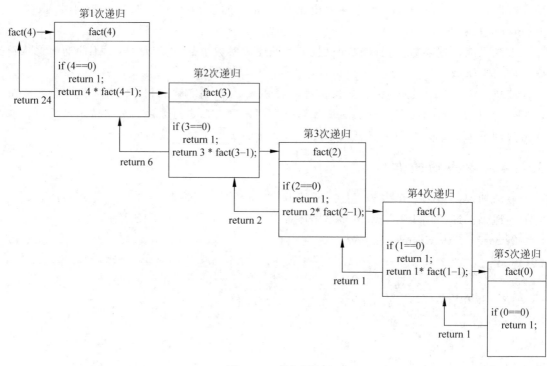

图 3.24 递归原理

在图 3.24 中,描述了例 3-12 中的递归调用过程,整个递归过程中 fact() 方法被调用了 5 次,每次调用 n 的值都会递减,当 n 的值为 0 时,所有递归调用的方法都会以相反的顺序相继结束,所有的返回值会进行累乘,最终得到结果 24。

3.3 数组的引用传递

在方法调用时,参数按值传递,即用实参的值去初始化形参。对于基本数据类型,形参和实参是两个不同的存储单元,因此方法执行中形参的改变不影响实参的值;对于引用数据类型,形参和实参存储的是引用(内存地址),都指向同一内存单元,在方法执行中,对形参的操作实际上就是对实参的操作,即对执行内存单元的操作,因此,方法执行中形参的改变会影响实参。

向方法传递数组时,方法的接收参数必须是符合其类型的数组;从方法返回数组时,返回值类型必须明确地声明其返回的数组类型。数组属于引用类型,所以在执行方法中对数组的任何操作,结果都将保存下来,如例 3-13 所示。

例 3-13 TestRefArray.java

```
1   public class TestRefArray {
2       public static void main(String[] args) {
3           int[] array = {1, 3, 5};
4           rev(array);                              // 将数组元素反序
5           System.out.print("数组的反序:");
```

```
6           printArray(array);                          // 打印反序后的数组
7           int[] copy = copy(array);                   // 复制数组
8           array[0] = 9;                               // 修改源数组
9           System.out.print("修改源数组:");
10          printArray(array);                          // 打印源数组
11          System.out.print("复制的数组:");
12          printArray(copy);                           // 打印复制数组
13      }
14      // 将数组元素反序
15      public static void rev(int[] pa) {
16          for (int i = 0, j = pa.length-1; i < j; i++, j--) {
17              int tmp = pa[i];
18              pa[i] = pa[j];
19              pa[j] = tmp;
20          }
21      }
22      // 复制数组元素
23      public static int[] copy(int[] pa) {
24          int[] newarray = new int[pa.length];
25          for (int i = 0; i < pa.length; i++) {
26              newarray[i] = pa[i];
27          }
28          return newarray;
29      }
30      // 打印数组元素
31      public static void printArray(int[] pa) {
32          for (int i = 0; i < pa.length; i++) {
33              System.out.print(pa[i] + "\t");
34          }
35          System.out.println();
36      }
37  }
```

程序的运行结果如图 3.25 所示。

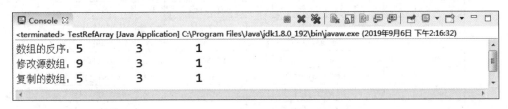

图 3.25　例 3-13 运行结果

在例 3-13 中，定义了 3 个方法 rev()、printArray() 和 copy()，其中，rev() 反序一个数组，printArray() 打印数组元素，而 copy() 复制一个数组。因为数组是引用类型，所以，在方法中修改数组，其结果也会保存下来。接下来演示 rev() 反序数组的过程，如图 3.26 所示；copy() 复制数组的过程如图 3.27 所示。

在图 3.26 中，声明的 array 数组元素是 1、3、5。当将此数组传递到 rev() 方法中时，使用形参 pa 接收，也就是说，此时的 array 实际上是将使用权传递给了 rev() 方法，为数组起

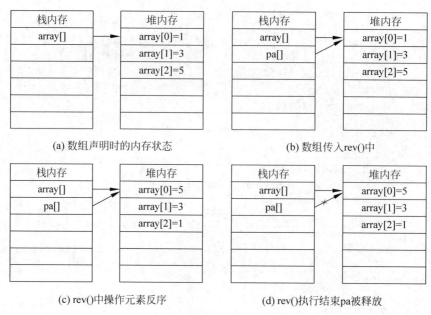

图 3.26 传递数组

了一个别名 pa,然后在 rev()方法中通过 pa 进行元素反序操作。rev()方法执行完毕,局部变量 pa 被释放,但是对于数组元素的改变却保留了下来,这就是参数在数组的引用传递的过程。

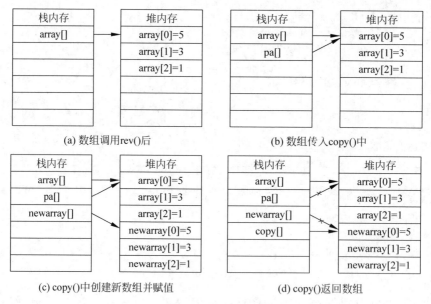

图 3.27 返回数组

在图 3.27 中,声明的 array 数组元素是 1、3、5。当将此数组传递到 copy()方法时,使用形参 pa 接收,同时在该方法中创建新数组 newarray,然后通过 pa 将数组元素值复制到 newarray 数组。copy()方法执行完毕之后,局部变量 pa 和 newarray 被释放,但是 newarray 被传递到 copy 数组,这就是返回值是数组的引用传递的过程。

小　　结

通过本章的学习,读者能够掌握 Java 数组与方法的使用。重点要熟悉的是在实际开发中,要完成一个复杂的程序,可将一个复杂的程序简化成若干个方法来实现,如遇到需要定义多个相同类型的变量时,可以使用数组。

习　　题

1. 填空题

(1) 当调用方法时,给参数传入的值称为实际参数,简称_____。
(2) 在 Java 中,当一个方法不需要返回数据时返回类型必须是_____。
(3) 一个数组中只能存储同一种_____的数据。
(4) 数组的元素可通过_____来访问。
(5) _____是指方法名称相同,但形参列表不同的方法。

2. 选择题

(1) 定义了一维 int 型数组 a[10]后,下面错误的引用是(　　)。
　　A. a[0]=1;　　　　　　　　　　B. a[10]=2;
　　C. a[0]=5*2;　　　　　　　　　D. a[1]=a[2]*a[0];
(2) 数组对象在 Java 中存储在(　　)中。
　　A. 栈　　　　B. 队列　　　　C. 堆　　　　D. 链表
(3) 方法的(　　)是指一个方法直接或间接调用自身的行为。
　　A. 传递　　　B. 递归　　　　C. 访问　　　D. 方法
(4) 数组 a 的第三个元素表示为(　　)。
　　A. a[2]　　　B. a(3)　　　　C. a(2)　　　D. a[3]
(5) 关于数组作为方法的参数时,向方法传递的是(　　)。
　　A. 数组的元素　　　　　　　　B. 数组的引用
　　C. 数组的栈地址　　　　　　　D. 数组自身

3. 思考题

(1) 什么时候为数组分配内存?
(2) 数组一旦被创建,大小能不能改变?
(3) 实参是如何传递给方法的?
(4) 什么是方法的重载?

4. 编程题

(1) 编写方法返回两个整数的最大公约数和最小公倍数。
(2) 编写程序计算字符数组中每个字符出现的次数。

第 4 章　面向对象（上）

本章学习目标
- 理解面向对象的概念。
- 掌握类的封装与使用。
- 掌握构造方法的使用方式。
- 掌握 this 和 static 关键字的使用。
- 了解垃圾回收机制。
- 了解内部类。

Java 是一门面向对象的编程语言，在 Java 的世界里"万物皆对象"。实质上，可以将类看作对象的载体，它定义了对象所具有的功能。如果杜甫活在 Java 的世界里，就能够通过 new 关键字创建出一栋栋高楼大厦，也不至于发出"安得广厦千万间，大庇天下寒士俱欢颜"的感慨了。倘若大家坐拥千万间房屋还是觉得不够兴奋，那也不用担心，强大的 Java 能够满足大家的所有需求。例如，想要见识会飞的猪、会说日语的狗，抑或是构想夜不闭户的大同世界、二十年后的中国等，只要在 Java 的类中定义这些特异功能和期望场景，就可以在 Java 中创建出这样的对象了。从本章开始将带领读者从深层次去理解 Java 这种面向对象语言的开发理念，从而让读者更好、更快地掌握 Java 编程思想与编程方式。

4.1　面向对象的概念

在程序开发初期，人们使用结构化开发语言，但随着软件的规模越来越大，结构化语言的弊端也逐渐暴露出来，开发周期被延长，产品的质量也不尽人意，结构化语言已经不再适合当前的软件开发。这时人们开始将另一种开发思想引入程序中，即面向对象的开发思想。面向对象思想是人类最自然的一种思考方式，它将所有预处理的问题抽象为对象，同时了解这些对象具有哪些相应的属性以及如何展示这些对象的行为，以解决这些对象面临的一些实际问题，这样就在程序开发中引入了面向对象设计的概念，面向对象设计实际上就是对现实世界的对象进行建模操作。面向对象的特点主要可以概括为封装性、继承性和多态性，接下来针对这三种特性进行简单介绍。

1. 封装

封装是面向对象程序设计的核心思想。它是指将对象的属性和行为封装起来，其载体就是类，类通常对客户隐藏其实现细节，这就是封装的思想。例如，计算机的主机是由内存条、硬盘、风扇等部件组成，生产厂家把这些部件用一个外壳封装起来组成主机，用户在使用该主机时，无须关心其内部的组成及工作原理，如图 4.1 所示。

图 4.1 主机及组成部件

2. 继承

继承是面向对象程序设计提高重用性的重要措施。它体现了特殊类与一般类之间的关系,当特殊类包含一般类的所有属性和行为,并且特殊类还可以有自己的属性和行为时,称作特殊类继承了一般类。一般类又称为父类或基类,特殊类又称为子类或派生类。例如,已经描述了汽车模型这个类的属性和行为,如果需要描述一个小轿车类,只需让小轿车类继承汽车模型类,然后再描述小轿车类特有的属性和行为,而不必再重复描述一些在汽车模型类中已有的属性和行为,如图 4.2 所示。

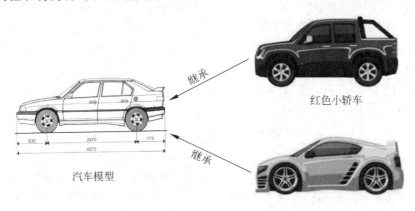

图 4.2 汽车模型与小轿车

3. 多态

多态是面向对象程序设计的重要特征。生活中也常存在多态,例如,学校的下课铃声响了,这时有学生去买零食、有学生去打球、有学生在聊天。不同的人对同一事件产生了不同的行为,这就是多态在日常生活中的表现。程序中的多态是指一种行为对应着多种不同的实现。例如,在一般类中说明了一种求几何图形面积的行为,这种行为不具有具体含义,因为它并没有确定具体几何图形,又定义一些特殊类,如三角形、正方形、梯形等,它们都继承自一般类。在不同的特殊类中都继承了一般类的求面积的行为,可以根据具体的不同几何图形使用求面积公式,重新定义求面积行为的不同实现,使之分别实现求三角形、正方形、梯形等面积的功能,如图 4.3 所示。

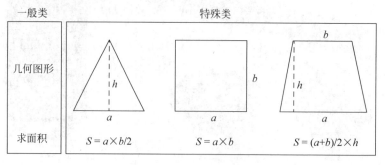

图 4.3 一般类与特殊类

在实际编写应用程序时,开发者需要根据具体应用设计对应的类与对象,然后在此基础上综合考虑封装、继承与多态,这样编写出的程序更健壮、更易扩展。

4.2 类 与 对 象

在现实世界中,随处可见的事物都是对象,对象是事物存在的实体,如学生、汽车等。人类解决问题的方式总是将复杂的事物简单化,于是就会思考这些对象都是由哪些部分组成的。通常都会将对象划分为两个部分,即静态部分与动态部分。顾名思义,静态部分就是不能动的部分,这个部分被称为"属性",任何对象都会具备其自身属性,如一个人,其属性包括高矮、胖瘦、年龄、性别等。然而具有这些属性的人会执行哪些动作也是一个值得探讨的部分,这个人可以转身、微笑、说话、奔跑,这些是这个人具备的行为(动态部分),人类通过探讨对象的属性和观察对象的行为来了解对象。

在计算机世界中,面向对象程序设计的思想要以对象来思考问题,首先要将现实世界的实体抽象为对象,然后考虑这个对象具备的属性和行为。例如,现在面临一名足球运动员想要将球射进对方球门这个实际问题,试着以面向对象的思想来解决这一实际问题。步骤如下。

首先可以从这一问题中抽象出对象,这里抽象出的对象为一名足球运动员。

然后识别这个对象的属性。对象具备的属性都是静态属性,如足球运动员有一个鼻子、两条腿等,这些属性如图 4.4 所示。

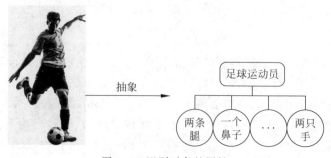

图 4.4 识别对象的属性

接着识别这个对象的动态行为,即足球运动员的动作,如跳跃、转身等,这些行为都是这个对象基于其属性而具有的动作,这些行为如图 4.5 所示。

识别出这个对象的属性和行为后,这个对象就被定义完成了,然后根据足球运动员具有的特性制定要射进对方球门的具体方案以解决问题。

究其本质,所有的足球运动员都具有以上的属性和行为,可以将这些属性和行为封装起来以描述足球运动员这类人。由此可见,类实质上就是封装对象属性和行为的载体,而对象则是类抽象出来的一个实例。这也是进行面向对象程序设计的核心思想,即把具体事物的共同特征抽象成实体概念,有了这些抽象出来的实体概念,就可以在编程语言的支持下创建类。因此,类是那些实体的一种模型,具体如图 4.6 所示。

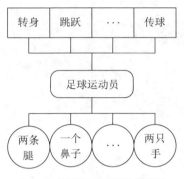

图 4.5　识别对象具有的行为

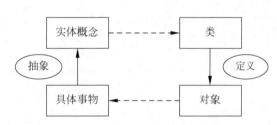

图 4.6　现实世界与编程语言的对应关系

在图 4.6 中,通过面向对象程序设计的思想可以建立现实世界中具体事物、实体概念与编程语言中类、对象之间的一一对应关系。

4.2.1　类的定义

在类中,属性是通过成员变量体现的,而行为是通过成员函数(又称为方法)实现的,下面演示 Java 中定义类的通用格式,其语法格式如下。

```
class 类名{
    属性类型 成员变量名;              // 成员变量(对象属性)
    ...
    修饰符 返回值类型 方法名([参数列表]) {   // 成员方法(对象行为)
        // 方法体
        return 返回值;
    }
}
```

接下来根据上面的语法格式定义一个 Person 类,如例 4-1 所示。

例 4-1　Person.java

```
1  class Person {
2      String name;              // 声明姓名属性
3      int age;                  // 声明年龄属性
4      public void say() {       // 定义显示信息的方法
```

```
    5        System.out.println("姓名:" + name + ",年龄:" + age);
    6    }
    7 }
```

例 4-1 中定义了一个类,Person 是类名,其中,name 和 age 是该类的成员变量,也称为对象属性,say()是该类的对象行为(也称为成员方法),在 say()方法体中可以直接对 name、age 成员变量进行访问。

定义在 say()方法外的变量被称为成员变量,它的作用域为 Person 这个类;而定义在 say()方法中的变量和方法的参数被称为局部变量,它的作用域在这个方法体内。具体示例如下。

```
class Person {
    int age = 18;                    // 方法外定义的变量被称作成员变量
    void say() {
        int age = 28;                // 方法内定义的变量被称作局部变量
        System.out.println("小千的年龄是" + age);
    }
    public static void main(String[] args) {
        Person obj = new Person();
        obj.say();
    }
}
```

如果在某一个方法中定义的局部变量与成员变量同名时,该方法中通过变量名访问到的是局部变量,而非成员变量,调用 say()方法输出的是"小千的年龄是 28"。

4.2.2 对象的创建与使用

类是对象的抽象,为对象定义了属性和行为,但类本身既不带任何数据,也不存在于内存空间中。而对象是类的一个具体存在,既拥有独立的内存空间,也存在独特的属性和行为,属性还可以随着自身的行为而发生改变。接下来演示如何用类创建对象,创建对象之前,必须先声明对象,其语法格式如下。

```
类名  对象名;
```

类是自定义类型,也是一种引用类型,因此该对象名是一个引用变量,默认值为 null,表示不指向任何堆内存空间。接下来需要对该变量进行初始化,Java 使用 new 关键字来创建对象,也称实例化对象,其语法格式如下。

```
对象名 = new 类名();
```

上述示例中,使用 new 关键字在堆内存中创建类的对象,对象名引用此对象。声明和实例化对象的过程可以简化,其语法格式如下。

```
类名  对象名 = new 类名();
```

接下来演示创建 Person 类的实例对象,具体示例如下。

```
Person p = new Person();
```

上述示例中,"Person p"声明了一个 Person 类型的引用变量,"new Person()"为对象在堆中分配内存空间,最终返回对象的引用并赋值给变量 p,如图 4.7 所示。

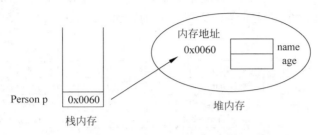

图 4.7 对象 p 在内存中的示意图

对象实例化后,就可以访问对象的成员变量和成员方法了,其语法格式如下。

```
对象名.成员变量;
对象名.成员方法();
```

接下来通过一个案例来学习访问对象的成员变量和调用对象的成员方法,如例 4-2 所示。

例 4-2　TestPersonDemo.java

```
1  class Person {
2      String name;                    // 声明姓名属性
3      int age;                        // 声明年龄属性
4      public void say() {             // 定义显示信息的方法
5          System.out.println("姓名:" + name + ",年龄:" + age);
6      }
7  }
8  public class TestPersonDemo {
9      public static void main(String[] args) {
10         Person p1 = new Person();   // 实例化第一个 Person 对象
11         Person p2 = new Person();   // 实例化第二个 Person 对象
12         p1.name = "张三";            // 为 name 属性赋值
13         p1.age = 18;                // 为 age 属性赋值
14         p1.say();                   // 调用对象的方法
15         p2.say();
16     }
17 }
```

程序的运行结果如图 4.8 所示。

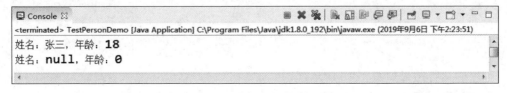

图 4.8 例 4-2 运行结果

在例 4-2 中,实例化了两个 Person 对象,并通过"对象.属性"的方式为成员变量赋值,通过"对象.方法"的方式调用成员方法。从运行结果可发现,变量 p1、p2 引用的对象同时调用了 say()方法,但输出结果却不相同。这是因为用 new 创建对象时,会为每个对象开辟独立的堆内存空间,用于保存对象成员变量的值。因此,对变量 p1 引用的对象属性赋值并不会影响变量 p2 引用对象属性的值。为了更好地理解,变量 p1、p2 引用对象的内存状态如图 4.9 所示。

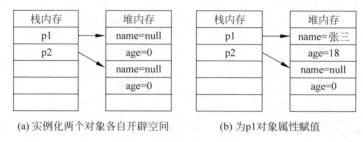

(a) 实例化两个对象各自开辟空间　　(b) 为 p1 对象属性赋值

图 4.9　对象的内存关系

例 4-2 中没有为 p2 对象的成员变量赋值,但从图 4.9 中可发现,p2 对象的 name 值为 null,age 值为 0。这是因为在实例化对象时,Java 虚拟机会自动为成员变量进行初始化,根据成员变量的类型赋相对应的初始值,具体参照表 3.1。

另外,需要注意的是,一个对象能被多个变量所引用,当对象不被任何变量所引用时,该对象就会成为垃圾,不能再被使用。接下来演示垃圾是如何产生的,如例 4-3 所示。

例 4-3　TestObjectRef.java

```
1   class Person {
2       String name;                      // 声明姓名属性
3       int age;                          // 声明年龄属性
4       public void say() {               // 定义显示信息的方法
5           System.out.println("姓名:" + name + ",年龄:" + age);
6       }
7   }
8   public class TestObjectRef {
9       public static void main(String[] args) {
10          Person p1 = new Person();     // 实例化第一个 Person 对象
11          Person p2 = new Person();     // 实例化第二个 Person 对象
12          p1.name = "张三";              // 为 p1 对象 name 属性赋值
13          p1.age = 18;                  // 为 p1 对象 age 属性赋值
14          p2.name = "李四";              // 为 p2 对象 name 属性赋值
15          p2.age = 28;                  // 为 p2 对象 age 属性赋值
16          p2 = p1;                      // 将 p1 对象传递给 p2 对象
17          p1.say();                     // 调用对象的方法
18          p2.say();
19      }
20  }
```

程序的运行结果如图 4.10 所示。

在例 4-3 中,第 16 行代码 p2 被赋值为 p1 后,会断开原有引用的对象,而和 p1 引用同一对

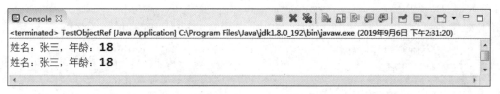

图 4.10 例 4-3 运行结果

象。因此打印如图 4.10 所示结果。此时，p2 原有引用的对象不再被任何变量所引用，就成了垃圾对象，不能再被使用，只等待垃圾回收机制进行回收。垃圾产生的过程如图 4.11 所示。

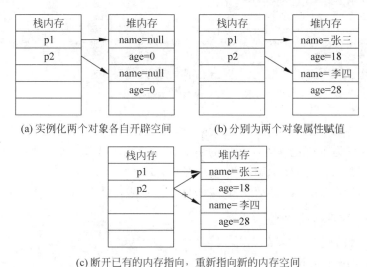

图 4.11 垃圾对象的产生

在图 4.11 中，首先实例化两个对象 p1 和 p2，其次分别为 p1 和 p2 的属性赋值，最后将 p2 重新赋值为 p1，p2 将断开原有引用，此时被断开引用的对象，也不被其他引用变量所引用，就成为垃圾空间，等待被回收。

4.2.3 类的封装

封装是面向对象的三大特征之一，类的设计者将类设计成一个黑匣子，使用者只能通过类所提供的公共方法来实现对内部成员的操作和访问，而不能看见方法的实现细节，也不能直接访问对象内部成员。类的封装可以隐藏类的实现细节，迫使用户只能通过方法去访问数据，这样就可以增强程序的安全性。接下来讲解如何实现类的封装，如例 4-4 所示。

例 4-4 TestPersonDemo01.java

```
1  class Person {
2      String name;              // 声明姓名属性
3      int age;                  // 声明年龄属性
4      public void say() {       // 定义显示信息的方法
5          System.out.println("姓名:" + name + ",年龄:" + age);
6      }
7  }
```

```
8   public class TestPersonDemo01 {
9       public static void main(String[] args) {
10          Person p1 = new Person();          // 实例化一个 Person 对象
11          p1.name = "张三";                   // 为 name 属性赋值
12          p1.age = -18;                      // 为 age 属性赋值
13          p1.say();                          // 调用对象的方法
14      }
15  }
```

程序的运行结果如图 4.12 所示。

```
Console
<terminated> TestPersonDemo01 [Java Application] C:\Program Files\Java\jdk1.8.0_192\bin\javaw.exe (2019年9月6日 下午2:36:15)
姓名:张三,年龄:-18
```

图 4.12 例 4-4 运行结果

在图 4.12 中，运行结果输出的年龄为 -18，在程序中不会有任何问题，但在现实生活中明显是不合理的。为了避免这种不合理的情况，就需要用到封装，即不让使用者访问类的内部成员。在定义类时，可以将类中的属性私有化，这样外界就不能随意访问了。Java 中使用 private 关键字来修饰私有属性，私有属性只能在它所在的类中被访问，如例 4-5 所示。

例 4-5　TestPersonDemo02.java

```
1   class Person {
2       private String name;               // 声明姓名私有属性
3       private int age;                   // 声明年龄私有属性
4       public void say() {                // 定义显示信息的方法
5           System.out.println("姓名:" + name + ",年龄:" + age);
6       }
7   }
8   public class TestPersonDemo02 {
9       public static void main(String[] args) {
10          Person p1 = new Person();          // 实例化一个 Person 对象
11          p1.name = "张三";                   // 为 name 属性赋值
12          p1.age = -18;                      // 为 age 属性赋值
13          p1.say();                          // 调用对象的方法
14      }
15  }
```

程序的运行结果如图 4.13 所示。

```
Console
<terminated> TestPersonDemo02 [Java Application] C:\Program Files\Java\jdk1.8.0_192\bin\javaw.exe (2019年8月21日 下午5:50:09)
Exception in thread "main" java.lang.Error: Unresolved compilation problems:
        The field Person.name is not visible
        The field Person.age is not visible

        at test.TestPersonDemo02.main(TestPersonDemo02.java:12)
```

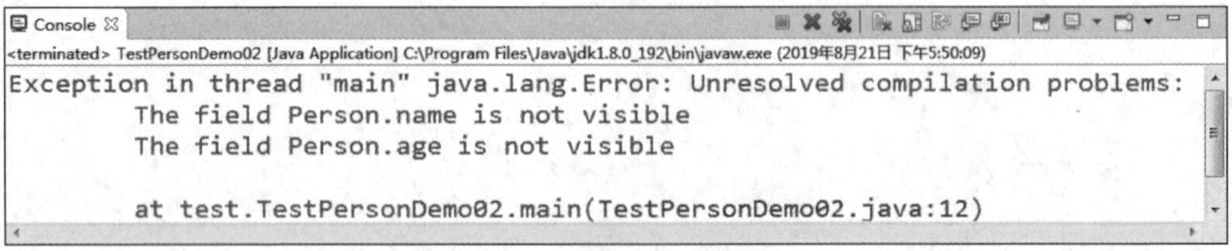

图 4.13 例 4-5 运行结果

在图 4.13 中,编译报错并提示"Person.name is not visible"和"Person.age is not visible",出现错误的原因在于:对象不能直接访问私有属性,这样可以保证对象无法直接去访问类中的属性,从而保证入口处有所限制。但这样做使所有的对象都不能访问这个类中的私有属性。为了让外部使用者访问类中的私有属性,需要提供 public 关键字修饰的属性访问器,即用于设置属性的 setXxx()方法和获取属性的 getXxx()方法,如例 4-6 所示。

例 4-6 TestPersonDemo03.java

```
1   class Person {
2       private String name;              // 声明姓名私有属性
3       private int age;                  // 声明年龄私有属性
4       public void setName(String str) { // 设置属性方法
5           name = str;
6       }
7       public String getName() {         // 获取属性方法
8           return name;
9       }
10      public void setAge(int n) {
11          if (n >= 0 && n < 200)        // 验证年龄,过滤掉不合理的
12              age = n;
13      }
14      public int getAge() {
15          return age;
16      }
17      public void say() {               // 定义显示信息的方法
18          System.out.println("姓名:" + name + ",年龄:" + age);
19      }
20  }
21  public class TestPersonDemo03 {
22      public static void main(String[] args) {
23          Person p1 = new Person();     // 实例化一个 Person 对象
24          p1.setName("张三");            // 为 name 属性赋值
25          p1.setAge(-18);               // 为 age 属性赋值
26          p1.say();                     // 调用对象的方法
27      }
28  }
```

程序的运行结果如图 4.14 所示。

图 4.14 例 4-6 运行结果

在例 4-6 中,使用 private 关键字将 name 和 age 属性声明为私有的,并对外提供 public 关键字修饰的属性访问器,其中,setName()设置 name 属性的值,getName()获取 name 属性的值,同理,getAge()和 setAge()方法用于获取和设置 age 属性。在 main()方法中创建 Person 对象,并调用 setAge()方法传入-18,在 setAge()方法中对参数 n 的值进行了检查,

由于当前传入的值小于 0，所以 age 属性没有被赋值，仍为默认初始值 0。通过私有化属性和公有化属性访问器，就可以实现类的封装。

4.2.4 访问修饰符

Java 中访问修饰符也叫访问控制符，是指能够控制类、成员变量、方法的使用权限的关键字。通常放在语句的最前端。在面向对象编程中，访问控制符是一个很重要的概念，可以使用它来保护对类、变量、方法和构造方法的访问。类的访问修饰符只有一个 public，属性和方法能够被四个修饰符修饰，分别是：public、private、protected，还有一种默认权限（default）。接下来分别对这几种访问修饰符进行详细的讲解。

1. 公有访问控制符

公有的，即对所有类可见。被声明为 public 的类、方法和接口允许被程序中的任何类访问。Java 的类是通过包的概念来组织的。包是类的一个松散的集合，处于同一个包中的类可以不需要任何说明方便地相互访问和引用，而对于不同包中的类，则需要导入相应 public 类所在的包。由于类的继承性，类中所有的公有方法和变量都能被其子类继承。每个 Java 程序的主类必须是 public 修饰的类，否则 Java 解释器将不能运行该类。

2. 私有访问控制符

私有的，即在同一类内可见。被 private 修饰的属性或方法被提供了最高的保护级别，只能由该类自身访问或修改，而且不能被任何其他类（包括该类的子类）来获取和引用。

3. 保护访问控制符

受保护的，即对同一包内的类和所有子类可见，可以用来修饰属性、方法，不能修饰类。protected 修饰的成员变量可以被 3 种类所引用：该类自身、与它在同一个包中的其他类、在其他包中该类的子类。使用 protected 修饰符的主要作用是允许其他包中该类的子类来访问父类的特定属性。

4. 默认访问控制符

默认访问控制权规定，该类只能被同一个包中的类访问和引用，而不可以被其他包中的类使用，这种访问特性又称为包访问性。同样道理，类内的变量或方法如果没有访问控制符来规定，也就是具有包访问性。简单地说，定义在同一个程序中的所有类属于一个包。

5. 验证

以下将使用代码案例分别对以上四种修饰符进行验证，首先创建两个包 qianfeng 和 test1，在包 qianfeng 下创建 User 类，代码如例 4-7 所示。

例 4-7　User.java

```
1    package qianfeng;
2    public class User {
3        //公有访问控制符(public)
4        public String name = "张三";
5        //私有访问控制符(private)
6        private int age = 18;
7        //保护访问控制符(protected)
8        protected String sex = "男";
9        //默认
```

```
10      int height = 175;
11      public static void main(String[] args) {
12          User user = new User();
13          System.out.println("以下为本类:");
14          System.out.println("姓名:" + user.name);
15          System.out.println("年龄:" + user.age);
16          System.out.println("性别:" + user.sex);
17          System.out.println("身高:" + user.height + "cm");
18      }
19  }
```

在 User 类中,分别用四种访问修饰符定义了四个属性并赋值,然后在 main 方法下打印属性值,运行结果如图 4.15 所示。

图 4.15 例 4-7 运行结果

由图 4.15 中的打印结果可以看出,四个访问修饰符在本类中都具有访问权限。在 qianfeng 包下再创建一个类,命名为 Test1,如例 4-8 所示。

例 4-8 Test1.java

```
1   package qianfeng;
2   public class Test1 {
3       public static void main(String[] args) {
4           User user = new User();
5           System.out.println("以下为同包不同类:");
6           System.out.println("姓名:" + user.name);
7           System.out.println("年龄:" + user.age);
8           System.out.println("性别:" + user.sex);
9           System.out.println("身高:" + user.height + "cm");
10      }
11  }
```

运行以上代码,可以发现控制台报错,报错信息如图 4.16 所示。

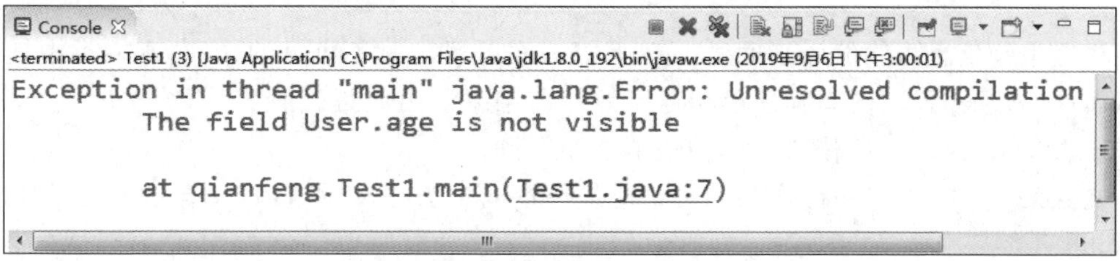

图 4.16 例 4-8 运行结果

根据报错信息可知编译未通过，age 的属性值是不可见的，当把打印 age 的代码行注释掉，程序成功运行并打印结果。由此可以看出，同包中的类不能访问被 private 修饰的属性。

在 test2 包下新建子类 Son，该类继承父类 User，在该类中定义一个方法 m1()，用来打印父类中的属性值，如例 4-9 所示。

例 4-9　Son.java

```
1   package test2;
2   import qianfeng.User;
3   public class Son extends User{
4       public void m1() {
5           System.out.println("姓名:" + this.name);
6           System.out.println("年龄:" + this.age);
7           System.out.println("性别:" + this.sex);
8           System.out.println("身高:" + this.height + "cm");
9       }
10  }
```

然后在 Test1 类的 main 方法中追加代码并导入相关包，调用子类方法测试修饰符在不同包下的子类权限，追加代码如下所示。

```
System.out.println("以下为不同包下的子类:");
Son son = new Son();
son.m1();
```

运行 Test1 类中的 main 方法，运行结果如图 4.17 所示。

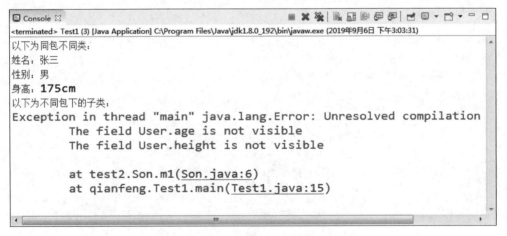

图 4.17　例 4-9 在 Test1 中的运行结果

根据报错信息可知编译未通过，age、height 的属性值是不可见的，当在 Son 类中把打印这些属性的代码行注释掉，程序成功运行并打印结果。由此可以看出，不同包的子类中，只有被 public 和 protected 修饰的属性值能够获取到。

在 test2 包中新建 Test2 类，在该类中定义一个 main 方法，打印 User 对象的属性，如例 4-10 所示。

例 4-10　Test2.java

```
1   package test2;
2   import qianfeng.User;
3   public class Test2 {
4       public static void main(String[] args) {
5           User user = new User();
6           System.out.println("以下为不同包中的非子类");
7           System.out.println(user.name);
8           System.out.println(user.age);
9           System.out.println(user.sex);
10          System.out.println(user.height + "cm");
11      }
12  }
```

运行以上代码，可以发现控制台报错，报错信息如图 4.18 所示。

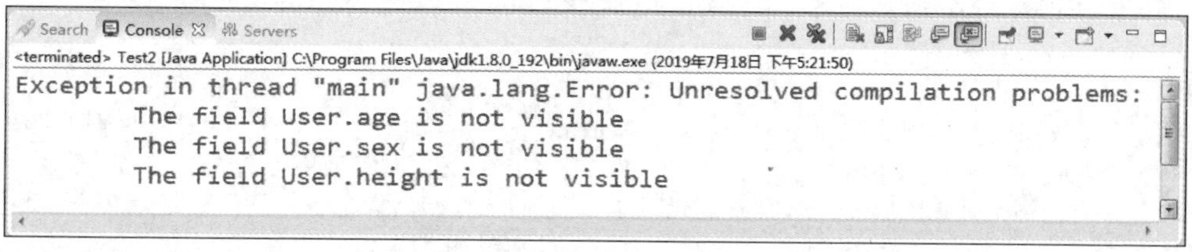

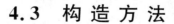

图 4.18　例 4-10 运行结果

根据报错信息可知编译未通过，age、sex、height 的属性值是不可见的，当把打印这些属性的代码行注释掉，程序成功运行并打印结果。由此可以看出，不同包的非子类中，只有被 public 修饰的属性值能够获取到。

6. 总结

简单总结一下，按访问范围由大到小排列如下：

$$public > protected > 默认 > private$$

修饰符的访问权限作用域如表 4.1 所示。

表 4.1　访问修饰符作用域

修饰符	本类	同包中的类	子类	其他类
public	可以访问	可以访问	可以访问	可以访问
protected	可以访问	可以访问	可以访问	不能访问
默认	可以访问	可以访问	不能访问	不能访问
private	可以访问	不能访问	不能访问	不能访问

4.3　构造方法

在前面的例题中创建对象时，会默认为对成员变量进行初始化。例如造车厂，刚生产的同类型车的默认配置都是一样的。如果想改变默认的初始化，让系统创建对象时就为该对象的成员属性显式地指定初始值，可以通过构造方法来实现。构造方法是类中一个特殊的成员方法,用于为类中属性初始化。

4.3.1 构造方法的定义

构造方法是使用 new 关键字创建一个对象时被调用的。构造方法有以下三个特征。
(1) 构造方法名与类名相同。
(2) 构造方法没有返回值类型。
(3) 构造方法中不能使用 return 返回一个值。
接下来演示定义一个类的构造方法,如例 4-11 所示。

例 4-11　TestPersonDemo04.java

```
1  class Person {
2      public Person() {
3          System.out.println("构造方法自动被调用");
4      }
5  }
6  public class TestPersonDemo04 {
7      public static void main(String[] args) {
8          System.out.println("声明对象:Person p = null");
9          Person p = null;                    // 声明对象时不调用构造方法
10         System.out.println("实例化对象:p = new Person()");
11         p = new Person();                   // 实例化对象时调用构造方法
12     }
13 }
```

程序的运行结果如图 4.19 所示。

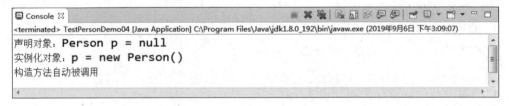

图 4.19　例 4-11 运行结果

在图 4.19 中,从程序运行结果可发现,当调用关键字 new 实例化对象时才会调用构造方法。细心的读者会发现,在之前的示例中并没有定义构造方法,但是也能被调用。这是因为类未定义任何构造方法,系统会自动提供一个默认构造方法。如果已存在带参数的构造方法,则系统将不会提供默认构造方法,如例 4-12 所示。

例 4-12　TestPersonDemo05.java

```
1  package test;
2  class Person {
3      private String name;              // 声明姓名私有属性
4      private int age;                  // 声明年龄私有属性
5      public Person(String str, int n) {   // 构造方法初始化成员属性
6          name = str;
```

```
7          age = n;
8      }
9      public void say() {              // 定义显示信息的方法
10         System.out.println("姓名:" + name + ",年龄:" + age);
11     }
12 }
13 public class TestPersonDemo05 {
14     public static void main(String[] args) {
15         Person p = new Person();
16         p.say();
17     }
18 }
```

程序的运行结果如图 4.20 所示。

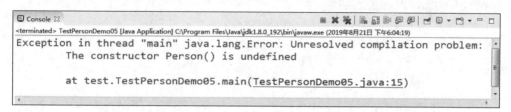

图 4.20 例 4-12 运行结果

在图 4.20 中编译报错，并提示"The constructor Person() is undefined"，出现错误的原因在于，类中已经提供有参数的构造方法，系统将不会提供默认构造方法，编译器因找不到无参构造方法而报错。修改第 15 行代码如下。

```
Person p = new Person("张三",18);
```

程序的运行结果如图 4.21 所示。

图 4.21 例 4-12 修改后运行结果

在图 4.21 中，从程序运行结果可发现，实例化对象时调用了有参构造方法为属性赋值。编写程序时，为避免出现上面的错误，每次定义类的构造方法时，应预先定义一个无参的构造方法，有参的构造方法可以根据需求再定义。

4.3.2 构造方法的重载

由于系统提供的默认构造方法通常不能满足需求，例如，造车厂生产卡车与小轿车时，出厂的配置是不一样的，这时就需要多个构造方法，与普通方法一样，只要每个构造方法的参数列表不同，即可实现重载。这样在创建对象时，就可以通过调用不同的构造方法为不同的属性赋值，如例 4-13 所示。

例 4-13　TestPersonDemo06.java

```
1   class Person {
2       private String name;                    // 声明姓名私有属性
3       private int age;                        // 声明年龄私有属性
4       public Person(String str) {
5           name = str;
6       }
7       public Person(String str, int n) {      // 构造方法初始化成员属性
8           name = str;
9           age = n;
10      }
11      public void say() {                     // 定义显示信息的方法
12          System.out.println("姓名:" + name + ",年龄:" + age);
13      }
14  }
15  public class TestPersonDemo06 {
16      public static void main(String[] args) {
17          // 创建对象并调用一个参数构造方法
18          Person p1 = new Person("张三");
19          // 创建对象并调用两个参数构造方法
20          Person p2 = new Person("李四", 18);
21          p1.say();
22          p2.say();
23      }
24  }
```

程序的运行结果如图 4.22 所示。

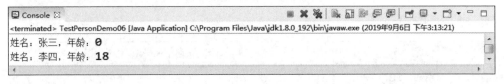

图 4.22　例 4-13 运行结果

在例 4-13 中，Person 类中定义了两个构造方法，两个方法的参数列表不同，符合重载条件。在创建对象时，根据参数的不同，分别调用不同的构造方法。其中，一个参数的构造方法只对 name 属性进行初始化，此时 age 属性为默认值 0；两个参数的构造方法根据实参分别对 name 和 age 属性进行初始化。

4.4　this 关键字

如前所述，类在定义成员方法时，局部变量和成员变量可以重名，但此时不能访问成员变量。为避免这种情形，Java 提供了 this 关键字，表示当前对象，指向调用的对象本身。接下来演示 this 的本质，如例 4-14 所示。

例 4-14 TestThis.java

```
1  class Person {
2      public void equals(Person p) {
3          System.out.println(this);           // 打印 this 的地址
4          System.out.println(p);              // 打印对象地址
5          if (this == p)                      // 判断当前对象与 this 是否相等
6              System.out.println("相等");
7          else
8              System.out.println("不相等");
9      }
10 }
11 public class TestThis {
12     public static void main(String[] args) {
13         Person p1 = new Person();
14         Person p2 = new Person();
15         p1.equals(p1);
16         p1.equals(p2);
17     }
18 }
```

程序的运行结果如图 4.23 所示。

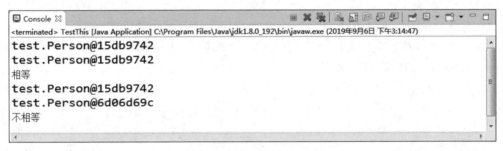

图 4.23 例 4-14 运行结果

在图 4.23 中,从程序运行结果可发现,关键字 this 和调用对象 p1 的值相等,都保存了指向堆内存空间的地址,也就是说,this 就是调用对象本身。因此,调用对象 p1 的 this 与 p2 对象不相等。

this 关键字在程序中主要有三种用法,下面来分别讲解各种用法。

1. 使用 this 调用类中的属性

this 关键字可以明确调用类的成员变量,不会与局部变量名发生冲突。接下来演示 this 调用属性,如例 4-15 所示。

例 4-15 TestThisRefAttr.java

```
1  class Person {
2      private String name;                    // 声明姓名私有属性
3      private int age;                        // 声明年龄私有属性
4      public Person(String name, int age) {
5          this.name = name;                   // 明确表示为类中的 name 属性赋值
6          this.age = age;                     // 明确表示为类中的 age 属性赋值
```

```
  7      }
  8      public void say() {              // 定义显示信息的方法
  9          System.out.println("姓名:" + this.name + ",年龄:" + this.age);
 10      }
 11  }
 12  public class TestThisRefAttr {
 13      public static void main(String[] args) {
 14          Person p = new Person("张三", 18);
 15          p.say();
 16      }
 17  }
```

程序的运行结果如图 4.24 所示。

```
Console
<terminated> TestThisRefAttr [Java Application] C:\Program Files\Java\jdk1.8.0_192\bin\javaw.exe (2019年9月6日 下午3:16:23)
姓名:张三,年龄: 18
```

图 4.24 例 4-15 运行结果

在例 4-15 中,构造方法的形参与成员变量同名,使用 this 明确调用成员变量,避免了与局部变量产生冲突。

2. 使用 this 调用成员方法

this 既然可以访问成员变量,那么也可以访问成员方法,如例 4-16 所示。

例 4-16 TestThisRefFun.java

```
  1  class Person {
  2      private String name;              // 声明姓名私有属性
  3      private int age;                  // 声明年龄私有属性
  4      public Person(String name, int age) {
  5          this.name = name;             // 明确表示为类中的 name 属性赋值
  6          this.age = age;               // 明确表示为类中的 age 属性赋值
  7      }
  8      public void say() {               // 定义显示信息的方法
  9          System.out.println("姓名:" + this.name + ",年龄:" + this.age);
 10          this.log("Person.say");       // this 调用成员方法
 11      }
 12      public void log(String msg) {
 13          System.out.println("日志记录:调用" + msg);
 14      }
 15  }
 16  public class TestThisRefFun {
 17      public static void main(String[] args) {
 18          Person p = new Person("张三", 18);
 19          p.say();
 20      }
 21  }
```

程序的运行结果如图 4.25 所示。

图 4.25　例 4-16 运行结果

在例 4-16 中，在 say() 方法中明确使用 this 调用 log() 成员方法。另外，此处的 this 可以省略，但不建议这样做，以便使代码更加清晰。

3. 使用 this 调用构造方法

构造方法是在实例化时被自动调用的，因此不能直接像调用成员方法一样去调用构造方法，但可以使用 this([实参列表]) 的方式调用其他的构造方法，如例 4-17 所示。

例 4-17　TestThisRefConstructor.java

```
1  class Person {
2      private String name;                    // 声明姓名私有属性
3      private int age;                        // 声明年龄私有属性
4      public Person() {
5          System.out.println("调用无参构造方法");
6      }
7      public Person(String name, int age) {
8          this();                             // 调用无参构造函数
9          System.out.println("调用有参构造函数");
10         this.name = name;                   // 明确表示为类中的 name 属性赋值
11         this.age = age;                     // 明确表示为类中的 age 属性赋值
12     }
13     public void say() {                     // 定义显示信息的方法
14         System.out.println("姓名:" + this.name + ",年龄:" + this.age);
15     }
16 }
17 public class TestThisRefConstructor {
18     public static void main(String[] args) {
19         Person p = new Person("张三", 18);
20         p.say();
21     }
22 }
```

程序的运行结果如图 4.26 所示。

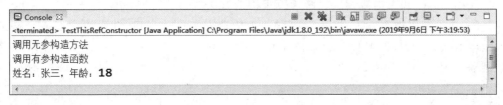

图 4.26　例 4-17 运行结果

在例 4-17 中，实例化对象时，调用了有参构造方法，在该方法中通过 this() 调用了无参构造方法。因此，运行结果中显示两个构造方法都被调用了。

在使用 this 调用构造方法时，还需注意：在构造方法中，使用 this 调用构造方法的语句必须位于首行，且只能出现一次，如例 4-18 所示。

例 4-18 TestThisRefConstructor01.java

```
1  package test;
2  class Person {
3      private String name;                    // 姓名
4      private int age;                        // 年龄
5      public Person() {
6          System.out.println("调用无参构造方法");
7      }
8      public Person(String name, int age) {
9          System.out.println("调用有参构造函数");
10         this.name = name;
11         this.age = age;
12         this();                             // 调用无参构造函数
13     }
14     public void say() {
15         System.out.println("姓名:" + this.name + ",年龄:" + this.age);
16     }
17 }
18 public class TestThisRefConstructor01 {
19     public static void main(String[] args) {
20         Person p = new Person("张三", 18);
21         p.say();
22     }
23 }
```

程序的运行结果如图 4.27 所示。

```
Console ⅹ
<terminated> TestThisRefConstructor01 [Java Application] C:\Program Files\Java\jdk1.8.0_192\bin\javaw.exe (2019年8月21日 下午6:22:04)
Exception in thread "main" java.lang.Error: Unresolved compilation problem:
    Constructor call must be the first statement in a constructor

    at test.Person.<init>(TestThisRefConstructor01.java:12)
```

图 4.27 例 4-18 运行结果

在图 4.27 中，编译报错并提示"Constructor call must be the first statement in a constructor"。因此在使用 this() 调用构造方法时必须位于构造方法的第一行。

另外，this 调用构造方法时，一定要留一个构造方法作为出口，即至少存在一个构造方法不使用 this 调用其他构造方法，如例 4-19 所示。

例 4-19 TestThisRefConstructor02.java

```
1  package test;
2  class Person {
3      private String name;                    // 姓名
4      private int age;                        // 年龄
5      public Person() {
```

```
6            this(null, 0);                    // 调用有参构造函数
7            System.out.println("调用无参构造方法");
8        }
9        public Person(String name, int age) {
10           this();                            // 调用无参构造函数
11           System.out.println("调用有参构造函数");
12           this.name = name;
13           this.age = age;
14       }
15       public void say() {
16           System.out.println("姓名:" + this.name + ",年龄:" + this.age);
17       }
18   }
19   public class TestThisRefConstructor02 {
20       public static void main(String[] args) {
21           Person p = new Person("张三", 18);
22           p.say();
23       }
24   }
```

程序的运行结果如图 4.28 所示。

```
Console ⊠
<terminated> TestThisRefConstructor02 [Java Application] C:\Program Files\Java\jdk1.8.0_192\bin\javaw.exe (2019年8月21日 下午6:30:45)
Exception in thread "main" java.lang.Error: Unresolved compilation problems:
        Recursive constructor invocation Person(String, int)
        Recursive constructor invocation Person()

        at test.Person.<init>(TestThisRefConstructor02.java:6)
        at test.TestThisRefConstructor02.main(TestThisRefConstructor02.java:21)
```

图 4.28　例 4-19 运行结果

在图 4.28 中，编译报错并提示 "Recursive constructor invocation Person(String,int)" 和 "Recursive constructor invocation Person()"。因此，在构造方法互相调用时，一定要预留一个出口，一般将无参构造方法作为出口，即在无参构造方法中不再去调用其他构造方法。

4.5　垃　圾　回　收

在 Java 中，用 new 关键字创建对象或数组等引用类型时，都会在堆内存中为之分配一块内存，用于保存对象，当此块内存不再被任何引用变量引用时，这块内存就变成垃圾。Java 引入了垃圾回收机制（Garbage Collection，GC）来处理垃圾，它是一种动态存储管理技术，由 Java 虚拟机自动回收垃圾对象所占的内存空间，不需要程序代码来显式释放。

在了解垃圾回收之前，首先了解下 JVM 的内存结构。在 JVM 的内存结构中主要包含五个区域，分别是：程序计数器、虚拟机栈、本地方法栈、堆、方法区。其中，程序计数器占用的内存空间较小，可以看作当前线程的行号指示器；虚拟机栈在每个方法执行时会创建一个栈帧，用来存储局部变量表、操作数栈、动态链接、方法返回地址等信息，每个方法从调用到执行完成的过程，就对应着一个栈帧在虚拟机栈中的入栈到出栈的过程；本地方法栈与

虚拟机栈的作用相似,虚拟机栈是为了虚拟机能够执行 Java 方法服务,而本地方法栈则为虚拟机能够使用到的本地方法服务;堆是 JVM 中最大的一块内存区域,存放了所有类的实例以及为数组对象分配的内存区域,它是线程共享的;方法区同堆一样,也是一块供所有线程共享的内存区域,用来存储已经被虚拟机加载的类信息、常量、静态变量。程序计数器、虚拟机栈、本地方法栈这三个区域是线程私有的,不需要回收。而堆区和方法区内存的分配和回收是垃圾收集器关注的部分,垃圾回收也是回收这些区域的垃圾。JVM 内存模型如图 4.29 所示。

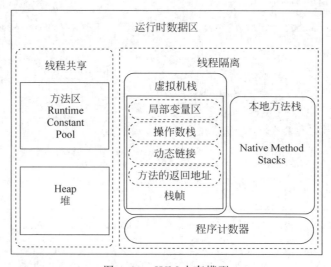

图 4.29　JVM 内存模型

垃圾收集器在对堆区和方法区进行回收前,需要确定这些区域中的对象有哪些是可以被回收的,哪些是不用回收的,常用来判断对象是否需要回收的算法有以下两种。

1. 引用计数器算法

引用计数器算法是给对象添加一个引用计数器,每当创建一个对象时,就会为该对象分配一个变量,把变量计数器的值设置为 1。当其他变量被赋值为这个对象的引用时,计数的值加 1,如果一个对象实例的某个引用超过了生命周期、被设置为一个新值或失去引用时,对象实例的引用计数器的值就会减 1,任何引用计数器为 0 的对象实例就可以被当作垃圾收集,通过代码演示如下。

```
Student stu1 = new Student("张三");
Student stu2 = stu1;
```

上述代码中,实例化一个学生对象,并将其赋值给变量 stu1,此时,stu1 引用了对象,计数器的值为 1,然后再将 stu1 赋值给变量 stu2,此时,已经有 stu1、stu2 两个变量引用对象了,所以计数器的值变为 2,如图 4.30 所示。

注意:此算法无法解决相互引用的问题,例如,A 引用 B,B 引用 A,它们永远都不会再被使用。

2. 可达性分析算法

可达性分析算法是将程序中所有的引用关系看成一张图,从一个对象节点 GC ROOT

开始,向下寻找对应的引用节点。找到一个节点以后,继续寻找该节点的引用节点,所找寻的路径被称为引用链。所有的引用节点寻找完毕之后,当一个对象到 GC ROOT 没有任何引用链相连时,即为无用的节点,无用的节点将会被判定为可回收的对象,如图 4.31 所示。

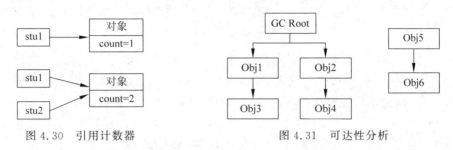

图 4.30 引用计数器　　　　　　　图 4.31 可达性分析

在图 4.31 中可以看出,Obj1~Obj4 对象节点到 GC Root 节点都是可达的,而 Obj5 和 Obj6 并没有直接或间接的引用链与 GC Root 相连,因此可以看出 Obj1~Obj4 是不可回收的,而 Obj5 和 Obj6 可以被回收。

当一个对象失去引用时,除了等待 Java 虚拟机自动回收之外,还可以调用 System.gc()方法来通知 Java 虚拟机进行垃圾回收。该方法只是向 Java 虚拟机发出一个回收申请,至于 Java 虚拟机是否进行垃圾回收并不能确定。

当一个对象在内存中被释放时,Java 虚拟机会自动调用该对象的 finalize()方法,该方法用于在对象被垃圾回收机制销毁前执行一些资源回收工作。如果在程序终止前 Java 虚拟机始终没有执行垃圾回收操作,那么 Java 虚拟机将始终不会调用该对象的 finalize()方法。在 Java 的祖先类中提供了 finalize()方法,因此,所有的类都可以重写该方法,但需注意该方法没有任何参数和返回值,并且每个类中有且只有一个该方法。接下来演示 System.gc()方法和 finalize()方法的用法,如例 4-20 所示。

例 4-20　TestGc.java

```
1   class Person {
2       public void finalize() {
3           System.out.println(this + "对象将被回收");
4       }
5   }
6   public class TestGc {
7       public static void main(String[] args) {
8           // 创建两个 Person 对象
9           Person p1 = new Person();
10          Person p2 = new Person();
11          // 让对象失去引用变量的引用
12          p1 = null;
13          p2 = null;
14          // 通知 JVM 进行垃圾回收
15          System.gc();
16      }
17  }
```

程序的运行结果如图 4.32 所示。

图 4.32 运行结果

在图 4.32 中，从程序运行结果可发现，Java 虚拟机只回收了一个对象，出现这种现象的原因在于，System.gc() 只是建议虚拟机立即进行垃圾回收，虚拟机完全有可能并不立即进行垃圾回收，因此不能保证无引用对象的 finalize() 方法一定被调用。

4.6 static 关键字

static 关键字表示静态的，用于修饰成员变量、成员方法以及代码块，如用 static 修饰 main() 方法。灵活正确地运用 static 关键字，可以使程序更符合现实世界逻辑，本节将详细讲解 static 关键字的用法。

4.6.1 静态变量

使用 static 修饰的成员变量，称为静态变量或类变量，它被类的所有对象共享，属于整个类所有，因此可以通过类名直接访问。而未使用 static 修饰的成员变量称为实例变量，它属于具体对象独有，只能通过引用变量访问。接下来演示实例变量的用法，如例 4-21 所示。

例 4-21 TestInstanceVariable.java

```
1   class Person {
2       int count;                    // 保存对象创建的个数
3       public Person() {
4           count++;
5       }
6   }
7   public class TestInstanceVariable {
8       public static void main(String[] args) {
9           // 创建 Person 对象
10          Person p1 = new Person();
11          Person p2 = new Person();
12          Person p3 = new Person();
13          Person p4 = new Person();
14          Person p5 = new Person();
15          System.out.println(p5.count);
16      }
17  }
```

程序的运行结果如图 4.33 所示。

在例 4-21 中，定义一个实例变量 count，用于记录类对象被创建的次数，由于实例变量 count 是属于类的对象的，对象之间的 count 是不相关的，它们被存储在不同的内存位置。

```
Console
<terminated> TestInstanceVariable [Java Application] C:\Program Files\Java\jdk1.8.0_192\bin\javaw.exe (2019年9月6日 下午3:25:36)
1
```

图 4.33　例 4-21 运行结果

因此,程序运行结果输出的 1 是引用对象的 count 值。使用 static 关键字来修饰成员变量即可达到目的,这时可以通过"类名.变量名"的形式访问类变量,如例 4-22 所示。

例 4-22　TestStaticVariable.java

```
1  class Person {
2      static int count;                // 保存对象创建的个数
3      public Person() {
4          count++;
5      }
6  }
7  public class TestStaticVariable {
8      public static void main(String[] args) {
9          // 创建 Person 对象
10         Person p1 = new Person();
11         Person p2 = new Person();
12         Person p3 = new Person();
13         Person p4 = new Person();
14         Person p5 = new Person();
15         System.out.println(Person.count);
16     }
17 }
```

程序的运行结果如图 4.34 所示。

```
Console
<terminated> TestStaticVariable [Java Application] C:\Program Files\Java\jdk1.8.0_192\bin\javaw.exe (2019年9月6日 下午3:26:51)
5
```

图 4.34　例 4-22 运行结果

例 4-22 中使用 static 关键字修饰成员变量 count,这个类变量在内存中只有一份,所有的对象共享这个类变量,因此每当创建一个对象时,都会调用它的构造方法,类变量 count 会在原来的基础上加 1,这样就可以统计出创建了多少个对象。

💣 **脚下留心**

static 关键字在修饰变量的时候只能修饰成员变量,不能修饰方法中的局部变量,具体示例如下。

```
public class TestPerson {
    public void say() {
        static int count = 0;            // 非法,编译会报错
    }
}
```

4.6.2 静态方法

使用 static 修饰的成员方法,称为静态方法,无须创建类的实例就可以调用静态方法,静态方法可以通过类名调用。接下来演示静态方法的使用,如例 4-23 所示。

例 4-23 TestStaticFunction.java

```
1  class Person {
2      private static int count;              // 保存对象创建的个数
3      public Person() {
4          count++;
5      }
6      public static void say() {
7          System.out.println("类实例化次数:" + count);
8      }
9  }
10 public class TestStaticFunction {
11     public static void main(String[] args) {
12         Person.say();                      // 调用静态方法
13         // 创建 Person 对象
14         Person p1 = new Person();
15         Person p2 = new Person();
16         Person p3 = new Person();
17         Person p4 = new Person();
18         Person p5 = new Person();
19         Person.say();                      // 调用静态方法
20     }
21 }
```

程序的运行结果如图 4.35 所示。

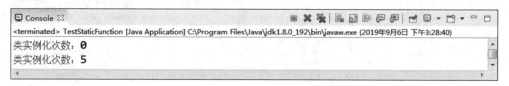

图 4.35 例 4-23 运行结果

例 4-23 中,Person 类定义了静态方法 say(),并通过 Person.say() 的形式调用了该静态方法,由此可见,不需要创建对象就可以调用静态方法。

静态方法只能访问类的静态成员(静态变量、静态方法),不能访问类中的实例成员(实例变量和实例方法)。这是因为未被 static 修饰的成员都是属于对象的,所以需要先创建对象才能访问,而静态方法在被调用时可以不创建任何对象,如例 4-24 所示。

例 4-24 TestStaticCallInstance.java

```
1  package test;
2  class Person {
3      private static int count;              // 保存对象创建的个数
4      private String ClassName = "Person";
```

```
5      public Person() {
6          count++;
7      }
8      public static void say() {
9          System.out.println(ClassName + "实例化次数:" + count);
10     }
11 }
12 public class TestStaticCallInstance {
13     public static void main(String[] args) {
14         Person.say();                    // 调用静态方法
15     }
16 }
```

程序的运行结果如图 4.36 所示。

```
Console ☒
<terminated> TestStaticCallInstance [Java Application] C:\Program Files\Java\jdk1.8.0_192\bin\javaw.exe (2019年8月22日 上午9:29:47)
Exception in thread "main" java.lang.Error: Unresolved compilation problem:
    Cannot make a static reference to the non-static field ClassName

    at test.Person.say(TestStaticCallInstance.java:9)
    at test.TestStaticCallInstance.main(TestStaticCallInstance.java:14)
```

图 4.36　例 4-24 运行结果

在图 4.36 中，从程序编译结果可发现，静态方法 say() 不能访问实例变量 ClassName，因为实例变量必须在对象开辟内存之后才能被访问，所以此处要访问 ClassName，必须在变量类型前面加 static 关键字。

4.6.3　代码块

代码块是指用大括号"{}"括起来的一段代码，根据位置及声明关键字的不同，代码块可分为普通代码块、构造代码块、静态代码块和同步代码块，其中，同步代码块在多线程部分进行讲解。

1. 普通代码块

普通代码块就是在方法名后或方法体内用大括号"{}"括起来的一段代码，如例 4-25 所示。

例 4-25　TestCodeblock.java

```
1  public class TestCodeblock {
2      public static void main(String[] args) {
3          {                              // 定义普通代码块
4              int x = 100;
5              System.out.println("普通代码块 x = " + x);    // 定义局部变量
6          }
7          int x = 10;                    // 与局部变量相同
8          System.out.println("代码块作用域之外 x = " + x);
9      }
10 }
```

程序的运行结果如图 4.37 所示。

```
Console
<terminated> TestCodeblock [Java Application] C:\Program Files\Java\jdk1.8.0_192\bin\javaw.exe (2019年9月6日 下午3:30:38)
普通代码块x=100
代码块作用域之外x=10
```

图 4.37　例 4-25 运行结果

在例 4-25 中有两个普通代码块,一个代码块从第 2 行到第 9 行,另一个代码块从第 3 行到第 6 行。在普通代码块中,变量的作用域从左大括号"{"开始,到右大括号"}"结束。因此,在第 4 行定义变量 x,作用域到第 6 行就结束了。接着在第 7 行重新定义了一个变量 x,它的作用域到第 9 行结束。

2. 构造代码块

构造代码块就是直接定义在类中的代码块,它没有任何前缀、后缀及关键字修饰。上面提到,每个类中至少有一个构造方法,创建对象时,构造方法被自动调用,构造代码块也是在创建对象时被调用,但它在构造方法之前被调用,因此,构造代码块也可用来初始化成员变量,如例 4-26 所示。

例 4-26　TestConstructorCodeblock.java

```
1   class Person {
2       public Person() {                        // 定义构造方法
3           System.out.println("构造方法");
4       }
5       {                                        // 定义构造代码块
6           System.out.println("构造代码块");
7       }
8   }
9   public class TestConstructorCodeblock{
10      public static void main(String[] args) {
11          // 实例化对象
12          new Person();
13          new Person();
14          new Person();
15      }
16  }
```

程序的运行结果如图 4.38 所示。

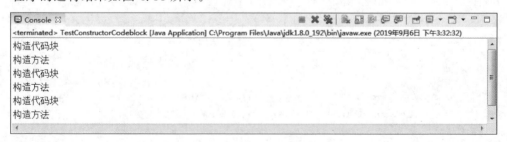

图 4.38　例 4-26 运行结果

在图 4.38 中，从程序运行结果可发现，构造代码块优先于构造方法执行，而且每次实例化对象时都会执行构造代码块。因此，如果一个类中有多个构造方法，并且都需要初始化成员变量，那么就可以把每个构造方法中相同的代码提取出来，放在构造代码块中，可以提高代码的复用性。

3. 静态代码块

静态代码块就是使用 static 关键字修饰的代码块，它是最早执行的代码块，如例 4-27 所示。

例 4-27 TestStaticCodeblock.java

```
1   class Person {
2       public Person() {                           // 定义构造方法
3           System.out.println("构造方法");
4       }
5       {                                           // 定义构造代码块
6           System.out.println("构造代码块");
7       }
8       static {                                    // 定义静态代码块
9           System.out.println("静态代码块");
10      }
11  }
12  public class TestStaticCodeblock{
13      public static void main(String[] args) {
14          // 实例化对象
15          new Person();
16          new Person();
17          new Person();
18      }
19      static {                                    // 定义静态代码块
20          System.out.println("主方法所在类的静态代码块");
21      }
22  }
```

程序的运行结果如图 4.39 所示。

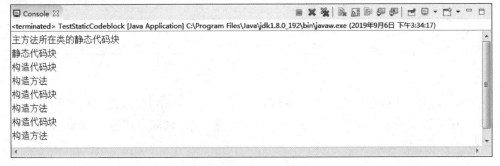

图 4.39　例 4-27 运行结果

在图 4.39 中，从程序运行结果可发现，静态代码块先于主方法和构造代码块执行，而且无论类的对象被创建多少次，由于 Java 虚拟机只加载一次类，所以静态代码块只会执行一次。

4.6.4 单例模式

设计模式描述了软件设计过程中经常遇到的问题及解决方案,它是面向对象设计经验的总结和理论化抽象。通过设计模式,开发者就可以无数次地重用已有的解决方案,无须再重复相同的工作。

单例模式是设计模式中的一种,是指一个类在程序运行期间有且仅有一个实例,并且自行实例化向整个系统提供这个实例。例如,Windows 操作系统只提供一个任务管理器。单例类的一个重要特征是类的构造方法是私有的,从而避免了外部利用构造方法直接创建多个实例。接下来演示单例类的实现,如例 4-28 所示。

例 4-28　TestSingleMode.java

```java
1  class Single {
2      // 创建一个静态私有对象
3      private static Single INSTANCE = new Single();
4      // 私有化构造方法
5      private Single() {
6      }
7      // 返回静态私有对象
8      public static Single getInstance() {
9          return INSTANCE;
10     }
11 }
12 public class TestSingleMode {
13     public static void main(String[] args) {
14         Single s1 = Single.getInstance();
15         Single s2 = Single.getInstance();
16         // 比较对象是否相同
17         System.out.println(s1 == s2);
18     }
19 }
```

程序的运行结果如图 4.40 所示。

图 4.40　例 4-28 运行结果

在图 4.40 中,从程序运行结果可发现,变量 s1 和 s2 的值相等,说明它们都是引用的同一对象。获取该类的对象只能通过 getInstance() 方法,而且该方法返回的是同一对象。因此,该类是一个单例类。

通过上面的代码,可以总结出单例模式有 3 个特点,具体如下。

(1) 单例模式的类只提供私有的构造方法。

(2) 类定义中含有一个该类的静态私有对象。

(3) 提供一个静态的公有的方法用于创建或获取它本身的静态私有对象。

4.7 内 部 类

在 Java 中,类中除了可以定义成员变量与成员方法外,还可以定义类,该类称作内部类,内部类所在的类称作外部类。根据内部类的位置、修饰符和定义的方式可分为成员内部类、静态内部类、方法内部类以及匿名内部类 4 种。

内部类有以下 3 点共性。

(1) 内部类与外部类经 Java 编译器编译后生成的两个类是独立的。

(2) 内部类是外部类的一个成员,因此能访问外部类的任何成员(包括私有成员),但外部类不能直接访问内部类成员。

(3) 内部类可为静态,可用 protected 和 private 修饰,而外部类只能用 public 和默认的访问权限。

4.7.1 成员内部类

成员内部类是指类作为外部类的一个成员,能直接访问外部类的所有成员,但在外部类中访问内部类,则需要在外部类中创建内部类的对象,使用内部类的对象来访问内部类中的成员。同时,若要在外部类外访问内部类,则需要通过外部类对象去创建内部类对象,在外部类外创建一个内部类对象的语法格式如下。

外部类名.内部类名 引用变量名 = new 外部类名().new 内部类名()

接下演示内部类的用法,如例 4-29 所示。

例 4-29　TestInnerClass.java

```
1   class Other {
2       // 定义类成员
3       private String name = "Other";
4       private int count;
5       // 定义内部类
6       class Inner {
7           // 定义类成员
8           private String name = "Other.Inner";
9           public void say() {
10              // 内部类成员方法中访问外部类私有成员变量
11              // Other.this 表示外部类对象
12              System.out.print(Other.this.name);
13              System.out.println(":" + count);
14          }
15      }
16  }
17  public class TestInnerClass {
18      public static void main(String[] args) {
19          // 创建内部类对象
20          Other.Inner obj = new Other().new Inner();
21          obj.say();
22      }
23  }
```

程序的运行结果如图 4.41 所示。

图 4.41　例 4-29 运行结果

在例 4-29 中，在外部类 Other 中定义了一个成员内部类 Inner，在 Inner 类的成员方法 say() 中访问外部类 Other 的成员变量 name 和 count。因为内部类和外部类的成员变量 name 重名，所以不能直接访问，则只能用"Other.this.name"的形式访问，其中，"Other.this"表示外部类对象。因为成员内部类也是外部类的成员，所以要访问成员内部类，必须先创建外部类对象，然后通过"外部类对象.new()"的形式创建成员内部类对象。

另外，需要注意的是，成员内部类不能定义静态变量、静态方法和静态内部类。这是因为当外部类被加载时，内部类是非静态的，那么 Java 编译器就不会初始化内部类中的静态成员，这就与 Java 编译原则相违背。

4.7.2　静态内部类

如果不需要外部类对象与内部类对象之间有联系，那么可以将内部类声明为 static，用 static 关键字修饰的内部类称为静态内部类。静态内部类可以有实例成员和静态成员，它可以直接访问外部类的静态成员，但如果想访问外部类的实例成员，就必须通过外部类的对象去访问。另外，如果在外部类外访问静态内部类成员，则不需要创建外部类对象，只需创建内部类对象即可。创建内部类对象的语法格式如下。

外部类名.内部类名 引用变量名 = new 外部类名.内部类名()

接下来演示静态内部类的用法，如例 4-30 所示。

例 4-30　TestStaticInnerClass.java

```
1   class Other {
2       // 定义类静态成员
3       private static String name = "Other";
4       private static int count;
5       // 定义静态内部类
6       static class Inner {
7           // 定义类静态成员
8           public static String name = "Other.Inner";
9           // 定义类成员
10          public void say() {
11              // 内部类成员方法中访问外部类私有成员变量
12              System.out.print(Other.name);
13              System.out.println(":" + count);
14          }
15      }
16  }
```

```
17  public class TestStaticInnerClass {
18      public static void main(String[] args) {
19          // 访问静态内部类的静态成员
20          String str = Other.Inner.name;
21          System.out.println(str);
22          // 创建静态内部类对象
23          Other.Inner obj = new Other.Inner();
24          obj.say();
25      }
26  }
```

程序的运行结果如图 4.42 所示。

图 4.42　例 4-30 运行结果

在例 4-30 中，内部类 Inner 用 static 关键字来修饰，是一个静态内部类。在 Inner 的 say() 中，通过"外部类名.静态成员"的方式访问外部类的静态成员。若要访问内部类的静态成员，则无须创建外部类和静态内部类对象，可通过"外部类名.内部类名.静态成员"的形式访问。若要访问内部类的实例成员，则需要创建静态内部类对象，通过"new 外部类名.内部类名()"形式直接创建内部类对象。

4.7.3　方法内部类

方法内部类是指在成员方法中定义的类，它与局部变量类似，作用域为定义它的代码块，因此它只能在定义该内部类的方法内实例化，不可以在此方法外对其实例化，如例 4-31 所示。

例 4-31　TestFunInnerClass.java

```
1   class Other {
2       // 定义类静态成员
3       private static String name = "Other";
4       private static int count;
5       public void say() {
6           // 定义局部内部类
7           class Inner {
8               // 定义类成员
9               public String name = "Other.Inner";
10              // 定义类成员
11              public void say() {
12                  // 内部类成员方法中访问外部类私有成员变量
13                  System.out.print(Other.name);
14                  System.out.println(":" + count);
15              }
```

```
16      }
17      // 创建局部内部类对象
18      Inner obj = new Inner();
19      obj.say();
20    }
21 }
22 public class TestFunInnerClass {
23    public static void main(String[] args) {
24      // 创建外部类对象
25      Other obj = new Other();
26      obj.say();
27    }
28 }
```

程序的运行结果如图 4.43 所示。

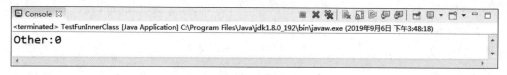

图 4.43 例 4-31 运行结果

在例 4-31 中,在 Other 类的 say() 方法中定义了一个内部类 Inner,这是一个方法内部类,只能在方法中使用该类创建 Inner 的实例对象并调用 say() 方法。从程序运行结果可发现,方法内部类也能访问外部类的成员。

4.7.4 匿名内部类

匿名内部类就是没有名称的内部类。创建匿名内部类时会立即创建一个该类的对象,该类定义立即消失,匿名内部类不能重复使用,如例 4-32 所示。

例 4-32 TestAnonymousInnerClass.java

```
1  class AnonymousInner {
2     public void say() {
3        System.out.println("AnonymousInnerClass");
4     }
5  }
6  public class TestAnonymousInnerClass {
7     public static void main(String[] args) {
8        // 创建匿名内部类
9        AnonymousInner obj = new AnonymousInner() {
10           public void say() {
11              System.out.println("匿名内部类");
12           }
13       };
14       obj.say();
15    }
16 }
```

程序的运行结果如图 4.44 所示。

图 4.44　例 4-32 运行结果

在例 4-32 中,在主方法中创建了匿名内部类 AnonymousInner 的对象,并调用该类的成员 say()方法。需要注意的是,匿名内部类是不能加访问修饰符的,而且被 new 的匿名类必须是先定义的。

小　　结

通过本章的学习,读者能够熟悉 Java 面向对象的概念,了解垃圾回收机制和相关算法。重点要理解封装的特性,它是把客观事物封装成抽象的类,封装后的类允许将自己的数据和方法让可信的类或者对象操作,对不可信的进行信息隐藏。

习　　题

1. 填空题

(1) 对象是对事物的抽象,而_____是对对象的抽象和归纳。

(2) 在类体中,变量定义部分所定义的变量称为类的_____。

(3) 在 Java 中,可以使用关键字_____来创建类的实例对象。

(4) 在关键字中能代表当前类或对象本身的是_____。

(5) _____指那些类定义代码被置于其他类定义中的类。

2. 选择题

(1) 类的定义必须包含在以下哪种符号之间?(　　)

　　A. 小括号()　　　　B. 双引号""　　　　C. 大括号{}　　　　D. 中括号[]

(2) 在以下什么情况下,构造方法函数被调用?(　　)

　　A. 类定义时　　　　　　　　　　　　B. 创建对象时

　　C. 使用对象的属性时　　　　　　　　D. 使用对象的方法时

(3) 有一个类 B,下面为其构造方法的声明,正确的是(　　)。

　　A. b(int x) {}　　　　　　　　　　　B. void B(int x) {}

　　C. void b(int x) {}　　　　　　　　 D. B(int x) {}

(4) 下面哪一种是正确类的声明?(　　)

　　A. public class Qf{}　　　　　　　　B. public void QF{}

　　C. public class void max{}　　　　　D. public class min(){}

(5) 定义外部类时不能用到的关键字是(　　)。

　　A. final　　　　　B. public　　　　　C. protected　　　　　D. abstract

3. 思考题

(1) 什么是面向对象？

(2) 构造方法与普通成员方法有何区别？

(3) 什么是垃圾回收机制？

(4) 类与对象之间有何关系？

(5) 请简单总结 Java 中访问修饰符的访问范围。

4. 编程题

(1) 设计一个用户类 User，类中的变量有用户名、密码和记录用户数量的变量，定义类的无参、为用户名赋值、为用户名和密码赋值的构造方法，获取和设置密码的方法和返回类信息的方法。

(2) 设计一副牌 Poker 的外部类和一张牌 Card 的内部类。

① Poker 类中定义私有成员花色数组、点数数组以及一副牌的数组属性，提供构造方法(创建并初始化一副牌的数组)、随机洗牌方法 shuffle(Math.random()获取[0,1)的随机数；获取[n,m)的随机数公式为 Math.random()*(m-n)+n)和发牌方法 deal。

② Card 类中定义花色和点数属性，提供打印信息方法。

③ 定义测试类并在 main()方法中创建一副牌 Poker 对象，并调用 shuffle()进行洗牌、deal()进行发牌。

第 5 章 面向对象(下)

本章学习目标
- 理解继承的概念。
- 掌握 final 关键字的使用。
- 熟练掌握抽象类和接口的使用。
- 理解多态的概念。
- 掌握 JDK 8.0 中 Lambda 表达式的使用。

通过第 4 章的学习,相信读者对 Java 语言面向对象的基本知识已经有了初步了解,本章将介绍 Java 面向对象的另外两大特征:继承和多态。此外,本章还将介绍 final 关键字、抽象类和接口、包、访问控制。

5.1 类 的 继 承

继承是面向对象的另一大特征,用于描述类的所属关系,多个类通过继承形成一个关系体系。继承是在原有类的基础上扩展新的功能,实现了代码的复用。

5.1.1 继承的概念

现实生活中,继承是指下一代人继承上一代人遗留的财产,即实现财产重用。在面向对象程序设计中,继承实现代码重用,即在已有类的基础上定义新的类,新的类能继承已有类的属性与行为,并扩展新的功能,而不需要把已有类的内容再写一遍。已有的类被称为父类或基类,新的类被称为子类或派生类。例如,交通工具与公交车就属于继承关系,公交车拥有交通工具的一切特性,但同时又拥有自己独有的特性。在 Java 中,子类继承父类的语法格式如下:

```
class 子类名 extends 父类名 {
    属性和方法
}
```

Java 使用 extends 关键字指明两个类之间的继承关系。子类继承了父类中的属性和方法,也可以添加新的属性和方法,如例 5-1 所示。

例 5-1 TestExtends.java

```
1   // 定义父类
2   class Parent {
```

```
3      String name;                    // 名称
4      double property;                // 财产
5      public void say() {
6          System.out.println(name + "的财产:" + property);
7      }
8  }
9  // 定义子类继承自父类
10 class Child extends Parent {
11     int age;
12     public void sayAge() {
13         System.out.println(name + "的年龄:" + age);
14     }
15 }
16 public class TestExtends {
17     public static void main(String[] args) {
18         // 创建 Child 对象
19         Child c = new Child();
20         // Child 对象本身没有 name 成员变量
21         // 因为 Child 的父类有 name 成员变量,所以 Child 继承了父类的成员变量和方法
22         c.name = "小明";
23         c.property = 100;
24         c.age = 20;
25         c.say();
26         c.sayAge();
27     }
28 }
```

程序的运行结果如图 5.1 所示。

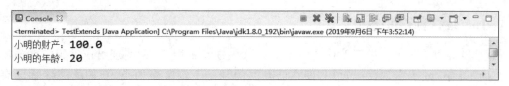

图 5.1 例 5-1 运行结果

在例 5-1 中,Child 类通过 extends 关键字继承了 Parent 类,Child 类便是 Parent 的子类。从程序运行结果可发现,Child 类虽然没有定义 name、property 成员变量和 say() 成员方法,但却能访问这些成员,说明子类可以继承父类所有的成员。另外,在 Child 类里还定义了一个 sayAge() 方法,说明子类可以扩展父类功能。

Java 语言只支持单继承,不允许多重继承,即一个子类只能继承一个父类,否则会引起编译错误,具体示例如下。

```
class A {}
class B {}
class C extends A, B {}
```

Java 语言虽然不支持多重继承,但它支持多层继承,即一个类的父类可以继承另外的父类。因此,Java 类可以有无限多个间接父类,具体示例如下。

```
class A {}
class B extends A {}
class C extends B {}
```

5.1.2 重写父类方法

在继承关系中,子类从父类中继承了可访问的方法,但有时从父类继承下来的方法不能完全满足子类需要,例如例 5-1 中,如果要求父类与子类中的 say()方法输出不同内容,这时就需要在子类的方法里修改父类的方法,即子类重新定义从父类中继承的成员方法,这个过程称为方法重写或覆盖。在进行方法重写时必须考虑权限,即被子类重写的方法不能拥有比父类方法更加严格的访问权限,如例 5-2 所示。

例 5-2 TestOverride.java

```
1   // 定义父类
2   class Parent {
3       protected void say() {
4           System.out.println("父辈");
5       }
6   }
7   // 定义子类继承自父类
8   class Child extends Parent {
9       public void say() {
10          System.out.println("子女");
11      }
12  }
13  public class TestOverride {
14      public static void main(String[] args) {
15          // 创建 Child 对象
16          Child c = new Child();
17          c.say();
18      }
19  }
```

程序的运行结果如图 5.2 所示。

图 5.2 例 5-2 运行结果

在例 5-2 中,Child 类继承了 Parent 类的 say()方法,但在子类 Child 中重新定义的 say()方法对父类的 say()进行了重写。从程序运行结果可发现,在调用 Child 类对象的 say()方法时,只会调用子类重写的方法,并不会调用父类的 say()方法。

另外,需要注意方法重载与方法重写的区别。

(1) 方法重载是在同一个类中,方法重写是在子类与父类中。

(2) 方法重载要求:方法名相同,参数个数或参数类型不同。

(3) 方法重写要求：子类与父类的方法名、返回值类型和参数列表相同。

5.1.3 super 关键字

当子类重写父类方法后，子类对象将无法访问父类被重写的方法。如果在子类中需要访问父类的被重写方法，可以通过 super 关键字来实现，其语法格式如下。

```
super.成员变量
super.成员方法([实参列表])
```

接下来演示 super 关键字的作用，如例 5-3 所示。

例 5-3 TestSuper.java

```
1   // 定义父类
2   class Parent {
3       String name = "Parent";                // 名称
4       public void say() {
5           System.out.println("父辈");
6       }
7   }
8   // 定义子类继承自父类
9   class Child extends Parent {
10      public void say() {
11          String name = super.name;          // 访问父类成员变量
12          super.say();                       // 访问父类成员方法
13          System.out.println("姓名：" + name);
14      }
15  }
16  public class TestSuper{
17      public static void main(String[] args) {
18          // 创建 Child 对象
19          Child c = new Child();
20          c.say();
21      }
22  }
```

程序的运行结果如图 5.3 所示。

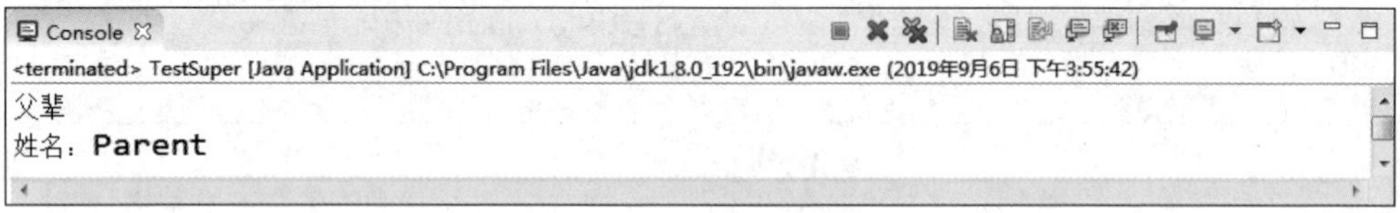

```
 Console ⊠
<terminated> TestSuper [Java Application] C:\Program Files\Java\jdk1.8.0_192\bin\javaw.exe (2019年9月6日 下午3:55:42)
父辈
姓名：Parent
```

图 5.3　例 5-3 运行结果

在例 5-3 中，Child 类继承自 Parent 类，并重写了 say() 方法。在子类 Child 的 say() 方法中，使用 super.name 调用了父类的成员变量，使用 super.say() 调用了父类被重写的成员方法。从程序运行结果可发现，通过 super 关键字可以在子类中访问被隐藏的父类成员。

在继承中，实例化子类对象时，首先会调用父类的构造方法，再调用子类的构造方法，这与实际生活中先有父母再有孩子类似。子类继承父类时,并没有继承父类的构造方法,但子类构造方法可以调用父类的构造方法。在一个构造方法中调用另一个重载的构造方法时应使用 this 关键字,在子类构造方法中调用父类的构造方法时应使用 super 关键字,其语法格式如下。

```
super([参数列表])
```

接下来演示 super 调用父类的构造方法,如例 5-4 所示。

例 5-4 TestSuperRefConstructor.java

```
1   // 定义父类
2   class Parent {
3       String name;                                    // 名称
4       public Parent(String name) {
5           this.name = name;
6       }
7       public void say() {
8           System.out.println("父辈");
9       }
10  }
11  // 定义子类继承自父类
12  class Child extends Parent {
13      public Child() {
14          super("Parent");
15      }
16      public void say() {
17          System.out.println("姓名:" + name);
18      }
19  }
20  public class TestSuperRefConstructor {
21      public static void main(String[] args) {
22          // 创建 Child 对象
23          Child c = new Child();
24          c.say();
25      }
26  }
```

程序的运行结果如图 5.4 所示。

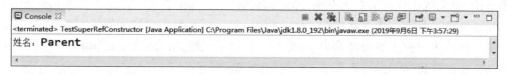

图 5.4 例 5-4 运行结果

从程序运行结果可发现,实例化 Child 类对象时调用了父类的有参构造方法。super 关键字调用构造方法和 this 关键字调用构造方法类似,该语句必须位于子类构造方法的第一行,否则会编译出错。

另外，子类中如果没有显式地调用父类的构造方法，那么将自动调用父类中不带参数的构造方法，如例 5-5 所示。

例 5-5 TestAutoCallConstructor.java

```
1   // 定义父类
2   class Parent {
3       String name;
4       public Parent(String name) {
5           this.name = name;
6           System.out.println("Parent(String name)");
7       }
8   }
9   // 定义子类继承自父类
10  class Child extends Parent {
11      public Child() {
12          System.out.println("Child()");
13      }
14      public void say() {
15          System.out.println("姓名:" + name);
16      }
17  }
18  public class TestAutoCallConstructor {
19      public static void main(String[] args) {
20          // 创建 Child 对象
21          Child c = new Child();
22      }
23  }
```

程序的运行结果如图 5.5 所示。

```
Console
<terminated> TestAutoCallConstructor [Java Application] C:\Program Files\Java\jdk1.8.0_192\bin\javaw.exe (2019年8月22日 上午9:55:57)
Exception in thread "main" java.lang.Error: Unresolved compilation problem:
    Implicit super constructor Parent() is undefined. Must explicitly invoke another constructor

    at test.Child.<init>(TestAutoCallConstructor.java:11)
    at test.TestAutoCallConstructor.main(TestAutoCallConstructor.java:21)
```

图 5.5　例 5-5 运行结果

在图 5.5 中，程序编译结果报错，原因是在 Child 类的构造方法中没有显式地调用父类构造方法，便会默认调用父类无参构造方法，而父类 Parent 中显式定义了有参构造方法，此时编译器将不再自动生成默认构造方法。因此，程序找不到无参构造方法而报错。

为了解决上述程序的编译错误，可以在子类中显式地调用父类中定义的构造方法，也可以在父类中显式定义无参构造方法，如例 5-6 所示。

例 5-6 TestConstructorOrder.java

```
1   // 定义父类
2   class Parent {
3       String name;
4       // 定义无参构造方法
```

```
5      public Parent() {
6          System.out.println("Parent()");
7      }
8      public Parent(String name) {
9          this.name = name;
10         System.out.println("Parent(String name)");
11     }
12 }
13 // 定义子类继承自父类
14 class Child extends Parent {
15     public Child() {
16         System.out.println("Child()");
17     }
18     public void say() {
19         System.out.println("姓名:" + name);
20     }
21 }
22 public class TestConstructorOrder {
23     public static void main(String[] args) {
24         // 创建 Child 对象
25         Child c = new Child();
26     }
27 }
```

程序的运行结果如图 5.6 所示。

```
Console
<terminated> TestConstructorOrder [Java Application] C:\Program Files\Java\jdk1.8.0_192\bin\javaw.exe (2019年9月6日 下午3:59:52)
Parent()
Child()
```

图 5.6　例 5-6 运行结果

在图 5.6 中，从程序运行结果可发现，子类在实例化时默认调用父类的无参构造方法，并且父类的构造方法在子类构造方法之前执行。

5.2　final 关键字

在 Java 中，为了考虑安全因素，要求某些类不允许被继承或不允许被子类修改，这时可以用 final 关键字修饰。它可用于修饰类、方法和变量，其具体特点如下。

（1）final 修饰的类不能被继承。

（2）final 修饰的方法不能被子类重写。

（3）final 修饰的变量是常量，初始化后不能再修改。

5.2.1　final 关键字修饰类

使用 final 关键字修饰的类称为最终类，表示不能再被其他的类继承，如 Java 中的 String 类。接下来演示 final 修饰类，如例 5-7 所示。

例 5-7　TestFinalClass.java

```
1   // 使用 final 关键字修饰类
2   final class Parent {
3   }
4   // 继承 final 类
5   class Child extends Parent {
6   }
7   public class TestFinalClass {
8       public static void main(String[] args) {
9           // 创建 Child 对象
10          Child c = new Child();
11      }
12  }
```

程序的运行结果如图 5.7 所示。

```
Console
<terminated> TestFinalClass [Java Application] C:\Program Files\Java\jdk1.8.0_192\bin\javaw.exe (2019年8月22日 上午10:01:26)
Exception in thread "main" java.lang.Error: Unresolved compilation problem:
        The type Child cannot subclass the final class Parent

        at test.Child.<init>(TestFinalClass.java:5)
        at test.TestFinalClass.main(TestFinalClass.java:10)
```

图 5.7　例 5-7 运行结果

在例 5-7 中，使用 final 关键字修饰了 Parent 类。因此，Child 类继承 Parent 类时，程序编译结果报错并提示"无法从最终 Parent 类进行继承"。由此可见，被 final 修饰的类为最终类，不能再被继承。

5.2.2　final 关键字修饰方法

使用 final 关键字修饰的方法，称为最终方法，表示子类不能重写此方法，接下来演示 final 修饰方法，如例 5-8 所示。

例 5-8　TestFinalFunction.java

```
1   class Parent {
2       // final 关键字修饰方法
3       public final void say() {
4           System.out.println("final 修饰 say()方法");
5       }
6   }
7   class Child extends Parent {
8       // 重写父类方法
9       public void say() {
10          System.out.println("重写父类 say()方法");
11      }
12  }
13  public class TestFinalFunction {
```

```
14      public static void main(String[ ] args) {
15          // 创建 Child 对象
16          Child c = new Child();
17          c.say();
18      }
19  }
```

程序的运行结果如图 5.8 所示。

```
Exception in thread "main" java.lang.VerifyError: class test.Child overrides final method say.()V
    at java.lang.ClassLoader.defineClass1(Native Method)
    at java.lang.ClassLoader.defineClass(ClassLoader.java:763)
    at java.security.SecureClassLoader.defineClass(SecureClassLoader.java:142)
    at java.net.URLClassLoader.defineClass(URLClassLoader.java:468)
    at java.net.URLClassLoader.access$100(URLClassLoader.java:74)
```

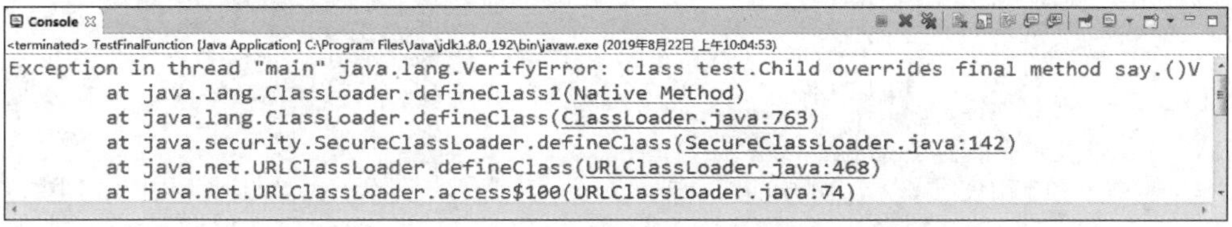

图 5.8　例 5-8 运行结果

在例 5-8 中，Parent 类中使用 final 关键字修饰了成员方法 say()，Child 类继承 Parent 类并重写了 say() 方法。程序编译结果报错并提示被覆盖的方法为 final。由此可见，被 final 修饰的成员方法为最终方法，不能再被子类重写。

5.2.3　final 关键字修饰变量

使用 final 关键字修饰的变量，称为常量，只能被赋值一次。如果再次对该变量进行赋值，则程序在编译时会报错，如例 5-9 所示。

例 5-9　TestFinalLocalVar.java

```
1  package test;
2  public class TestFinalLocalVar {
3      public static void main(String[ ] args) {
4          final double PI = 3.14;              // 定义并初始化
5          PI = 3.141592653;                    // 重新赋值
6      }
7  }
```

程序的运行结果如图 5.9 所示。

```
Exception in thread "main" java.lang.Error: Unresolved compilation problem:
    The final local variable PI cannot be assigned. It must be blank and not using a compound assignment
    at test.TestFinalLocalVar.main(TestFinalLocalVar.java:5)
```

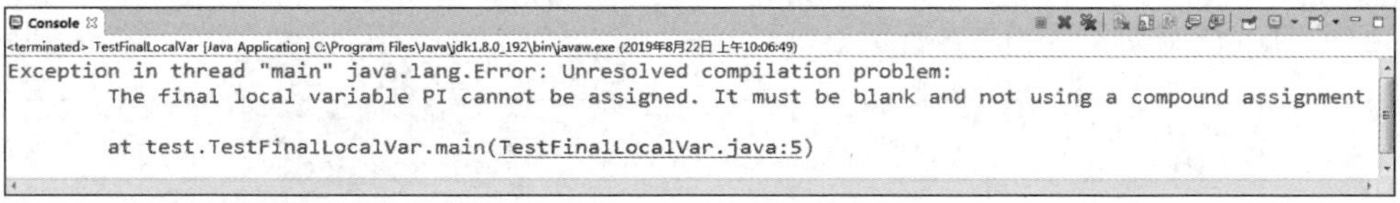

图 5.9　例 5-9 运行结果

在例 5-9 中，使用 final 修饰变量 PI，再次对其进行赋值，程序编译结果报错并提示"无法为最终变量 PI 分配值"。由此可见，final 修饰的变量为常量，只能初始化一次，初始化后不能再修改。

在例 5-9 中，使用 final 修饰的是局部变量，接下来使用 final 修饰成员变量，如例 5-10 所示。

例 5-10　TestFinalMemberVar.java

```
1  class Parent {
2      // 使用 final 修饰成员变量
3      final double PI;
4      public void say() {
5          System.out.println(this.PI);
6      }
7  }
8  class Child extends Parent {
9  }
10 public class TestFinalMemberVar {
11     public static void main(String[] args) {
12         // 创建 Child 对象
13         Child c = new Child();
14         c.say();
15     }
16 }
```

程序的运行结果如图 5.10 所示。

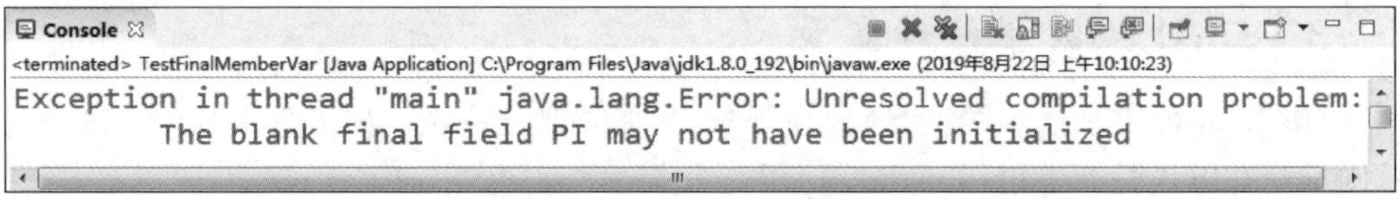

图 5.10　例 5-10 运行结果

在例 5-10 中，Parent 类中使用 final 修饰了成员变量 PI，程序编译结果报错并提示可能尚未初始化变量 PI。由此可见，Java 虚拟机不会为 final 修饰的变量默认初始化。因此，使用 final 修饰成员变量时，需要在声明时立即初始化，或者在构造方法中进行初始化。下面使用构造方法初始化 final 修饰的成员变量，在 Parent 类中添加代码，具体如下。

```
public Parent() {                    // 构造方法中初始化 final 成员变量
    PI = 3.14;
}
```

程序的运行结果如图 5.11 所示。

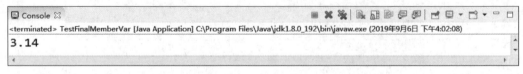

图 5.11　例 5-10 修改后运行结果

此外，final 关键字还可以修饰引用变量，表示该变量只能始终引用一个对象，但可以改变对象的内容，有兴趣的读者可以动手验证一下。

5.3 抽象类和接口

5.3.1 抽象类

Java 中可以定义不含方法体的方法,方法的方法体由该类的子类根据实际需求去实现,这样的方法称为抽象方法,包含抽象方法的类必须是抽象类。

Java 中提供了 abstract 关键字,表示抽象的意思,用 abstract 修饰的方法,称为抽象方法,是一个不完整的方法,只有方法的声明,没有方法体。用 abstract 修饰的类,称为抽象类,抽象类可以不包含任何抽象方法,具体示例如下。

```
// 用 abstract 修饰抽象类
abstract class Parent {
    // abstract 修饰抽象方法,只有声明,没有实现
    public abstract void say();
}
```

使用抽象类时需要注意,抽象类不能被实例化,即不能用 new 关键字创建对象,因为抽象类中可包含抽象方法,抽象方法只有声明没有方法体,不能被调用。因此,必须通过子类继承抽象类去实现抽象方法,如例 5-11 所示。

例 5-11 TestAbstractClass.java

```
1   // 用 abstract 修饰抽象类
2   abstract class Parent {
3       // abstract 修饰抽象方法,只有声明,没有实现
4       public abstract void say();
5   }
6   // 继承抽象类
7   class Child extends Parent {
8       // 实现抽象方法
9       public void say() {
10          System.out.println("Child");
11      }
12  }
13  public class TestAbstractClass {
14      public static void main(String[] args) {
15          Child c = new Child();
16          c.say();
17      }
18  }
```

程序的运行结果如图 5.12 所示。

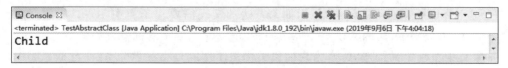

图 5.12 例 5-11 运行结果

在例 5-11 中,子类定义时实现了抽象方法,因此在主方法实例化子类对象后,子类对象可以调用子类中实现的抽象方法。

需要注意的是,具体子类必须实现抽象父类中的所有抽象方法,否则子类必须要声明为抽象类,如例 5-12 所示。

例 5-12 TestAbstractFun.java

```
1   // 用 abstract 修饰抽象类
2   abstract class Parent {
3           // abstract 修饰抽象方法,只有声明,没有实现
4           public abstract void say();
5           public abstract void work();
6   }
7   // 继承抽象
8   class Child extends Parent {
9           // 实现抽象方法
10          public void say() {
11                  System.out.println("Child");
12          }
13  }
14  public class TestAbstractFun {
15          public static void main(String[] args) {
16                  Child c = new Child();
17                  c.say();
18          }
19  }
```

程序的运行结果如图 5.13 所示。

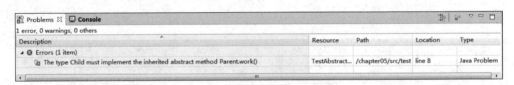

图 5.13 例 5-12 运行结果

在例 5-12 中,子类 Child 中只实现了抽象类 Parent 的 say() 抽象方法,而未实现 work() 抽象方法。程序编译结果报错并提示"Child 不是抽象的,并且未覆盖 Parent 中的抽象方法 work()"。错误的原因在于:子类继承了抽象类的 work() 抽象方法,该方法没有方法体,不能被实例化。因此,子类必须实现抽象类的全部抽象方法,否则子类必须声明为抽象类。

另外,抽象方法不能用 static 来修饰,因为 static 修饰的方法可以通过类名调用,调用时将调用一个没有方法体的方法,肯定会出错;抽象方法也不能用 final 关键字修饰,因为被 final 关键字修饰的方法不能被重写,而抽象方法的实现需要在子类中实现;抽象方法也不能用 private 关键字修饰,因为子类不能访问带 private 关键字的抽象方法。

抽象类中可以定义构造方法,因为抽象类仍然使用的是类继承关系,而且抽象类中也可以定义成员变量。因此,子类在实例化时必须先对抽象类进行实例化,如例 5-13 所示。

例 5-13　TestAbstractConstructor.java

```
1   // 用 abstract 修饰抽象类
2   abstract class Parent {
3       // abstract 修饰抽象方法,只有声明,没有实现
4       private String name;
5       public Parent() {
6           System.out.println("抽象类无参构造方法");
7       }
8       public Parent(String name) {
9           this.name = name;
10          System.out.println("抽象类有参构造方法");
11      }
12  }
13  // 继承抽象方法
14  class Child extends Parent {
15      public Child() {
16          System.out.println("子类无参构造函数");
17      }
18      public Child(String name) {
19          super(name);                        // 显示调用抽象类有参构造函数
20          System.out.println("子类有参构造函数");
21      }
22  }
23  public class TestAbstractConstructor {
24      public static void main(String[] args) {
25          new Child();
26          new Child("张三");
27      }
28  }
```

程序的运行结果如图 5.14 所示。

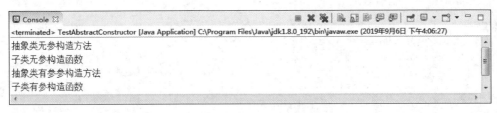

图 5.14　例 5-13 运行结果

在例 5-13 中,抽象类 Parent 中定义了无参和有参两个构造方法,从运行结果可以看出,在子类对象实例化时会默认调用抽象父类中的无参构造方法,也能直接通过 super 关键字调用抽象父类中指定参数的构造方法。

5.3.2　接口

接口是全局常量和公共抽象方法的集合,可被看作一种特殊的类,也属于引用类型。每个接口都被编译成独立的字节码文件。Java 提供 interface 关键字,用于声明接口,其语法

格式如下。

```
interface 接口名{
    全局常量声明
    抽象方法声明
}
```

接下来演示 interface 关键字的作用,具体示例如下。

```
// 用 interface 声明接口
interface Parent {
    String name;                // 等价于 public static final String name;
    void say();                 // 等价于 public abstract void say();
}
```

接口中定义的变量和方法都包含默认的修饰符,其中定义的变量默认声明为"public static final",即全局常量。另外,定义的方法默认声明为"public abstract",即抽象方法。

5.3.3 接口的实现

与抽象类相似,接口中也包含抽象方法。因此,不能直接实例化接口,即不能使用 new 创建接口的实例。Java 提供 implements 关键字,用于实现多个接口,具体示例如下。

```
class 类名 implements 接口列表{
    属性和方法
}
```

接下来演示接口的实现,如例 5-14 所示。

例 5-14 TestImplements.java

```
1   // 用 interface 声明接口
2   interface Person {
3       void say();
4   }
5   interface Parent {
6       void work();
7   }
8   // 用 implements 实现两个接口
9   class Child implements Person, Parent {
10      public void work() {
11          System.out.println("学习");
12      }
13      public void say() {
14          System.out.println("Child");
15      }
16  }
17  public class TestImplements{
18      public static void main(String[] args) {
19          Child c = new Child();
20          c.say();
```

```
21        c.work();
22    }
23 }
```

程序的运行结果如图 5.15 所示。

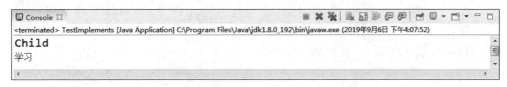

图 5.15　例 5-14 运行结果

在例 5-14 中,使用 interface 定义了两个接口,并在声明 Child 类的同时使用 implements 实现了接口 Person 和 Parent,接口名之间用逗号分隔,类中实现了接口中所有的抽象方法。从程序运行结果可发现,Child 类实现了接口且可以被实例化。

5.3.4　接口的继承

在 Java 中使用 extends 关键字来实现接口的继承,它与类的继承类似,当一个接口继承父接口时,该接口会获得父接口中定义的所有抽象方法和常量,但又与类的继承不同,接口支持多重继承,即一个接口可以继承多个父接口。其语法格式如下。

```
interface 接口名 extends 接口列表 {
    全局常量声明
    抽象方法声明
}
```

接下来演示接口之间的继承关系,如例 5-15 所示。

例 5-15　TestInterfaceExtend.java

```
1  // 用 interface 声明接口
2  interface Person {
3      void say();
4  }
5  // 用 extends 继承接口
6  interface Parent extends Person {
7      void work();
8  }
9  // 用 implements 实现两个接口
10 class Child implements Parent {
11     public void work() {
12         System.out.println("学习");
13     }
14     public void say() {
15         System.out.println("Child");
16     }
17 }
```

```
18 public class TestInterfaceExtend {
19     public static void main(String[] args) {
20         Child c = new Child();
21         c.say();
22         c.work();
23     }
24 }
```

程序的运行结果如图 5.16 所示。

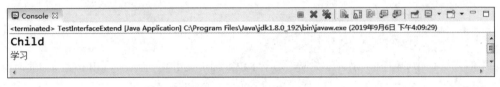

图 5.16　例 5-15 运行结果

在例 5-15 中定义了两个接口，其中 Parent 接口继承了 Person 接口，当 Child 类实现 Parent 接口时，需要实现父类接口中所有的方法。需要特别指出的是，任何实现继承接口的类，必须实现该接口继承的其他接口，除非类被声明为 abstract。

5.3.5　抽象类和接口的关系

抽象类与接口是 Java 语言中对于抽象类定义进行支持的两种机制，两者非常相似，初学者经常混淆这两个概念，两者的相同点可以归纳为以下三点。

（1）都包含抽象方法。
（2）都不能被实例化。
（3）都是引用类型。

表 5.1 列出了两者之间的区别。

表 5.1　接口与抽象类

区别点	接口	抽象类
含义	接口通常用于描述一个类的外围能力，而不是核心特征。类与接口之间是-able 或者 can do 的关系	抽象类定义了它的后代的核心特征。派生类与抽象类之间是 is-a 的关系
方法	接口只提供方法声明	抽象类可以提供完整方法、默认构造方法以及用于覆盖的方法声明
变量	只包含 public static final 常量，常量必须在声明时初始化	可以包含实例变量和静态变量
多重继承	一个类可以继承多个接口	一个类只能继承一个抽象类
实现类	类可以实现多个接口	类只从抽象类派生，必须重写
适用性	所有的实现只是共享方法签名	所有实现大同小异，并且共享状态和行为
简洁性	接口中的常量都被默认为 public static final，可以省略。接口中的方法被默认为 public abstract	可以在抽象类中放置共享代码。必须用 abstract 显式声明方法为抽象方法
添加功能	如果为接口添加一个新的方法，则必须查找所有实现该接口的类，并为它们逐一提供该方法的实现	如果为抽象类提供一个方法，可以选择提供一个默认的实现，那么所有已存在的代码不需要修改就可以继续工作

总体来说，抽象类和接口都用于为对象定义共同的行为，两者在很大程度上是可以互相替换的，但由于抽象类只允许单继承，所以当两者都可以使用时，优先考虑接口，只有当需要定义子类的行为，并为子类提供共性功能时才考虑选用抽象类。

5.4 多　　态

多态是面向对象的另一大特征，封装和继承是为实现多态做准备的。简单来说，多态是具有表现多种形态能力的特征，它可以提高程序的抽象程度和简洁性，最大程度降低了类和程序模块间的耦合性。

5.4.1 多态的概念

多态是指同一操作作用于不同的对象，可以有不同的解释，产生不同的执行结果。在Java 程序中，多态是指把类中具有相似功能的不同方法使用同一个方法名实现，从而可以使用相同的方式来调用这些具有不同功能的同名方法。接下来通过一个案例演示多态的实现，如例 5-16 所示。

例 5-16　TestPolymorphism.java

```
1   // 定义 Person 类
2   class Person {
3       public void say() {
4           System.out.println("Person");
5       }
6   }
7   // 定义 Parent 类继承 Person 类
8   class Parent extends Person {
9       public void say() {
10          System.out.println("Parent");
11      }
12  }
13  // 定义 Child 类实现 Parent 类
14  class Child extends Parent {
15      public void say() {
16          System.out.println("Child");
17      }
18  }
19  public class TestPolymorphism {
20      public static void main(String[] args) {
21          // 定义 Person 类型引用变量
22          Person p = null;
23          // 使用 Person 类型变量引用 Parent 对象
24          p = new Parent();
25          p.say();
26          // 使用 Person 类型变量引用 Child 对象
27          p = new Child();
28          p.say();
```

```
29        // 使用 Parent 类型变量引用 Child 对象
30        Parent p2 = new Child();
31        p2.say();
32    }
33 }
```

程序的运行结果如图 5.17 所示。

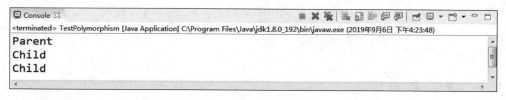

图 5.17 例 5-16 运行结果

在例 5-16 中,主方法中实现了父类类型变量引用不同的子类对象,其中第 27 行代码处,变量 p 引用的是 Parent 对象,因此,此处调用的是 Parent 类里的 say()方法;第 28 行代码处,变量 p 引用的是 Child 对象,因此,此处调用的是 Child 类里重写的 say()方法。从程序运行结果可发现,虽然执行的都是"p.say();"语句,但变量引用的对象是不同的,执行的结果也不同,这就是前面所讲的多态。

Java 中的引用变量有两种类型,即声明类型和实际类型。变量声明时被指定的类型,称为声明类型,而被变量引用的对象类型,称为实际类型。方法可以在沿着继承链的多个类中实现,当调用实例方法时,由 Java 虚拟机动态地决定所调用的方法,称为动态绑定。

动态绑定机制原理是:当调用实例方法时,Java 虚拟机从该变量的实际类型开始,沿着继承链向上查找该方法的实现,直到找到为止,并调用首次找到的实现,如例 5-17 所示。

例 5-17 TestDynamicBinding.java

```
1  // 定义 Person 类
2  class Person {
3      public void say() {
4          System.out.println("Person");
5      }
6  }
7  // 定义 Parent 类继承 Person 类
8  class Parent extends Person {
9      public void say() {
10         System.out.println("Parent");
11     }
12 }
13 // 定义 Child 类继承 Parent 类
14 class Child extends Parent{
15 }
16 public class TestDynamicBinding {
17     public static void main(String[] args) {
18         // 使用 Person 类型变量引用 Child 对象
19         Person p = new Child();
```

```
20        p.say();
21    }
22 }
```

程序的运行结果如图 5.18 所示。

图 5.18　例 5-17 运行结果

在例 5-17 中，Person 类和 Parent 类都实现了 say() 方法，Child 是空类，三个类构成了继承链。主方法中调用 say() 方法时，Java 虚拟机沿着继承链向上查找实现并运行。因此，运行结果打印了"Parent"。由此可见，Java 虚拟机在运行时动态绑定方法的实现，是由变量的实际类型决定的。

5.4.2　对象的类型转换

对象的类型转换是指可以将一个对象的类型转换成继承结构中的另一种类型。类型转换分为两种，具体如下。

（1）向上转型，是从子类到父类的转换，也称隐式转换。
（2）向下转型，是从父类到子类的转换，也称显式转换。

接下来演示对象的类型转换，如例 5-18 所示。

例 5-18　TestTypeCast.java

```
1  // 定义 Person 类
2  class Person {
3      public void say() {
4          System.out.println("Person");
5      }
6  }
7  // 定义 Parent 类继承 Person 类
8  class Parent extends Person {
9      public void say() {
10         System.out.println("Parent");
11     }
12 }
13 // 定义 Child 类继承 Parent 类
14 class Child extends Parent{
15     public void say() {
16         System.out.println("Child");
17     }
18 }
19 public class TestTypeCast {
20     public static void main(String[] args) {
21         Person p = new Child();              // 向上转型
22         Parent o = (Parent) p;               // 向下转型
```

```
23         o.say();
24     }
25 }
```

程序的运行结果如图 5.19 所示。

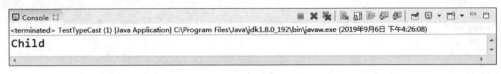

图 5.19 例 5-18 运行结果

在例 5-18 中,定义三个类构成继承链,创建 Child 对象并赋给 Person 的变量 p,是隐式的转换,称为向上转型;再将变量 p 赋给 Parent 的变量 o,必须强制转换,称为向下转型。从程序运行结果可发现,对象向下转型后,调用方法还是由实际对象决定的。

需要特别注意的是,向下转型时,被转换变量的实际类型,必须是转换类或其子类,如例 5-19 所示。

例 5-19 TestInstanceof.java

```
1  // 定义 Person 类
2  class Person {
3      public void say() {
4          System.out.println("Person");
5      }
6  }
7  // 定义 Parent 类继承 Person 类
8  class Parent extends Person {
9      public void say() {
10         System.out.println("Parent");
11     }
12 }
13 // 定义 Child 类继承 Person 类
14 class Child extends Person {
15     public void say() {
16         System.out.println("Child");
17     }
18 }
19 public class TestInstanceof {
20     public static void main(String[] args) {
21         Person p = new Child();              // 向上转型
22         Parent o = (Parent) p;               // 向下转型
23         o.say();
24     }
25 }
```

程序的运行结果如图 5.20 所示。

在图 5.20 中,程序运行结果报错并提示"Child cannot be cast to Parent"。报错的原因在于:Person 类型变量 p 先指向 Child 对象,再向下转型为 Parent 类型。在编译时,编译器

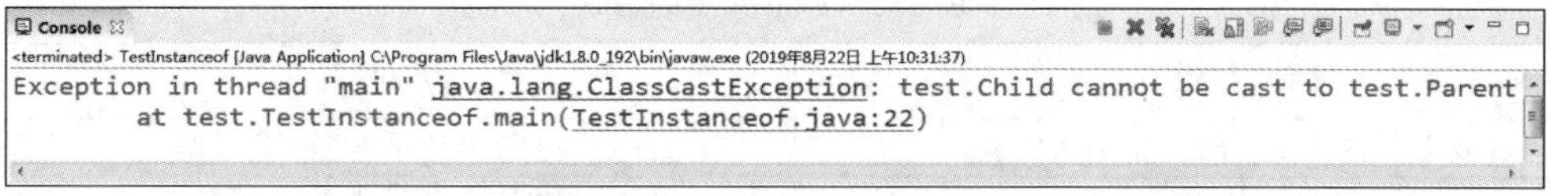

图 5.20　例 5-19 运行结果

检测的是变量的声明类型,则编译可以通过。但在运行时,转换的是变量的实际类型,而 Child 类型无法强制转换为 Parent 类型。

针对这种情况,Java 提供了 instanceof 关键字,用于判断一个对象是否是一个类(或接口)的实例,表达式返回 boolean 值,其语法格式如下。

```
变量名  instanceof  类名
```

接下来对例 5-19 的主方法进行修改,具体代码如下。

```java
public static void main(String[] args) {
    Person p = new Child();                  // 向上转型
    if (p instanceof Parent) {               // 判断对象是否是 Parent 类型
        Parent o = (Parent) p;
        o.say();
    } else if (p instanceof Child) {         // 判断对象是否是 Child 类型
        Child o = (Child) p;
        o.say();
    }
}
```

程序的运行结果如图 5.21 所示。

图 5.21　例 5-19 修改后运行结果

从程序运行结果可发现,instanceof 能准确判断出对象是否是某个类的实例。

5.4.3　Object 类

Java 中提供了一个 Object 类,是所有类的父类,如果一个类没有显式地指定继承类,则该类的父类默认为 Object。例如,下面两个类的定义是一样的。

```
class ClassName {}
class ClassName extends Object {}
```

在 Object 类中提供了很多方法,接下来分别对其中的方法进行解释,如表 5.2 所示。

本章暂时只对 toString() 和 equals 方法进行讲解,而 hashCode() 方法在 Java 集合中再详细讲解。

表 5.2　Object 类的方法

方法声明	功能描述
public String toString()	返回描述该对象的字符串
public Boolean equals(Object o)	比较两个对象是否相等
public int hashCode()	返回对象的哈希值

1. toString()方法

调用一个对象的 toString()方法会默认返回一个描述该对象的字符串,它由该对象所属类名、@和对象十六进制形式的内存地址组成,如例 5-20 所示。

例 5-20　TestToString.java

```
1  class Person {
2      private String name;
3      private int age;
4      public Person(String name, int age) {
5          this.name = name;
6          this.age = age;
7      }
8  }
9  public class TestToString {
10     public static void main(String[] args) {
11         Person o = new Person("张三", 18);
12         // 调用对象的 toString 方法
13         System.out.println(o.toString());
14         // 直接打印对象
15         System.out.println(o);
16     }
17 }
```

程序的运行结果如图 5.22 所示。

```
□ Console ⊠
<terminated> TestToString [Java Application] C:\Program Files\Java\jdk1.8.0_192\bin\javaw.exe (2019年9月6日 下午4:30:00)
test.Person@15db9742
test.Person@15db9742
```

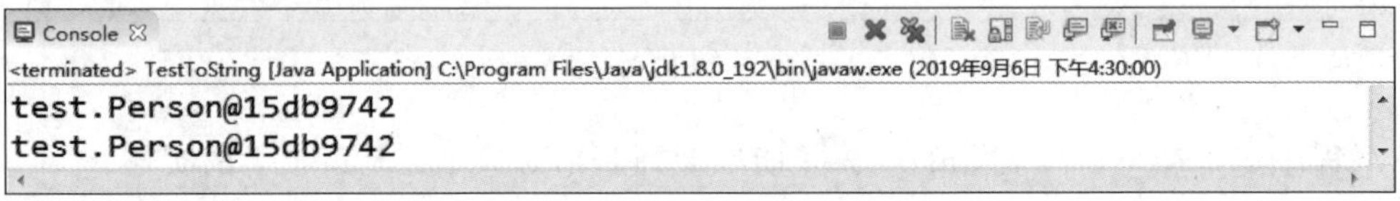

图 5.22　例 5-20 运行结果

在图 5.22 中,默认打印了对象信息,从程序运行结果可发现,直接打印对象和打印对象的 toString()方法返回值相同,也就是说,对象输出一定会调用 Object 类的 toString()方法。

通常,重写 toString()方法返回对象具体的信息。修改例 5-20 中的 Person 类,添加重写 toString()方法的代码,具体示例如下。

```
public String toString() {
    return "Person [name = " + name + ", age = " + age + "]";
}
```

程序的运行结果如图 5.23 所示。

```
Person [name=张三, age=18]
Person [name=张三, age=18]
```

图 5.23　例 5-20 修改后运行结果

在图 5.23 中，从程序运行结果可发现，程序调用的是子类重写 Object 类的 toString() 方法，这是多态机制的体现。

2. equals() 方法

equals() 方法是用于测试两个对象是否相等，如例 5-21 所示。

例 5-21　TestEquals.java

```
1   class Person {
2       private String name;
3       private int age;
4       public Person(String name, int age) {
5           this.name = name;
6           this.age = age;
7       }
8       // 自定义比较方法,检查两个引用变量是否指向同一对象
9       public boolean myEquals(Object o) {
10          return (this == o);
11      }
12  }
13  public class TestEquals {
14      public static void main(String[] args) {
15          Person o1 = new Person("张三", 18);
16          Person o2 = new Person("张三", 18);
17          // 调用对象的 equals 方法
18          System.out.println(o1.equals(o2));
19          // 调用自定义 myEquals 方法
20          System.out.println(o1.myEquals(o2));
21      }
22  }
```

程序的运行结果如图 5.24 所示。

```
false
false
```

图 5.24　例 5-21 运行结果

在图 5.24 中，从程序运行结果可发现，equals() 方法与直接使用 == 运算符检测两个对象结果相同。这是由于 equals() 方法的默认实现就是用 == 运算符检测两个引用变量是否指向同一个对象，即比较的是地址。

如果要检测两个不同对象的内容是否相同,就必须重写 equals()方法。例如,String 类中的 equals()方法继承自 Object 类并重写,使之能够检验两个字符串的内容是否相等。修改例 5-21 中的 Person 类,添加重写 equals()方法的代码,具体示例如下。

```java
public boolean equals(Object o) {
    // 比较对象是否是自己
    if (this == o)
        return true;
    // 判断是否为该类对象
    if (!(o instanceof Person))
        return false;
    Person p = (Person) o;
    // 逐个属性比较,看是否相等
    if (
        (
            // 比较 name 属性
            (null == name && null == p.name)                // 同为 null 的情况
            || (null != name && name.equals(p.name))
        )
        && age == p.age                                     // 比较 age 属性
    )
        return true;
    return false;
}
```

程序的运行结果如图 5.25 所示。

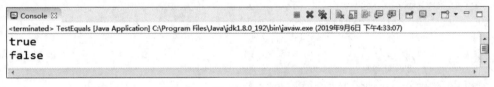

图 5.25　例 5-21 修改后运行结果

在例 5-21 中,在 Person 类中重写了 equals()方法,首先比较两个对象的地址是否相等,如果相等,则是同一对象。因为 equals()方法的形参是 Object 类型,所以可以接收任何对象。因此,必须要判断对象是否是 Person 的实例,如果是,则依次比较各个属性。

5.4.4　设计模式——工厂设计模式

工厂模式(Factory)主要用来实例化有共同接口的类,它可以动态决定应该实例化哪一个类,不必事先知道每次要实例化哪一个类。工厂模式主要有三种形态:简单工厂模式、工厂方法模式和抽象工厂模式。接下来分别对这三种形态进行讲解。

1. 简单工厂模式

简单工厂模式(Simple Factory Pattern)又称静态工厂方法,它的核心是类中包含一个静态方法,该方法用于根据参数来决定返回实现同一接口不同类的实例,如例 5-22 所示。

例 5-22　TestSimpleFactoryPattern.java

```java
1   // 定义产品接口
2   interface Product {
3   }
4   // 定义安卓手机类
5   class Android implements Product {
6       public Android() {
7           System.out.println("安卓手机被创建!");
8       }
9   }
10  // 定义苹果手机类
11  class Iphone implements Product {
12      public Iphone() {
13          System.out.println("苹果手机被创建!");
14      }
15  }
16  // 定义工厂类
17  class SimpleFactory {
18      public static Product factory(String className) {
19          if ("Android".equals(className)) {
20              return new Android();
21          } else if ("Iphone".equals(className)) {
22              return new Iphone();
23          } else {
24              return null;
25          }
26      }
27  }
28  public class TestSimpleFactoryPattern {
29      public static void main(String[] args) {
30          // 根据不同的参数生成产品
31          SimpleFactory.factory("Android");
32          SimpleFactory.factory("Iphone");
33      }
34  }
```

程序的运行结果如图 5.26 所示。

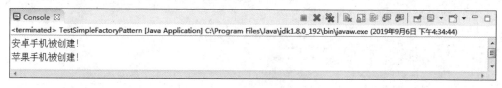

图 5.26　例 5-22 运行结果

在例 5-22 中，定义 SimpleFactory 类就是简单工厂的核心，该类拥有必要的逻辑判断和创建对象的责任。由此可见，简单工厂就是将创建产品的操作集中在一个类中。

工厂类 SimpleFactory 有很多局限。首先，维护和新增产品时，都必须修改 SimpleFactory 源代码。其次，如果产品之间存在复杂的层次关系，则工厂类必须拥有复杂的逻辑判断。最后,整个系统都依赖 SimpleFactory 类,一旦 SimpleFactory 类出现问题,整个系统就将瘫痪不能运行。

2. 工厂方法模式

工厂方法模式(Factory Method Pattern)为工厂类定义了接口,用多态来削弱了工厂类的职责,如例 5-23 所示。

例 5-23　TestFactoryMethodPattern.java

```java
1    // 定义产品接口
2    interface Product {
3    }
4    // 定义安卓手机类
5    class Android implements Product {
6        public Android() {
7            System.out.println("安卓手机被创建!");
8        }
9    }
10   // 定义苹果手机类
11   class Iphone implements Product {
12       public Iphone() {
13           System.out.println("苹果手机被创建!");
14       }
15   }
16   // 定义工厂接口
17   interface Factory {
18       public Product create();
19   }
20   // 定义 Android 的工厂
21   class AndroidFactory implements Factory {
22       public Product create() {
23           return new Android();
24       }
25   }
26   // 定义 Iphone 的工厂
27   class IphoneFactory implements Factory {
28       public Product create() {
29           return new Iphone();
30       }
31   }
32   public class TestFactoryMethodPattern {
33       public static void main(String[] args) {
34           // 根据不同的子工厂创建产品
35           Factory factory = null;
36           factory = new AndroidFactory();
37           factory.create();
38           factory = new IphoneFactory();
39           factory.create();
40       }
41   }
```

程序的运行结果如图 5.27 所示。

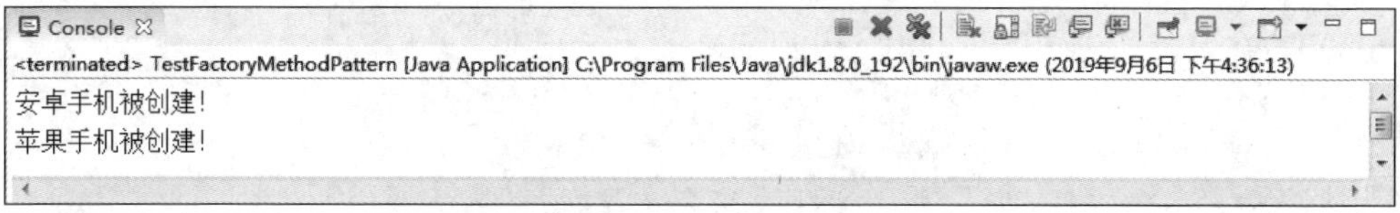

图 5.27　例 5-23 运行结果

在例 5-23 中,定义 Factory 工厂接口,并声明 create()工厂方法,将创建产品的操作放在了实现该方法的子工厂 AndroidFactory 类和 IphoneFactory 类中。由此可见,工厂方法模式是将简单工厂创建对象的职责,分担到子工厂类中,子工厂相互独立,互相不受影响。

工厂方法模式也有局限之处,当面对有复杂的树形结构的产品时,就必须为每个产品创建一个对应的工厂类,当达到一定数量级就会出现类爆炸。

3. 抽象工厂模式

抽象工厂模式(Abstract Factory Pattern)用于意在创建一系列互相关联或互相依赖的对象,如例 5-24 所示。

例 5-24　TestAbstractFactoryPattern.java

```
1   // 定义 Android 接口
2   interface Android {
3   }
4   // 定义 Iphone 接口
5   interface Iphone {
6   }
7   // 定义安卓手机 - A 类
8   class AndroidA implements Android {
9       public AndroidA() {
10          System.out.println("安卓手机 - A 被创建!");
11      }
12  }
13  // 定义安卓手机 - B 类
14  class AndroidB implements Android {
15      public AndroidB() {
16          System.out.println("安卓手机 - B 被创建!");
17      }
18  }
19  // 定义苹果手机 - A 类
20  class IphoneA implements Iphone {
21      public IphoneA() {
22          System.out.println("苹果手机 - A 被创建!");
23      }
24  }
25  // 定义苹果手机 - B 类
26  class IphoneB implements Iphone {
27      public IphoneB() {
28          System.out.println("苹果手机 - B 被创建!");
29      }
```

```
30    }
31    // 定义工厂接口
32    interface Factory {
33        public Android createAndroid();
34        public Iphone createIphone();
35    }
36    // 创建型号 A 的产品工厂
37    class FactoryA implements Factory {
38        public Android createAndroid() {
39            return new AndroidA();
40        }
41        public Iphone createIphone() {
42            return new IphoneA();
43        }
44    }
45    // 创建型号 B 的产品工厂
46    class FactoryB implements Factory {
47        public Android createAndroid() {
48            return new AndroidB();
49        }
50        public Iphone createIphone() {
51            return new IphoneB();
52        }
53    }
54    public class TestAbstractFactoryPattern {
55        public static void main(String[] args) {
56            // 根据不同的型号创建产品
57            Factory factory = null;
58            factory = new FactoryA();           // 创建 A 工厂
59            factory.createAndroid();            // 创建安卓 - A 手机
60            factory.createIphone();             // 创建苹果 - A 手机
61            factory = new FactoryB();           // 创建 B 工厂
62            factory.createAndroid();            // 创建安卓 - B 手机
63            factory.createIphone();             // 创建苹果 - B 手机
64        }
65    }
```

程序的运行结果如图 5.28 所示。

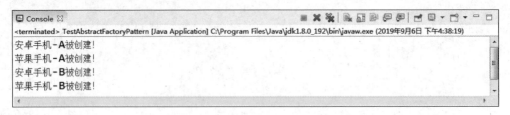

图 5.28　例 5-24 运行结果

在例 5-24 中，定义了 Factory 工厂接口，并声明两个方法，对应创建 Android 和 Iphone 两种产品。而 FactoryA 和 FactoryB 子工厂实现工厂接口，用于创建一系列产品。由此可见,抽象工厂是在工厂方法基础上进行了分类管理。

5.4.5 设计模式——代理设计模式

代理模式(Proxy)是指给某一个对象提供一个代理,并由代理对象控制对原有对象的引用。如生活中,求职者找工作(真实操作),可以让猎头帮忙去找(代理操作),猎头把最终结果反馈给求职者。无论是真实操作还是代理操作,目的都是一样的,求职者只关心最终结果,而不关心过程,如例 5-25 所示。

例 5-25 TestProxyPattern.java

```
1   // 定义工作接口
2   interface Work {
3       void find();
4   }
5   // 真实操作
6   class Real implements Work{
7       public void find() {
8           System.out.println("投递简历");
9       }
10  }
11  // 代理操作
12  class Proxy implements Work{
13      private Work work;
14      public Proxy(Work work) {
15          this.work = work;
16      }
17      public void find() {
18          System.out.println("合法验证");
19          work.find();
20          System.out.println("反馈结果");
21      }
22  }
23  public class TestProxyPattern {
24      public static void main(String[] args) {
25          Work work = null;
26          work = new Proxy(new Real());      // 交给猎头去找
27          work.find();
28      }
29  }
```

程序的运行结果如图 5.29 所示。

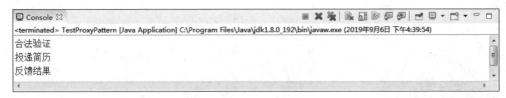

图 5.29 例 5-25 运行结果

在例 5-25 中，代理类 Proxy 完成了代理操作，由此可见，代理操作最终还是调用了真实操作。

5.5 包

当声明的类很多时，类名就有可能冲突，这时就需要一种机制来管理类名，因此，Java 中引入了包机制，本节将详细介绍包的用法。

5.5.1 包的定义与使用

包（package）是 Java 提供的一种区别类的名字空间的机制，是类的组织方式，是一组相关类和接口的集合，它提供了访问权限和命名的管理机制。

使用 package 语句声明包，其语法格式如下。

```
package 包名
```

使用时需要注意以下四点。
（1）包名中字母一般都要小写。
（2）包的命名规则：将公司域名反转作为包名。
（3）package 语句必须是程序代码中的第一行可执行代码。
（4）package 语句最多只有一句。

包与文件目录类似，可以分成多级，多级之间用"."符号进行分隔，具体示例如下。

```
package com.1000phone.www;
```

如果在程序中已声明了包，就必须将编译生成的字节码文件保存到与包名同名的子目录中，可以使用带包编译命令，具体示例如下。

```
javac -d . Source.java
```

其中，"-d"表示生成以 package 定义为准的目录，"."表示在当前所在的文件夹中生成。编译器会自动在当前目录下建立与包名同名的子目录，并将生成的 .class 文件自动保存到与包名同名的子目录下。

接下来分步骤讲解包机制在 cmd 中通过命令提示符管理 Java 源文件。
（1）在源文件首行声明包，如例 5-26 所示。

例 5-26 TestPackage.java

```
1   // 声明类在 com.1000phone.www 包下
2   package com.1000phone.www;
3   public class TestPackage {
4       public static void main(String[] args) {
5           System.out.println("包机制");
6       }
7   }
```

（2）使用"javac -d . TestPackage.java"编译源文件，程序的运行结果如图 5.30 所示。

图 5.30　编译源文件

（3）执行命令完成后，在当前目录下会生成包名"com.1000phone.www"对应的目录，如图 5.31 所示。

图 5.31　包编译

（4）使用"java com.1000phone.www.TestPackage"命令运行程序，运行带包名的字节码文件时，必须输入完整的"包.类名称"。程序的运行结果如图 5.32 所示。

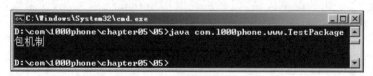

图 5.32　例 5-26 运行结果

由此可见，包的管理机制让类管理更加方便。

5.5.2　import 语句

在实际开发中，项目都是分模块开发的，对应模块包中的类，完成相应模块的功能。但有时模块之间的类要相互调用。例如，通常开发中都是将业务逻辑层的接口和实现放在不同包中，在 Eclipse 中新建一个 chapter05 项目，在项目的 src 根目录下新建 service 和 service.impl 两个包,在 service 包中创建 UserService 接口,在 service.impl 包下创建 UserServiceImpl 类,如例 5-27 和例 5-28 所示。

例 5-27 UserService.java

```
1  package service;
2  public interface UserService {
3      public void say();
4  }
```

例 5-28 UserServiceImpl.java

```
1  package service.impl;
2  public class UserServiceImpl implements UserService {
3      public void say() {
4          System.out.println("用户信息");
5      }
6      // 测试
7      public static void main(String[] args) {
8          UserService user = new UserServiceImpl();
9          user.say();
10     }
11 }
```

使用命令"javac -d. IUserService.java"和"javac -d. UserServiceImpl.java"编译源文件,程序的运行结果如图 5.33 所示。

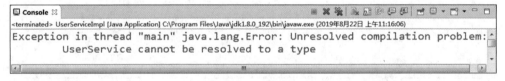

图 5.33 编译错误

在图 5.33 中,程序编译结果报错并提示"UserService cannot be resolved to a type"。这是因为类 UserService 位于 service 包中,而类 UserServiceImpl 位于 service.impl 包中,两者虽然是父包和子包的逻辑关系,但在用法上则不存在任何关系,如果要使用包中的类,则必须 import 该类所在的包。修改例 5-28 的代码,修改后的代码如下。

```
package service.impl;
import service.UserService;
public class UserServiceImpl implements UserService {
    public void say() {
        System.out.println("用户信息");
    }
    // 测试
    public static void main(String[] args) {
        UserService user = new UserServiceImpl();
        user.say();
    }
}
```

重新编译 UserServiceImpl 类，输入命令并运行 UserServiceImpl 类，命令为"java com.1000phone.www.javaTrain.user.service.impl.UserServiceImpl"，程序的运行结果如图 5.34 所示。

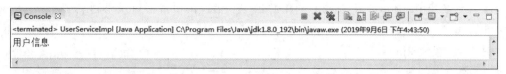

图 5.34　例 5-28 修改后运行结果

注意：import 关键字用于导入指定包层次下的某个类或全部类，import 语句应放在 package 语句之后，类定义之前，其语法格式如下。

```
import 包名.类名              // 导入单类
import 包名.*                 // 导入包层次下的全部类
```

接下来在 service.impl 包下新建 UserServiceImpl02 类，其内容是对例 5-28 中的修改，修改后的代码如例 5-29 所示。

例 5-29　UserServiceImpl02.java

```
1   package service.impl;
2   import service.*;
3   public class UserServiceImpl02 implements UserService {
4       public void say() {
5           System.out.println("用户信息");
6       }
7       // 测试
8       public static void main(String[] args) {
9           UserService user = new UserServiceImpl02();
10          user.say();
11      }
12  }
```

程序的运行结果如图 5.35 所示。

图 5.35　例 5-29 运行结果

在例 5-29 中，使用 import 关键字导入指定包层次下的全部类。因此，无须再使用包名.类名的方式。

在 JDK 5.0 后提供了静态导入功能，用于导入指定类的某个静态成员变量、方法或全部的静态成员变量、方法，具体示例如下。

```
import static 包名.类名.成员      // 导入类指定静态成员
import static 包名.类名.*         // 导入该类全部静态成员
```

import 语句和 import static 语句之间没有任何顺序要求。使用 import 导入包后，可以在代码中直接访问包中的类，即可以省略包名；而使用 import static 导入类后，可以在代码中直接访问类中的静态成员，即可以省略类名。接下来通过代码进行演示，在 chapter05 项目根目录下新建 util 包，并在该包下创建 Calc 类，然后在项目根目录下再新建 test 包，并在该包下创建 TestImportStatic 类，如例 5-30 和例 5-31 所示。

例 5-30　Calc.java

```java
1  package util;
2  public class Calc {
3      public static int add(int a, int b) {
4          return a + b;
5      }
6      public static int sub(int a, int b) {
7          return a - b;
8      }
9      public static int mul(int a, int b) {
10         return a * b;
11     }
12     public static int div(int a, int b) {
13         return a/b;
14     }
15 }
```

例 5-31　TestImportStatic.java

```java
1  package test;
2  import static util.Calc.*;
3  public class TestImportStatic {
4      public static void main(String[] args) {
5          // 省略类名直接调用静态方法
6          System.out.println("10 + 2 = " + add(10, 2));
7          System.out.println("10 - 2 = " + sub(10, 2));
8          System.out.println("10 * 2 = " + mul(10, 2));
9          System.out.println("10/2 = " + div(10, 2));
10     }
11 }
```

程序的运行结果如图 5.36 所示。

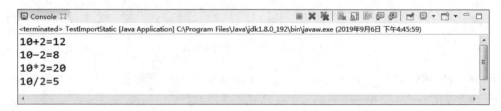

图 5.36　例 5-31 运行结果

在例 5-31 中，通过 import static 导入了 Calc 类中的全部静态方法，而在使用时省略了类名。由此可见，import 和 import static 功能相似，只是导入的对象不一样，都是用于减少代码量。

5.5.3 Java 的常用包

Java 的核心类都放在 java 包及其子包下，Java 扩展的类都放在 javax 包及其子包下，接下来了解一下常用的开发包，如表 5.3 所示。

表 5.3 Java 系统包

包 名	功 能 描 述
java.lang	核心包，如 String、Math、System 类等，无须使用 import 手动导入，系统自动导入
java.util	工具包，包含工具类、集合类等，如 Arrays、List 和 Set 等
java.net	包含网络编程的类和接口
java.io	包含输入、输出编程相关的类和接口
java.text	包含格式化相关的类
java.sql	数据库操作包，提供了各种数据库操作的类和接口
java.awt	包含抽象窗口工具集（Abstract Window Toolkits，AWT）相关类和接口，主要用于构建图形用户界面（GUI）
java.swing	包含图形用户界面相关类和接口

5.5.4 给 Java 应用程序打包

在实际开发中，通常会将一些类提供给别人使用，直接提供字节码文件会比较麻烦，所以一般会将这些类文件打包成 jar 文件，以供别人使用。jar 文件的全称是 Java Archive File，意思就是 Java 归档文件，也称为 jar 包。将一个 jar 包添加到 classpath 环境变量中，Java 虚拟机会自动解压 jar 包，根据包名所对应的目录结构去查找所需的类。

通常使用 jar 命令来打包，可以把一个或多个路径压缩成一个 jar 文件。jar 命令在 JDK 安装目录下的 bin 目录中，直接在命令行中输入 jar 命令，即可查看 jar 命令的提示信息，如图 5.37 所示。

jar 命令主要参数如下。

(1) c：创建新的文档。
(2) v：生成详细的输出信息。
(3) f：指定归档的文件名。

下面为一个独立的类进行类打包，如例 5-32 所示。

例 5-32 User.java

```
1  package com.1000phone.www.javaTrain.user.domain;
2  public class User {
3      private String name;
4      public User(String name) {
5          this.name = name;
6      }
7      public String toString() {
8          return "User [name = " + name + "]";
9      }
10 }
```

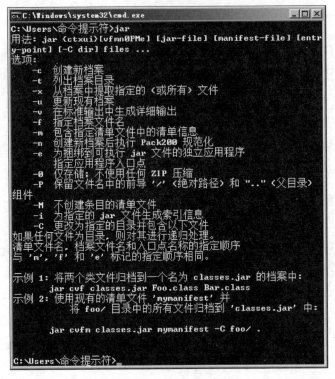

图 5.37 jar 命令

输入命令"javac -d . User.java"编译程序,生成目录如图 5.38 所示。

图 5.38 生成目录

接下来分步骤学习如何用 jar 命令进行文件打包及运用 jar 包。

(1) 打开命令行窗口,切换到将要被打包目录的上级目录,输入命令:

```
jar -cvf common.jar com
```

上面的命令是将 com 目录下的全部内容打包成 common.jar 文件,如果硬盘上有同名 jar 将被覆盖,运行结果如图 5.39 和图 5.40 所示。

图 5.39 压缩 jar 过程信息

图 5.40 生成的 jar

(2) 输入"set classpath=. ; D:\com\1000phone\chapter05\05\common.jar"命令,将 jar 包添加到环境变量中,如图 5.41 所示。

图 5.41 添加环境变量

（3）删除生成的包目录及 User.class 文件。编写测试类，测试 jar 包是否可用，如例 5-33 所示。

例 5-33　TestImportJar.java

```
1   package com.1000phone.www.javaTrain.test;
2   import com.1000phone.www.javaTrain.user.domain.*;
3
4   public class TestImportJar{
5       public static void main(String[] args) {
6           User user = new User("张三");
7           System.out.println(user);
8       }
9   }
```

程序的运行结果如图 5.42 所示。

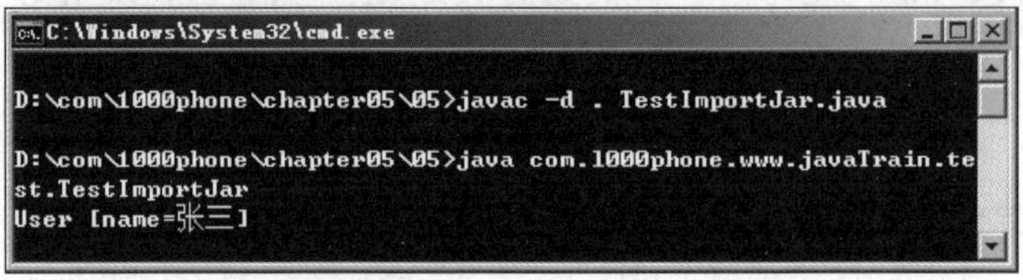

图 5.42　例 5-33 运行结果

（4）查看 jar 包命令如下。

jar -tvf jar 文件名

如查看 common.jar 文件，则输入命令"jar -tvf common.jar"，运行结果如图 5.43 所示。

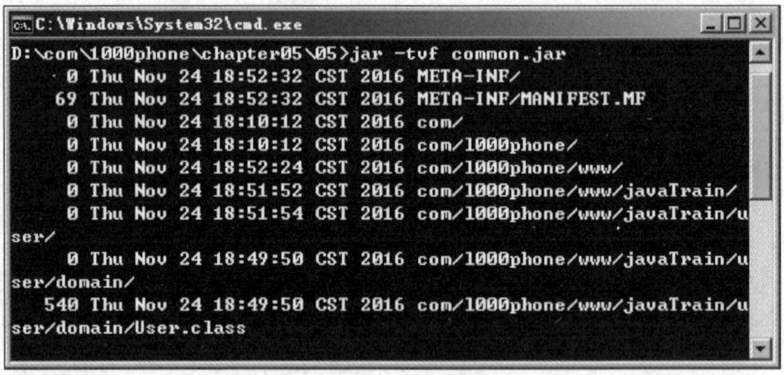

图 5.43　查看 jar

在图 5.43 中，可发现 jar 包中存在 META-INF 文件夹，在此文件夹中存在名为 MANIFEST.MF 的文件，该文件就是 jar 文件的清单文件。

（5）解压 jar 包命令如下。

jar -xvf jar 文件名

如解压 common.jar 文件，则输入命令"jar -xvf common.jar"，参数 x 代表从归档中提取指定的文件。命令将 jar 包解压到当前目录,运行结果如图 5.44 和图 5.45 所示。

图 5.44　解压命令

图 5.45　解压后的 jar 文件

5.6　Lambda 表达式

　　Lambda 表达式是 Java 8 发布的重要新特性,可以把它理解为一段能够像数据一样进行传递的代码,它允许把函数作为参数传递给其他的方法。在开发的过程中使用 Lambda 表达式可以使代码更加简洁,可读性更强。

5.6.1　Lambda 表达式语法

　　Java 8 中引入了一个新的操作符,"->"可以称为箭头操作符或者 Lambda 操作符。当使用 Lambda 表达式进行代码编写时就需要使用这个操作符。箭头操作符将 Lambda 表达式分成左右两部分,在操作符的左侧代表着 Lambda 表达式的参数列表(接口中抽象方法的参数列表),在操作符的右侧代表着 Lambda 表达式中所需执行的功能(是对抽象方法的具体实现)。Lambda 表达式的语法格式如下。

(parameters) -> expression 或(parameters) ->{statements; }

上述语法还可以写成以下几种格式。

无参数无返回值：()->具体实现。

有一个参数无返回值：(x)->具体实现,或 x->具体实现。

有多个参数,有返回值,并且 Lambda 体中有多条语句：(x,y)->{具体实现}。

若方法体只有一条语句,那么大括号和 return 都可以省略。

注意：Lambda 表达式的参数列表的参数类型可以省略不写,可以进行类型推断。在 Java 8 之后可以使用 Lambda 表达式来表示接口的一个实现,在 Java 8 之前通常是使用匿名类实现的。

5.6.2 Lambda 表达式案例

接下来通过代码讲解 Lambda 表达式的使用,编写一个能够实现加、减、乘、除功能且能够实现输出字符串功能的案例。首先在 chapter05 项目的根目录下创建 lambda 包,在该包下创建 MathOne 接口,该接口中定义一个带有两个参数的 operation 方法,代码如例 5-34 所示。

例 5-34　MathOne.java

```
1  package lambda;
2  //定义接口 MathOne
3  public interface MathOne {
4      //定义一个方法 operation
5      int operation(int a, int b);
6  }
```

然后,在 lambda 包下创建 ServiceOne 接口,在该接口中定义含有一个参数的 printMessage 方法,具体代码如例 5-35 所示。

例 5-35　ServiceOne.java

```
1  package lambda;
2  //定义接口 ServiceOne
3  public interface ServiceOne {
4      //定义一个 printMessage 方法
5      void printMessage(String message);
6  }
```

最后,在 lambda 包下创建测试类 TestLam,在该类中实现 MathOne、ServiceOne 接口,编写功能代码,具体代码如例 5-36 所示。

例 5-36　TestLam.java

```
1  package lambda;
2  public class TestLam {
3      public static void main(String[] args) {
4          TestLam testlam = new TestLam();
```

```
5        //实现 MathOne 接口,做加法运算,有参数类型
6        MathOne jiafa = (int a,int b)->a+b;
7        //实现 MathOne 接口,做减法运算,无参数类型
8        MathOne jianfa = (a,b)->b-a;
9        //实现 MathOne 接口,做乘法运算,方法体外有大括号及返回值语句
10       MathOne chengfa = (int a,int b)->{return a * b;};
11       //实现 MathOne 接口,做除法运算,方法体外无大括号及返回值
12       MathOne chufa = (int a,int b)->b/a;
13       //实现 ServiceOne 接口,控制台打印
14       ServiceOne service =
15  (message)->System.out.println("Hello," + message);
16       service.printMessage("这是 Java 8 的新特性");
17       service.printMessage("这是一个 Lambda 表达式");
18       System.out.println("2+4 = " + testlam.operate(2,4,jiafa));
19       System.out.println("4-2 = " + testlam.operate(2,4,jianfa));
20       System.out.println("2*4 = " + testlam.operate(2,4,chengfa));
21       System.out.println("4/2 = " + testlam.operate(2,4,chufa));
22   }
23   private int operate(int a,int b,MathOne mathOne){
24       return mathOne.operation(a,b);
25   }
26 }
```

运行以上代码,可以发现控制台打印的结果中实现了加、减、乘、除和打印字符串的功能,运行结果如图 5.46 所示。

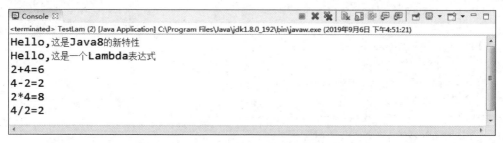

图 5.46　例 5-36 运行结果

5.6.3　函数式接口

1. @FunctionalInterface 注解

Java 8 为函数式接口引入了一个新注解@FunctionalInterface,主要用于编译级错误检查,加上该注解,当编写的接口不符合函数式接口定义的时候,编译器就会报错。函数式接口(Functional Interface)是指仅包含一个抽象方法,但是可以包含多个非抽象方法(比如,静态方法、默认方法)的接口。

正确案例:

```
package chapter05;
```

```
@FunctionalInterface
public interface ServiceOne {
    //抽象方法 printMessage
    void printMessage(String message);
}
```

错误案例：

```
package chapter05;
@FunctionalInterface
public interface ServiceOne {
    //抽象方法 printMessage
  void printMessage(String message);
    //抽象方法 printMessage2
  void printMessage2(String message);
}
```

以上的错误案例中有两个抽象方法，一个是 printMessage()，一个是 printMessage2()；这与函数式接口定义有冲突，因此编译器报错。

函数式接口里是可以包含默认方法的，因为默认方法不是抽象方法，有一个默认的实现，所以是符合函数式接口的定义的，如下代码中不仅含有一个抽象方法，还有一个默认方法，代码编译时不会报错。

```
package chapter05;
@FunctionalInterface
public interface ServiceOne {
    //抽象方法
  void printMessage(String message);
    //默认方法
   default void printMessage2(String message) {
    //方法体
   };
}
```

注意：@FunctionalInterface 注解加或不加对于接口是不是函数式接口没有任何影响，该注解只是提醒编译器去检查该接口是否仅包含一个抽象方法。

函数式接口可以被隐式转换为 Lambda 表达式。例 5-3 中定义的 MathOne 接口中只有一个 operation 方法，通常称这种只有一个抽象方法的接口为函数式接口，可以在该接口上添加 @FunctionalInterface 注解，Lambda 表达式需要函数式接口的支持。

2. JDK 提供的函数式接口

函数式接口可以对现有的函数友好地支持 Lambda，JDK 1.8 之前已有很多函数式接口，JDK 1.8 新增加的函数接口中包含很多类，用来支持 Java 的函数式编程，新增的 java.util.function 包中的函数式接口如表 5.4 所示。

表 5.4　JDK 1.8 新增加的函数接口

接　　口	描　　述
BiConsumer < T , U >	代表了一个接受两个输入参数的操作,并且不返回任何结果
BiFunction < T , U , R >	代表了一个接受两个输入参数的方法,并且返回一个结果
BinaryOperator < T >	代表了一个作用于两个同类型操作符的操作,并且返回了操作符同类型的结果
BiPredicate < T , U >	代表了一个两个参数的 boolean 值方法
BooleanSupplier	代表了 boolean 值结果的提供方
Consumer < T >	代表了接受一个输入参数并且无返回的操作
DoubleBinaryOperator	代表了作用于两个 double 值操作符的操作,并且返回了一个 double 值的结果
DoubleConsumer	代表一个接受 double 值参数的操作,并且不返回结果
DoubleFunction < R >	代表接受一个 double 值参数的方法,并且返回结果
DoublePredicate	代表一个拥有 double 值参数的 boolean 值方法
DoubleSupplier	代表一个 double 值结构的提供方
DoubleToIntFunction	接受一个 double 类型输入,返回一个 int 类型结果
DoubleToLongFunction	接受一个 double 类型输入,返回一个 long 类型结果
DoubleUnaryOperator	接受一个参数同为类型 double,返回值类型也为 double
Function < T , R >	接受一个输入参数,返回一个结果
IntBinaryOperator	接受两个参数同为类型 int,返回值类型也为 int
IntConsumer	接受一个 int 类型的输入参数,无返回值
IntFunction < R >	接受一个 int 类型输入参数,返回一个结果
IntPredicate	接受一个 int 类型输入参数,返回一个布尔值的结果
IntSupplier	无参数,返回一个 int 类型结果
IntToDoubleFunction	接受一个 int 类型输入,返回一个 double 类型结果
IntToLongFunction	接受一个 int 类型输入,返回一个 long 类型结果
IntUnaryOperator	接受一个参数同为类型 int,返回值类型也为 int
LongBinaryOperator	接受两个参数同为类型 long,返回值类型也为 long
LongConsumer	接受一个 long 类型的输入参数,无返回值
LongFunction < R >	接受一个 long 类型的输入参数,返回一个结果
LongPredicate	接受一个 long 类型的输入参数,返回一个布尔值类型结果
LongSupplier	无参数,返回一个 long 类型的结果
LongToDoubleFunction	接受一个 long 类型输入,返回一个 double 类型结果
LongToIntFunction	接受一个 long 类型输入,返回一个 int 类型结果
LongUnaryOperator	接受一个参数同为类型 long,返回值类型也为 long
ObjDoubleConsumer < T >	接受一个 object 类型和一个 double 类型的输入参数,无返回值
ObjIntConsumer < T >	接受一个 object 类型和一个 int 类型的输入参数,无返回值
ObjLongConsumer < T >	接受一个 object 类型和一个 long 类型的输入参数,无返回值
Predicate < T >	接受一个输入参数,返回一个布尔值结果
Supplier < T >	无参数,返回一个结果
ToDoubleBiFunction < T , U >	接受两个输入参数,返回一个 double 类型结果
ToDoubleFunction < T >	接受一个输入参数,返回一个 double 类型结果
ToIntBiFunction < T , U >	接受两个输入参数,返回一个 int 类型结果
ToIntFunction < T >	接受一个输入参数,返回一个 int 类型结果
ToLongBiFunction < T , U >	接受两个输入参数,返回一个 long 类型结果
ToLongFunction < T >	接受一个输入参数,返回一个 long 类型结果
UnaryOperator < T >	接受一个参数为类型 T,返回值类型也为 T

3. 函数式接口实例

接下来以 Predicate<T>接口为例，讲解函数式接口的使用方法，实现对集合中的元素按条件进行筛选的功能。首先创建 Test2 类，并在该类中定义一个 List 集合。由表 5.4 可知，Predicate<T>接口接受一个参数，返回一个布尔值结果。接下来演示函数式接口，具体代码如例 5-37 所示。

例 5-37 Test2.java

```java
package chapter05;
import java.util.Arrays;
import java.util.List;
import java.util.function.Predicate;
public class Test2 {
    public static void main(String args[]){
        // 定义一个 list 集合
        List<Integer> list = Arrays.asList(1, 2, 3, 4, 5, 6, 7, 8, 9,10);
        // Predicate<Integer> predicate = n -> true
        // n 是一个参数传递到 Predicate 接口的 test 方法
        // n 如果存在则 test 方法返回 true
        System.out.println("输出集合中的所有数据:");
        // 传递参数 n
        testA(list, n -> true);
        // Predicate<Integer> predicate1 = n -> n%2 == 0
        // n 是一个参数传递到 Predicate 接口的 test 方法
        // 如果 n%2 为 0, test 方法返回 true
        System.out.println();
        System.out.println("输出集合中所有大于4的偶数:");
        testA(list, n -> n%2 == 0 && n>4);
        // Predicate<Integer> predicate2 = n -> n>3
        // n 是一个参数传递到 Predicate 接口的 test 方法
        // 如果 n 大于 3, test 方法返回 true
        System.out.println();
        System.out.println("输出集合中大于 6 的所有数字:");
        testA(list, n -> n>6);
    }
    //定义 testA 方法
    public static void testA(List<Integer> list, Predicate<Integer> predicate) {
        //遍历集合中的元素
        for(Integer n: list) {
            //满足条件的打印
            if(predicate.test(n)) {
                System.out.print(n + " ");
            }
        }
    }
}
```

运行以上代码，运行结果如图 5.47 所示。

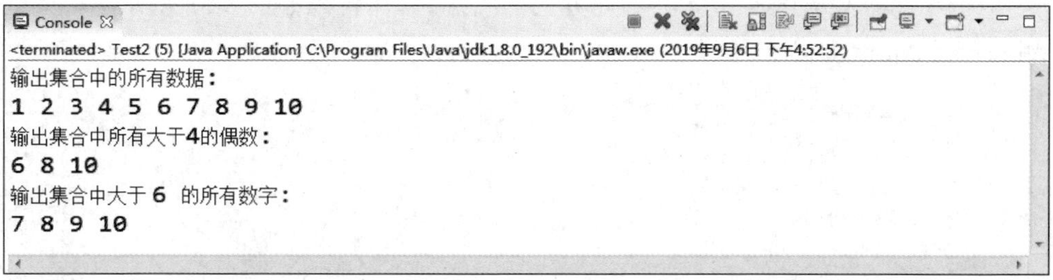

```
 Console ⊠
<terminated> Test2 (5) [Java Application] C:\Program Files\Java\jdk1.8.0_192\bin\javaw.exe (2019年9月6日 下午4:52:52)
输出集合中的所有数据:
1 2 3 4 5 6 7 8 9 10
输出集合中所有大于4的偶数:
6 8 10
输出集合中大于6 的所有数字:
7 8 9 10
```

图 5.47 例 5-37 运行结果

5.6.4 方法引用与构造器引用

当要传递给 Lambda 体的操作已经有实现的方法了,可以使用方法引用,可以理解为方法引用是 Lambda 表达式的另外一种表现形式。实现抽象方法的参数列表,必须与引用方法的参数列表保持一致。方法引用的语法:对象::实例方法,类::静态方法,类::实例方法。构造器引用的语法:ClassName::new。

第一种语法:对象::实例方法名。

```
public void TestOne() {
    Consumer < String > con = (s) -> System.out.println(s);
    Consumer < String > consumer = System.out::println;
    consumer.accept("HelloWorld!");
}
```

第二种语法:类::静态方法名。Lambda 体中调用方法的参数列表与返回值类型要与函数式接口中抽象方法的函数列表与返回值类型保持一致。

```
public void TestTwo() {
    Comparator < Integer > comparator = (m,n) ->
Integer.compare(m,n);
    Comparator < Integer > com = Integer::compare;
}
public void TestTwo() {
    Comparator < Integer > comparator = (m,n) ->
Integer.compare(m,n);
    Comparator < Integer > com = Integer::compare;
}
```

第三种语法:类::实例方法名。如果第一个参数是调用者,第二个参数是被调用者,则可以使用这种方式。

```
public void TestThree() {
    BiPredicate < String,String > bip = (x,y) -> x.equals(y);
    BiPredicate < String,String > bp = String::equals;
}
```

在了解了方法引用与构造器引用的书写格式后,下面通过案例在 Animal 类中定义了 4

个方法作为例子来区分 Java 中 4 种不同方法的引用,具体代码如例 5-38 所示。

例 5-38 Animal.java

```java
1   package chapter05;
2   import java.util.Arrays;
3   import java.util.List;
4   class Animal {
5       @FunctionalInterface
6       public interface Supplier<T> {
7           T get();
8       }
9       //Supplier 是 JDK 1.8 提供的接口,这里和 Lambda 一起使用了
10      public static Animal create(final Supplier<Animal> supplier)
11  {
12          return supplier.get();
13      }
14      public static void collide(final Animal animal) {
15          System.out.println("Collided " + animal.toString());
16      }
17      public void follow(final Animal another) {
18          System.out.println("Following " + another.toString());
19      }
20      public void repair() {
21          System.out.println("Repaired " + this.toString());
22      }
23      public static void main(String[] args) {
24  //构造器引用:它的语法是 Class::new,或者更一般的 Class<T>::new,实例如下:
25          Animal animal = Animal.create(Animal::new);
26          Animal dog = Animal.create(Animal::new);
27          Animal pig = Animal.create(Animal::new);
28          Animal bear = new Animal();
29          List<Animal> animals = Arrays.asList(animal,dog,pig,bear);
30          System.out.println("===================== 构造器引用
31  ======================");
32          //静态方法引用:它的语法是 Class::static_method,实例如下:
33          animals.forEach(Animal::collide);
34          System.out.println("===================== 静态方法引用
35  ======================");
36          //特定类的任意对象的方法引用:它的语法是 Class::method,实例如下:
37          animals.forEach(Animal::repair);
38          System.out.println("============== 特定类的任意对象的方法引用
39  ================");
40          //特定对象的方法引用:它的语法是 instance::method,实例如下:
41          final Animal duixiang = Animal.create(Animal::new);
42          animals.forEach(duixiang::follow);
43          System.out.println("==================== 特定对象的方法引用
44  ====================");
45      }
46  }
```

运行以上代码,结果如图 5.48 所示。

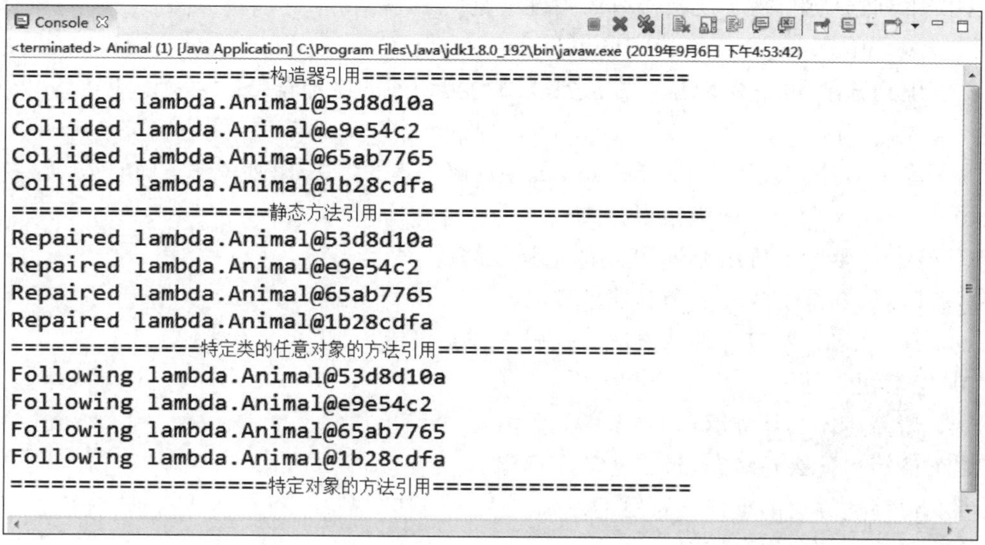
Console
<terminated> Animal (1) [Java Application] C:\Program Files\Java\jdk1.8.0_192\bin\javaw.exe (2019年9月6日 下午4:53:42)
===================构造器引用========================
Collided lambda.Animal@53d8d10a
Collided lambda.Animal@e9e54c2
Collided lambda.Animal@65ab7765
Collided lambda.Animal@1b28cdfa
===================静态方法引用========================
Repaired lambda.Animal@53d8d10a
Repaired lambda.Animal@e9e54c2
Repaired lambda.Animal@65ab7765
Repaired lambda.Animal@1b28cdfa
===============特定类的任意对象的方法引用================
Following lambda.Animal@53d8d10a
Following lambda.Animal@e9e54c2
Following lambda.Animal@65ab7765
Following lambda.Animal@1b28cdfa
===================特定对象的方法引用===================

图 5.48　例 5-38 运行结果

小　　结

通过本章的学习，读者能够掌握 Java 面向对象的另外两大特征：继承和多态，了解 Java 8 推出的新特性 Lambda 表达式。重点要理解的是继承可以让某个类型的对象获得另一个类型的对象的属性的方法，而多态就是指一个类实例的相同方法在不同情形有不同表现形式。

习　　题

1. 填空题

(1) 如果在子类中需要访问父类的被重写方法，可以通过________关键字来实现。

(2) Java 中使用________关键字来表示抽象的意思。

(3) Java 中使用________关键字来实现接口的继承。

(4) 工厂模式主要有三种形态：简单工厂模式、工厂方法模式和________模式。

(5) Java 8 中引入了一个新的操作符，“->”可以称为箭头操作符或者________操作符。

2. 选择题

(1) 以下关于 Java 语言继承的说法正确的是(　　)。

A. Java 中的类可以有多个直接父类　　B. 抽象类不能有子类

C. Java 中的接口支持多继承　　D. 最终类可以作为其他类的父类

(2) 现有两个类 A、B，以下描述中表示 B 继承自 A 的是(　　)。

A. class A extends B　　B. class B implements A

C. class A implements B　　D. class B extends A

(3) 下列选项中,用于定义接口的关键字是( )。
    A. interface   B. implements   C. abstract   D. class

(4) 下列选项中,表示数据或方法只能被本类访问的修饰符是( )。
    A. public   B. protected   C. private   D. final

(5) 在 Java 中,关于 @FunctionalInterface 注解代表的含义,下列说法正确的是( )。
    A. 主要用于编译级错误检查
    B. 主要用于简化 Java 开发的工具注解
    C. 检查是否含有多个非抽象方法
    D. 当接口中包含默认方法时代码编译会报错

3. 思考题

(1) 请简述什么是继承。
(2) 请简述什么是多态,什么是动态绑定。
(3) 请简述方法的重载与重写的区别。
(4) 请简述抽象类和接口的区别。

4. 编程题

(1) 设计一个名为 Geometric 的几何图形的抽象类,该类包括:
① 两个名为 color、filled 的属性分别表示图形颜色和是否填充。
② 一个无参的构造方法。
③ 一个能创建指定颜色和填充值的构造方法。
④ 一个名为 getArea() 的抽象方法,返回图形的面积。
⑤ 一个名为 getPerimeter() 的抽象方法,返回图形的周长。
⑥ 一个名为 toString() 的方法,返回圆的字符串描述。

(2) 设计一个名为 Circle 的圆类来实现 Geometric 类,该类包括:
① 一个名为 radius 的 double 属性表示半径。
② 一个无参构造方法创建圆。
③ 一个能创建指定 radius 的圆的构造方法。
④ radius 的访问器方法。
⑤ 一个名为 getArea() 的方法,返回该圆的面积。
⑥ 一个名为 getPerimeter() 的方法,返回圆的周长。
⑦ 一个名为 toString() 的方法,返回该圆的字符串描述。

(3) 设计一个名为 Rectangle 的矩形类来实现 Geometric 类,该类包括:
① 两个名为 side1、side2 的 double 属性表示矩形的两条边。
② 一个无参构造方法创建矩形。
③ 一个能创建指定 side1 和 side2 的圆的构造方法。
④ side1 和 side2 的访问器方法。
⑤ 一个名为 getArea() 的方法,返回该矩形的面积。
⑥ 一个名为 getPerimeter() 的方法,返回该矩形的周长。
⑦ 一个名为 toString() 的方法,返回该矩形的字符串描述。

（4）设计一个名为 Triangle 的三角形类来实现 Geometric 类,该类包括:
① 三个名为 side1、side2 和 side3 的 double 属性表示三角形的三条边。
② 一个无参构造方法创建三角形。
③ 一个能创建指定 side1、side2 和 side3 的矩形的构造方法。
④ side1、side2 和 side3 的访问器方法。
⑤ 一个名为 getArea() 的方法,返回该三角形的面积。
⑥ 一个名为 getPerimeter() 的方法,返回该三角形的周长。
⑦ 一个名为 isTriangle() 的方法,判断三边是否能构成三角形。
⑧ 一个名为 toString() 的方法,返回三边较小的字符串描述。
（5）编写测试类,测试图形的面积和周长。

第 6 章　异　常

本章学习目标
- 理解异常的概念。
- 理解异常的类型。
- 熟练掌握异常的处理方式。
- 了解自定义异常的使用。

虽然 Java 语言的设计从根本上提供了便于写出整洁、安全代码的方法,并且程序员也能尽量地减少错误的产生,然而使程序被迫停止的错误仍然不可避免。为此 Java 提供了异常处理机制来帮助程序员检查可能出现的错误,以保证程序的可读性和可维护性。Java 将异常封装到一个类中,出现错误时,就会抛出异常。

6.1　异常的概念

异常是一个在程序执行期间发生的事件,它中断了正在执行程序的正常指令流。在程序中,错误可能产生于程序员没有预料到的各种情况或者是超出了程序员可控范围的环境因素,为了保证程序有效地执行,需要对发生的异常进行相应的处理。

接下来通过一个案例来认识一下什么是异常,首先在 Eclipse 中新建一个 chapter06 的 java 项目,并在根目录下新建 test 包,然后在该包中新建 TestDivException 测试类,如例 6-1 所示。

例 6-1　TestDivException.java

```
1   package test;
2   public class TestDivException {
3       public static int div(int a, int b) {
4           return a/b;
5       }
6       public static void main(String[] args) {
7           int val = div(10, 0);
8           System.out.println(val);
9       }
10  }
```

程序的运行结果如图 6.1 所示。

图 6.1 的运行结果中显示发生了算术异常 ArithmeticException(根据给出的错误提示可知在算术表达式中,0 作为除数出现),该异常发生后,系统将不再执行下去,这种情况就是异常。

图 6.1 例 6-1 运行结果

6.2 异常的类型

Java 类库中定义了异常类,这些类都是 Throwable 类的子类。Throwable 类派生了两个子类,分别是 Exception 和 Error 类。接下来详细介绍一下异常类的继承体系,如图 6.2 所示。

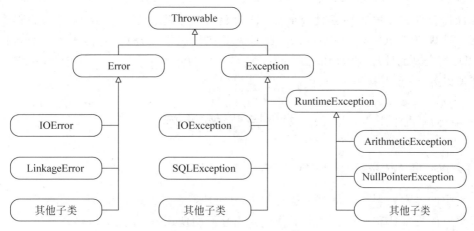

图 6.2 Throwable 继承体系

这些异常类可以分为两类:Error 和 Exception。接下来对这些异常类进行详细讲解。

(1) Error 类是 Throwable 的一个子类,代表错误,该体系描述了 Java 运行系统中的内部错误以及资源耗尽的情形,该类错误是由 Java 虚拟机抛出的,如果发生,除了尽力使程序安全退出外,在其他方面是无能为力的。

(2) Exception 类是另外一个重要的子类,它规定的异常是程序自身可以处理的异常。异常和错误的区别在于异常是可以被处理的,而错误是不能够被处理的。

Exception 下有两个分支,一个是 RuntimeException 运行时异常,一个是 CheckedException 可检查的异常。其中,运行时异常是虚拟机正常运行期间抛出的异常,通常是指程序运行过程中出现的错误,程序虽然能够通过语法检测,但是最终被迫中止运行,此类错误往往能够准确定位到错误发生的代码段,可以通过错误调试来解决。

常见的运行时异常有 NullPointerException(空指针异常)、ClassCastException(类型转换异常)、IndexOutOfBoundsException(越界异常)、IllegalArgumentException(非法参数异常)、ArrayStoreException(数组存储异常)、ArithmeticException(算术异常)、BufferOverflowException

（缓冲区溢出异常）等，更多的异常可以查看官方 API 文档，官方给出的 RuntimeException 直接已知子类如图 6.3 所示。

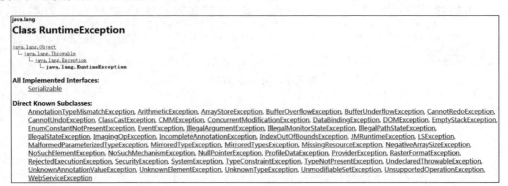

图 6.3　官方 API 文档

CheckedException（可检查的异常）一般是指外部错误，这种异常都发生在编译阶段，Java 编译器会强制程序去捕获此类异常，即会出现要求把这段可能出现异常的程序进行 try-catch 处理，所有 CheckedException 都是需要在代码中处理的，它们的发生是可以预测的，可以进行合理的处理，比如 IOException，或者一些自定义的异常。除了 RuntimeException 及其子类以外，都是可检查的异常。

6.3　异常的处理

6.3.1　使用 try-catch 处理异常

代码中的异常处理其实是对可检查异常的处理，Java 提供了由 try、catch 和 finally 三个部分组成的异常捕获结构。接下来分别介绍它们的使用方法，其语法格式如下。

```
try {
    程序代码 1
} catch (异常类型 1 e1) {
    程序代码 2
} catch (异常类型 2 e2) {
    程序代码 3
} finally {
    程序代码 4
}
```

try 块——捕获异常，该块中用于监控可能发生异常的代码块是否发生异常，如果异常发生了，就会将产生的异常类对象抛出，并转向 catch 中继续执行。

catch 块——处理异常，一个 try 块后面可以有多个 catch 块。每个 catch 块可以处理的异常类型由异常处理器参数指定。如果 try 块中抛出的异常对象属于 catch 中定义的异常类型，就会将该异常捕获，并进入该类型所对应的 catch 代码块中继续运行程序；如果 try 块中抛出的异常不属于所有 catch 中定义的异常类型，则进入 finally 块中继续运行程序。

finally 块——进行最终处理，不管程序是否发生异常最终都会执行的代码块。当包含

catch 子句时，finally 子句是可选的；当包含 finally 子句时，catch 子句是可选的。

接下来使用 try-catch 语句对例 6-1 中出现的异常进行捕获并处理，如例 6-2 所示。

例 6-2 TestTryCatch.java

```
1   package test;
2   public class TestTryCatch {
3       public static int div(int a, int b) {
4           return a/b;
5       }
6       public static void main(String[ ] args) {
7           System.out.println("异常捕获开始");
8           try {
9               int val = div(10, 0);
10              System.out.println(val);
11          } catch (ArithmeticException e) {
12              System.out.println("捕获到了异常:" + e);
13              int val = div(10, 2);
14              System.out.println("异常处理后的结果为:" + val);
15          }
16          System.out.println("异常捕获结束");
17      }
18  }
```

程序的运行结果如图 6.4 所示。

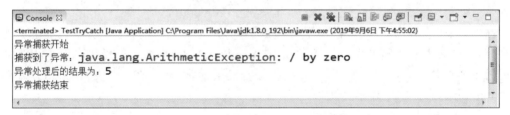

图 6.4　例 6-2 运行结果

在例 6-2 中，对可能发生异常的代码使用了 try-catch 进行捕获处理，在 try 代码块中发生了算术异常，程序转而执行 catch 中的代码。从运行结果可发现，在 try 代码块中，当程序发生异常时，后面的代码不会被执行。catch 代码块对异常处理完毕后，程序正常向后执行，不会因为异常而终止。

另外，无论 try 块中是否发生异常，都会执行 finally 块中的代码，通常用于关闭文件或释放其他系统资源。有一种例外情况，就是在 try-catch 中执行 System.exit(0)语句，表示退出当前的 Java 虚拟机，Java 虚拟机停止了，任何代码都不会再执行了。

接下来通过一个案例演示 finally 的作用，如例 6-3 所示。

例 6-3 TestFinally.java

```
1   public class TestFinally {
2       public static int div(int a, int b) {
3           return a/b;
```

```
4    }
5    public static void main(String[] args) {
6        System.out.println("异常捕获开始");
7        try {
8            int val = div(10, 0);
9            System.out.println(val);
10       } catch (ArithmeticException e) {
11           System.out.println("捕获到了异常:" + e);
12           return;
13       } finally {
14           System.out.println("开始执行 finally 块");
15       }
16       System.out.println("异常捕获结束");
17   }
18 }
```

程序的运行结果如图 6.5 所示。

图 6.5 例 6-3 运行结果

在例 6-3 中，在 catch 块中添加了 return 语句，用于结束当前方法。从程序运行结果可发现，finally 块中的代码仍会被执行，不被 return 语句影响，而 try-catch-finally 结构后面的代码就不会被执行。由此可发现，不管程序是否发生异常，还是在 try 块和 catch 块中使用 return 语句结束，finally 块都会执行。

另外，finally 是在 return 后面的表达式运算完成后执行的，此时并没有返回运算值，而是先将返回值保存，finally 中的代码不会影响返回值，仍是之前保存的值，因此，方法返回值是在 finally 执行前确定的，如例 6-4 所示。

例 6-4 TestFinally01.java

```
1  public class TestFinally01 {
2      public static int get() {
3          int x = 1;
4          try
5          {
6              ++x;
7              return x;
8          }
9          finally
10         {
11             ++x;
12             System.out.println("finally:" + x);
13         }
```

```
14      }
15      public static void main(String[] args) {
16          System.out.println("最终返回值:" + get());
17      }
18  }
```

程序的运行结果如图 6.6 所示。

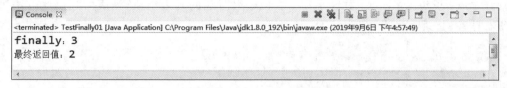

图 6.6　例 6-4 运行结果

在例 6-4 中，在 try 代码块中执行 return 语句时，先计算表达式的值并将结果保存，此时程序转而执行 finally 块，执行完之后，再从中取出返回结果，因此，finally 中对变量 x 进行了改变，但是不会影响返回结果。

另外，finally 中最好不要包含 return 语句，否则程序会提前退出，返回值不是 try 或 catch 中保存的返回值，如例 6-5 所示。

例 6-5　TestFinally02.java

```
1   public class TestFinally02 {
2       public static int get()
3       {
4           try
5           {
6               return 1;
7           }
8           finally
9           {
10              return 2;
11          }
12      }
13      public static void main(String[] args) {
14          System.out.println(get());
15      }
16  }
```

程序的运行结果如图 6.7 所示。

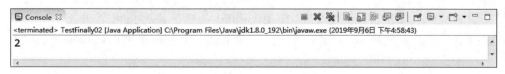

图 6.7　例 6-5 运行结果

若某个方法可能会发生异常,但不想在当前方法中处理这个异常,则可以使用 throws、throw 关键字在方法中抛出异常。

6.3.2 使用 throws 关键字抛出异常

任何代码都可能发生异常,如果方法不捕获被检查出的异常,那么方法必须声明它可以抛出的这些异常,用于告知调用者此方法有异常。Java 通过 throws 子句声明方法可抛出的异常,throws 子句由 throws 关键字和一个以逗号分隔的列表组成,列表中列出此方法抛出的所有异常,其语法格式如下:

```
数据类型 方法名(形参列表) throws 异常类 1,异常类 2,…,异常类 n{
    方法体;
}
```

throws 声明的方法表示此方法不处理异常,而交给方法的调用者进行处理。因此,不管方法是否发生异常,调用者都必须进行异常处理,如例 6-6 所示。

例 6-6 TestThrows.java

```
1  public class TestThrows {
2      // 声明抛出异常,本方法中可以不处理异常
3      public static int div(int a, int b) throws ArithmeticException{
4          return a/b;
5      }
6      public static void main(String[] args) {
7          try {
8              // 因为方法中声明抛出异常,不管是否发生异常,都必须处理
9              int val = div(10, 0);
10             System.out.println(val);
11         } catch (ArithmeticException e) {
12             System.out.println(e);
13         }
14     }
15 }
```

程序的运行结果如图 6.8 所示。

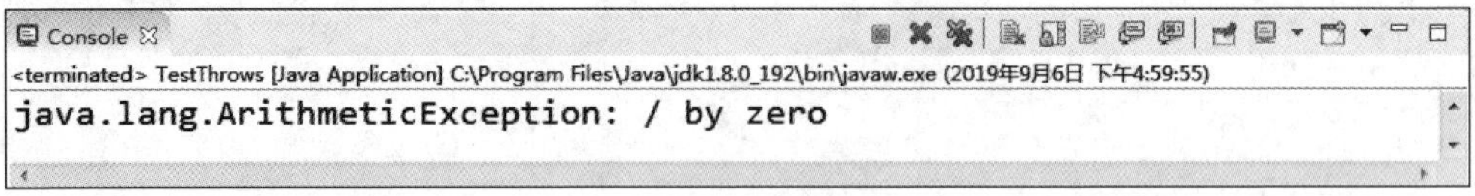

```
java.lang.ArithmeticException: / by zero
```

图 6.8 例 6-6 运行结果

在例 6-6 中,在 div()方法定义时,使用 throws 关键字声明抛出 ArithmeticException 异常。由于主方法中使用 try-catch 进行了异常处理,因而程序可以编译通过,正常运行结束。

throws 关键字在方法处声明,因此方法的调用者也可以使用 throws 关键字。如果主方法使用 throws 声明抛出异常,则异常将被 Java 虚拟机进行处理,如例 6-7 所示。

例 6-7 TestThrows01.java

```java
1  package test;
2  public class TestThrows01 {
3      // 抛出异常,本方法中可以不处理异常
4      public static int div(int a, int b) throws ArithmeticException{
5          return a/b;
6      }
7      // 主方法声明抛出异常,JVM 进行处理
8      public static void main(String[] args) {
9          // 因为方法中声明抛出异常,不管是否发生异常,都必须处理
10         int val = div(10, 0);
11         System.out.println(val);
12     }
13 }
```

程序的运行结果如图 6.9 所示。

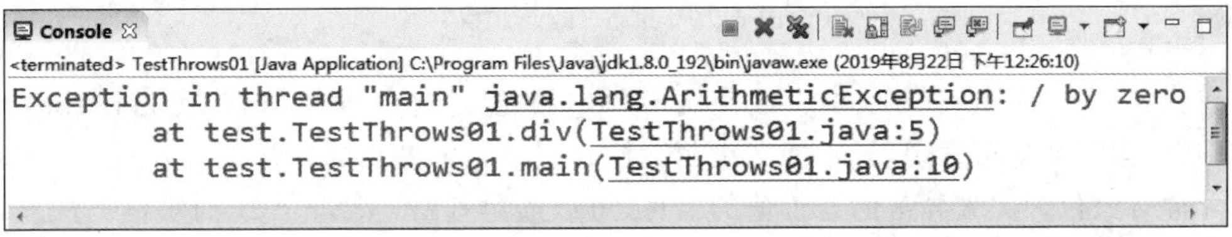

```
Console
<terminated> TestThrows01 [Java Application] C:\Program Files\Java\jdk1.8.0_192\bin\javaw.exe (2019年8月22日 下午12:26:10)
Exception in thread "main" java.lang.ArithmeticException: / by zero
        at test.TestThrows01.div(TestThrows01.java:5)
        at test.TestThrows01.main(TestThrows01.java:10)
```

图 6.9　例 6-7 运行结果

例 6-7,在主方法中调用 div() 方法时,没有对异常进行捕获,而是使用 throws 关键字声明抛出异常,从运行结果可发现,程序虽然可以通过编译,但在运行时由于没有对异常进行处理,最终导致程序终止运行。由此可见,在主方法中使用 throws 抛出异常,则程序出现异常后由 Java 虚拟机进行处理,这将导致程序中断。

6.3.3　使用 throw 关键字抛出异常

到现在为止的所有异常类对象全部都是由 Java 虚拟机自动实例化的,但有时用户希望能亲自进行异常类对象的实例化操作,自己手动抛出异常,那么此时就需要依靠 throw 关键字来完成了。其语法格式如下。

```
throw new 异常对象();
```

接下来通过一个案例来演示 throw 的用法,如例 6-8 所示。

例 6-8 TestThrow.java

```java
1  public class TestThrow {
2      public static int div(int a, int b) {
3          // 抛出异常的实例对象
4          if (0 == b)
5              throw new ArithmeticException("错误:除数不能为 0!");
6          return a/b;
```

```
7     }
8     public static void main(String[] args) {
9         try {
10            int val = div(10, 0);
11            System.out.println(val);
12        } catch (ArithmeticException e) {
13            System.out.println(e);
14        }
15    }
16 }
```

程序的运行结果如图 6.10 所示。

```
java.lang.ArithmeticException: 错误：除数不能为0!
```

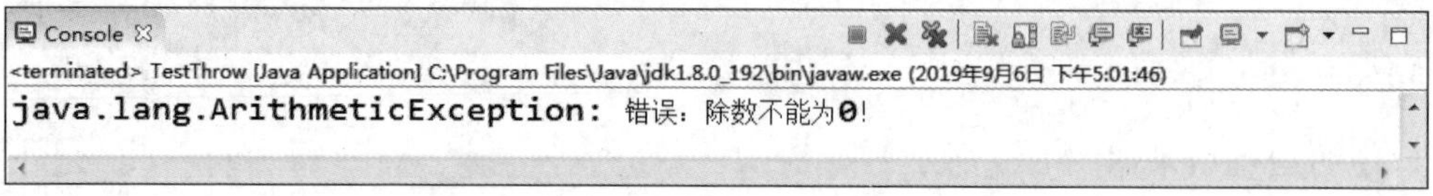

图 6.10　例 6-8 运行结果

在例 6-8 中，在 div() 方法中直接使用 throw 关键字，抛出异常类 ArithmeticException 的实例，从运行结果可发现，异常捕获机制能捕获到 throw 抛出的异常。

异常对象包含关于异常的有价值的信息，可以通过 Throwable 类中的实例方法获取有关异常信息，如表 6.1 所示。

表 6.1　Throwable 常用方法

方法声明	功能描述
String getMessage()	返回该异常对象的信息
String toString()	返回异常类的全名及异常对象信息
void printStackTrace()	在控制台上打印 Throwable 对象和它的调用堆栈信息
StackTraceElement[] getStackTrace()	返回和该异常对象相关的代表堆栈跟踪的一个堆栈跟踪元素的数组

接下来通过一个案例演示 Throwable 类中的方法，如例 6-9 所示。

例 6-9　TestThrowableMethod.java

```
1  package test;
2  public class TestThrowableMethod {
3      public static int div(int a, int b) {
4          return a/b;
5      }
6      public static void main(String[] args) {
7          try {
8              int val = div(10, 0);
9              System.out.println(val);
10         } catch (Exception e) {
11             System.out.println("getMessage:");
12             System.out.println(e.getMessage());
```

```
13            System.out.println("------ toString ------");
14            System.out.println(e.toString());
15            System.out.println("------ printStackTrace ------");
16            e.printStackTrace();
17            System.out.println("------ getStackTrace ------");
18            StackTraceElement[] els = e.getStackTrace();
19            for (int i = 0; i < els.length; i++) {
20                System.out.print("method:
21 " + els[i].getMethodName());
22                System.out.print("(" + els[i].getClassName() + ":");
23                System.out.println(els[i].getLineNumber() + ")");
24            }
25        }
26    }
27 }
```

程序的运行结果如图 6.11 所示。

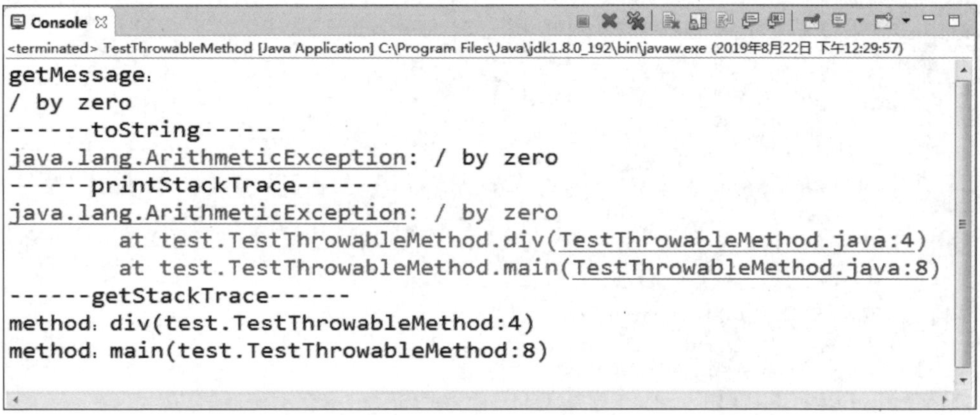

图 6.11　例 6-9 运行结果

在图 6.11 中，将 0 作为除数导致程序出错，程序执行进入 catch 代码块，首先调用 getMessage() 方法打印错误信息，然后调用 toString() 方法打印错误信息，接着调用 printStackTrace() 方法打印错误信息，最后打印了 StackTraceElement 数组中的错误信息。

6.4　自定义异常

在特定的问题领域，可以通过扩展 Exception 类或 RuntimeException 类来创建自定义的异常。异常类包含和异常相关的信息，这有助于负责捕获异常的 catch 代码块准确地分析并处理异常。

在程序中使用自定义异常类，大体可分为以下几个步骤。

（1）创建自定义异常类并继承 Exception 基类，如果自定义 Runtime 异常，则继承 RuntimeException 基类。

（2）在方法中通过 throw 关键字抛出异常对象。

（3）如果在当前抛出异常的方法中处理异常，可以使用 try-catch 语句块捕获并处理，否则在方法的声明处通过 throws 关键字指明要抛出给方法调用者的异常，继续进行下一步操作。

（4）在出现异常方法的调用者中捕获并处理异常。

接下来通过一个案例来学习自定义异常，如例 6-10 所示。

例 6-10　TestCustomException01.java

```java
// 自定义异常,继承 Exception 类
class DivException extends Exception {
    public DivException() {
        super();
    }
    public DivException(String message) {
        super(message);
    }
}
public class TestCustomException01 {
    public static int div(int a, int b) {
        if (0 == b)
            throw new DivException("除数不能为 0!");
        return a/b;
    }
    public static void main(String[] args) {
        try {
            int val = div(10, 0);
            System.out.println(val);
        } catch (DivException e) {
            System.out.println(e.getMessage());
        }
    }
}
```

程序的运行结果如图 6.12 所示。

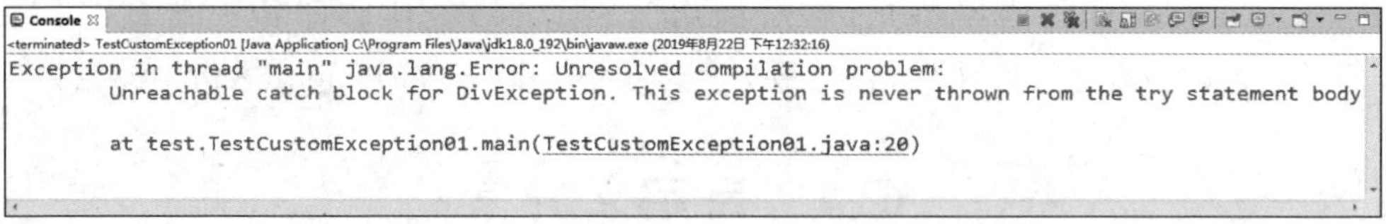

```
<terminated> TestCustomException01 [Java Application] C:\Program Files\Java\jdk1.8.0_192\bin\javaw.exe (2019年8月22日 下午12:32:16)
Exception in thread "main" java.lang.Error: Unresolved compilation problem:
        Unreachable catch block for DivException. This exception is never thrown from the try statement body
    at test.TestCustomException01.main(TestCustomException01.java:20)
```

图 6.12　例 6-10 运行结果

图 6.12 中编译结果报错，提示必须对其进行捕获或声明以便抛出，原因在于，div() 方法中使用 throw 抛出 DivException 的对象，而 Exception 及其子类是必检异常，因此，必须对抛出的异常进行捕获或声明抛出。提示的第二个异常也是由于不能确定 try 块中抛出的是什么类型的异常导致的，如果 catch 后改为 Exception 是可以通过编译的，因为 Exception 是所有异常的父类。

对例 6-10 进行修改，在 div() 方法中，使用 try-catch 对异常进行捕获处理，或者使用

throws 声明抛出 DivException 异常，如例 6-11 所示。

例 6-11 TestCustomException02.java

```java
1   // 自定义异常,继承 Exception 类
2   class DivException extends Exception {
3       public DivException() {
4           super();
5       }
6       public DivException(String message) {
7           super(message);
8       }
9   }
10  public class TestCustomException02 {
11      // 声明抛出异常
12      public static int div(int a, int b) throws DivException{
13          if (0 == b)
14              throw new DivException("除数不能为 0!");
15          return a/b;
16      }
17      public static void main(String[] args) {
18          try {
19              int val = div(10, 0);
20              System.out.println(val);
21          } catch (DivException e) {
22              System.out.println(e.getMessage());
23          }
24      }
25  }
```

程序的运行结果如图 6.13 所示。

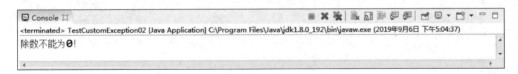

图 6.13 例 6-11 运行结果

在例 6-11 中，自定义异常类 DivException 来实现 Exception 类，div()方法使用 throw 关键字抛出 DivException 类的实例，并使用 throws 声明抛出该异常。从运行结果可发现，try-catch 成功捕获自定义异常。

6.5 断 言

JDK 4.0 引入了 assert 关键字，表示断言(assertion)，断言语句用于确保程序的正确性，以避免逻辑错误，其语法格式如下。

```
assert 布尔表达式;
assert 布尔表达式 : 消息;
```

使用第一种格式,当布尔类型表达式值为 false 时,抛出 AssertionError 异常,如果使用第二种格式,则输出错误消息。在默认情况下,断言不起作用,可用-ea 选项激活断言,具体示例如下。

```
java -ea 类名
java -ea:包名 -da:类名
```

选项-ea、-da 用于激活和禁用断言,如果选项不带任何参数,则表示激活或禁用所有用户类;如果带有包名或类名,表示激活或禁用这些类或包;如果包名称后面跟有三个".",代表这个包及其子包;如果只有三个".",代表无名包。

在 Eclipse 开发工具中激活断言的具体步骤如下。

(1) 鼠标单击 Window 选项,然后选择 Preferences,如图 6.14 所示。

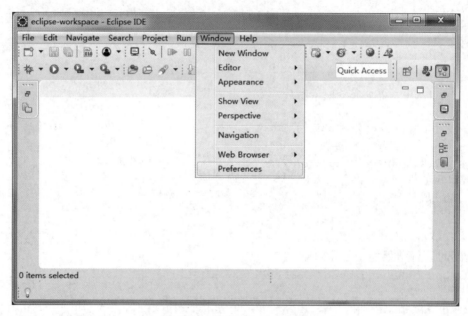

图 6.14　单击 Window 菜单

(2) 鼠标单击 Java 选框中的 Installed JREs,然后选取安装好的 JDK,单击右侧的 Edit 按钮,如图 6.15 所示。

(3) 在弹出的窗口 Default VM arguments 后的输入框内填写"-ea"命令,最后单击 Finish 按钮即可,如图 6.16 所示。

接下来通过一个案例来演示断言的作用,如例 6-12 所示。

例 6-12　TestAssertion.java

```
1  package test;
2  public class TestAssertion {
3      public static void main(String[] args) {
4          assert(1 == 0):"1 和 0 不相等";
5      }
6  }
```

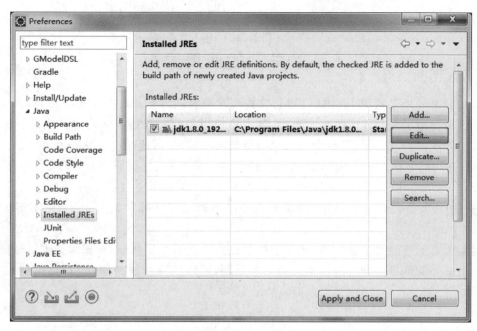

图 6.15 选择 JDK

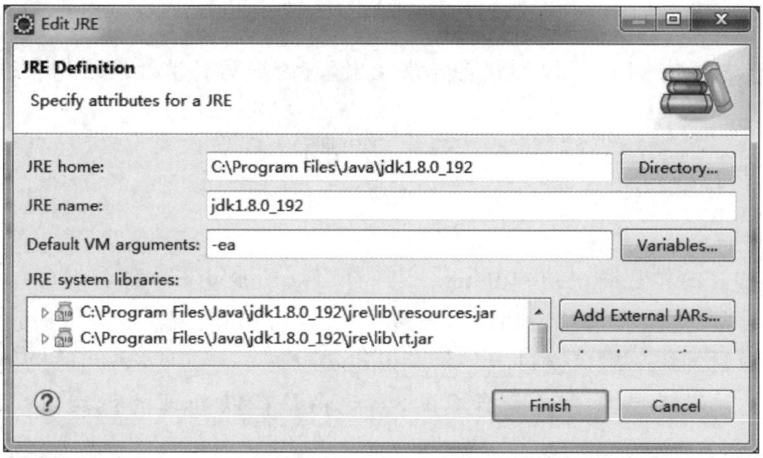

图 6.16 输入命令

程序的运行结果如图 6.17 所示。

图 6.17 例 6-12 运行结果

在例 6-12 中,测试了"assert(1==0);"1 和 0 不相等""的语句,并在运行时使用选项-ea 激活断言功能,因为表达式"1==0"的值为 false,因此触发了断言,抛出 AssertError 异常,并打印了自定义提示信息"1 和 0 不相等"。

6.6 异常的使用原则

Java 异常处理是使用 Java 语言进行软件开发和测试脚本开发中非常重要的一个方面,异常处理不应用来控制程序的正常流程,其主要作用是捕获程序在运行时发生的异常并进行相应的处理,编写代码处理某个方法可能出现的异常时,可遵循以下几条原则。

(1) 在当前方法声明中使用 try-catch 语句捕获异常。

(2) 一个方法被覆盖时,覆盖它的方法必须抛出相同的异常或其子类。

(3) 如果父类抛出多个异常,则覆盖方法必须抛出那些异常的一个子集,不能抛出新异常。

经验丰富的开发人员都知道,调试程序的最大难点不在于修复缺陷,而在于从海量的代码中找出缺陷的藏身之处。遵循本文的三个原则,可以让异常协助开发人员跟踪和消灭缺陷,使程序更加健壮,对用户更加友好。

小 结

通过本章的学习,读者能够掌握 Java 的异常处理机制。重点要了解的是异常处理的使用原则,当遇到程序异常时,建议不要将异常抛出,应该编写异常处理语句来进行处理。

习 题

1. 填空题

(1) Java 语言的异常捕获结构由 try、_____和 finally 三个部分组成。

(2) 抛出异常、生成异常对象都可以通过_____语句实现。

(3) 捕获异常的统一出口通过_____语句实现。

(4) _____异常是由于环境造成的,因此将是捕获处理的重点,即表示是可以恢复的。

(5) Throwable 类有两个子类,分别是_____类和 Exception 类。

2. 选择题

(1) 在异常处理中,如释放资源、关闭文件、关闭数据库等由(　　)来完成。

　　A. try 子句　　　　B. catch 子句　　　　C. finally 子句　　　　D. throw 子句

(2) 当方法遇到异常又不知如何处理时,下列说法正确的是(　　)。

　　A. 捕获异常　　　　B. 抛出异常　　　　C. 声明异常　　　　D. 嵌套异常

(3) 下列关于异常的说法正确的是(　　)。

　　A. 异常是编译时的错误　　　　　　　　B. 异常是运行时出现的错误

　　C. 程序错误就是异常　　　　　　　　　D. 以上说法都不正确

(4) 有关 throw 和 throws 的说法中不正确的是(　　)。

　　A. throw 后面加的是异常类的对象　　　B. throws 后面加的是异常类的类名

  C. throws 后面只能加自定义异常类   D. 以上说法都不正确

（5）关于异常，下列说法正确的是（ ）。

  A. 异常是一种对象   B. 一旦程序运行，异常将被创建

  C. 为保证运行速度，应避免异常控制   D. 以上说法都不正确

3. 思考题

（1）请简述什么是异常。

（2）请简述什么是必检异常，什么是免检异常。

（3）请简述 Error 和 Exception 有什么区别。

（4）请简述关键字 throw 的作用。

4. 编程题

（1）编写一个 Circle 类代表圆，提供默认构造方法和创建指定半径的构造方法。创建一个 InvalidRadiusException 异常类，如果半径为负，则 setRadius（）方法抛出一个 InvalidRadiusException 的对象。

（2）编写一个 Triangle 类代表三角形，在三角形中，任意两边之和总大于第三边。创建一个 IllegalTriangleException 异常类，在 Triangle 类的构造方法中，如果创建的三角形的边违反了这一规则，则抛出一个 IllegalTriangleException 对象。

第 7 章 Java 基础类库

本章学习目标

- 熟练掌握 Java 包装类的使用。
- 熟练掌握 String 类、StringBuffer 类和 StringBuilder 类的使用。
- 熟悉掌握 System 类与 Runtime 类的使用。
- 熟悉掌握 Math 类与 Random 类的使用。
- 熟练掌握日期类的使用。

Java 以基础类库 JFC(Java Foundation Class)的形式为程序员提供编程接口 API，Java 有丰富的基础类库，通过这些基础类库可以提高开发效率，降低开发难度。例如，要通过 Java 实现日历的功能，没有编过程序的人很难想象这样的功能如何实现，但是对于有经验的开发人员来说，就会知道 Java 基础类库中的 Date 类和 Calendar 类专门用来处理日期和时间。对于这些类库并不需要刻意去背，而是需要经过多次使用后熟练掌握，对于不熟悉的类库，可查阅 Java API 文档进行了解使用。本章对 Java 基础类库中的常用类进行讲解。

7.1 基本类型的包装类

通过前面的学习读者了解到，Java 语言是一种面向对象的语言，但是 Java 中的基本数据类型却不是面向对象的，这在实际使用时会存在很多的不便，很多方法都需要引用类型的对象，无法将一个基本类型的值传入。为了解决这个不足，JDK 中提供了一系列的包装类可以将基本数据类型的值包装为引用数据类型的对象。Java 中的 8 种基本数据类型都有与之对应的包装类，如表 7.1 所示。

表 7.1 基本类型对应的包装类

基本数据类型	包 装 类
int	Integer
char	Character
float	Float
double	Double
byte	Byte
long	Long
short	Short
boolean	Boolean

表 7.1 中列举了 8 种基本数据类型对应的包装类,包装类和基本数据类型进行转换时要涉及两个概念——装箱和拆箱。装箱是指将基本数据类型的值转为引用数据类型的对象,拆箱是指将引用数据类型的对象转为基本数据类型。接下来以 int 类型的包装类 Integer 为例来学习装箱和拆箱。首先来了解一下 Integer 类的构造方法,如表 7.2 所示。

表 7.2 Integer 类的构造方法

构造方法声明	功能描述
public Integer(int value)	构造一个新分配的 Integer 对象,它表示指定的 int 值
public Integer(String s)	构造一个新分配的 Integer 对象,它表示 String 参数所指示的 int 值

表 7.2 中列举出 Integer 类的构造方法,它还有一些常用方法,如表 7.3 所示。

表 7.3 Integer 类的常用方法

方法声明	功能描述
int intValue()	以 int 类型返回该 Integer 的值
static int parseInt(String s)	将字符串参数作为有符号的十进制整数进行解析
String toString()	返回一个表示该 Integer 值的 String 对象
static Integer valueOf(int i)	返回一个表示指定的 int 值的 Integer 实例
static Integer valueOf(String s)	返回保存指定的 String 值的 Integer 对象

表 7.3 中列举出 Integer 类的常用方法,接下来通过一个案例来演示包装类 Integer 的装箱过程,如例 7-1 所示。

例 7-1 TestBoxing.java

```
1  public class TestBoxing {
2      public static void main(String[] args) {
3          int i = 10;
4          Integer in = new Integer(i);
5          System.out.println(in.equals(i));
6      }
7  }
```

程序的运行结果如图 7.1 所示。

图 7.1 例 7-1 运行结果

了解装箱后,接下来通过一个案例学习一下拆箱的过程,如例 7-2 所示。

例 7-2 TestUnBoxing.java

```
1  public class TestUnBoxing {
2      public static void main(String[] args) {
3          Integer in = new Integer("10");
```

```
4        int i = 10;
5        System.out.println(in.intValue() + i);
6    }
7 }
```

程序的运行结果如图 7.2 所示。

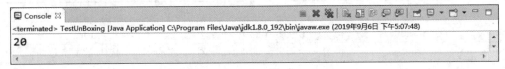

图 7.2 例 7-2 运行结果

上面是用包装类 Integer 为例讲解的装箱和拆箱,其他几个包装类的操作类似,一些细小的不同可以查阅 JDK 使用文档。

 脚下留心

在包装类使用过程中,有一些需要注意的问题,这里还是以 Integer 类为例。首先,它的构造方法中有一个 public Integer(String s)方法,参数是 String 类型的,这里参数不可以为 null,且字符串必须是可以解析为相应基本类型的数据,例如参数为 "10a",参数不可解析为相应的基本数据类型,运行时会报 NumberFormatException 异常。

另外,Integer 还有两个静态方法:valueOf(String s)方法和 parseInt(String s)方法,前者是返回 Integer 对象,后者是返回对应的基本数据类型,需要注意的问题和上面说的构造方法一样,如果参数不合法,一样会报出 NumberFormatException 异常。

7.2 JDK 5.0 新特性——自动装箱和拆箱

JDK 5.0 提供了自动装箱和拆箱机制,是指基本类型值与包装类的对象相互自动转换,在变量赋值或方法调用等情况时,使用上更加简单直接,从而提高了开发效率。接下来通过一个案例演示自动装箱和拆箱的使用,如例 7-3 所示。

例 7-3 TestAutomatic.java

```
1 public class TestAutomatic {
2    public static void main(String[] args) {
3        Integer in = 10;                    // 自动装箱成 Integer
4        System.out.println(in.toString());
5        int i = in;                         // 自动拆箱为 int
6        System.out.println(++i);
7    }
8 }
```

程序的运行结果如图 7.3 所示。

在例 7-3 中,首先将 10 赋值给 Integer 类型的 in,因为 10 是基本数据类型 int 的数据,所以在这里程序底层进行了自动装箱,将 10 转换为 Integer 类型的对象,调用 Integer 对象的 toString()方法将 in 转换为字符串打印出来。接着将 in 赋值给 int 类型的 i,因为 in 是

图 7.3 例 7-3 运行结果

Integer 类型的对象,所以在这里程序底层进行了自动拆箱,将 in 对象转换为基本数据类型,最后将 i 加 1 并打印。

7.3 Scanner 类

之前写的程序,如果要设置一些参数,可以在编写代码的时候设置几个固定的参数,但是如果将需求变为参数不固定,在程序运行过程中输入参数,就无法满足。JDK 5.0 之后,Java 基础类库提供了一个 Scanner 类,它位于 java.util 包,可以很方便地获取用户的键盘输入。

Scanner 类是一个基于正则表达式的文本扫描器,它可以从文件、输入流、字符串中解析出基本类型值和字符串值,它有多个构造方法,不同的构造方法可以接收不同的数据来源,下面先来了解一下它的构造方法,如表 7.4 所示。

表 7.4 Scanner 类的构造方法

构造方法声明	功能描述
public Scanner(File source)	构造一个新的 Scanner,它生成的值是从指定文件扫描的
public Scanner(File source, String charsetName)	构造一个新的 Scanner,它生成的值是从指定文件扫描的
public Scanner(InputStream source)	构造一个新的 Scanner,它生成的值是从指定的输入流扫描的
public Scanner(InputStream source, String charsetName)	构造一个新的 Scanner,它生成的值是从指定的输入流扫描的
public Scanner(Readable source)	构造一个新的 Scanner,它生成的值是从指定源扫描的
public Scanner(ReadableByteChannel source)	构造一个新的 Scanner,它生成的值是从指定信道扫描的
public Scanner(ReadableByteChannel source, String charsetName)	构造一个新的 Scanner,它生成的值是从指定信道扫描的
public Scanner(String source)	构造一个新的 Scanner,它生成的值是从指定字符串扫描的

表 7.4 中列举了 Scanner 类的构造方法,构造 Scanner 类对象时指定不同的数据来源,它主要提供两个方法来扫描输入的信息,具体示例如下。

```
hasNextXxx()
nextXxx()
```

hasNextXxx() 方法判断是否还有下一个输入项,其中,Xxx 可以是 Int、Long 等代表基本数据类型的字符串,如果只判断是否包含下一个字符串,则直接使用 hasNext()。nextXxx() 方法可以获取下一个输入项,Xxx 的含义与上一个方法中的 Xxx 相同。

讲解了 Scanner 类的构造方法和常用方法后,接下来通过一个案例来演示 Scanner 类的使用,如例 7-4 所示。

例 7-4　TestScanner.java

```java
1   import java.util.Scanner;
2   public class TestScanner {
3       public static void main(String[] args) {
4           // System.in 代表标准输入,就是键盘输入
5           Scanner sc = new Scanner(System.in);
6           System.out.println("请输入内容,当内容为 exit 时程序结束.");
7           while (sc.hasNext()) {
8               String s = sc.next();
9               if (s.equals("exit")) {           // 判断输入内容是否与 exit 相等
10                  break;
11              }
12              System.out.println("输入的内容为:" + s);
13          }
14          sc.close();                            // 释放资源
15      }
16  }
```

程序的运行结果如图 7.4 所示。

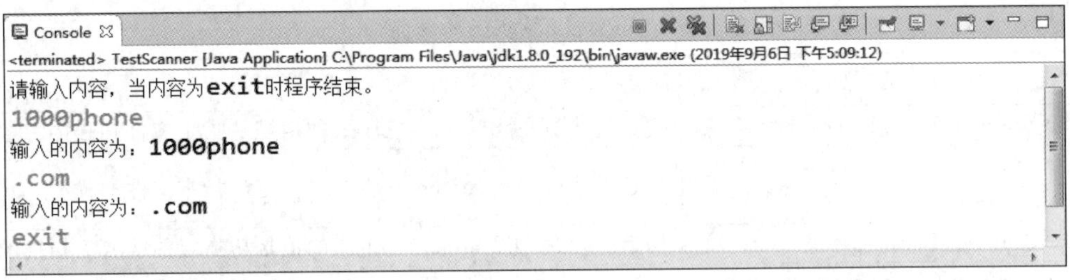

```
请输入内容,当内容为exit时程序结束。
1000phone
输入的内容为:1000phone
.com
输入的内容为:.com
exit
```

图 7.4　例 7-4 运行结果

图 7.4 中运行结果打印出键盘输入和程序读取到的内容,最后输入 exit 程序运行结束。例 7-4 中,首先通过 Scanner 类的构造方法指定数据源为键盘输入,然后调用它的 hasNext() 方法,循环判断是否还有下一个输入项,如果有输入项,接收后判断是否为 "exit",若是则程序结束,若不是则打印键盘输入的内容,最后要记得释放资源。

7.4　String 类、StringBuffer 类和 StringBuilder 类

在实际开发中经常会用到字符串,Java 中定义了 String、StringBuffer、StringBuilder 三个类来封装字符串,并提供了一系列操作字符串的方法,下面将分别介绍它们的使用方法。

7.4.1　String 类的初始化

String 类表示不可变的字符串,一旦 String 类被创建,该对象中的字符序列将不可改变,直到这个对象被销毁。

在 Java 中,字符串被大量使用,为了避免每次都创建相同的字符串对象及内存分配,JVM 内部对字符串对象的创建做了一些优化,用一块内存区域专门来存储字符串常量,该区域被称为常量池。String 类根据初始化方式的不同,对象创建的数量也有所不同,接下来分别演示 String 类的两种初始化方式。

1. 使用直接赋值初始化

使用直接赋值的方式将字符串常量赋值给 String 变量,JVM 首先会在常量池中查找该字符串,如果找到,则立即返回引用;如果未找到,则在常量池中创建该字符串对象并返回引用。接下来演示直接赋值方法初始化字符串,如例 7-5 所示。

例 7-5　TestStringInit1.java

```java
1   public class TestStringInit1 {
2       public static void main(String[] args) {
3           String str1 = "1000phone";
4           String str2 = "1000phone";
5           String str3 = "1000" + "phone";
6           if (str1 == str2) {
7               System.out.println("str1 与 str2 相等");
8           } else {
9               System.out.println("str1 与 str2 不相等");
10          }
11          if (str2 == str3) {
12              System.out.println("str2 与 str3 相等");
13          } else {
14              System.out.println("str2 与 str3 不相等");
15          }
16      }
17  }
```

程序的运行结果如图 7.5 所示。

图 7.5　例 7-5 运行结果

在例 7-5 中,直接将字符串"1000phone"赋值给 str1,初始化完成,接着初始化 str2 和 str3。可以这样直接赋值初始化,是因为 String 类使用比较频繁,所以提供了这种简便操作。比较 str1 和 str2,结果是相等的,这就说明了字符串会放到常量池,如果使用相同的字符串,则引用指向同一个字符串常量,接下来讲解另一种初始化的方式。

2. 使用构造方法初始化

String 类可以直接调用构造方法进行初始化,常用的构造方法如表 7.5 所示。

表 7.5 中列出了 String 类的常用构造方法,接下来通过一个案例来演示 String 类使用构造方法初始化,如例 7-6 所示。

表 7.5 String 类常用构造方法

构造方法声明	功 能 描 述
public String()	初始化一个空的 String 对象,使其表示一个空字符序列
public String(char[] value)	分配一个新的 String 对象,使其表示字符数组参数中当前包含的字符序列
public String(String original)	初始化一个新创建的 String 对象,使其表示一个与参数相同的字符序列

例 7-6 TestStringInit2.java

```java
1  public class TestStringInit2 {
2      public static void main(String[] args) {
3          String str1 = "1000phone";
4          String str2 = new String("1000phone");
5          String str3 = new String("1000phone");
6          if (str1 == str2) {
7              System.out.println("str1 与 str2 相等");
8          } else {
9              System.out.println("str1 与 str2 不相等");
10         }
11         if (str2 == str3) {
12             System.out.println("str2 与 str3 相等");
13         } else {
14             System.out.println("str2 与 str3 不相等");
15         }
16     }
17 }
```

程序的运行结果如图 7.6 所示。

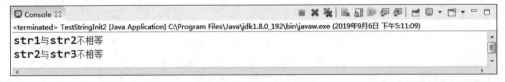

图 7.6 例 7-6 运行结果

例 7-6 中,创建了三个字符串,str1 是用直接赋值的方式初始化。str2 和 str3 是用构造方法初始化。比较字符串 str1 和 str2,结果不相等,因为 new 关键字是在堆空间新开辟了内存,这块内存存放字符串常量的引用,所以二者地址值不相等。比较字符串 str2 和 str3,结果不相等,原因也是 str2 和 str3 都是在堆空间中新开辟了内存,所以二者地址值不相等。

7.4.2 String 类的常见操作

前面讲解了 String 类的初始化,String 类很常用,在实际开发中使用非常多,所以它的一些常见操作要熟练掌握,下面会详细讲解 String 类的常见操作。在讲解之前,先来了解一下 String 类的常用方法,如表 7.6 所示。

表 7.6 中列举了 String 类的常用方法,接下来通过几个案例来具体学习这些方法的使用。

表 7.6　String 类常用方法

方法声明	功能描述
char charAt(int index)	返回指定索引处的 char 值
boolean contains(CharSequence s)	当且仅当此字符串包含指定的 char 值序列时，返回 true
boolean equalsIgnoreCase(String s)	将此 String 与另一个 String 比较，不考虑大小写
static String format(String format, Object... args)	使用指定的格式字符串和参数返回一个格式化字符串
int indexOf(int ch)	返回指定字符在此字符串中第一次出现处的索引
int indexOf(String str)	返回指定子字符串在此字符串中第一次出现处的索引
boolean isEmpty()	当且仅当 length() 为 0 时返回 true
int length()	返回此字符串的长度
String replace(char oldChar, char newChar)	返回一个新的字符串，它是通过用 newChar 替换此字符串中出现的所有 oldChar 得到的
String[] split(String regex)	根据给定正则表达式的匹配拆分此字符串
boolean startsWith(String prefix)	测试此字符串是否以指定的前缀开始
String substring(int beginIndex)	返回一个新的字符串，它是此字符串的一个子字符串
String substring(int beginIndex, int endIndex)	返回一个新字符串，它是此字符串的一个子字符串
char[] toCharArray()	将此字符串转换为一个新的字符数组
String toLowerCase()	使用默认语言环境的规则将此 String 中的所有字符都转换为小写
String toUpperCase()	使用默认语言环境的规则将此 String 中的所有字符都转换为大写
String trim()	清除左右两端的空格并将字符串返回
static String valueOf(int i)	返回 int 参数的字符串表示形式

1. 字符串与字符数组的转换

字符串可以使用 toCharArray() 方法转换为一个字符数组，如例 7-7 所示。

例 7-7　TestStringDemo01.java

```
1  public class TestStringDemo01 {
2      public static void main(String[] args) {
3          String str = "1000phone.com";              // 定义字符串
4          char[] c = str.toCharArray();              // 字符串转为字符数组
5          for (int i = 0; i < c.length; i++) {
6              System.out.print(c[i] + "*");          // 循环输出
7          }
8      }
9  }
```

程序的运行结果如图 7.7 所示。

图 7.7　例 7-7 运行结果

在例 7-7 中,先定义一个字符串,然后调用 toCharArray()方法将字符串转为字符数组,最后循环输入字符串。

2. 字符串取指定位置的字符

字符串可以使用 charAt()方法取出指定位置的字符,如例 7-8 所示。

例 7-8　TestStringDemo02.java

```
1  public class TestStringDemo02 {
2      public static void main(String[] args) {
3          String str = "1000phone.com";
4          System.out.println(str.charAt(4));
5      }
6  }
```

程序的运行结果如图 7.8 所示。

```
<terminated> TestStringDemo02 [Java Application] C:\Program Files\Java\jdk1.8.0_192\bin\javaw.exe (2019年9月6日 下午5:12:20)
p
```

图 7.8　例 7-8 运行结果

在例 7-8 中,先定义一个字符串,然后调用 charAt()方法取出字符串中第 4 个位置的字符并打印,这里索引位置也是从 0 开始计算的,第 4 个字符为 p。

脚下留心

这里要注意,指定字符位置时,不能超出其字符串长度减 1,例如字符串"abc",最大索引为 2,如果超出最大索引,会报 StringIndexOutOfBoundsException 异常。

3. 字符串去空格

在实际开发中,用户输入的数据中可能有大量空格,使用 trim()方法即可去掉字符串两端的空格,如例 7-9 所示。

例 7-9　TestStringDemo03.java

```
1  public class TestStringDemo03 {
2      public static void main(String[] args) {
3          String str = " 1000phone.com ";
4          System.out.println(str.trim());
5      }
6  }
```

程序的运行结果如图 7.9 所示。

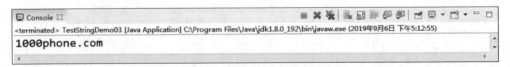

图 7.9　例 7-9 运行结果

在例 7-9 中,先定义一个字符串,然后调用 trim()方法去掉字符串两端的空格并打印。

4. 字符串截取

在实际开发中,只截取字符串中的某一段也是很常用的,如例 7-10 所示。

例 7-10 TestStringDemo04.java

```
1  public class TestStringDemo04 {
2      public static void main(String[] args) {
3          String str = "1000phone.com";
4          // 从第 11 个位置开始截取
5          System.out.println(str.substring(10));
6          // 截取第 5~9 个位置的内容
7          System.out.println(str.substring(4, 9));
8      }
9  }
```

程序的运行结果如图 7.10 所示。

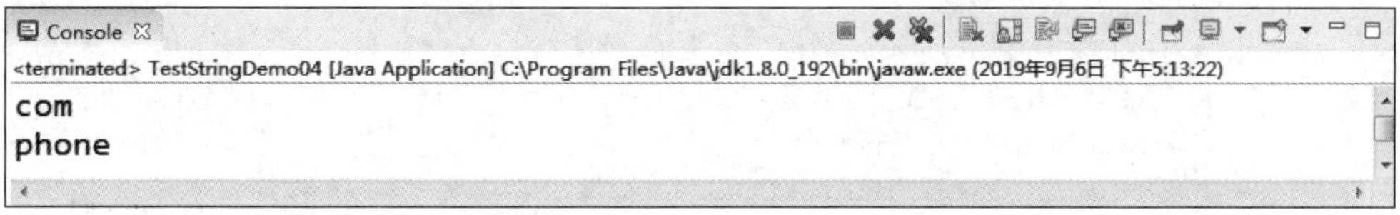

```
com
phone
```

图 7.10　例 7-10 运行结果

String 类中提供了两个 substring() 方法,一个是从指定位置截取到字符串结尾,另一个是截取字符串指定范围的内容。例 7-10 中,先定义一个字符串,然后从索引为 10 的字符截取到字符串末尾,也就是从第 11 个字符开始截取,最后截取字符串索引为 4~9 的内容,也就是截取第 5~9 个字符的内容。

5. 字符串拆分

字符串可以通过 split() 方法进行字符串的拆分操作,拆分的数据将以字符串数组的形式返回,如例 7-11 所示。

例 7-11 TestStringDemo05.java

```
1  public class TestStringDemo05 {
2      public static void main(String[] args) {
3          String str = "1000phone.com";
4          // 按.进行字符串拆分
5          String[] split = str.split("\\.");
6          // 循环输出拆分后的字符串数组
7          for (int i = 0; i < split.length; i++) {
8              System.out.println(split[i]);
9          }
10     }
11 }
```

程序的运行结果如图 7.11 所示。

在例 7-11 中,先定义一个字符串,然后调用 split(String regex) 方法按"."进行字符串拆分,这里要写成"\\.",因为 split 方法传入的是正则表达式,点是特殊符号,需要转义,在

图 7.11 例 7-11 运行结果

前面加"\",而 Java 中反斜杠是特殊字符,需要用两个反斜杠表示一个普通斜杠,拆分成功后,循环打印这个字符串数组。关于正则表达式会在后面讲解。

6. 字符串大小写转换

在实际开发中,接收用户输入的信息时,可能会需要统一接收大写或者小写字母,字符串提供了 toUpperCase()方法和 toLowerCase()方法转换字符串大小写,如例 7-12 所示。

例 7-12 TestStringDemo06.java

```
1   public class TestStringDemo06 {
2       public static void main(String[] args) {
3           String str1 = "1000phone.com";
4           System.out.println(str1);
5           String str2 = str1.toUpperCase();           // 将字符串转换为大写
6           System.out.println(str2);
7           String str3 = str2.toLowerCase();           // 将字符串转换为小写
8           System.out.println(str3);
9       }
10  }
```

程序的运行结果如图 7.12 所示。

图 7.12 例 7-12 运行结果

在例 7-12 中,先定义一个字符串,打印出字符串,然后调用 toUpperCase()方法将字符串转换为大写并打印,最后调用 toLowerCase()方法将字符串转换为小写并打印。

以上是 String 类一些常用的操作,由于字符串使用频繁,所以要多加练习,熟练掌握,它还有更多的方法,读者可以查看 JDK 使用文档深入学习。

7.4.3 StringBuffer 类

StringBuffer 类和 String 一样,也代表字符串,用于描述可变序列,因此 StringBuffer 在操作字符串时,不生成新的对象,在内存使用上要优于 String 类。在 StringBuffer 类中存在很多和 String 类一样的方法,这些方法在功能上和 String 类中的功能是完全一样的,接下来学习一下它不同于 String 类的一些常用方法,如表 7.7 所示。

表 7.7　StringBuffer 类的常用方法

方 法 声 明	功 能 描 述
StringBuffer append(String str)	向 StringBuffer 追加内容 str
StringBuffer append(StringBuffer sb)	向 StringBuffer 追加内容 sb
StringBuffer append(char c)	向 StringBuffer 追加内容 c
StringBuffer delete(int start,int end)	删除指定范围的字符串
StringBuffer insert(int offset,String str)	在指定位置加上指定字符串
StringBuffer reverse()	将字符串内容反转

在表 7.7 中列出了 StringBuffer 类的一些常用方法,接下来用一个案例演示这些方法的使用,如例 7-13 所示。

例 7-13　TestStringBuffer.java

```
1   public class TestStringBuffer {
2       public static void main(String[] args) {
3           StringBuffer sb1 = new StringBuffer();
4           sb1.append("He");               // 追加 String 类型内容
5           sb1.append('l');                // 追加 char 类型内容
6           sb1.append("lo");
7           StringBuffer sb2 = new StringBuffer();
8           sb2.append("\t");
9           sb2.append("World!");
10          sb1.append(sb2);
11          System.out.println(sb1);        // 追加 StringBuffer 类型内容
12          sb1.delete(5, 6);
13          System.out.println("字符串删除:" + sb1);
14          String s = "——";
15          sb1.insert(5, s);
16          System.out.println("字符串插入:" + sb1);
17          sb1.reverse();
18          System.out.println("字符串反转:" + sb1);
19      }
20  }
```

程序的运行结果如图 7.13 所示。

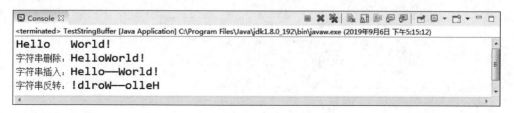

图 7.13　例 7-13 运行结果

在例 7-13 中,先创建一个 StringBuffer 对象,向该 StringBuffer 对象中分别追加 String 类型、char 类型和 StringBuffer 类型的数据,打印 StringBuffer 对象,调用 delete(int start, int end)方法将指定范围的内容删除,在本例中指定索引为"5,6",也就是将字符串中间的空格删除了,然后调用 insert(int offset,String str)方法在刚删除的空格位置加上"——",最后调用 reverse()方法将内容反转。这是 StringBuffer 类的基本使用。

7.4.4 StringBuilder 类

JDK 5.0 提供了 StringBuilder 类,它和 StringBuffer 一样,都代表可变的字符序列。与之不同的是,StringBuilder 是线程不安全的,而 StringBuffer 是线程安全的,因此 StringBuilder 的效率更高。接下来通过一个案例来分析 String、StringBuffer 和 StringBuilder 的运行效率,如例 7-14 所示。

例 7-14 TestPerformance.java

```
1  public class TestPerformance {
2      public static void main(String[] args) {
3          String string = "";
4          long startTime = 0L;
5          long endTime = 0L;
6          StringBuffer buffer = new StringBuffer("");
7          StringBuilder builder = new StringBuilder("");
8          startTime = System.currentTimeMillis();    // 获取当前系统的时间毫秒数
9          for (int i = 0; i < 20000; i++) {
10             string = string + i;                   // 将字符串修改两万次
11         }
12         endTime = System.currentTimeMillis();
13         System.out.println("String 的执行时间:" +
14                            (endTime - startTime) + "毫秒");
15         startTime = System.currentTimeMillis();
16         for (int i = 0; i < 20000; i++) {
17             buffer.append(String.valueOf(i));
18         }
19         endTime = System.currentTimeMillis();
20         System.out.println("StringBuffer 的执行时间:" +
21                            (endTime - startTime) + "毫秒");
22         startTime = System.currentTimeMillis();
23         for (int i = 0; i < 20000; i++) {
24             builder.append(String.valueOf(i));
25         }
26         endTime = System.currentTimeMillis();
27         System.out.println("StringBuilder 的执行时间:" +
28                            (endTime - startTime) + "毫秒");
29     }
30 }
```

程序的运行结果如图 7.14 所示。

在例 7-14 中,分别修改 String 类、StringBuffer 类和 StringBuilder 类两万次,计算执行时间,从而看出三者间的效率,从结果明显看出 String 类是三者中效率最差的,因为它是不可变的字符序列,StringBuffer 类兼顾了效率和线程安全,StringBuilder 类在三者中效率最高。

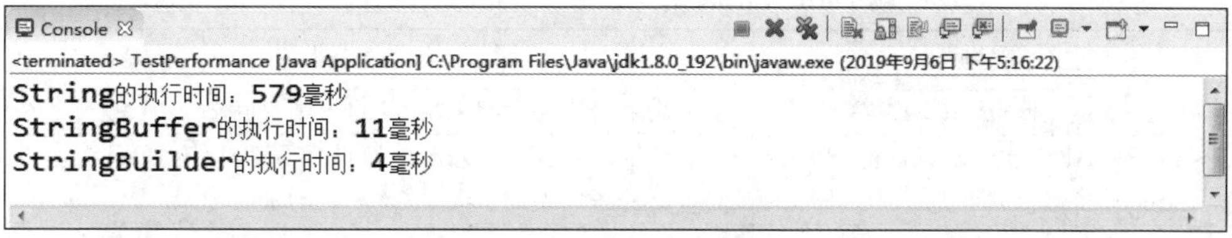

图 7.14　例 7-14 运行结果

7.4.5　String 类对正则表达式的支持

正则表达式又称规则表达式，它可以方便地对字符串进行匹配、替换等操作，接下来先了解一下正则表达式的语法规则，如表 7.8 和表 7.9 所示。

表 7.8　正则表达式语法规则

语法规则	功能描述
\\	表示反斜杠(\)字符
\t	表示制表符
\n	表示换行
[abc]	表示字符 a、b 或 c
[^abc]	表示除了 a、b 或 c 的任意字符
[a-zA-Z0-9]	表示由字母、数字组成
\d	表示数字
\D	表示非数字
\w	表示字母、数字、下画线
\W	表示非字母、数字、下画线
\s	表示所有空白字符(换行、空格等)
\S	表示所有非空白字符
^	行的开头
$	行的结尾
.	匹配除换行符之外的任意字符

表 7.9　正则表达式数量表示规则（X 表示一组语法）

语法规则	功能描述
X	必须出现 1 次
X?	可以出现 0 次或 1 次
X*	可以出现 0 次或 0 次以上
X+	可以出现 1 次或多次
X{n}	必须出现 n 次
X{n,}	必须出现 n 次以上
X{n,m}	必须出现 n~m 次

表 7.8 和表 7.9 中列出了正则表达式的基本语法规则，在 String 类中提供了一些支持正则表达式的方法，如表 7.10 所示。

表 7.10 String 类对正则表达式的支持方法

方法声明	功能描述
boolean matches(String regex)	返回此字符串是否匹配给定的正则表达式
String replaceAll(String regex, String replacement)	使用给定的 replacement 替换此字符串所有匹配给定的正则表达式的子字符串
String replaceFirst(String regex, String replacement)	使用给定的 replacement 替换此字符串匹配给定的正则表达式的第一个子字符串
String[] split(String regex)	根据给定正则表达式的匹配拆分此字符串
String[] split(String regex, int limit)	根据给定正则表达式的匹配拆分此字符串,若 limit 小于 0 则应用无限次,limit 大于 0 则应用 n-1 次,limit 等于 0 则应用无限次并省略末尾的空字符串

在表 7.10 中列出了 String 类中支持正则表达式的方法,接下来通过一个案例来演示这些方法的使用,如例 7-15 所示。

例 7-15   TestRegex.java

```
1  public class TestRegex {
2      public static void main(String[] args) {
3          String str1 = "www.1000phone.com";
4          boolean matches = str1.matches("[a-zA-Z0-9]*");
5          System.out.println(matches);
6          System.out.println(str1.replaceAll("w", "%"));
7          System.out.println(str1.replaceFirst("w", "%"));
8          String str2 = "192.168.0.0...";
9          String[] split1 = str2.split("\\.");
10         for (String s : split1) {
11             System.out.print("[" + s + "]");
12         }
13         System.out.println();
14         String[] split2 = str2.split("\\.", -2);
15         for (String s : split2) {
16             System.out.print("[" + s + "]");
17         }
18         System.out.println();
19         String[] split3 = str2.split("\\.", 3);
20         for (String s : split3) {
21             System.out.print("[" + s + "]");
22         }
23         System.out.println();
24         String[] split4 = str2.split("\\.", 0);
25         for (String s : split4) {
26             System.out.print("[" + s + "]");
27         }
28     }
29  }
```

程序的运行结果如图 7.15 所示。

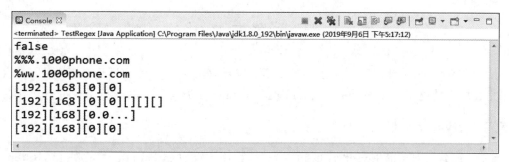

图 7.15　例 7-15 运行结果

在例 7-15 中,定义字符串和一个正则表达式匹配规则,该规则检测字符串是否为数字或字母,因为字符串中有".",不是数字或字母,所以检测后返回 false;调用 replaceAll (String regex, String replacement)方法,将字符串中的"w"都替换为"%";接着调用 replaceFirst(String regex, String replacement)方法将字符串中第一个"w"替换为"%",定义另一个字符串;调用 split(String regex)方法将字符串按"."分割并遍历字符串数组;最后调用 split(String regex, int limit)方法,将字符串按"."分割,并指定 limit 参数分别为小于 0、大于 0 和等于 0,表 7.10 中已经详细说明了 limit 参数的使用方法,这里就不再赘述。这就是 String 类对正则表达式的支持,可以方便地处理字符串,简化开发。

7.4.6　String、StringBuffer、StringBuilder 的区别

通过前面的学习,读者能够掌握 String、StringBuffer、StringBuilder 这三个类的用法,接下来将对它们做一个简单的总结,方便读者在后续的开发中灵活使用。

String 是长度不可变的字符串,无法在末尾追加值。只能够改变 String 变量的引用地址,每次对 String 的操作都会有新的 String 对象生成,这样会浪费大量的内存资源,使其效率低下。使用 String 类时内存变化如图 7.16 所示。

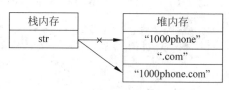

图 7.16　运行内存变化

在图 7.16 中,可以看出创建 str 对象的过程中,会在虚拟机的堆内存中开辟一块区域存放字符串"1000phone",然后,向这个字符串中添加新的".com"字符串时,需要先开辟一块新的内存用来存放字符串".com",接着再开辟一块内存存放新得到的字符串"1000phone.com",最后,改变堆内存地址的指向,才能够完成对字符串的操作,这样的一个过程对资源造成了极大的浪费。

StringBuffer 和 StringBuilder 都是可变长度的字符串,允许类的对象被多次修改而且不会产生新的对象,相对于 StringBuilder 而言,StringBuffer 是线程安全的,线程安全速度就慢(多线程的知识在后续的章节中会做详细讲解,此处仅需了解),因此,StringBuilder 的执行效率比 StringBuffer 的执行效率高。

在开发的过程中,如果操作数据不是很频繁,数据量小的情况下可以使用 String 类;如果在多线程下操作大量的数据可以使用 StringBuffer 类;如果仅仅是单线程环境下操作,不需要考虑线程安全性,只想要提高效率,推荐使用 StringBuilder 类。

7.5 System 类与 Runtime 类

Java 程序在不同操作系统上运行时，可能需要取得平台相关的属性，或者调用平台命令来完成特定功能。Java 提供了 System 类和 Runtime 类与程序的运行平台进行交互。

7.5.1 System 类

System 类代表当前 Java 程序的运行平台，程序不能创建 System 类的对象，System 类属性和方法都是静态的，可以直接调用，接下来先了解一下它的常用方法，如表 7.11 所示。

表 7.11 System 类常用方法

方法声明	功能描述
static long currentTimeMillis()	返回以毫秒为单位的当前时间
static void exit(int status)	终止当前正在运行的 Java 虚拟机
static void gc()	运行垃圾回收器
static Properties getProperties()	取得当前系统的全部属性
static String getProperty(String key)	根据键取得当前系统中对应的属性值

表 7.11 中列举了 System 类的常用方法，接下来通过几个案例来具体学习这些方法的使用。

1. currentTimeMillis()

currentTimeMillis() 方法可以获取以毫秒为单位的当前时间，如例 7-16 所示。

例 7-16 TestSystemDemo01.java

```
1  public class TestSystemDemo01 {
2      public static void main(String[] args) throws Exception {
3          long start = System.currentTimeMillis();
4          Thread.sleep(100);
5          long end = System.currentTimeMillis();
6          System.out.println("程序睡眠了" + (end - start) + "毫秒");
7      }
8  }
```

程序的运行结果如图 7.17 所示。

图 7.17 例 7-16 运行结果

在例 7-16 中，获取了两次系统当前时间，在这两次中间调用 sleep(long millis) 方法，让程序睡眠 100ms，最后用后获取的时间减去先获取的时间，求出系统睡眠的时间，这里运行结果可能大于 100ms，这是由于计算机性能不同造成的。

2. getProperties(String key)

getProperties(String key)方法可以获取当前系统属性中键 key 对应的值，如例 7-17 所示。

例 7-17 TestSystemDemo02.java

```
1  public class TestSystemDemo02 {
2      public static void main(String[] args) {
3          System.out.println("当前系统版本为:" + System.getProperty("os.name")
4                  + System.getProperty("os.version")
5                  + System.getProperty("os.arch"));
6          System.out.println("当前系统用户名为:" +
7                  System.getProperty("user.name"));
8          System.out.println("当前用户工作目录:" +
9                  System.getProperty("user.dir"));
10     }
11 }
```

程序的运行结果如图 7.18 所示。

图 7.18　例 7-17 运行结果

图 7.18 中运行结果打印出当前系统 key 对应的属性。例 7-17 中，根据系统属性的键 key，获取了对应的属性值并打印。

7.5.2　Runtime 类

Runtime 类代表 Java 程序的运行时环境，每个 Java 程序都有一个与之对应的 Runtime 实例，应用程序通过该对象与其运行时环境相连。应用程序不能创建自己的 Runtime 实例，可以调用 Runtime 的静态方法 getRuntime()方法获取它的 Runtime 对象。

Runtime 类有些方法与 System 类相似，先来了解一下 Runtime 类的常用方法，如表 7.12 所示。

表 7.12　Runtime 类常用方法

方法声明	功能描述
int availableProcessors()	向 Java 虚拟机返回可用处理器的数目
Process exec(String command)	在单独的进程中执行指定的字符串命令
long freeMemory()	返回 Java 虚拟机中的空闲内存量
void gc()	运行垃圾回收器
static Runtime getRuntime()	返回与当前 Java 程序相关的运行时对象
long maxMemory()	返回 Java 虚拟机试图使用的最大内存量
long totalMemory()	返回 Java 虚拟机中的内存总量

表 7.12 中列举了 Runtime 类的常用方法,接下来通过一个案例来演示这些方法的使用,如例 7-18 所示。

例 7-18　TestRuntime.java

```
1   public class TestRuntime {
2       public static void main(String[] args) throws Exception {
3           Runtime runtime = Runtime.getRuntime();
4           System.out.println("处理器数量:" + runtime.availableProcessors());
5           System.out.println("空闲内存数:" + runtime.freeMemory());
6           System.out.println("总内存数:" + runtime.totalMemory());
7           System.out.println("可用最大内存数:" + runtime.maxMemory());
8           runtime.exec("notepad.exe");
9       }
10  }
```

程序的运行结果如图 7.19 所示。

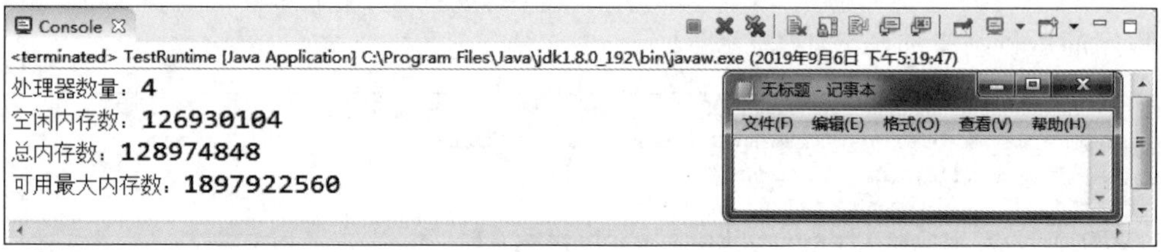

图 7.19　例 7-18 运行结果

在例 7-18 中,首先调用 getRuntime() 方法得到 Runtime 实例,然后调用它的方法获取 Java 运行时环境信息,最后调用 exec(String command) 方法,指定参数为 "notepad.exe" 命令,程序运行自动启动记事本。

7.6　Math 类与 Random 类

7.6.1　Math 类

Math 类位于 Java.lang 包中,它提供了许多用于数学运算的静态方法,包括指数运算、对数运算、平方根运算和三角运算等。Math 类还提供了两个静态常量 E(自然对数)和 PI (圆周率)。Math 类的构造方法是私有的,因此它不能被实例化;另外,Math 类是用 final 修饰的,因此不能有子类。接下来了解一下 Math 类的常用方法,如表 7.13 所示。

表 7.13　Math 类常用方法

方法声明	功能描述
static int abs(int a)	返回绝对值
static double ceil(double a)	返回大于或等于参数的最小整数
static double floor(double a)	返回小于或等于参数的最大整数
static int max(int a,int b)	返回两个参数的较大值
static int min(int a,int b)	返回两个参数的较小值

续表

方法声明	功能描述
random()	返回0.0和1.0之间double类型的随机数,包括0.0,不包括1.0
static long round(double a)	返回四舍五入的整数值
static double sqrt(double a)	平方根函数
static double pow(double a,double b)	幂运算

表7.13中列出了Math类的常用方法,接下来用一个案例演示Math类的使用,如例7-19所示。

例7-19 TestMath.java

```
1   public class TestMath {
2       public static void main(String[] args) {
3           System.out.println("-10 的绝对值是:" + Math.abs(-10));
4           System.out.println("大于 2.5 的最小整数是:" + Math.ceil(2.5));
5           System.out.println("小于 2.5 的最大整数是:" + Math.floor(2.5));
6           System.out.println("5 和 6 的较大值是:" + Math.max(5, 6));
7           System.out.println("5 和 6 的较小值是:" + Math.min(5, 6));
8           System.out.println("6.6 四舍五入后是:" + Math.round(6.6));
9           System.out.println("36 的平方根是:" + Math.sqrt(36));
10          System.out.println("2 的 3 次幂是:" + Math.pow(2, 3));
11          for (int i = 0; i < 5; i++) {
12              System.out.println("随机数" + (i + 1) + "->" + Math.random());
13          }
14      }
15  }
```

程序的运行结果如图7.20所示。

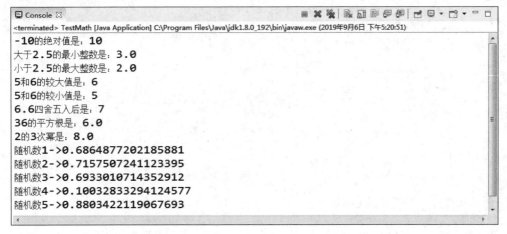

图7.20 例7-19运行结果

在例7-19中,分别调用了Math类一些静态方法计算数值,最后用一个循环生成5个0.0~1.0的double类型随机数。Math类还有很多数学中使用的方法,读者可以查阅JDK使用文档深入学习。

7.6.2 Random 类

java.util.Random 类专门用于生成一个伪随机数,它有两个构造方法:一个是无参数的,使用默认的种子(以当前时间作为种子),另一个需要一个 long 型整数的参数作为种子。

与 Math 类中的 random()方法相比,Random 类提供了更多方法生成伪随机数,不仅能生成整数类型随机数,还能生成浮点型随机数,接下来先了解一下 Random 类的常用方法,如表 7.14 所示。

表 7.14 Random 类常用方法

方法声明	功能描述
boolean nextBoolean()	返回下一个伪随机数,它是取自此随机数生成器序列的均匀分布的 boolean 值
double nextDouble()	返回下一个伪随机数,它是取自此随机数生成器序列的、在 0.0 和 1.0 之间均匀分布的 double 值
float nextFloat()	返回下一个伪随机数,它是取自此随机数生成器序列的、在 0.0 和 1.0 之间均匀分布的 float 值
int nextInt()	返回下一个伪随机数,它是此随机数生成器的序列中均匀分布的 int 值
int nextInt(int n)	返回一个伪随机数,它是取自此随机数生成器序列的、在 0(包括)和指定值(不包括)之间均匀分布的 int 值
long nextLong()	返回下一个伪随机数,它是取自此随机数生成器序列的均匀分布的 long 值

表 7.14 中列出了 Random 类的常用方法,接下来用一个案例演示 Random 类的使用,如例 7-20 所示。

例 7-20 TestRandom.java

```
1   import java.util.Random;
2   public class TestRandom {
3       public static void main(String[] args) {
4           Random r = new Random();
5           System.out.println("-----3 个 int 类型随机数-----");
6           for (int i = 0; i < 3; i++) {
7               System.out.println(r.nextInt());
8           }
9           System.out.println("-----3 个 0.0~100.0 的 double 类型随机数-----");
10          for (int i = 0; i < 3; i++) {
11              System.out.println(r.nextDouble() * 100);
12          }
13          Random r2 = new Random(10);
14          System.out.println("-----3 个 int 类型随机数-----");
15          for (int i = 0; i < 3; i++) {
16              System.out.println(r2.nextInt());
17          }
18          System.out.println("-----3 个 0.0~100.0 的 double 类型随机数-----");
19          for (int i = 0; i < 3; i++) {
20              System.out.println(r2.nextDouble() * 100);
21          }
22      }
23  }
```

程序的运行结果如图 7.21 和图 7.22 所示。

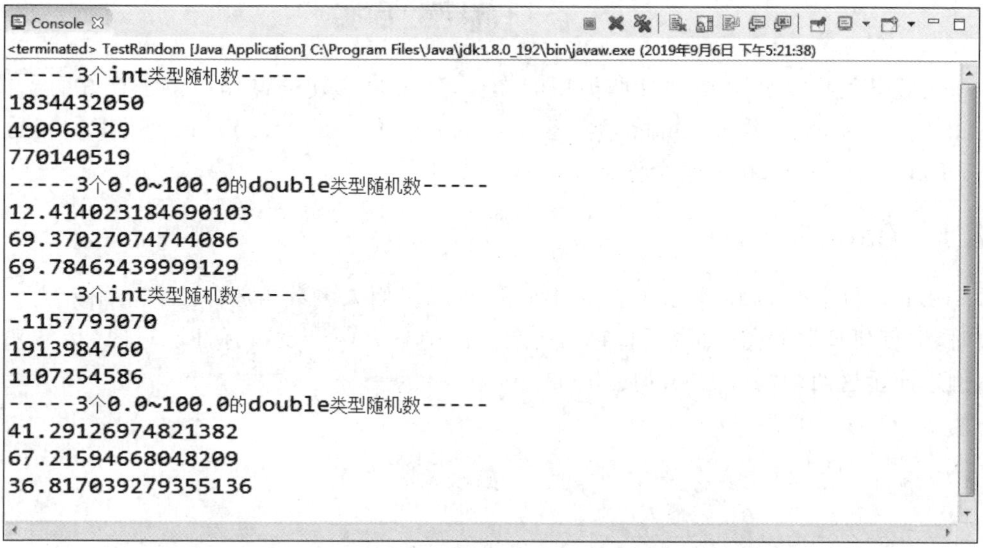
Console
<terminated> TestRandom [Java Application] C:\Program Files\Java\jdk1.8.0_192\bin\javaw.exe (2019年9月6日 下午5:21:38)
-----3个int类型随机数-----
1834432050
490968329
770140519
-----3个0.0~100.0的double类型随机数-----
12.414023184690103
69.37027074744086
69.78462439999129
-----3个int类型随机数-----
-1157793070
1913984760
1107254586
-----3个0.0~100.0的double类型随机数-----
41.29126974821382
67.21594668048209
36.817039279355136

图 7.21　例 7-20 第一次运行结果

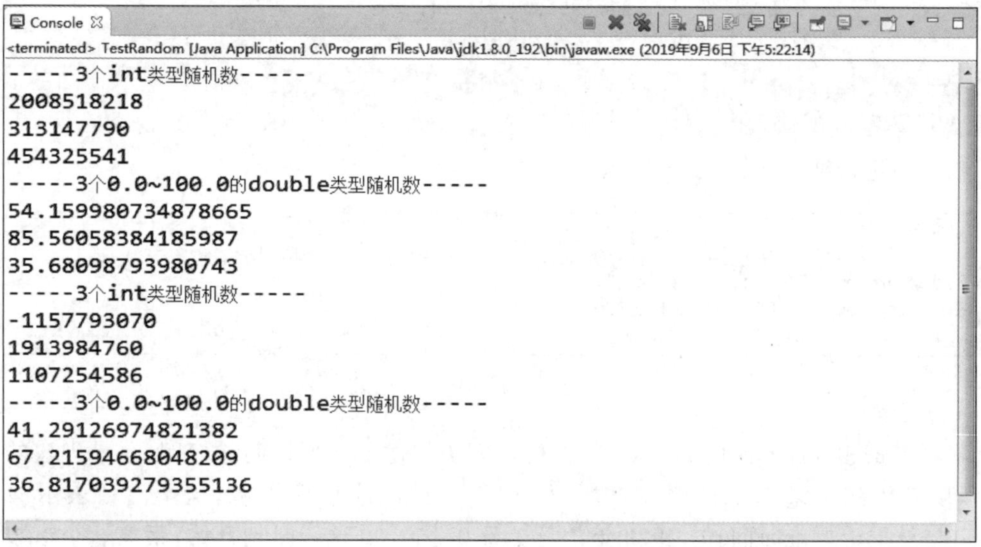
Console
<terminated> TestRandom [Java Application] C:\Program Files\Java\jdk1.8.0_192\bin\javaw.exe (2019年9月6日 下午5:22:14)
-----3个int类型随机数-----
2008518218
313147790
454325541
-----3个0.0~100.0的double类型随机数-----
54.159980734878665
85.56058384185987
35.68098793980743
-----3个int类型随机数-----
-1157793070
1913984760
1107254586
-----3个0.0~100.0的double类型随机数-----
41.29126974821382
67.21594668048209
36.817039279355136

图 7.22　例 7-20 第二次运行结果

图 7.21 和图 7.22 中运行结果打印出随机数。例 7-20 中，首先用无参的构造方法创建了 Random 实例，然后分别获取 3 个 int 类型随机数和 3 个范围在 0.0～100.0 的 double 类型随机数，可以看到，程序运行两次，生成不同的随机数。接着创建了一个参数为 10 的 Random 实例，同样获取两组随机数，两次运行结果可以看到生成了相同的随机数，这是因为生成的是伪随机数，获取 Random 实例时指定了种子，用同样的种子获取的随机数相同，前两组不同随机数的种子是默认使用当前时间，所以前两组随机数不同。

7.7 日期操作类

在实际开发中经常会遇到日期类型的操作，Java 对日期的操作提供了良好的支持，有 java.util 包中的 Date 类、Calendar 类，还有 java.text 包中的 DateFormat 类以及它的子类 SimpleDateFormat 类，接下来会详细讲解这些类的用法。

7.7.1 Date 类

java.util 包中的 Date 类用于表示日期和时间，里面大多数构造方法和常用方法声明为已过时，但创建日期的方法很常用，它的构造方法中只有两个没有标注已过时，接下来用一个案例来演示这两个构造方法的使用，如例 7-21 所示。

例 7-21 TestDate.java

```
1  import java.util.Date;
2  public class TestDate {
3      public static void main(String[] args) {
4          Date date1 = new Date();
5          System.out.println(date1);
6          Date date2 = new Date(999999999999L);
7          System.out.println(date2);
8      }
9  }
```

程序的运行结果如图 7.23 所示。

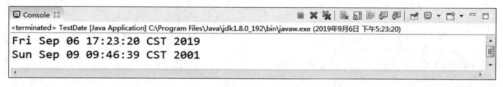

图 7.23　例 7-21 运行结果

在例 7-21 中，首先使用 Date 类空参构造方法创建了一个日期并打印，这是创建的当前日期，接着创建了第二个日期并打印，传入了一个 long 型的参数，这个参数表示的是从 GMT（格林尼治标准时间）的 1970 年 1 月 1 日 00:00:00 这一时刻开始，距离这个参数毫秒数后的日期。

7.7.2 Calendar 类

Calendar 类可以将取得的时间精确到毫秒。Calendar 类是一个抽象类，它提供了很多常量，先来了解一下 Calendar 类常用的常量，如表 7.15 所示。

表 7.15 列出了 Calendar 类常用的常量，它还有一些常用方法，如表 7.16 所示。

表 7.16 列出了 Calendar 类常用的方法，接下来通过一个案例来学习这些常量和方法的使用，如例 7-22 所示。

表 7.15 Calendar 类常用常量

常　量	功能描述
public static final int YEAR	获取年
public static final int MONTH	获取月
public static final int DAY_OF_MONTH	获取日
public static final int HOUR_OF_DAY	获取小时,24 小时制
public static final int MINUTE	获取分
public static final int SECOND	获取秒
public static final int MILLISECOND	获取毫秒

表 7.16 Calendar 类常用方法

方法声明	功能描述
static Calendar getInstance()	使用默认时区和语言环境获得一个日历
static Calendar getInstance(Locale aLocale)	使用默认时区和指定语言环境获得一个日历
int get(int field)	返回给定日历字段的值
boolean after(Object when)	判断此 Calendar 表示的时间是否在指定 Object 表示的时间之后,返回判断结果
boolean before(Object when)	判断此 Calendar 表示的时间是否在指定 Object 表示的时间之前,返回判断结果

例 7-22　TestCalendar.java

```
1   import java.util.Calendar;
2   public class TestCalendar {
3       public static void main(String[] args) {
4           Calendar c = Calendar.getInstance();
5           System.out.println("年:" + c.get(Calendar.YEAR));
6           System.out.println("月:" + c.get(Calendar.MONTH));
7           System.out.println("日:" + c.get(Calendar.DAY_OF_MONTH));
8           System.out.println("时:" + c.get(Calendar.HOUR_OF_DAY));
9           System.out.println("分:" + c.get(Calendar.MINUTE));
10          System.out.println("秒:" + c.get(Calendar.SECOND));
11          System.out.println("毫秒:" + c.get(Calendar.MILLISECOND));
12      }
13  }
```

程序的运行结果如图 7.24 所示。

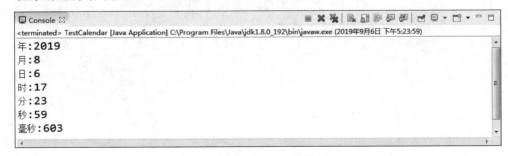

图 7.24 例 7-22 运行结果

在例 7-22 中,首先调用 Calendar 类的静态方法 getInstance()获取 Calendar 实例,然后通过 get(int field)方法分别获取 Calendar 实例中相应常量字段的值。

7.7.3 DateFormat 类

前面讲解过 Date 类,它获取的时间明显不便于阅读,实际开发中需要对日期进行格式化操作,Java 提供了 DateFormat 类支持日期格式化,该类是一个抽象类,需要通过它的一些静态方法来获取它的实例。先来了解它的常用方法,如表 7.17 所示。

表 7.17 DateFormat 类常用方法

方法声明	功能描述
static DateFormat getDateInstance()	获取日期格式器,该格式器具有默认语言环境的默认格式化风格
static DateFormat getDateInstance(int style, Locale aLocale)	获取日期格式器,该格式器具有给定语言环境的给定格式化风格
static DateFormat getDateTimeInstance()	获取日期/时间格式器,该格式器具有默认语言环境的默认格式化风格
static DateFormat getDateTimeInstance(int dateStyle, int timeStyle, Locale aLocale)	获取日期/时间格式器,该格式器具有给定语言环境的给定格式化风格
String format(Date date)	将一个 Date 格式化为日期/时间字符串
Date parse(String source)	从给定字符串的开始解析文本,以生成一个日期

表 7.17 中列举了 DateFormat 类的常用方法,接下来用一个案例来演示这些方法的使用,如例 7-23 所示。

例 7-23 TestDateFormat.java

```
1   import java.text.DateFormat;
2   import java.util.*;
3   public class TestDateFormat {
4       public static void main(String[] args) {
5           DateFormat df1 = DateFormat.getDateInstance();
6           DateFormat df2 = DateFormat.getTimeInstance();
7           DateFormat df3 = DateFormat.getDateInstance(DateFormat.YEAR_FIELD,
8                   new Locale("zh", "CN"));
9           DateFormat df4 = DateFormat.getTimeInstance(DateFormat.ERA_FIELD,
10                  new Locale("zh", "CN"));
11          System.out.println("data:" + df1.format(new Date()));
12          System.out.println("time:" + df2.format(new Date()));
13          System.out.println("---------------------");
14          System.out.println("data:" + df3.format(new Date()));
15          System.out.println("time:" + df4.format(new Date()));
16      }
17  }
```

程序的运行结果如图 7.25 所示。

例 7-23 中,首先分别调用 DateFormat 类的 4 个静态方法获得 DateFormat 实例,然后对日期和时间格式化,可以看出空参的构造方法是使用默认语言环境和风格进行格式化的,

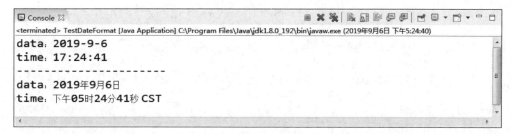

图 7.25　例 7-23 运行结果

而参数指定了语言环境和风格的构造方法,格式化的日期和时间更符合中国人的阅读习惯。

7.7.4　SimpleDateFormat 类

7.7.3 节中讲解了使用 DateFormat 类格式化日期和时间,如果想得到特殊的日期显示格式,可以通过 DateFormat 的子类 SimpleDateFormat 类来实现,它位于 java.text 包中,要自定义格式化日期,需要有一些特定的日期标记表示日期格式,先来了解一下常用日期标记,如表 7.18 所示。

表 7.18　常用日期标记

日 期 标 记	功 能 描 述
y	年,需要用 yyyy 表示年份的 4 位数字
M	月份,需要用 MM 表示月份的 2 位数字
d	天数,需要用 dd 表示天数的 2 位数字
H	小时,需要用 HH 表示小时的 2 位数字
m	分钟,需要用 mm 表示分钟的 2 位数字
s	秒数,需要用 ss 表示秒数的 2 位数字
S	毫秒,需要用 SSS 表示毫秒的 3 位数字
G	公元,只需写一个 G 表示公元

表 7.18 中列出了表示日期格式的日期标记,在创建 SimpleDateFormat 实例时需要用到它的构造方法,它有 4 个构造方法,其中有一个是最常用的,具体示例如下。

```
public SimpleDateFormat(String pattern)
```

如上所示的构造方法有一个 String 类型的参数,该参数使用日期标记表示格式化后的日期格式。另外,因为 SimpleDateFormat 类继承了 DateFormat 类,所以它可以直接使用父类方法格式化日期和时间,接下来用一个案例来演示 SimpleDateFormat 类的使用,如例 7-24 所示。

例 7-24　TestSimpleDateFormat.java

```
1  import java.text.SimpleDateFormat;
2  import java.util.Date;
3  public class TestSimpleDateFormat {
4      public static void main(String[] args) throws Exception {
5          // 创建 SimpleDateFormat 实例
```

```
6        SimpleDateFormat sdf = new SimpleDateFormat();
7        String date = sdf.format(new Date());
8        System.out.println("默认格式:" + date);
9        System.out.println("---------------------");
10       SimpleDateFormat sdf2 = new SimpleDateFormat("yyyy-MM-dd");
11       date = sdf2.format(new Date());
12       System.out.println("自定义格式1:" + date);
13       System.out.println("---------------------");
14       SimpleDateFormat sdf3 =
15               new SimpleDateFormat("Gyyyy-MM-dd hh:mm:ss:SSS");
16       date = sdf3.format(new Date());
17       System.out.println("自定义格式2:" + date);
18     }
19   }
```

程序的运行结果如图 7.26 所示。

```
默认格式:19-9-6 下午5:25
---------------------
自定义格式1:2019-09-06
---------------------
自定义格式2:公元2019-09-06 05:25:17:538
```

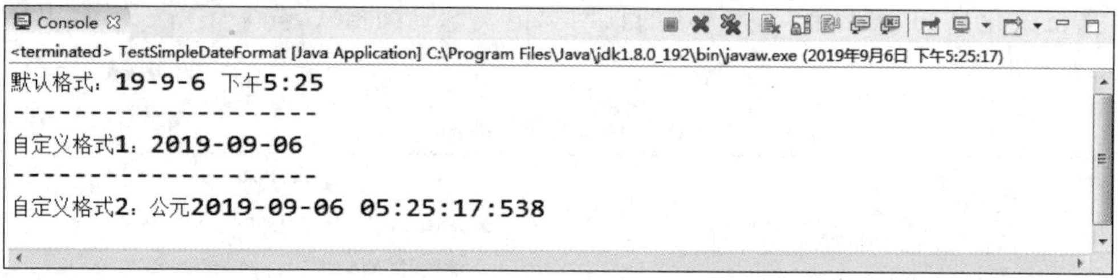

图 7.26 例 7-24 运行结果

在例 7-24 中，首先使用空参的构造方法创建 SimpleDateFormat 实例，然后调用父类的 format(Date date)方法，格式化当前日期和时间并打印输出，接着指定参数为"yyyy-MM-dd"创建 SimpleDateFormat 实例，按自定义的格式显示日期和时间，最后指定参数为"Gyyyy-MM-dd hh：mm：ss：SSS"创建 SimpleDateFormat 实例，按自定义设置的时间格式来输出。日期和时间的自定义格式多种多样，读者可以根据需求扩展更多的格式，这里就不再赘述。

7.7.5 JDK 8.0 新特性——日期和时间 API

Java 8.0 之前的 Date 和 Calendar 都是线程不安全的，而且使用起来比较麻烦，Java 8.0 提供的全新的时间日期 API 有：LocalDate（日期）、LocalTime（时间）、LocalDateTime（时间和日期）、Instant（时间戳）、Duration（用于计算两个"时间"间隔）、Period（用于计算两个"日期"间隔）等。接下来将通过案例演示这些 API 的用法。

1. 本地化日期时间 API

LocalDate/LocalTime 和 LocalDateTime 类可以用在不需要必须处理时区的情况中。代码如下所示。

```
1   package chapter07;
2   import java.time.LocalDate;
3   import java.time.LocalTime;
```

```
4   import java.time.LocalDateTime;
5   import java.time.Month;
6   public class DateNew {
7     public static void main(String args[]){
8       DateNew Java 8tester = new DateNew();
9       Java 8tester.testLocalDateTime();
10    }
11    public void testLocalDateTime(){
12      // 获取当前的日期时间
13      LocalDateTime currentTime = LocalDateTime.now();
14      System.out.println("当前时间: " + currentTime);
15      LocalDate date1 = currentTime.toLocalDate();
16      System.out.println("date1: " + date1);
17      Month month = currentTime.getMonth();
18      int day = currentTime.getDayOfMonth();
19      int seconds = currentTime.getSecond();
20      System.out.println("月: " + month +", 日: " + day +", 秒: " + seconds);
21      LocalDateTime date2 = currentTime.withDayOfMonth(10).withYear(2012);
22      System.out.println("date2: " + date2);
23      // 12 december 2014
24      LocalDate date3 = LocalDate.of(2014, Month.DECEMBER, 12);
25      System.out.println("date3: " + date3);
26      // 22 小时 15 分钟
27      LocalTime date4 = LocalTime.of(22, 15);
28      System.out.println("date4: " + date4);
29      // 解析字符串
30      LocalTime date5 = LocalTime.parse("20:15:30");
31      System.out.println("date5: " + date5);
32    }
33  }
```

运行以上代码,输出结果如图 7.27 所示。

```
当前时间: 2019-09-06T17:26:38.253
date1: 2019-09-06
月: SEPTEMBER, 日: 6, 秒: 38
date2: 2012-09-10T17:26:38.253
date3: 2014-12-12
date4: 22:15
date5: 20:15:30
```

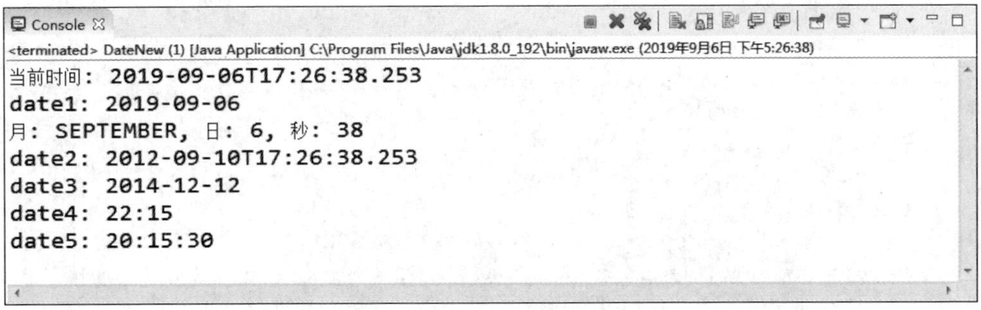

图 7.27 本地化日期时间 API

2. 使用时区的日期时间 API

如果需要考虑到时区,就可以使用时区的日期时间 API,演示代码如下所示。

```
1   package chapter07;
2   import java.time.ZonedDateTime;
```

```
3   import java.time.ZoneId;
4   public class DateNew1 {
5     public static void main(String args[]){
6       DateNew1 Java 8tester = new DateNew1();
7       Java 8tester.testZonedDateTime();
8     }
9     public void testZonedDateTime(){
10      // 获取当前时间日期
11      ZonedDateTime date1 = ZonedDateTime.parse("2015 - 12 -
12  03T10:15:30 + 05:30[Asia/Shanghai]");
13      System.out.println("date1: " + date1);
14      ZoneId id = ZoneId.of("Europe/Paris");
15      System.out.println("ZoneId: " + id);
16      ZoneId currentZone = ZoneId.systemDefault();
17      System.out.println("当期时区: " + currentZone);
18    }
19  }
```

以上代码运行结果如图 7.28 所示。

图 7.28　时区的日期时间 API

3. 获取指定的时间日期

在 LocalDate 方法中直接传入对应的年月日，演示代码如下所示。

```
1  System.out.println(LocalDate.of(2019, 08, 08));                    //直接传入对应的年月日
2      System.out.println(LocalDate.of(2019, Month.NOVEMBER, 08));
3  //相对上面只是把月换成了枚举
4      LocalDate birDay = LocalDate.of(2019, 08, 08);
5      System.out.println(LocalDate.ofYearDay(2019,
6  birDay.getDayOfYear()));
7  //第一个参数为年,第二个参数为当年的第多少天
8      System.out.println(LocalDate.ofEpochDay(birDay.toEpochDay()));
9  //参数为距离 1970 - 01 - 01 的天数
10     System.out.println(LocalDate.parse("2019 - 08 - 08"));
11 System.out.println(LocalDate.parse("20190808",DateTimeFormatter.ofPattern("yyyyMMdd")));
```

7.8　JDK 7.0 新特性——switch 语句支持字符串类型

在前面讲解过 switch 条件语句，读者一定不陌生，它可以接收的类型有 int、byte、char、short 和 enum。在 JDK 7.0 后，switch 语句的判断条件增加了对字符串类型的支持。接下来通过一个案例来演示 switch 语句判断条件对字符串类型的支持，如例 7-25 所示。

例 7-25 TestSwitch.java

```
1   import java.util.Scanner;
2   public class TestSwitch {
3       public static void main(String[] args) {
4           Scanner s = new Scanner(System.in);
5           System.out.println("请输入要查询的科目:");
6           String course = s.next();
7           switch (course) {
8           case "Java":
9               System.out.println("8 教室");
10              break;
11          case "Android":
12              System.out.println("12 教室");
13              break;
14          case "IOS":
15              System.out.println("20 教室");
16              break;
17          default:
18              System.out.println("其他教室");
19          }
20          s.close();
21      }
22  }
```

程序的运行结果如图 7.29 所示。

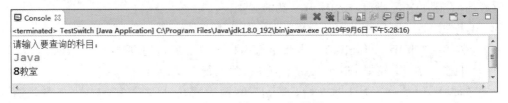

图 7.29 例 7-25 运行结果

例 7-25 中，首先创建 Scanner 对象，用于接收键盘输入的内容，然后将接收到的字符串当作 switch 的判断条件传入，当输入内容为"Java"时，查询并打印出"8 教室"，程序结束并释放 Scanner 资源。

小 结

通过本章的学习，读者能够掌握 Java 基础类库中常用的 API。重点要了解的是 Java 提供了大量的 API，如果想更深入地学习，可以查看 JDK 使用文档，多查多用才能熟练掌握。

习 题

1. 填空题

（1）Java 中定义了_____、_____、_____三个类来封装字符串。

(2) _____类是个功能强大的类,它提供了标准输入/输出、运行系统信息等重要工具。

(3) System 类中 currentTimeMillis() 方法可以获取以_____为单位的当前时间。

(4) _____类是不可变类,对象所包含的字符串内容永远不会被改变。

(5) _____类是可变类,对象所包含的字符串内容可以被添加或修改。

2. 选择题

(1) Java 基础类库提供了一个 Scanner 类,它位于(　　)包。
    A. java.lang　　　　B. java.util　　　　C. java.io　　　　D. java.applet

(2) 已知有定义：String s="I love",下面表达式正确的是(　　)。
    A. s+="you";　　　　　　　　　　　B. char c=s[1];
    C. int len=s.length;　　　　　　　D. String s=s.toLowerCase();

(3) System 类在(　　)包中。
    A. java.lang　　　　B. java.util　　　　C. java.io　　　　D. java.applet

(4) 下列选项中不属于 Math 类提供的数学运算方法的是(　　)。
    A. pow()　　　　　B. abs()　　　　　C. nextInt()　　　　D. min()

3. 思考题

(1) 请简述 int 和 Integer 有什么区别。

(2) 请简述 Math.round(11.5) 等于多少。

(3) 请简述如何格式化日期。

(4) 请简述 String 类、StringBuffer 类的区别。

4. 编程题

(1) 编写一个利用 StringBuffer 类将字符串指定位置反转的方法,并运行测试。

(2) 自己手写一个模拟 trim() 功能的方法,并运行测试。

(3) 如果从 1990 年 1 月 1 日开始,三天打鱼,两天晒网,那么 2016 年 1 月 1 日是晒网还是打鱼?请编写程序运行求证。

第 8 章　集　合　类

本章学习目标
- 熟练掌握 List、Map、Set 集合的使用。
- 熟练掌握集合遍历的方法。
- 熟悉泛型的使用。
- 熟练掌握 Collections、Arrays 工具类和集合的转换。
- 熟悉 Stream API 的使用。

在 Java 开发过程中，经常需要集中存放多条数据。数据通常使用数组来保存。但在某些情况下无法确认到底需要保存多少个对象，例如，一个餐厅要统计财务信息，由于餐厅不停地有财务存入，同时餐厅也有财务支出，这时餐厅的财务信息将很难确定。为了保存这些数目不确定的对象，JDK 中提供了一系列特殊的类，这些类可以存储任意类型的对象，并且长度可变，统称为集合，本章将带领读者学习 Java 中集合类的使用。

8.1　集合概述

集合类就像容器，现实生活中容器的功能，无非就是添加对象、删除对象、清空容器、判断容器是否为空等，集合类就为这些功能提供了对应的方法。

java.util 包中提供了一系列可使用的集合类，称为集合框架。集合框架主要是由 Collection 和 Map 两个根接口派生出来的接口和实现类组成，如图 8.1 所示。

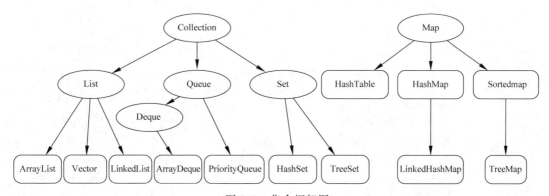

图 8.1　集合框架图

图 8.1 中，椭圆区域中填写的都是接口类型，其中，List、Set 和 Queue 是 Collection 的子接口。其中，List 集合像一个数组，它可以记住每次添加元素的顺序，元素可以重复，不同

于数组的是 List 的长度可变；Set 集合像一个盒子，把一个对象添加到 Set 集合时，Set 集合无法记住这个元素的顺序，所以 Set 集合中的元素不能重复；Queue 集合就像现实中的排队一样，先进先出；Map 集合也像一个盒子，但是它里面的每项数据都是成对出现的，由键-值（key-value）对形式组成。

8.2　Collection 接口

Collection 接口是 List、Set 和 Queue 等接口的父接口，该接口里定义的方法既可用于操作 List 集合，也可用于操作 Set 和 Queue 集合。Collection 接口里定义了一系列操作集合元素的方法，如表 8.1 所示。

表 8.1　Collection 接口的方法

方 法 声 明	功 能 描 述
boolean add(Object obj)	向集合添加一个 Object 元素
boolean addAll(Collection c)	将指定 Collection 中所有元素添加到该集合
void clear()	清空集合中所有元素
boolean contains(Object obj)	判断集合中是否包含某个元素
boolean containsAll(Collection c)	判断集合中是否包含指定集合中所有元素
boolean equals(Collection c)	比较此 Collection 与指定对象是否相等
int hashCode()	返回此 Collection 的哈希值
Iterator iterator()	返回在此 Collection 的元素上进行迭代的迭代器
boolean remove(Object o)	删除该集合中的指定元素
boolean removeAll(Collection c)	删除指定集合中的所有元素
boolean retainAll(Collection c)	仅保留此 Collection 中那些也包含在指定 Collection 中的元素
Object[] toArray()	返回包含此 Collection 中所有元素的数组
boolean isEmpty()	如果此集合为空，则返回 true
int size()	返回此集合中元素个数

表 8.1 中列出了 Collection 的方法，下面通过一个案例来学习这些方法的使用，如例 8-1 所示。

例 8-1　TestCollection.java

```
1   public class TestCollection {
2       public static void main(String[] args) {
3           Collection coll = new ArrayList();              // 创建集合
4           coll.add(1000);                                  // 添加元素
5           coll.add("phone");
6           System.out.println(coll);                        // 打印集合 coll
7           System.out.println(coll.size());                 // 打印集合长度
8           Collection coll1 = new HashSet();
9           coll1.add(1000);
10          coll1.add("phone");
11          System.out.println(coll1);                       // 打印集合 coll1
12          coll.clear();                                    // 清空集合
13          System.out.println(coll.isEmpty());              // 打印集合是否为空
```

```
14        }
15 }
```

程序的运行结果如图 8.2 所示。

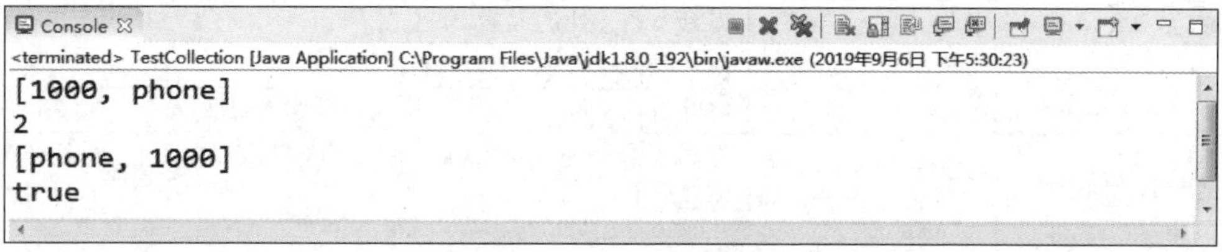

```
[1000, phone]
2
[phone, 1000]
true
```

图 8.2　例 8-1 运行结果

在例 8-1 中，创建了两个 Collection 对象，一个是 coll，一个是 coll1，其中，coll 是实现类 ArrayList 的实例，而 coll1 是实现类 HashSet 的实例，虽然它们实现类不同，但都可以把它们当成 Collection 来使用，都可以使用 add 方法给它们添加元素，这里使用了 Java 的多态性。

从运行结果可以看出，Collection 实现类都重写了 toString()方法，一次性输出了集合中的所有元素。

💣 **脚下留心**

在编写代码时，不要忘记使用"import java.util.*;"导包语句，否则程序会编译失败，显示无法解析类型，如图 8.3 所示。

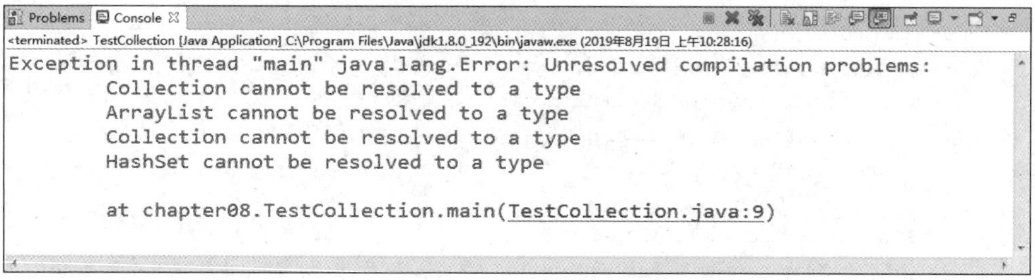

```
Exception in thread "main" java.lang.Error: Unresolved compilation problems:
        Collection cannot be resolved to a type
        ArrayList cannot be resolved to a type
        Collection cannot be resolved to a type
        HashSet cannot be resolved to a type

        at chapter08.TestCollection.main(TestCollection.java:9)
```

图 8.3　例 8-1 缺少导包语句时编译报错

8.3　List 接口

8.3.1　List 接口简介

List 集合中元素是有序的且可重复的，相当于数学里面的数列，有序可重复。使用此接口能够精确地控制每个元素插入的位置，用户可以通过索引来访问集合中的指定元素，List 集合还有一个特点就是元素的存入顺序与取出顺序相一致。

List 接口中大量地扩充了 Collection 接口，拥有了比 Collection 接口中更多的方法定义，其中有些方法还比较常用，如表 8.2 所示。

表 8.2　List 接口常用方法

方 法 声 明	功 能 描 述
void add(int index, Object element)	在 index 位置插入 element 元素
boolean addAll(int index, Collection c)	将集合 c 中所有元素插入到 List 集合的 index 处
Object get(int index)	得到 index 处的元素
Object set(int index, Object element)	用 element 替换 index 位置的元素
Object remove(int index)	移除 index 位置的元素,并返回元素
int indexOf(Object o)	返回集合中第一次出现 o 的索引,若集合中不包含该元素,则返回－1

表 8.2 中列出了 List 接口的常用方法,所有的 List 实现类都可以通过调用这些方法对集合元素进行操作。

8.3.2 ArrayList 集合

ArrayList 是 List 的主要实现类,它是一个数组队列,相当于动态数组。与 Java 中的数组相比,它的容量能动态增长。它继承于 AbstractList,实现了 List 接口,提供了相关的添加、删除、修改、遍历等功能。

ArrayList 集合中大部分方法都是从父类 Collection 和 List 继承过来的,其中,add()方法和 get()方法用于实现元素的存取,接下来通过一个案例来学习 ArrayList 集合如何存取元素,如例 8-2 所示。

例 8-2　TestArrayList.java

```
1    import java.util.*;
2    public class TestArrayList {
3        public static void main(String[] args) {
4            ArrayList arr = new ArrayList();          // 创建 ArrayList 集合
5            arr.add(1000);                             // 向集合中添加元素
6            arr.add("phone");
7            System.out.println(arr.size());            // 打印集合元素的个数
8            System.out.println(arr.get(0));            // 取到并打印集合中指定索引的元素
9        }
10   }
```

程序的运行结果如图 8.4 所示。

图 8.4　例 8-2 运行结果

在例 8-2 中,首先创建一个 ArrayList 集合,然后向集合中添加了两个元素,调用 size()方法打印出集合元素的个数,又调用 get(int index)方法得到集合中索引为 0 的元素,也就是第一个元素,并打印出来。这里的索引下标是从 0 开始,最大的索引是 size-1,若取值超出索引范围,则会报 IndexOutOfBoundsException 异常。

ArrayList 底层是用数组来保存元素,用自动扩容的机制实现动态增加容量,因为它的底层是用数组实现,所以插入和删除操作效率不佳,不建议用 ArrayList 做大量增删操作,但由于它有索引,所以查询效率很高,适合做大量查询操作。

8.3.3 LinkedList 集合

前面提到 ArrayList 在处理增加和删除操作时效率较低,为了解决这一问题,可以使用 List 接口的 LinkedList 实现类。

LinkedList 底层的数据结构是基于双向循环链表的,且头节点中不存放数据,添加元素如图 8.5 所示,删除元素如图 8.6 所示。对于频繁的插入或删除元素的操作,建议使用 LinkedList 类,效率较高。

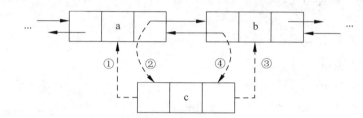

图 8.5　LinkedList 添加元素

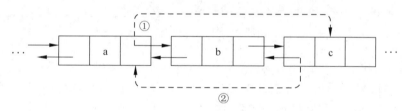

图 8.6　LinkedList 删除元素

图 8.5 描述了 LinkedList 添加元素的过程:在 a 和 b 之间添加一个元素 c,只需利用指针让 a 记住它后面的元素是 c,让 b 记住它前面的元素是 c 即可。图 8.6 描述了 LinkedList 删除元素的过程,要删除 a 和 c 之间的元素,只需利用指针让 a 和 c 变成前后关系即可。

LinkedList 除了具备增删效率高的特点,还为元素的操作定义了一些特有的常用方法,如表 8.3 所示。

表 8.3　LinkedList 接口常用方法

方法声明	功能描述
void add(int index,Object o)	将 o 插入索引为 index 的位置
void addFirst(Object o)	将 o 插入集合的开头
void addLast(Object o)	将 o 插入集合的结尾
Object getFirst()	得到集合的第一个元素
Object getLast()	得到集合的最后一个元素
Object removeFirst()	删除并返回集合的第一个元素
Object removeLast()	删除并返回集合的最后一个元素

表 8.3 中列出了 LinkedList 一些特有的常用方法，下面通过一个案例来学习这些方法的使用，如例 8-3 所示。

例 8-3　TestLinkedList.java

```
1   import java.util.*;
2   public class TestLinkedList {
3       public static void main(String[] args) {
4           LinkedList link = new LinkedList();        // 创建 LinkedList 集合
5           link.add(1000);                            // 向集合中添加元素
6           link.add("phone");
7           System.out.println(link);                  // 打印集合中元素
8           link.addFirst("stu");                      // 在集合首部添加元素
9           System.out.println(link);                  // 打印添加元素后的集合
10          System.out.println(link.removeLast());     // 删除并返回集合中最后一个元素
11      }
12  }
```

程序的运行结果如图 8.7 所示。

```
[1000, phone]
[stu, 1000, phone]
phone
```

图 8.7　例 8-3 运行结果

例 8-3 中，创建 LinkedList 后，先插入了两个元素，并打印出结果，然后向集合头部插入一个元素，打印结果可看出集合头部多出一个元素，最后打印出删除并返回的集合尾部元素。由此可见，LinkedList 对增加和删除的操作不仅高效，而且便捷。

8.3.4　Iterator 接口

在开发过程中，经常需要遍历集合中的所有元素，针对这种需求，Java 提供了一个专门用于遍历集合的接口——Iterator，它是用来迭代访问 Collection 中元素的，因此也称为迭代器。可以通过 Collection 接口中的 iterator() 方法得到该集合的迭代器对象，只要拿到这个对象，使用迭代器就可以遍历这个集合。

接下来通过一个案例来学习如何使用 Iterator 来遍历集合中元素，如例 8-4 所示。

例 8-4　TestIterator.java

```
1   import java.util.*;
2   public class TestIterator {
3       public static void main(String[] args) {
4           Collection coll = new ArrayList();         // 创建集合
5           coll.add(1000);
6           coll.add("phone");
7           coll.add(new Date());
8           Iterator i = coll.iterator();              // 获取 Iterator 对象
```

```
9          while (i.hasNext()) {              // 判断集合中是否存在下一个元素
10             System.out.println(i.next());   // 打印集合中的元素
11         }
12     }
13 }
```

程序的运行结果如图 8.8 所示。

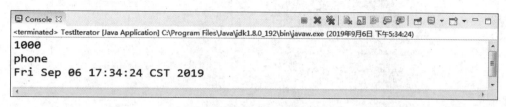

图 8.8　例 8-4 运行结果

例 8-4 中，演示了使用 Iterator 迭代器来遍历集合。通过调用 ArrayList 的 iterator() 方法获得迭代器的对象，然后使用 hasNext() 方法判断集合中是否存在下一个元素，若存在，则通过 next() 方法取出，这里要注意，通过 next() 方法获取元素时，必须调用 hasNext() 方法检测是否存在下一个元素，否则若元素不存在，会抛出 NoSuchElementException 异常。

Iterator 仅用于遍历集合，如果需要创建 Iterator 对象，则必须有一个被迭代的集合。接下来通过一个图例来演示 Iterator 迭代元素的过程，如图 8.9 所示。

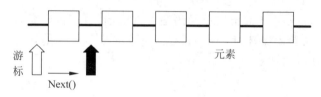

图 8.9　Iterator 迭代过程

图 8.9 中，在 Iterator 使用 next() 方法之前，迭代器游标索引在第一个元素之前，不指向任何元素，当第一次调用 next() 方法后，迭代器索引会后移一位，指向第一个元素并返回，以此类推，当 hasNext() 方法返回 false 时，则说明到达集合末尾，停止遍历。

8.3.5　JDK 5.0 新特性——foreach 循环

在 8.3.4 节中讲解了用 Iterator 迭代器来遍历集合，但这种方式写起来稍显复杂，Java 还提供了一种很简洁的遍历方法，即使用 foreach 循环遍历。foreach 也称为增强 for 循环，它既能遍历集合，也能遍历普通数组，其语法格式如下。

```
foreach (容器中元素类型 临时变量:容器变量){
程序语句
}
```

从以上代码可以看出，与普通 for 循环不同的是，它不需要获取容器长度，不需要用索引去访问容器中的元素，但它能自动遍历容器中所有元素。下面通过一个案例对 foreach

循环进行详细讲解,如例 8-5 所示。

例 8-5 TestForeach1.java

```
1  import java.util.*;
2  public class TestForeach1 {
3      public static void main(String[] args) {
4          Collection coll = new ArrayList();        // 创建集合
5          coll.add("red");                          // 向集合中添加元素
6          coll.add("yellow");
7          coll.add("blue");
8          foreach (Object o : coll) {               // 用 foreach 遍历集合中元素
9              System.out.println(o);                // 打印集合中取出来的每个元素
10         }
11     }
12 }
```

程序的运行结果如图 8.10 所示。

图 8.10　例 8-5 运行结果

在例 8-5 中,foreach 循环遍历集合时语法非常简洁,没有循环条件,循环次数是根据容器中元素个数决定的,每次循环时 foreach 都通过临时变量将当前循环的元素记住,从而将集合中所有元素遍历并打印。

💣**脚下留心**

foreach 循环代码简洁,编写方便,但是有其局限性,当使用 foreach 遍历数组或集合时,只能访问其中的元素,不能对元素进行修改,下面以一个案例来演示,如例 8-6 所示。

例 8-6 TestForeach2.java

```
1  public class TestForeach2 {
2      public static void main(String[] args) {
3          String[] arr = new String[3];             // 创建一个长度为 3 的数组
4          int i = 0;
5          foreach (String strings : arr) {          // 循环遍历数组
6              strings = new String(i + "号");       // 修改每个遍历到的值
7              i++;
8          }
9          foreach (String string : arr) {
10             System.out.println(string);           // 打印数组中的值
11         }
12     }
13 }
```

程序的运行结果如图 8.11 所示。

图 8.11 例 8-6 运行结果

例 8-6 中,第一次循环时修改了每一个取到的值,但第二次循环时,取到的依然是 3 个 null,这说明 foreach 在循环遍历时,不会修改容器中的元素,原因是第 6 行中只是将临时变量 strings 指向了一个新字符串,这和数组中的元素没有关系,所以 foreach 并不是代替普通 for 循环的,只是让遍历容器变得更简洁。

8.3.6 ListIterator 接口

List 接口额外提供了一个 listIterator() 方法,该方法返回一个 ListIterator 对象,ListIterator 接口继承了 Iterator 接口,提供了一些用于操作 List 的方法,如表 8.4 所示。

表 8.4 ListIterator 接口常用方法

方 法 声 明	功 能 描 述
void add(Object o)	将 o 添加进集合
boolean hasPrevious()	判断是否有前一个元素
Object previous()	获取前一个元素
void remove()	从列表中移除 next 或 previous 返回的最后一个元素

表 8.4 中列举了 ListIterator 接口的常用方法。另外,ListIterator 接口可以并发执行操作,而 Iterator 接口不能,Iterator 接口如果并发执行操作,迭代器会出现不确定行为,如例 8-7 所示。

例 8-7　TestListIterator1.java

```
1   import java.util.*;
2   public class TestListIterator1 {
3       public static void main(String[] args) {
4           List list = new ArrayList();
5           listIteratorDemo(list);
6       }
7       public static void listIteratorDemo(List list) {
8           list.add("stu1");
9           list.add("stu2");
10          list.add("stu3");
11          Iterator it = list.iterator();                    // 获取迭代器
12          while (it.hasNext()) {
13              // ConcurrentModificationException 并发异常
14              Object obj = it.next();
15              if (obj.equals("stu2")) {
16                  list.add("hello");
```

```
17              }
18              System.out.println(obj);
19          }
20      }
21  }
```

程序的运行结果如图 8.12 所示。

```
stu1
stu2
Exception in thread "main" java.util.ConcurrentModificationException
        at java.util.ArrayList$Itr.checkForComodification(ArrayList.java:909)
        at java.util.ArrayList$Itr.next(ArrayList.java:859)
        at chapter08.TestListIterator1.listIteratorDemo(TestListIterator1.java:15)
        at chapter08.TestListIterator1.main(TestListIterator1.java:6)
```

图 8.12　例 8-7 运行结果

在图 8.12 中，运行结果报 ConcurrentModificationException 异常，这是由于 Iterator 接口不能很好地支持并发操作，下面可以用 ListIterator 接口解决这个问题，如例 8-8 所示。

例 8-8　TestListIterator2.java

```
1   import java.util.*;
2   public class TestListIterator2 {
3       public static void main(String[] args) {
4           List list = new ArrayList();
5           listIteratorDemo2(list);
6       }
7       public static void listIteratorDemo2(List list) {
8           list.add("stu1");
9           list.add("stu2");
10          list.add("stu3");
11          ListIterator it = list.listIterator();           // 获取迭代器
12          while (it.hasNext()) {
13              Object obj = it.next();
14              if (obj.equals("stu2")) {
15                  it.add("hello");
16              }
17              System.out.println(obj);
18          }
19      }
20  }
```

程序的运行结果如图 8.13 所示。

在图 8.13 中，运行结果打印了遍历出的集合元素，没有报出并发异常，可以看出 ListIterator 接口成功解决了 Iterator 接口不能很好支持并发操作的问题。

```
Console
<terminated> TestListIterator2 [Java Application] C:\Program Files\Java\jdk1.8.0_192\bin\javaw.exe (2019年9月6日 下午5:38:10)
stu1
stu2
stu3
```

图 8.13　例 8-8 运行结果

8.3.7　Enumeration 接口

在前面提到遍历集合可以使用 Iterator 接口，但在 JDK 2.0 以前还没有 Iterator 接口，遍历集合都是使用 Enumeration 接口，它的用法和 Iterator 类似，名字长且编码略显复杂，但很多老程序中在使用，所以不能删除此接口，这里来了解一下此接口的使用。JDK 早期使用 Vector 集合，它是 List 接口的一个古老实现类，线程安全但效率低。与 Vector 集合相比，ArrayList 集合虽然高效，但是线程不安全。Vector 类提供一个 elements() 方法用于返回 Enumeration 对象，然后通过 Enumeration 对象遍历集合中元素，下面通过一个案例来演示 Enumeration 接口的使用，如例 8-9 所示。

例 8-9　TestEnumeration.java

```
1   import java.util.*;
2   public class TestEnumeration {
3       public static void main(String[] args) {
4           Vector v = new Vector();              // 创建 Vector 对象
5           v.add("fish");                         // 向 Vector 中添加元素
6           v.add("cat");
7           v.add("dog");
8           Enumeration ele = v.elements();        // 获得 Enumeration 对象
9           while (ele.hasMoreElements()) {        // 判断 ele 对象是否仍有元素
10              Object o = ele.nextElement();      // 取出 ele 的下一个元素
11              System.out.println(o);
12          }
13      }
14  }
```

程序的运行结果如图 8.14 所示。

图 8.14　例 8-9 运行结果

在图 8.14 中，运行结果打印了遍历出的集合元素，可以看到 Enumeration 接口成功遍历出了 Vector 集合中的元素，这是一些老程序遍历集合的方式。

8.4 Set 接口

8.4.1 Set 接口简介

Set 集合中元素是无序的、不可重复的。Set 接口也是继承自 Collection 接口,但它没有对 Collection 接口的方法进行扩充。

Set 中元素有无序性的特点,这里要注意,无序性不等于随机性,无序性指的是元素在底层存储位置是无序的。Set 接口的主要实现类是 HashSet 和 TreeSet。其中,HashSet 是根据对象的哈希值来确定元素在集合中的存储位置,因此能高效地存取。TreeSet 底层是用二叉树来实现存储元素的,它可以对集合中元素排序,接下来会围绕这两个实现类详细讲解。

8.4.2 HashSet 集合

HashSet 类是 Set 接口的典型实现,使用 Set 集合时一般都使用这个实现类。HashSet 按 Hash 算法来存储集合中的元素,因此具有很好的存取和查找性能。HashSet 不能保证元素的排列顺序,且不是线程安全的。另外,集合中的元素可以为 null。Set 集合与 List 集合的存取元素方式都一样,这里就不详细讲解了,下面通过一个案例来演示 HashSet 集合的用法,如例 8-10 所示。

例 8-10　TestHashSet1.java

```java
1   import java.util.*;
2   public class TestHashSet1 {
3       public static void main(String[] args) {
4           Set set = new HashSet();              // 创建 HashSet 对象
5           set.add(null);                         // 向集合中存储元素
6           set.add(new String("red"));
7           set.add("yellow");
8           set.add("blue");
9           set.add("red");
10          for (Object o : set) {                 // 遍历集合
11              System.out.println(o);             // 打印集合中元素
12          }
13      }
14  }
```

程序的运行结果如图 8.15 所示。

图 8.15　例 8-10 运行结果

在例 8-10 中存储元素时,是先存入的"yellow",后存入的"blue",而运行结果正好相反,证明了 HashSet 存储的无序性,但是如果多次运行,可以看到结果仍然不变,说明无序性不等于随机性。另外,例 8-10 中存储元素时,存入了两个"red",而运行结果中只有一个"red",说明 HashSet 元素的不可重复性。

HashSet 能保证元素不重复,是因为 HashSet 底层是哈希表结构,当一个元素要存入 HashSet 集合时,首先通过自身的 hashCode()方法算出一个值,然后通过这个值查找元素在集合中的位置,如果该位置没有元素,那么就存入。如果该位置上有元素,那么继续调用该元素的 equals()方法进行比较,如果 equals()方法返回为真,证明这两个元素是相同元素,则不存储,否则会在该位置上存储两个元素(一般不可能重复)。所以当一个自定义的对象想正确存入 HashSet 集合,那么应该重写自定义对象的 hashCode()和 equals()方法。例 8-10 中 HashSet 能正常工作,是因为 String 类重写了 hashCode()和 equals()方法。下面通过一个案例来看一看将没有重写 hashCode()方法和 equals()方法的对象存入 HashSet 会出现什么情况,如例 8-11 所示。

例 8-11 TestHashSet2.java

```
1   import java.util.*;
2   public class TestHashSet2 {
3       public static void main(String[] args) {
4           Set set = new HashSet();                    // 创建 HashSet 对象
5           set.add(new People("jack",20));             // 向集合中存储元素
6           set.add(new People("lily",23));
7           set.add(new People("lily",23));
8           for (Object o : set) {                      // 遍历集合
9               System.out.println(o);                  // 打印集合中元素
10          }
11      }
12  }
13  class People{
14      String name;
15      int age;
16      public People(String name,int age){             // 构造方法
17          this.name = name;
18          this.age = age;
19      }
20      public String toString() {                      // 重写 toString()方法
21          return name + age + "岁";
22      }
23  }
```

程序的运行结果如图 8.16 所示。

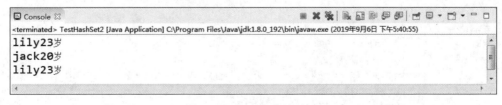

图 8.16 例 8-11 运行结果

图 8.16 中运行结果打印了遍历出的集合元素,可以看出运行结果中"lily23 岁"明显重复了,不应该在 HashSet 中有重复元素出现,之所以出现这种现象,就是因为 People 对象没有重写 hashCode()和 equals()方法,接下来针对例 8-11 出现的问题进行修改,修改后的代码如例 8-12 所示。

例 8-12 TestHashSet3.java

```
1   import java.util.*;
2   public class TestHashSet3 {
3       public static void main(String[] args) {
4           Set set = new HashSet();              // 创建 HashSet 对象
5           set.add(new People("jack", 20));      // 向集合中存储元素
6           set.add(new People("lily", 23));
7           set.add(new People("lily", 23));
8           for (Object o : set) {                // 遍历集合
9               System.out.println(o);            // 打印集合中元素
10          }
11      }
12  }
13  class People {
14      String name;
15      int age;
16  
17      public People(String name, int age) {     // 构造方法
18          this.name = name;
19          this.age = age;
20      }
21  
22      public String toString() {                // 重写 toString()方法
23          return name + age + "岁";
24      }
25  
26      public int hashCode() {
27          final int prime = 31;
28          int result = 1;
29          result = prime * result + age;
30          result = prime * result + ((name == null) ? 0 : name.hashCode());
31          return result;                        // 返回 name 属性的哈希值
32      }
33  
34      public boolean equals(Object obj) {
35          if (this == obj)                      // 判断是否是同一个对象
36              return true;                      // 若是,返回 true
37          if (obj == null)
38              return false;
39          if (getClass() != obj.getClass())
40              return false;
41          People other = (People) obj;          // 将 obj 强转为 People 类型
42          if (age != other.age)
43              return false;
```

```
44          if (name == null) {
45              if (other.name != null)
46                  return false;
47          } else if (!name.equals(other.name))
48              return false;
49          return true;          // 若以上都不符合,返回 true
50      }
51  }
```

程序的运行结果如图 8.17 所示。

图 8.17　例 8-12 运行结果

在例 8-12 中,People 对象重写了 hashCode()和 equals()方法,当调用 HashSet 的 add()方法时,equals()方法的返回值为 true,此时表明元素"lily23 岁"已存在,便不再重复存入。

8.4.3　TreeSet 集合

TreeSet 类是 Set 接口的另一个实现类,TreeSet 集合和 HashSet 集合都可以保证容器内元素的唯一性,但它们底层实现方式不同,TreeSet 底层是用自平衡的排序二叉树实现,所以它既能保证元素唯一性,又可以对元素进行排序。TreeSet 还提供一些特有的方法,如表 8.5 所示。

表 8.5　TreeSet 类常用方法

方 法 声 明	功 能 描 述
Comparator comparator()	如果 TreeSet 采用定制排序,则返回定制排序所使用的 Comparator;如果 TreeSet 采用自然排序,则返回 null
Object first()	返回集合中第一个元素
Object last()	返回集合中最后一个元素
Object lower(Object o)	返回集合中位于 o 之前的元素
Object higher(Object o)	返回集合中位于 o 之后的元素
SortedSet subSet(Object o1,Object o2)	返回此 Set 的子集合,范围从 o1 到 o2
SortedSet headSet(Object o)	返回此 Set 的子集合,范围小于元素 o
SortedSet tailSet(Object o)	返回此 Set 的子集合,范围大于或等于元素 o

表 8.5 中列举了 TreeSet 类的常用方法,接下来通过一个案例来演示这些方法的使用,如例 8-13 所示。

例 8-13　TestTreeSet.java

```
1  import java.util.*;
2  public class TestTreeSet {
```

```
3      public static void main(String[] args) {
4          TreeSet tree = new TreeSet();              // 创建 TreeSet 集合
5          tree.add(60);                              // 添加元素
6          tree.add(360);
7          tree.add(120);
8          System.out.println(tree);                  // 打印集合
9          System.out.println(tree.first());          // 打印集合中第一个元素
10         // 打印集合中大于 100 小于 500 的元素
11         System.out.println(tree.subSet(100, 500));
12     }
13 }
```

程序的运行结果如图 8.18 所示。

```
[60, 120, 360]
60
[120, 360]
```

图 8.18　例 8-13 运行结果

在例 8-13 中添加元素时，不是按顺序的，这说明 TreeSet 中元素是有序的，但这个顺序不是添加时的顺序，是根据元素实际值的大小进行排序的。另外，输出结果还演示了打印集合中第一个元素和打印集合中大于 100 小于 500 的元素，也都是按排序好的元素来打印的。

TreeSet 有两种排序方法：自然排序和定制排序。默认情况下，TreeSet 采用自然排序。下面来详细讲解这两种排序方式。

1. 自然排序

TreeSet 类会调用集合元素的 compareTo(Object obj)方法来比较元素之间的大小关系，然后将集合内元素按升序排序，这就是自然排序。

Java 提供了 Comparable 接口，它里面定义了一个 compareTo(Object obj)方法，实现 Comparable 接口必须实现该方法，在方法中实现对象大小比较。当该方法被调用时，例如 obj1.compareTo(obj2)，若该方法返回 0，则说明 obj1 和 obj2 相等；若该方法返回一个正整数，则说明 obj1 大于 obj2；若该方法返回一个负整数，则说明 obj1 小于 obj2。

Java 的一些常用类已经实现了 Comparable 接口，并提供了比较大小的方式，比如包装类都实现了此接口。

如果把一个对象添加进 TreeSet 集合，则该对象必须实现 Comparator 接口，否则程序会抛出 ClassCastException 异常。下面通过一个案例来演示这种情况，如例 8-14 所示。

例 8-14　TestTreeSetError1.java

```
1  import java.util.*;
2  class Student {
3  }
4  public class TestTreeSetError1 {
5      public static void main(String[] args) {
6          TreeSet ts = new TreeSet();                // 创建 TreeSet 集合
```

```
7        ts.add(new Student());            // 向集合中添加元素
8    }
9 }
```

程序的运行结果如图 8.19 所示。

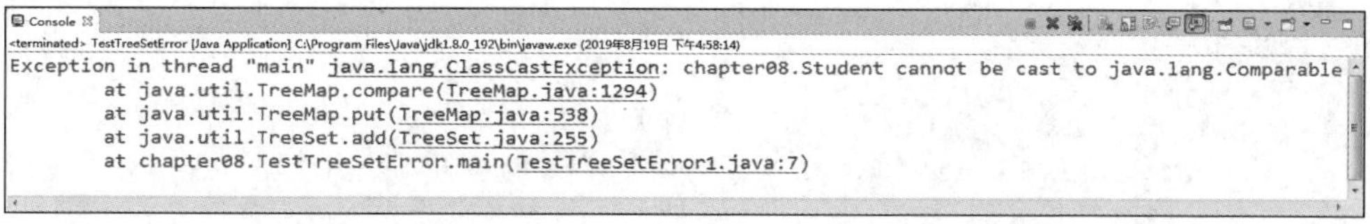

```
<terminated> TestTreeSetError [Java Application] C:\Program Files\Java\jdk1.8.0_192\bin\javaw.exe (2019年8月19日 下午4:58:14)
Exception in thread "main" java.lang.ClassCastException: chapter08.Student cannot be cast to java.lang.Comparable
    at java.util.TreeMap.compare(TreeMap.java:1294)
    at java.util.TreeMap.put(TreeMap.java:538)
    at java.util.TreeSet.add(TreeSet.java:255)
    at chapter08.TestTreeSetError.main(TestTreeSetError1.java:7)
```

图 8.19　例 8-14 运行结果

图 8.19 中运行结果报 ClassCastException 异常，这是因为例 8-14 中的 Student 类没有实现 Comparable 接口。

另外，向 TreeSet 集合中添加的应该是同一个类的对象，否则也会报 ClassCastException 异常，如例 8-15 所示。

例 8-15　TestTreeSetError2.java

```
1 package chapter08;
2 import java.util.*;
3 public class TestTreeSetError2 {
4     public static void main(String[] args) {
5         TreeSet ts = new TreeSet();            // 创建 TreeSet 集合
6         ts.add(100);                           // 向集合中添加元素
7         ts.add(new Date());
8     }
9 }
```

程序的运行结果如图 8.20 所示。

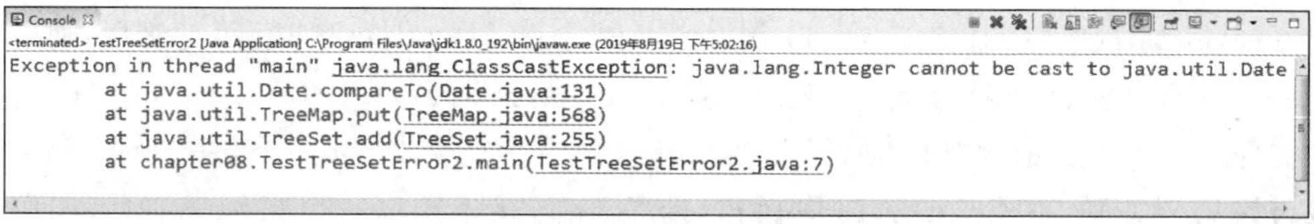

```
<terminated> TestTreeSetError2 [Java Application] C:\Program Files\Java\jdk1.8.0_192\bin\javaw.exe (2019年8月19日 下午5:02:16)
Exception in thread "main" java.lang.ClassCastException: java.lang.Integer cannot be cast to java.util.Date
    at java.util.Date.compareTo(Date.java:131)
    at java.util.TreeMap.put(TreeMap.java:568)
    at java.util.TreeSet.add(TreeSet.java:255)
    at chapter08.TestTreeSetError2.main(TestTreeSetError2.java:7)
```

图 8.20　例 8-15 运行结果

图 8.20 中运行结果报 ClassCastException 异常，Integer 类型不能转为 Date 类型，就是因为向 TreeSet 集合添加了不同类的对象。下面通过修改例 8-14 的代码，新建 Student 类，该类实现 Comparable 接口，并重写 compareTo() 方法，使程序正确运行，如例 8-16 和例 8-17 所示。

例 8-16　Student.java

```
1 package chapter08;
2 class Student implements Comparable{
3     public int compareTo(Object o) {                //重写 compareTo()方法
```

```
4        return 1;              //总是返回1
5    }
6 }
```

例 8-17 TestTreeSetSuccess.java

```
1 import java.util.*;
2 public class TestTreeSetSuccess {
3     public static void main(String[] args) {
4         TreeSet ts = new TreeSet();           // 创建 TreeSet 集合
5         ts.add(new Student());                // 向集合中添加元素
6         ts.add(new Student());
7         System.out.println(ts);               // 打印集合
8     }
9 }
```

运行结果如图 8.21 所示。

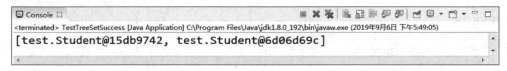

图 8.21　例 8-17 运行结果

图 8.21 中运行结果正确打印了集合中两个元素的地址值，添加元素操作成功，因为例 8-16 中，Student 类实现了 Comparable 接口，并且重写了 compareTo(Object o)方法，这里设置了总是返回 1，所以添加成功。

2. 定制排序

TreeSet 的自然排序是根据集合元素大小按升序排序，如果需要按特殊规则排序或者元素自身不具备比较性时，比如按降序排列，就需要用到定制排序。Comparator 接口包含一个 int compare(T t1, T t2)方法，该方法可以比较 t1 和 t2 大小，若返回正整数，则说明 t1 大于 t2；若返回 0，则说明 t1 等于 t2；若返回负整数，则说明 t1 小于 t2。

实现 TreeSet 的定制排序时，只需在创建 TreeSet 集合对象时，提供一个 Comparator 对象与该集合关联，在 Comparator 中编写排序逻辑，接下来以一个案例来演示，如例 8-18 所示。

例 8-18 TestTreeSetSort.java

```
1 import java.util.*;
2 public class TestTreeSetSort {
3     public static void main(String[] args) {
4         // 创建 TreeSet 集合对象时,提供一个 Comparator 对象
5         TreeSet tree = new TreeSet(new MyComparator());
6         tree.add(new Student(140));
7         tree.add(new Student(15));
8         tree.add(new Student(11));
9         System.out.println(tree);
```

```
10      }
11  }
12  class Student {                                    // 定义 Student 类
13      private Integer age;
14      public Student(Integer age) {
15          this.age = age;
16      }
17      public Integer getAge() {
18          return age;
19      }
20      public void setAge(Integer age) {
21          this.age = age;
22      }
23      public String toString() {
24          return age + "";
25      }
26  }
27  class MyComparator implements Comparator {         // 实现 Comparator 接口
28      // 实现一个 compare 方法,判断对象是否是特定类的一个实例
29      public int compare(Object o1, Object o2) {
30          if (o1 instanceof Student & o2 instanceof Student) {
31              Student s1 = (Student) o1;             // 强转为 Student 类型
32              Student s2 = (Student) o2;
33              if (s1.getAge() > s2.getAge()) {
34                  return -1;
35              } else if (s1.getAge() < s2.getAge()) {
36                  return 1;
37              }
38          }
39          return 0;
40      }
41  }
```

程序的运行结果如图 8.22 所示。

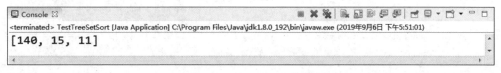

图 8.22　例 8-18 运行结果

在例 8-18 中,MyComparator 类实现了 Comparator 接口,在接口的 compare()方法中编写了降序逻辑,所以 TreeSet 中的元素以降序排列,这就是定制排序。

8.5　Queue 接口

8.5.1　Queue 接口简介

Queue 用于模拟队列这种数据结构,队列通常是指"先进先出"(FIFO)的容器。队列的头部是保存在队列中存放时间最长的元素,队列的尾部是保存在队列中存放时间最短的元

素。新元素插入(offer)到队列的尾部,访问元素(poll)操作会返回队列头部的元素。通常,队列不允许随机访问队列中的元素,接下来了解一下 Queue 接口的方法,如表 8.6 所示。

表 8.6　Queue 接口的方法

方法声明	功能描述
void add(Object e)	将指定元素加入此队列的尾部
Object element()	获取队列头部的元素,但是不删除该元素
boolean offer(Object e)	将指定元素加入此队列的尾部。当使用有容量限制的队列时,此方法通常比 add(Object e)方法更好
Object peek()	获取队列头部的元素,但是不删除该元素。如果此队列为空,则返回 null
Object poll()	获取并移除此队列的头部,如果此队列为空,则返回 null
Object remove()	获取队列头部的元素,并删除该元素

Queue 接口有一个 PriorityQueue 实现类。除此之外,Queue 还有一个 Deque 接口,Deque 代表一个"双端队列",双端队列可以同时从两端来添加、删除元素,因此 Deque 的实现类既可当成队列使用,也可当成栈使用,Java 为 Deque 提供了实现类 ArrayDeque,接下来会详细讲解 Queue 接口相关内容。

8.5.2　PriorityQueue 实现类

PriorityQueue 是一个比较标准的队列实现类。之所以说它是比较标准的队列实现,而不是绝对标准的队列实现,是因为 PriorityQueue 保存队列元素的顺序并不是按加入队列的顺序,而是按队列元素的大小进行重新排序。因此当调用 peek()方法或者 poll()方法取出队列中的元素时,并不是取出最先进入队列的元素,而是取出队列中最小的元素。从这个意义上来看,PriorityQueue 类已经违反了队列的最基本规则:先进先出(FIFO)。接下来通过一个案例演示 PriorityQueue 类的使用,如例 8-19 所示。

例 8-19　TestPriorityQueue.java

```
1   import java.util.PriorityQueue;
2   public class TestPriorityQueue {
3       public static void main(String[] args) {
4           PriorityQueue pq = new PriorityQueue();
5           pq.offer(1);
6           pq.offer(3);
7           pq.offer(5);
8           System.out.println(pq);
9           System.out.println(pq.remove());
10          System.out.println(pq);
11      }
12  }
```

程序的运行结果如图 8.23 所示。

例 8-19 中首先创建 PriorityQueue 集合,向集合中添加三个元素并打印,接着获取并移除此队列的头元素,最后再次打印集合,查看删除头元素后的集合元素。

PriorityQueue 不允许插入 null 元素,它还需要对队列元素进行排序,PriorityQueue 的

图 8.23　例 8-19 运行结果

元素有下列两种排序方式。

（1）自然排序：采用自然排序的 PriorityQueue 集合中的元素必须实现了 Comparable 接口，而且应该是同一个类的多个实例，否则可能导致 ClassCastException 异常。

（2）定制排序：创建 PriorityQueue 队列时，传入一个 Comparator 对象，该对象负责对队列中的所有元素进行排序。采用定制排序时不要求队列元素实现 Comparator 接口。

另外，PriorityQueue 队列对元素的要求与 TreeSet 集合对元素的要求基本一致。

8.5.3　Deque 接口与 ArrayDeque 实现类

Deque 接口是 Queue 接口的子接口，它代表一个双端队列，Deque 接口里定义了一些双端队列的方法，这些方法允许从两端来操作队列的元素，如表 8.7 所示。

表 8.7　Deque 接口的方法

方 法 声 明	功 能 描 述
void addFirst(Object e)	将指定元素插入该双端队列的开头
void addLast(Object e)	将指定元素插入该双端队列的末尾
Iterator descendingIterator()	返回该双端队列对应的迭代器，该迭代器将以逆向顺序来迭代队列中的元素
Object getFirst()	获取但不删除双端队列的第一个元素
Object getLast()	获取但不删除双端队列的最后一个元素
boolean offerFirst(Object e)	将指定元素插入该双端队列的开头
boolean offerLast(Object e)	将指定元素插入该双端队列的末尾
Object peekFirst()	获取但不删除该双端队列的第一个元素；如果此双端队列为空，则返回 null
Object peekLast()	获取但不删除该双端队列的最后一个元素；如果此双端队列为空，则返回 null
Object pollFirst()	获取并删除该双端队列的第一个元素；如果此双端队列为空，则返回 null
Object pollLast()	获取并删除该双端队列的最后一个元素；如果此双端队列为空，则返回 null
Object pop()	pop 出该双端队列所表示的栈的栈顶元素
void push(Object e)	将一个元素 push 进该双端队列所表示的栈的栈顶。相当于 addFirst(e)
Object removeFirst()	获取并删除该双端队列的第一个元素
Object removeFirstOccurrence(Object o)	删除该双端队列的第一次出现的元素 o
Object removeLast()	获取并删除该双端队列的最后一个元素
boolean removeLastOccurrence(Object o)	删除该双端队列的最后一次出现的元素 o

表 8.7 可看出，Deque 不仅可以当成双端队列使用，而且可以被当成栈来使用，因为该类里还包含 pop(出栈)、push(入栈)两个方法。

Deque 的方法与 Queue 的方法对照如表 8.8 所示。

表 8.8 Deque 与 Queue 的方法对照

Deque 的方法	Queue 的方法
addLast(e)/offerLast(e)	add(e)/offer(e)
removeFirst()/pollFirst()	remove()/poll()
getFirst()/peekFirst()	element()/peek()

Deque 的方法与 Stack 的方法对照如表 8.9 所示。

表 8.9 Deque 与 Stack 的方法对照

Deque 的方法	Stack 的方法
addLast(e)/offerLast(e)	push(e)
removeFirst()/pollFirst()	pop()
getFirst()/peekFirst()	peek()

ArrayDeque 是 Deque 接口的典型实现类，从该名称就可以看出，它是一个基于数组实现的双端队列，创建 Deque 时同样可指定一个 numElements 参数，该参数用于指定 Object[]数组的长度；如果不指定 numElements 参数，Deque 底层数组的长度为 16。

💣 **脚下留心**

ArrayList 和 ArrayDeque 两个集合类的实现机制基本相似，它们的底层都采用一个动态的、可重分配的 Object[]数组来存储集合元素，当集合元素超出了该数组的容量时，系统会在底层重新分配一个 Object[]数组来存储集合元素。

接下来用一个案例来演示将 ArrayDeque 当成"栈"来使用，如例 8-20 所示。

例 8-20 TestArrayDequeStack.java

```java
1   import java.util.ArrayDeque;
2   public class TestArrayDequeStack {
3       public static void main(String[] args) {
4           ArrayDeque stack = new ArrayDeque();
5           //依次完成三个元素的入栈操作
6           stack.push("千锋教育");
7           stack.push("高教产品研发部");
8           stack.push("全套IT教材");
9           System.out.println(stack);
10          //将栈中的第一个元素打印至控制台显示
11          System.out.println(stack.peek());
12          System.out.println(stack);
13          //pop 出第一个元素
14          System.out.println(stack.pop());
15          System.out.println(stack);
16      }
17  }
```

程序的运行结果如图 8.24 所示。

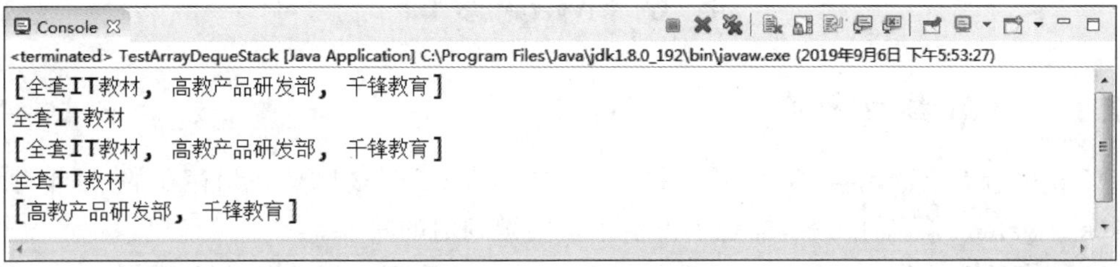

```
[全套IT教材, 高教产品研发部, 千锋教育]
全套IT教材
[全套IT教材, 高教产品研发部, 千锋教育]
全套IT教材
[高教产品研发部, 千锋教育]
```

图 8.24　例 8-20 运行结果

在图 8.24 中，运行结果显示了 ArrayDeque 作为栈的行为，因此当程序中需要使用"栈"这种数据结构时，推荐使用 ArrayDeque，尽量避免使用 Stack——因为 Stack 是古老的集合，性能较差。

当然 ArrayDeque 也可以当成队列使用，接下来通过一个案例演示 ArrayDeque 按"先进先出"的方式操作集合元素，如例 8-21 所示。

例 8-21　TestArrayDequeQueue.java

```java
1   import java.util.ArrayDeque;
2   public class TestArrayDequeQueue {
3       public static void main(String[] args) {
4           ArrayDeque queue = new ArrayDeque();
5           // 依次将三个元素加入队列
6           queue.offer("千锋教育");
7           queue.offer("高教产品研发部");
8           queue.offer("全套 IT 教材");
9           System.out.println(queue);
10          // 访问队列头部的元素,但并不将其 poll 出队列"栈"
11          System.out.println(queue.peek());
12          System.out.println(queue);
13          // poll 出第一个元素
14          System.out.println(queue.poll());
15          System.out.println(queue);
16      }
17  }
```

程序的运行结果如图 8.25 所示。

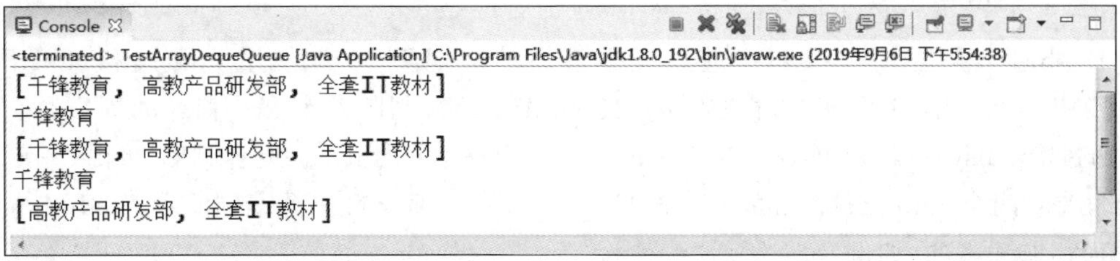

```
[千锋教育, 高教产品研发部, 全套IT教材]
千锋教育
[千锋教育, 高教产品研发部, 全套IT教材]
千锋教育
[高教产品研发部, 全套IT教材]
```

图 8.25　例 8-21 运行结果

在图 8.25 中，运行结果显示了 ArrayDeque 作为队列的行为，因此可以证明 ArrayDeque 不仅可以作为栈使用，也可以作为队列使用。

8.6 Map 接口

8.6.1 Map 接口简介

Map 接口不是继承自 Collection 接口，它与 Collection 接口是并列存在的，用于存储键值对(key-value)形式的元素，描述了由不重复的键到值的映射。

Map 中的 key 和 value 都可以是任何引用类型的数据。Map 中的 key 用 Set 来存放，不允许重复，即同一个 Map 对象所对应的类，必须重写 hashCode()方法和 equals()方法。通常用 String 类作为 Map 的 key，key 和 value 之间存在单向一对一关系，即通过指定的 key 总能找到唯一的、确定的 value。接下来先了解一下 Map 接口的方法，如表 8.10 所示。

表 8.10 Map 接口的方法

方 法 声 明	功 能 描 述
Object put(Object key, Object value)	将指定的值与此映射中的指定键关联(可选操作)
Object remove(Object key)	如果存在一个键的映射关系，则将其从此映射中移除(可选操作)
void putAll(Map t)	从指定映射中将所有映射关系复制到此映射中(可选操作)
void clear()	从此映射中移除所有映射关系(可选操作)
Object get(Object key)	返回指定键所映射的值；如果此映射不包含该键的映射关系，则返回 null
boolean containsKey(Object key)	如果此映射包含指定键的映射关系，则返回 true
boolean containsValue(Object value)	如果此映射将一个或多个键映射到指定值，则返回 true
int size()	返回此映射中的键-值映射关系数
boolean isEmpty()	如果此映射未包含键-值映射关系，则返回 true
Set keySet()	返回此映射中包含的键的 Set 视图
Collection values()	返回此映射中包含的值的 Collection 视图
Set entrySet()	返回此映射中包含的映射关系的 Set 视图

表 8.10 中列举了 Map 接口的方法，其中最常用的是 Object put(Object key, Object value)和 Object get(Object key)方法，用于向集合中存入和取出元素。

Map 接口有很多实现类，其中最常用的是 HashMap 类和 TreeMap 类，接下来会针对这两个类进行详细讲解。

8.6.2 HashMap 集合

HashMap 类是 Map 接口中使用频率最高的实现类，允许使用 null 键和 null 值，与 HashSet 集合一样，不保证映射的顺序。HashMap 集合判断两个 key 相等的标准是：两个 key 通过 equals()方法返回 true，hashCode 值也相等。HashMap 集合判断两个 value 相等的标准是：两个 value 通过 equals()方法返回 true。下面通过一个案例演示 HashMap 集合是如何存取元素的，如例 8-22 所示。

例 8-22　TestHashMap1.java

```
1    import java.util.*;
2    public class TestHashMap1 {
```

```
3      public static void main(String[] args) {
4          Map map = new HashMap();              // 创建 HashMap 集合
5          map.put("stu1", "Lily");               // 存入元素
6          map.put("stu2", "Jack");
7          map.put("stu3", "Jone");
8          map.put(null, null);
9          System.out.println(map.size());        // 打印集合长度
10         System.out.println(map);               // 打印集合所有元素
11         System.out.println(map.get("stu2"));   // 取出并打印键为 stu2 的值
12     }
13 }
```

程序的运行结果如图 8.26 所示。

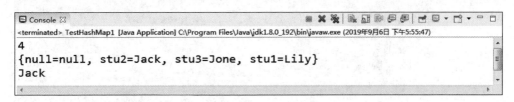

图 8.26　例 8-22 运行结果

在图 8.26 中，运行结果打印了 HashMap 集合的长度和所有元素，取出并打印了集合中键为"stu2"的值，这是 HashMap 基本的存取操作。

由于 HashMap 中的键是用 Set 来存储的，所以不可重复，下面通过一个案例来演示当"键"重复时的情况，如例 8-23 所示。

例 8-23　TestHashMap2.java

```
1  import java.util.*;
2  public class TestHashMap2 {
3      public static void main(String[] args) {
4          Map map = new HashMap();              // 创建 HashMap 集合
5          map.put("stu1", "Lily");               // 存入元素
6          map.put("stu2", "Jack");
7          map.put("stu3", "Jone");
8          map.put("stu3", "Lily");
9          System.out.println(map);               // 打印集合所有元素
10     }
11 }
```

程序的运行结果如图 8.27 所示。

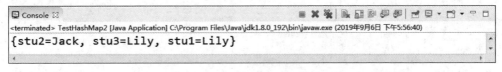

图 8.27　例 8-23 运行结果

在例 8-23 中，先将键为"stu3"值为"Jone"的元素添入集合，后将键为"stu3"值为"Lily"的元素添入集合，当键重复时，后添加的元素的值将覆盖先添加元素的值，简单来说就是键

相同，值覆盖。

前面讲解了如何遍历 List，遍历 Map 与之前的方式有所不同，有两种方式可以实现。第一种是先遍历集合中所有的键，再根据键获得对应的值，下面通过一个案例来演示这种遍历方式，如例 8-24 所示。

例 8-24　TestKeySet.java

```java
1  import java.util.*;
2  public class TestKeySet {
3      public static void main(String[] args) {
4          Map map = new HashMap();                    // 创建 HashMap 集合
5          map.put("stu1", "Lily");                    // 存入元素
6          map.put("stu2", "Jack");
7          map.put("stu3", "Jone");
8          Set keySet = map.keySet();                  // 获取键的集合
9          Iterator iterator = keySet.iterator();      // 获取迭代器对象
10         while (iterator.hasNext()) {
11             Object key = iterator.next();
12             Object value = map.get(key);
13             System.out.println(key + ":" + value);
14         }
15     }
16 }
```

程序的运行结果如图 8.28 所示。

```
Console
<terminated> TestKeySet [Java Application] C:\Program Files\Java\jdk1.8.0_192\bin\javaw.exe (2019年9月6日 下午5:57:48)
stu2:Jack
stu3:Jone
stu1:Lily
```

图 8.28　例 8-24 运行结果

在例 8-24 中，通过 keySet()方法获取到键的集合，通过键获取迭代器，从而循环遍历出集合的键，然后通过 Map 的 get(String key)方法，获取所有的值，最后打印出所有键和值。

Map 的第二种遍历方式是先获得集合中所有的映射关系，然后从映射关系获取键和值。下面通过一个案例来演示这种遍历方式，如例 8-25 所示。

例 8-25　TestEntrySet.java

```java
1  import java.util.*;
2  public class TestEntrySet {
3      public static void main(String[] args) {
4          Map map = new HashMap();                         // 创建 HashMap 集合
5          map.put("stu1", "Lily");                         // 存入元素
6          map.put("stu2", "Jack");
7          map.put("stu3", "Jone");
8          Set entrySet = map.entrySet();
9          Iterator iterator = entrySet.iterator();         // 获取迭代器对象
```

```
10      while (iterator.hasNext()) {
11          // 获取集合中键值对映射关系
12          Map.Entry entry = (Map.Entry) iterator.next();
13          Object key = entry.getKey();            // 获取关系中的键
14          Object value = entry.getValue();        // 获取关系中的值
15          System.out.println(key + ":" + value);
16      }
17  }
18 }
```

程序的运行结果如图 8.29 所示。

```
stu2:Jack
stu3:Jone
stu1:Lily
```

图 8.29 例 8-25 运行结果

在例 8-25 中，创建集合并添加元素后，先获取迭代器，在循环时，先获取集合中键值对映射关系，然后从映射关系中取出键和值，这就是 Map 的第二种遍历方式。

8.6.3 LinkedHashMap 集合

LinkedHashMap 类是 HashMap 的子类，LinkedHashMap 类可以维护 Map 的迭代顺序，迭代顺序与键值对的插入顺序一致，如果需要输出的顺序与输入时的顺序相同，那么就选用 LinkedHashMap 集合。下面通过一个案例来学习 LinkedHashMap 集合的用法，如例 8-26 所示。

例 8-26 TestLinkedHashMap.java

```
1  import java.util.*;
2  public class TestLinkedHashMap {
3      public static void main(String[] args) {
4          Map map = new LinkedHashMap();              // 创建 LinkedHashMap 集合
5          map.put("2", "yellow");                     // 添加元素
6          map.put("1", "red");
7          map.put("3", "blue");
8          Iterator iterator = map.entrySet().iterator();
9          while (iterator.hasNext()) {
10             // 获取集合中键值对映射关系
11             Map.Entry entry = (Map.Entry) iterator.next();
12             Object key = entry.getKey();            // 获取关系中的键
13             Object value = entry.getValue();        // 获取关系中的值
14             System.out.println(key + ":" + value);
15         }
16     }
17 }
```

程序的运行结果如图 8.30 示。

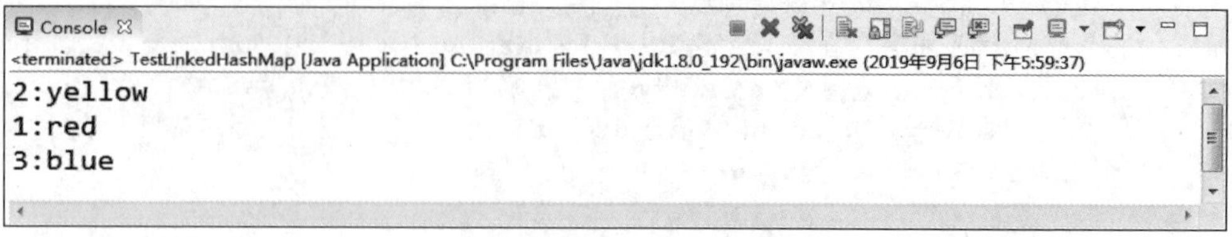

```
2:yellow
1:red
3:blue
```

图 8.30　例 8-26 运行结果

在例 8-26 中，先创建了 LinkedHashMap 集合，然后向集合中添加元素，遍历打印出来，这里可以发现，打印出的元素顺序和存入的元素顺序一样，这就是 LinkedHashMap 起到的作用，它用双向链表维护了插入和访问顺序，从而打印出的元素与存储顺序一致。

8.6.4　TreeMap 集合

Java 中 Map 接口还有一个常用的实现类 TreeMap 类。TreeMap 集合存储键值对时，需要根据键值对进行排序。TreeMap 集合可以保证所有的键值对处于有序状态。下面通过一个案例来了解 TreeMap 集合的具体用法，如例 8-27 所示。

例 8-27　TestTreeMap1.java

```java
1   import java.util.*;
2   public class TestTreeMap1 {
3       public static void main(String[] args) {
4           Map map = new TreeMap();                        // 创建 TreeMap 集合
5           map.put(2, "yellow");                            // 添加元素
6           map.put(1, "red");
7           map.put(3, "blue");
8           Iterator iterator = map.keySet().iterator();     // 获取迭代器对象
9           while (iterator.hasNext()) {
10              Object key = iterator.next();                // 取到键
11              Object value = map.get(key);                 // 取到值
12              System.out.println(key + ":" + value);
13          }
14      }
15  }
```

程序的运行结果如图 8.31 所示。

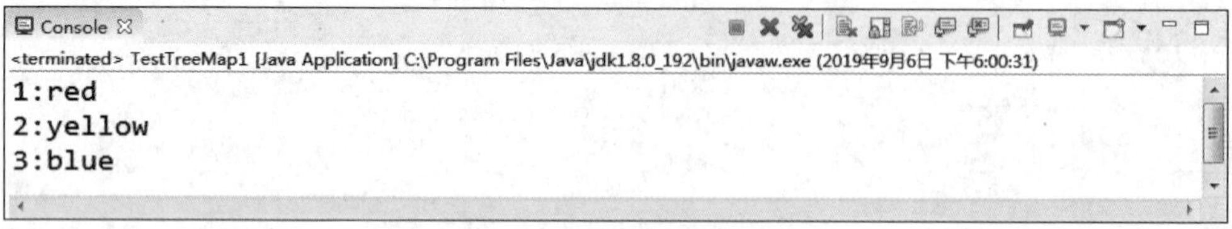

```
1:red
2:yellow
3:blue
```

图 8.31　例 8-27 运行结果

在例 8-27 中，创建 TreeMap 集合后，先添加键为"2"、值为"yellow"的元素，后添加键为"1"、值为"red"的元素，但是运行结果中可以看到集合中元素顺序并不是这样，而是按键的

实际值大小来升序排列的,这是因为 Integer 实现了 Comparable 接口,因此默认会按照自然顺序进行排序。

另外,TreeMap 还支持定制排序,根据自己的需求编写排序逻辑,接下来通过一个案例来演示这种用法,如例 8-28 所示。

例 8-28 TestTreeMap2.java

```java
1  import java.util.*;
2  public class TestTreeMap2 {
3      public static void main(String[] args) {
4          // 创建 TreeMap 集合并传入一个自定义 Comparator 对象
5          Map map = new TreeMap(new MyComparator());
6          map.put(2, "yellow");                    // 添加元素
7          map.put(1, "red");
8          map.put(3, "blue");
9          // 获取迭代器对象
10         Iterator iterator = map.keySet().iterator();
11         while (iterator.hasNext()) {
12             Object key = iterator.next();        // 取到键
13             Object value = map.get(key);         // 取到值
14             System.out.println(key + ":" + value);
15         }
16     }
17 }
18 class MyComparator implements Comparator{       // 自定义 Comparator 对象
19     public int compare(Object o1,Object o2){
20         Integer i1 = (Integer)o1;
21         Integer i2 = (Integer)o2;
22         return i2.compareTo(i1);                 // 返回比较之后的值
23     }
24 }
```

程序的运行结果如图 8.32 所示。

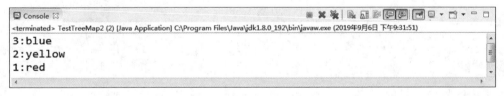

图 8.32 例 8-28 运行结果

在例 8-28 中,是按键为 2、1、3 的顺序将元素存入集合的,运行结果中显示集合中元素是按降序排列的,这是因为例 8-28 中自定义的 MyComparator 类中的 compare(Object o1, Object o2)方法重写了排序逻辑,这就是 TreeMap 的定制排序。

8.6.5 Properties 集合

Map 接口中有一个古老的、线程安全的实现类——Hashtable,与 HashMap 集合相同的是它也不能保证其中键值对的顺序,它判断两个键、两个值相等的标准与 HashMap 集合

一样，与 HashMap 集合不同的是，它不允许使用 null 作为键和值。

Hashtable 类存取元素速度较慢，目前基本被 HashMap 类代替，但它有一个子类 Properties 在实际开发中很常用，该子类对象用于处理属性文件，由于属性文件里的键和值都是字符串类型，所以 Properties 类里的键和值都是字符串类型。接下来了解一下 Properties 类的常用方法，如表 8.11 所示。

表 8.11 Properties 类常用方法

方 法 声 明	功 能 描 述
String getProperty(String key)	获取 Properties 中键为 key 的属性值
String getProperty(String s1,String s2)	获取 Properties 中键为 s1 的属性值，若不存在键为 s1 的值，则获取键为 s2 的值
Object setProperty(String key,String value)	设置属性值，类似于 Map 的 put()方法
void load(InputStream inStream)	从属性文件中加载所有键值对，将加载到的属性追加到 Properties 里，不保证加载顺序
void store(OutputStream out,String s)	将 Properties 中的键值对输出到指定文件

表 8.11 中列出了 Properties 类的常用方法，其中最常用的是 String getProperty (String key)，可以根据属性文件中属性的键，获取对应属性的值。接下来通过一个案例来演示 Properties 类的用法，如例 8-29 所示。

例 8-29 TestProperties.java

```
1   import java.io.FileOutputStream;
2   import java.util.Properties;
3   public class TestProperties {
4       public static void main(String[] args) throws Exception {
5           Properties pro = new Properties();   // 创建 Properties 对象
6           // 向 Properties 中添加属性
7           pro.setProperty("username", "1000phone");
8           pro.setProperty("password", "123456");
9           // 将 Properties 中的属性保存到 test.txt 中
10          pro.store(new FileOutputStream("test.ini"), "title");
11      }
12  }
```

上面的程序运行后，会在当前目录生成一个 test.ini 文件，文件内容如下。

```
#title
#Fri Oct 07 09:49:47 CST 2016
password=123456
username=1000phone
```

从 test.ini 文件中可看到例 8-29 中添加的属性，以键值对的形式保存，实际开发中通常用这种方式处理属性文件。

8.7 JDK 5.0 新特性——泛型

8.7.1 为什么使用泛型

泛型是 JDK 5.0 新加入的特性，解决了数据类型的安全性问题，其主要原理是在类声明时通过一个标识，表示类中某个属性的类型或者是某个方法的返回值及参数类型。这样在类声明或实例化时只要指定好需要的具体类型即可。

Java 泛型可以保证如果程序在编译时没有发出警告，运行时就不会报 ClassCastException 异常，同时，代码更加简洁、健壮。

在前面几节中，编译代码时都会出现类型安全的警告，如果指定了泛型，就不会出现这种警告。

8.7.2 泛型定义

泛型在定义集合类时，使用"<参数化类型>"的方式指定该集合中方法操作的数据类型，具体示例如下。

```
ArrayList<参数化类型> list = new ArrayList<参数化类型>();
```

接下来，通过一个案例来演示泛型在集合中的应用，如例 8-30 示。

例 8-30 TestGeneric1.java

```
1  import java.util.ArrayList;
2  public class TestGeneric1 {
3      public static void main(String[] args) {
4          // 创建集合对象,并限定只能添加 String 类型的元素
5          ArrayList<String> list = new ArrayList<String>();
6          list.add("a");              // 添加元素
7          list.add("b");
8          list.add("c");
9          System.out.println(list);   // 打印集合
10     }
11 }
```

程序的运行结果如图 8.33 所示。

```
Console 
<terminated> TestGeneric1 [Java Application] C:\Program Files\Java\jdk1.8.0_192\bin\javaw.exe (2019年9月6日 下午6:12:49)
[a, b, c]
```

图 8.33 例 8-30 运行结果

在例 8-30 中，创建集合的时候，指定了泛型为 String 类型，该集合只能添加 String 类型的元素，编译文件时，不再出现类型安全警告，如果向集合中添加非 String 类型的元素，会报编译时异常。

8.7.3 通配符

8.7.2 节讲解泛型的定义后,这里要引入一个通配符的概念,类型通配符用符号"?"表示,比如 List<?>,它是 List<String>、List<Object>等各种泛型 List 的父类。

接下来通过一个案例来演示通配符的使用,如例 8-31 所示。

例 8-31 TestGeneric2.java

```
1   import java.util.*;
2   public class TestGeneric2 {
3       public static void main(String[] args) {
4           List<?> list = null;                    // 声明泛型为?的 List
5           list = new ArrayList<String>();
6           list = new ArrayList<Integer>();
7           // list.add(3);                         // 编译时报错
8           list.add(null);                         //添加元素 null
9           System.out.println(list);
10          List<Integer> l1 = new ArrayList<Integer>();
11          List<String> l2 = new ArrayList<String>();
12          l1.add(1000);
13          l2.add("phone");
14          read(l1);
15          read(l2);
16      }
17      static void read(List<?> list) {
18          for (Object o : list) {
19              System.out.println(o);
20          }
21      }
22  }
```

程序的运行结果如图 8.34 所示。

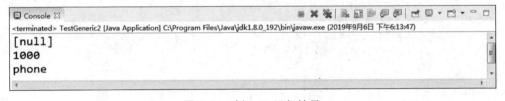

图 8.34 例 8-31 运行结果

在例 8-31 中,先声明 List 的泛型类型为"?",然后在创建对象实例时,泛型类型设为 String 或 Integer 都不会报错,体现了应用泛型的可扩展性,此时向集合中添加元素时会报错,因为 List 集合的元素类型无法确定,唯一例外的是 null,因为它是所有类型的成员。

另外,例 8-31 在方法 read()的参数声明中,List 参数也应用了泛型类型"?",所以使用此静态方法能接收多种参数类型。

8.7.4 有界类型

8.7.3 节中讲解了利用通配符"?"来声明泛型类型,Java 还提供了有界类型,可以创建声明超类的上界和声明子类的下界,下面通过一个案例来详细讲解有界类型,如例 8-32 所示。

例 8-32 TestGeneric3.java

```
1   import java.util.*;
2   public class TestGeneric3 {
3       public static void main(String[] args) {
4           List<? extends Person> list = null;
5           //list = new ArrayList<String>(); 报编译时异常
6           list = new ArrayList<Person>();
7           list = new ArrayList<Man>();
8           List<? super Man> list2 = null;
9           //list = new ArrayList<String>(); 报编译时异常
10          list2 = new ArrayList<Person>();
11          list2 = new ArrayList<Man>();
10      }
12  }
13  class Person {
14  }
15  class Man extends Person {
16  }
```

在例 8-32 中,将 list 的泛型类型定义为"? extends Person"表示只允许 list 的泛型类型为 Person 及 Person 的子类,若泛型为其他类型,则报编译时异常。将 list2 的泛型类型定义为"? super Man"表示只允许 list2 的泛型类型为 Man 及 Man 的父类,若泛型为其他类型,则报编译时异常。这就是泛型有界类型的基本使用。

8.7.5 泛型的限制

前面几节讲解了泛型的诸多用处,优点很多,但泛型也有一些限制,例如,加入集合中的对象类型必须与指定的泛型类型一致;静态方法中不能使用类的泛型;如果泛型类是一个接口或抽象类,则不可创建泛型类的对象;不能在 catch 中使用泛型;从泛型类派生子类,泛型类型需具体化等。

正确应用泛型,可以使程序变得更简洁、健壮,在应用的同时,也要注意泛型的诸多限制,以免出现错误。

8.7.6 自定义泛型

前面讲解了泛型的一些应用,那么,如何在程序中自定义泛型呢?假设要实现一个简单的容器,用于保存某个值,这个容器应该定义两个方法:get()方法和 set()方法,前者用于取值,后者用于存值,其语法格式如下。

```
void set(参数类型 参数){…}
返回值 参数类型 get(){…}
```

为了能存储任意类型的对象,set()方法参数需要定义为 Object 类型,get()方法返回值也需要定义为 Object 类型,但是当使用 get()方法取值时,可能忘记了存储的值是什么类型，强转类型和存入的类型不一致，这样程序就会发生错误。接下来通过一个案例来演示这种情况，如例 8-33 所示。

例 8-33　TestMyGeneric1.java

```
1   package test;
2   public class TestMyGeneric1 {
3       public static void main(String[] args) {
4           Pool pool = new Pool();
5           pool.set(new Boolean(true));
6           String i = pool.get();
7           System.out.println(i);
8       }
9   }
10  class Pool {
11      Object variable;
12      public void set(Object variable) {
13          this.variable = variable;
14      }
15      public Object get() {
16          return variable;
17      }
18  }
```

程序的运行结果如图 8.35 所示。

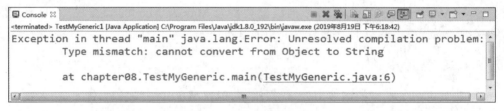

图 8.35　例 8-33 运行结果

在图 8.35 中，运行结果显示在编译时就报错了，这是因为代码中存入了一个 Boolean 类型的值，第 6 行取出这个值时，将其转换为 String 类型，出现不兼容的类型错误，为了避免这个错误，就可以使用泛型。如果定义类 Pool 时使用< T >声明参数类型（T 其实就是 Type 的缩写，这里也可以使用其他字符，为了方便理解就定义为 T），将 set()方法的参数类型和 get()方法的返回值类型都声明为 T，那么存入元素时，元素的类型就被限定了，容器中就只能存入这种 T 类型的元素，取出元素时也无须类型转换了。

接下来通过一个案例演示如何自定义泛型，如例 8-34 所示。

例 8-34　TestMyGeneric2.java

```
1   public class TestMyGeneric2 {
2       public static void main(String[] args) {
3           Pool< Integer > pool = new Pool< Integer >();
4           pool.set(new Integer(3));
5           Integer b = pool.get();
```

```
 6              System.out.println(b);
 7        }
 8  }
 9  class Pool < T > {                              // 创建类时,指定泛型类型为 T
10      T variable;
11      // 指定 set()方法参数类型为 T 类型
12      public void set(T variable) {
13          this.variable = variable;
14      }
15      // 指定 get()方法返回值为 T 类型
16      public T get() {
17          return variable;
18      }
19  }
```

程序的运行结果如图 8.36 所示。

图 8.36　例 8-34 运行结果

在例 8-34 中,Pool 类声明泛型类型为 T,其中,set()方法参数类型和 get()方法返回值类型都为 T,在 main()方法中创建 Pool 对象实例时,通过 < Integer > 将泛型 T 指定为 Integer 类型,调用 set()方法存入 Integer 类型的数据,调用 get()方法取出的值自然是 Integer 类型,这样就不需要进行类型转换了。

8.8　JDK 8.0 新特性——forEach 遍历

通过之前章节的学习,读者已经了解如何使用 for 循环和 JDK 1.5 的 forEach 方法对数据集进行遍历操作,从 JDK 8.0 开始,会有多个强大的新方法可以帮助完成简化复杂的迭代。forEach()方法是 JDK 8.0 中在集合父接口 java.lang.Iterable 中新增的一个 default 实现方法,该方法的源码如下所示。

```
default void forEach(Consumer <? super T> action) {
    Objects.requireNonNull(action);
    for (T t : this) {
        action.accept(t);
    }
}
```

forEach()方法接受一个在 JDK 8.0 中新增的 java.util.function.Consumer 的消费行为或者称为动作(Consumer Action)类型;然后将集合中的每个元素作为消费行为的 accept 方法的参数执行;直到所有元素都处理完毕或者抛出异常即终止行为;除非指定了消费行为 action 的实现,否则默认情况下是按迭代里面的元素顺序依次处理。由于该方法在 Iterable 中,所以直接用迭代的方式遍历整个集合元素,之后对每个元素调用 Consumer.accept(T)方法。

下面通过遍历 Map 集合和 List 集合中的元素,对比 JDK 1.8 前后两种遍历方式,如例 8-35 所示。

例 8-35 BianLi1.java

```java
1  package test;
2  import java.util.ArrayList;
3  import java.util.HashMap;
4  import java.util.List;
5  import java.util.Map;
6  public class BianLi1 {
7      public static void main(String[] args) {
8          Map<String, Integer> map = new HashMap<>();
9          map.put("ABC", 100);
10         map.put("abc", 200);
11         map.put("123", 300);
12         System.out.println("Map 集合的元素为:" + map);
13         System.out.println("遍历结果如下所示:");
14         //普通方法:
15         for(Map.Entry<String, Integer> entry : map.entrySet()){
16             System.out.println("Key: " + entry.getKey() + " Value: " +
17  entry.getValue());
18         }
19         System.out.println("以上为普通方法");
20         map.forEach((k,v) -> System.out.println("Key: " + k + " Value: " +
21  v));
22         System.out.println("以上为新特性第一种方法");
23         //新特性
24         map.forEach((k,v) ->{
25             System.out.println("Key: " + k + " Value: " + v);
26         });
27         System.out.println("以上为新特性第二种方法");
28         List<String> list = new ArrayList<>();
29         list.add("ABC");
30         list.add("abc");
31         list.add("123");
32         System.out.println("List 集合的元素为:" + list);
33         System.out.println("遍历结果如下所示:");
34         list.forEach(item -> System.out.println(item));
35         System.out.println("以上为新特性第一种方法");
36         list.forEach(System.out::println);
37         System.out.println("以上为新特性第二种方法");
38     }
39 }
```

运行以上代码,控制台中打印的结果如图 8.37 所示。

在例 8-35 中,首先定义了一个 Map 集合,并通过 put()方法向集合中添加键值对元素,然后通过 JDK 8.0 之前的旧方式对集合进行了遍历操作,随后又使用了 JDK 8.0 新特性对该集合进行了打印,通过比较可以看出,在新特性中的 forEach(Consumer action)方法与 Lambda 表达式进行了结合,方法传递的是一个函数式接口,在该方法执行时,会自动向表

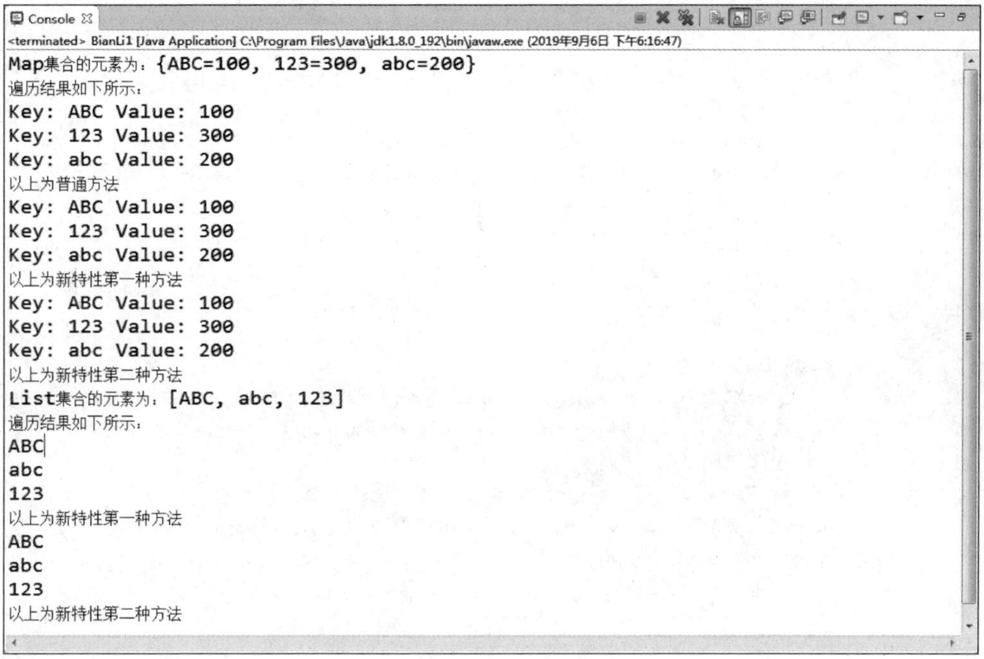

```
 Console ⊠
 <terminated> BianLi1 [Java Application] C:\Program Files\Java\jdk1.8.0_192\bin\javaw.exe (2019年9月6日 下午6:16:47)
 Map集合的元素为：{ABC=100, 123=300, abc=200}
 遍历结果如下所示：
 Key: ABC Value: 100
 Key: 123 Value: 300
 Key: abc Value: 200
 以上为普通方法
 Key: ABC Value: 100
 Key: 123 Value: 300
 Key: abc Value: 200
 以上为新特性第一种方法
 Key: ABC Value: 100
 Key: 123 Value: 300
 Key: abc Value: 200
 以上为新特性第二种方法
 List集合的元素为：[ABC, abc, 123]
 遍历结果如下所示：
 ABC
 abc
 123
 以上为新特性第一种方法
 ABC
 abc
 123
 以上为新特性第二种方法
```

图 8.37　例 8-35 运行结果

达式的形参中逐个传递集合元素。在以上代码对新特性的演示中，通过 Lambda 表达式的语法格式和方法引用实现对 Map 和 List 集合遍历的不同方法，也是对 Lambda 表达式章节知识点的复习，此处不再重复讲解。

除了 forEach（Consumer action）方法之外，JDK 8.0 中还提供了 forEachRemaining（Consumer action）方法进行遍历，不同的是，forEachRemaining（）方法遍历输出剩余元素，只能用一次，调用后 iterator.hasNext（）不再为 true，等同于如下所示的 while 循环。

```
while (hasNext())
    action.accept(next());
```

下面通过案例代码演示如何使用 forEachRemaining（Consumer action）方法遍历 Iterator 接口元素，如例 8-36 所示。

例 8-36　BianLi2.java

```
1   package test;
2   import java.util.ArrayList;
3   import java.util.Iterator;
4   public class BianLi2 {
5       public static void main(String [ ] args) {
6           ArrayList < String > list = new ArrayList <>();
7           list.add("千锋教育");
8           list.add("好程序员");
9           list.add("大数据");
10          list.add("云计算");
11          list.add("物联网");
```

```
12          System.out.println("list 集合中的元素为:" + list);
13          Iterator<String> it = list.iterator();
14          System.out.println("使用 forEachRemaining()方法遍历集合元素:");
15          //Lambda 表达式
16          it.forEachRemaining(String -> System.out.println(String + " "));
17          System.out.println("再次使用 forEachRemaining()方法,结果下方什么都没打
18   印出来");
19          System.out.println(" ------------- forEachRemaining()
20   END------------- ");
21          System.out.println(" ---------------- forEach()
22   START---------------- ");
23          //Lambda 表达式
24          it.forEachRemaining(String -> System.out.print(String));
25          System.out.println("使用 forEach()方法遍历集合元素:");
26          //使用 forEach()方法遍历
27          list.forEach(String -> System.out.println(String));          //Lambda 表达式
28          //forEach 和 forEachRemaining 区别不大,可以换着用,但是这个第二次能输出来
29          System.out.println("再次使用 forEach()方法遍历集合元素:");
30          list.forEach(String -> System.out.println(String));
31      }
32  }
```

运行结果如图 8.38 所示。

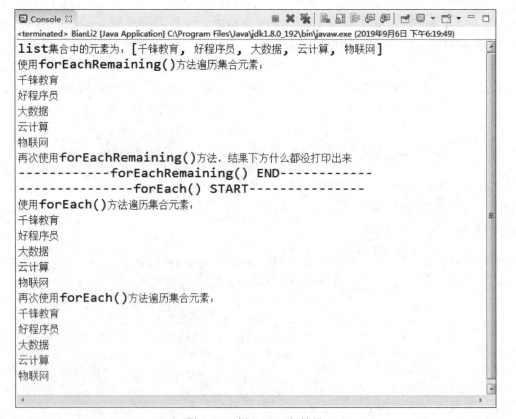

图 8.38 例 8-36 运行结果

在图 8.38 中,从运行结果可以看到 forEach 与 forEachRemaining 是可以依托于迭代器通过 Lambda 遍历的,其中,forEachRemaining()只能使用一次,而 forEach()两次都能打印出结果。

8.9　Collections 工具类

Collections 是一个操作 Set、List 和 Map 等集合的工具类,它提供了一系列静态的方法对集合元素进行排序、查询和修改等操作。接下来对这些常用方法进行详细介绍。

1. 排序操作

Collections 类中提供了一些对 List 集合进行排序的静态方法,如表 8.12 所示。

表 8.12　Collections 类排序方法

方法声明	功能描述
static void reverse(List list)	将 list 集合元素顺序反转
static void shuffle(List list)	将 list 集合元素随机排序
static void sort(List list)	将 list 集合元素根据自然顺序排序
static void swap(List list,int i,int j)	将 list 集合元素中,i 处元素与 j 处元素交换

表 8.12 中列出了 Collections 类对 List 集合进行排序的方法,接下来通过一个案例来演示这些方法的使用,如例 8-37 所示。

例 8-37　TestCollections1.java

```
1   import java.util.*;
2   public class TestCollections1 {
3       public static void main(String[] args) {
4           List list = new ArrayList();              // 创建集合对象
5           list.add(35);                             // 添加元素
6           list.add(70);
7           list.add(26);
8           list.add(102);
9           list.add(9);
10          System.out.println(list);                 // 打印集合
11          Collections.reverse(list);                // 反转集合
12          System.out.println(list);
13          Collections.shuffle(list);                // 随机排序
14          System.out.println(list);
15          Collections.sort(list);                   // 按自然顺序排序
16          System.out.println(list);
17          // 将索引为 1 的元素和索引为 3 的元素交换位置
18          Collections.swap(list, 1, 3);
19          System.out.println(list);
20      }
21  }
```

程序的运行结果如图 8.39 所示。

在例 8-37 中,先向 List 集合添加了 5 个元素,分别为 35、70、26、102、9,第一次打印集

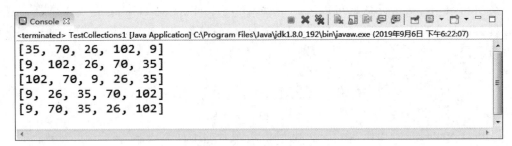

图 8.39 例 8-37 运行结果

合,第二次将集合反转后打印,第三次将集合随机排序打印,第四次将集合按自然顺序排序打印,最后将索引为 1 的元素和索引为 3 的元素交换位置并打印,可以看出这里的索引也是从 0 开始计算的。

2. 查找、替换操作

Collections 类中还提供了一些对集合进行查找、替换的静态方法,如表 8.13 所示。

表 8.13 Collections 类查找、替换方法

方法声明	功能描述
static int binarySearch(List list, Object o)	使用二分法搜索 o 元素在 list 集合中的索引,查找的 list 集合中元素必须是有序的
static Object max(Collection coll)	根据元素自然顺序,返回 coll 集合中最大的元素
static Object min(Collection coll)	根据元素自然顺序,返回 coll 集合中最小的元素
static boolean replaceAll(List list, Object o1, Object o2)	用 o2 元素替换 list 集合中所有的 o1 元素
int frequency(Collection coll, Object o)	返回 coll 集合中,o 元素出现的次数

表 8.13 中列出了 Collections 类中对集合进行查找、替换的方法,接下来通过一个案例来演示这些方法的使用,如例 8-38 所示。

例 8-38 TestCollections2.java

```
1   import java.util.*;
2   public class TestCollections2 {
3       public static void main(String[] args) {
4           List list = new ArrayList(5); // 创建集合对象
5           list.add(35);                  // 添加元素
6           list.add(70);
7           list.add(26);
8           list.add(102);
9           list.add(9);
10          // 打印元素 26 在 list 集合中的索引
11          System.out.println(Collections.binarySearch(list, 26));
12          System.out.println("集合中的最大元素:" + Collections.max(list));
13          System.out.println("集合中的最小元素:" + Collections.min(list));
14          // 在集合 list 中,用元素 35 替换元素 26
15          Collections.replaceAll(list, 26, 35);
16          // 打印集合中元素 35 出现的次数
```

```
17            System.out.println(Collections.frequency(list, 35));
18        }
19 }
```

程序的运行结果如图 8.40 所示。

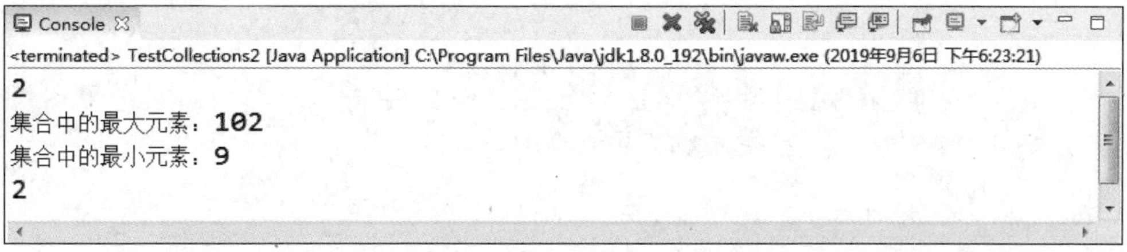

```
2
集合中的最大元素：102
集合中的最小元素：9
2
```

图 8.40 例 8-38 运行结果

在图 8.40 中，运行结果先打印了例 8-38 中元素 26 在集合中的索引，索引为 2，说明这里索引也是从 0 开始计算的；然后打印出了集合中按自然顺序排序后的最大元素和最小元素；最后用元素 35 替换掉集合里所有的元素 26，打印出元素 35 在集合中出现的次数为 2 次。这是 Collections 类基本的查找、替换用法。

Collections 工具类还提供了对集合对象设置不可变、对集合对象实现同步控制等方法，有兴趣的读者可以通过自学 JDK 使用文档来深入学习。

8.10 Arrays 工具类

java.util 包中还提供了一个 Arrays 数组工具类，里面包含大量操作数组的静态方法，如表 8.14 所示。

表 8.14 Arrays 类常用方法

方法声明	功能描述
static void sort(Object[] arr)	将 arr 数组元素按自然顺序排序
static int binarySearch(Object[] arr, Object o)	用二分搜索法搜索元素 o 在 arr 数组中的索引
static fill(Object[] arr, Object o)	将 arr 数组中所有元素替换为 o 元素
static String toString(Object[] arr)	将 arr 数组转换为字符串
static void copyOfRange(Object[] arr, int i, int j)	将 arr 数组索引从 i 到 j 的元素，复制到一个新数组

表 8.14 列出了 Arrays 类常用方法，接下来通过一个案例来演示这些方法的使用，如例 8-39 所示。

例 8-39 TestArrays.java

```
1  import java.util.*;
2  public class TestArrays {
3      public static void main(String[] args) {
4          // 创建数组并初始化内容
5          int arr[] = new int[] { 3, 8, 2, 6, 1 };
6          // 打印元素 2 在数组 arr 中的索引
```

```
7        System.out.println(Arrays.binarySearch(arr, 2));
8        Arrays.sort(arr);              // 对 arr 数组按自然排序进行排序
9        for (int a : arr) {
10           System.out.print(a);        // 打印排序后的数组
11       }
12       System.out.println();
13       // 将数组转换为字符串并打印
14       System.out.println(Arrays.toString(arr));
15       // 将数组 arr 从 arr[2]到 arr[6]复制到数组 arr2 中
16       int arr2[] = Arrays.copyOfRange(arr, 2, 6);
17       for (int a : arr2) {
18           System.out.print(a);        // 打印数组 arr2
19       }
20   }
21 }
```

程序的运行结果如图 8.41 所示。

```
2
12368
[1, 2, 3, 6, 8]
3680
```

图 8.41　例 8-39 运行结果

在图 8.41 中，运行结果先打印出了例 8-39 中 arr 数组元素"2"在数组中的索引位置，索引为 2，然后对 arr 数组进行了自然排序，遍历打印出数组，排序成功。之后将 arr 数组转换为字符串并打印。最后将 arr 数组中从 arr[2]到 arr[6]复制到数组 arr2 中并打印，这是 Arrays 数组工具类的基本用法。

当然，Arrays 工具类还有更多的方法，如果有兴趣，可以参照 JDK 使用文档进行深入学习。

8.11　集 合 转 换

在开发中，可能需要将集合对象（List、Set）转换为数组对象，或者将数组对象转换为集合对象。Java 提供了相互转换的方法，接下来详细讲解数组与集合的转换。

1. 集合转换为数组

集合可以直接转换为数组，如例 8-40 所示。

例 8-40　TestCollectionToArray.java

```
1 import java.util.*;
2 public class TestCollectionToArray {
3     public static void main(String[] args) {
4         List list = new ArrayList();          // 创建集合对象
```

```
5          list.add(1);                          // 添加元素
6          list.add(3);
7          list.add(2);
8          Object[] array = list.toArray();      // 将集合转换为数组
9          for (Object object : array) {
10             System.out.print(object + "\t");  // 打印数组
11         }
12     }
13 }
```

程序的运行结果如图 8.42 所示。

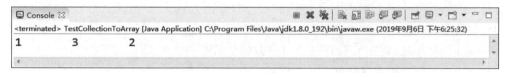

图 8.42　例 8-40 运行结果

图 8.42 中运行结果打印了数组中的 3 个元素。在例 8-40 中，先创建了集合对象并添加元素，然后调用集合的 toArray() 方法，将集合转换成了数组，循环遍历打印。

2. 数组转换为集合

数组也可以直接转换为集合，如例 8-41 所示。

例 8-41　TestArrayToList.java

```
1  import java.util.*;
2  public class TestArrayToList {
3      public static void main(String[] args) {
4          // 创建数组
5          String arr[] = new String[] { "1", "3", "2" };
6          List list = Arrays.asList(arr);        // 将数组转换为集合
7          System.out.println(list);              // 打印集合
8      }
9  }
```

程序的运行结果如图 8.43 所示。

图 8.43　例 8-41 运行结果

在例 8-41 中，先创建了数组并初始化，然后调用 Arrays 工具类的 asList(Object[]arr) 静态方法，将数组转换为集合，最后打印集合中所有元素。

💣**脚下留心**

对于 int[] 数组不能直接这样做，因为 asList(Object[]arr) 方法的参数必须是对象，应该先把 int[] 转换为 Integer[]。

使用 asList(Object[]arr)方法返回的 ArrayList 类是 Arrays 工具类里内嵌的一个私有静态类,并不是 java.util.ArrayList 中的 ArrayList 类,这个 ArrayList 类是固定长度的,如果对其进行 add()或者 remove()操作,将会报 UnsupportedOperationException 异常。

8.12　JDK 8.0 新特性——Stream API

Stream 是 Java 8 中处理集合的关键抽象概念,它可以指定对集合进行的操作,可以执行非常复杂的查找、过滤和映射数据等操作。使用 Stream API 对集合数据进行操作,就类似于使用 SQL 执行的数据库查询。也可以使用 Stream API 来并行执行操作。简而言之,Stream API 提供了一种高效且易于使用的处理数据的方式。

1. 理解 Stream

Stream 被称作流,是用来处理集合以及数组的数据的。它具有如下特点。
(1) Stream 自己不会存储元素。
(2) Stream 不会改变源对象,相反,它们会返回一个持有结果的新 Stream。
(3) Stream 操作是延迟执行的,这意味着它们会等到需要结果的时候才执行。

2. 使用 Stream 的三个步骤

(1) 创建 Stream:一个数据源(如:集合、数组),获取一个流。
(2) 中间操作:一个中间操作链,对数据源的数据进行处理。
(3) 终止操作:一个终止操作,执行中间操作链,并产生结果。

3. 创建 Stream 代码

例 8-42　StreamTest.java

```
1   package chapter09;
2   import java.util.ArrayList;
3   import java.util.Arrays;
4   import java.util.List;
5   import java.util.stream.Stream;
6   public class StreamTest {
7       public static void main(String[] args) {
8           //1.通过集合提供的 stream 方法或 parallelStream()方法创建
9           List<String> list = new ArrayList<>();
10          Stream<String> stringStream = list.stream();
11          //2.通过 Arrays 中的静态方法 stream 获取数组流
12          Employee[] employees = new Employee[10];
13          Stream<Employee> stream = Arrays.stream(employees);
14          //3.通过 Stream 类的静态方法 of()创建流
15          Stream<String> stream1 = Stream.of("aa","bb","cc");
16          //4.创建无限流
17          //迭代方式创建无限流
18          //从 0 开始,每次加 2,生成无限个
19          Stream<Integer> stream2 = Stream.iterate(0,(x) -> x + 2);
20          //生成 10 个
21          stream2.limit(10).forEach(System.out::println);
22          //生成方式创建无限流
```

```
23        Stream.generate(() -> Math.random())
24                .limit(5)
25                .forEach(System.out::println);
26    }
27 }
```

4. 生成流

在 Java 8 中,集合接口有以下两个方法来生成流。

(1) stream():为集合创建串行流。

(2) parallelStream():为集合创建并行流。

为集合创建串行流的代码如下。

```
List<String> strings = Arrays.asList("abc", "", "bc", "efg", "abcd","",
"jkl");
List<String> filtered = strings.stream().filter(string
-> !string.isEmpty()).collect(Collectors.toList());
```

Stream 使用一种类似用 SQL 语句从数据库查询数据的直观方式来提供一种对 Java 集合运算和表达的高阶抽象。Stream API 可以极大提高 Java 程序员的生产力,让程序员写出高效率、干净、简洁的代码。这种风格将要处理的元素集合看作一种流,流在管道中传输,并且可以在管道的节点上进行处理,比如筛选、排序、聚合等。以上的流程转换为 Java 代码如下所示。

```
List<Integer> transactionsIds =
widgets.stream()
        .filter(b -> b.getColor() == RED)
        .sorted((x,y) -> x.getWeight() - y.getWeight())
        .mapToInt(Widget::getWeight)
        .sum();
```

Stream(流)是一个来自数据源的元素队列并支持聚合操作,元素是特定类型的对象,形成一个队列。Java 中的 Stream 并不会存储元素,而是按需计算。

数据源流的来源可以是集合、数组、I/O channel、产生器 generator 等。

聚合操作是类似 SQL 语句一样的操作,比如 filter,map,reduce,find,match,sorted 等。和以前的 Collection 操作不同,Stream 操作还有以下两个基础的特征。

(1) Pipelining:中间操作都会返回流对象本身。这样多个操作可以串联成一个管道,如同流式风格(fluent style)。这样做可以对操作进行优化,比如延迟执行(laziness)和短路(short-circuiting)。

(2) 内部迭代:以前对集合遍历都是通过 Iterator 或者 forEach 的方式,显式地在集合外部进行迭代,这叫作外部迭代。Stream 提供了内部迭代的方式,通过访问者模式(Visitor)实现。

关键代码讲解如下。

生成流,用 stream()方法为集合创建串行流,代码如下所示。

```
List<String> strings = Arrays.asList("中国", "", "北京", "","海淀","",
"千锋");
List<String> filtered = strings.stream().filter(string
 -> !string.isEmpty()).collect(Collectors.toList());
```

Stream 提供了新的方法 forEach 来迭代流中的每个数据。以下代码片段使用 forEach 输出了 10 个随机数。

```
Random random = new Random();
random.ints().limit(10).forEach(System.out::println);
```

map 方法用于映射每个元素到对应的结果，以下代码片段使用 map 输出了元素对应的平方数。

```
List<Integer> numbers = Arrays.asList(3, 2, 2, 3, 7, 3, 5);
// 获取对应的平方数
List<Integer> squaresList = numbers.stream().map( i ->
i * i).distinct().collect(Collectors.toList());
```

filter 方法用于通过设置的条件过滤出元素。以下代码片段使用 filter 方法过滤出空字符串。

```
List<String> strings = Arrays.asList("中国", "", "北京", "","海淀","",
"千锋");
// 获取空字符串的数量
int count = strings.stream().filter(string -> string.isEmpty()).count();
```

limit 方法用于获取指定数量的流。以下代码片段使用 limit 方法打印出 10 条数据。

```
Random random = new Random();
random.ints().limit(10).forEach(System.out::println);
```

sorted 方法用于对流进行排序。以下代码片段使用 sorted 方法对输出的 10 个随机数进行排序。

```
Random random = new Random();
random.ints().limit(10).sorted().forEach(System.out::println);
```

parallelStream 是流并行处理程序的代替方法。以下实例中使用 parallelStream 来输出空字符串的数量。

```
List<String> strings = Arrays.asList("中国", "", "北京", "","海淀","",
"千锋");
// 获取空字符串的数量
int count = strings.parallelStream().filter(string ->
string.isEmpty()).count();
```

Collectors 类实现了很多归约操作，例如，将流转换成集合和聚合元素。Collectors 可用于返回列表或字符串，实例代码如下所示。

```java
List<String> strings = Arrays.asList("中国", "", "北京", "","海淀","",
"千锋");
List<String> filtered = strings.stream().filter(string
    -> !string.isEmpty()).collect(Collectors.toList());
System.out.println("筛选列表：" + filtered);
String mergedString = strings.stream().filter(string
    -> !string.isEmpty()).collect(Collectors.joining(", "));
System.out.println("合并字符串：" + mergedString);
```

在 JDK 1.8 中，引入了统计信息收集器来计算流处理时的所有统计信息。首先来了解一下 IntSummaryStatistics 类，这个类主要是和 stream 类配合使用的，在 java.util 包中，主要用于统计整型数组中元素的最大值、最小值、平均值、个数、元素总和等。有兴趣的读者可以通过 IntSummaryStatistics 类的源码了解和学习。

```java
public class IntSummaryStatistics implements IntConsumer {
private long count;
private long sum;
private int min = Integer.MAX_VALUE;
private int max = Integer.MIN_VALUE;
public IntSummaryStatistics() { }
@Override
public void accept(int value) {
    ++count;
    sum += value;
    min = Math.min(min, value);
    max = Math.max(max, value);
}
public void combine(IntSummaryStatistics other) {
    count += other.count;
    sum += other.sum;
    min = Math.min(min, other.min);
    max = Math.max(max, other.max);
}
public final long getCount() {
    return count;
}
public final long getSum() {
    return sum;
}
public final int getMin() {
    return min;
}
public final int getMax() {
    return max;
}
public final double getAverage() {
    return getCount() > 0 ? (double) getSum() / getCount() : 0.0d;
}

@Override
public String toString() {
```

```
        return String.format(
            "%s{count = %d, sum = %d, min = %d, average = %f, max = %d}",
            this.getClass().getSimpleName(),
            getCount(),
            getSum(),
            getMin(),
            getAverage(),
            getMax());
    }
}
```

通过源码可以看出，IntSummaryStatistics 类实现了 IntConsumer 接口，在该类中定义了获取重量、总和、最大值、最小值和平均数的方法，在编码时直接拿来使用即可。

另外，一些产生统计结果的收集器也非常有用。它们主要用于 int、double、long 等基本类型上，它们可以用来产生类似如下的统计结果。

```
List<Integer> numbers = Arrays.asList(3, 2, 2, 3, 7, 3, 5);
IntSummaryStatistics stats = numbers.stream().mapToInt((x) ->
x).summaryStatistics();
System.out.println("列表中最大的数：" + stats.getMax());
System.out.println("列表中最小的数：" + stats.getMin());
System.out.println("所有数之和：" + stats.getSum());
System.out.println("平均数：" + stats.getAverage());
```

Stream 完整实例如例 8-43 所示。

例 8-43 TestStream.java

```
1   package chapter08;
2   import java.util.ArrayList;
3   import java.util.Arrays;
4   import java.util.IntSummaryStatistics;
5   import java.util.List;
6   import java.util.Random;
7   import java.util.stream.Collectors;
8   public class TestStream {
9       public static void main(String args[]){
10          // 定义一个 String 类型的集合
11          List<String> strings = Arrays.asList("中国","","北京市","","海淀区
12  ","",
13  "千锋");
14          System.out.println("集合元素：" + strings);
15          System.out.println("空字符数量为:" + getCountEmpty(strings));
16          System.out.println("字符串长度为 2 的数量为：" +
17  getCountLength2(strings));
18          System.out.println("筛选后的集合：" + deleteEmptyStrings(strings));
19          // 使用逗号合并字符串
20          System.out.println("合并字符串：" + getMergedString(strings,","));
21          // 定义一个 int 类型的 List 集合
22          List<Integer> integers = Arrays.asList(0,1,2,3,4,5,6,7,8,9);
23          System.out.println("集合：" + integers);
24          System.out.println("集合中最大的元素：" + getMax(integers));
```

```java
25      System.out.println("集合中最小的元素：" + getMin(integers));
26      System.out.println("集合中的所有数之和 :" + getSum(integers));
27      System.out.println("平均数:" + getAverage(integers));
28      System.out.println("随机数:");
29      // 输出 3 个随机数
30      Random random = new Random();
31      int [] a = new int[3];
32      for(int i = 0;i < 3;i++) {
33          a[i] = random.nextInt(20);
34      }
35      Arrays.sort(a);
36      for(int i = 0;i < a.length;i++) {
37          System.out.print(a[i] + " ");
38      }
39      System.out.println();
40      System.out.println("---------- Java 8 Start ----------- ");
41      System.out.println("集合元素：" + strings);
42      // 并行处理
43      System.out.println("空字符串的数量为：" +
44  strings.parallelStream().filter(string -> string.isEmpty()).count());
45      System.out.println("空字符串的数量为：" +
46  strings.stream().filter(string -> string.isEmpty()).count());
47      System.out.println("字符串长度为 2 的数量为：" +
48  strings.stream().filter(string -> string.length() == 2).count());
49       System.out.println("筛选后的集合：" +
50  strings.stream().filter(string
51  ->!string.isEmpty()).collect(Collectors.toList()));
52      System.out.println("合并字符串：" + strings.stream().filter(string
53  ->!string.isEmpty()).collect(Collectors.joining(", ")));
54      System.out.println("集合：" + integers);
55      IntSummaryStatistics stats = integers.stream().mapToInt((x)
56  -> x).summaryStatistics();
57      System.out.println("集合中最大的元素:" + stats.getMax());
58      System.out.println("集合中最小的元素:" + stats.getMin());
59      System.out.println("集合中的所有数之和 :" + stats.getSum());
60      System.out.println("平均数：" + stats.getAverage());
61      System.out.println("随机数：");
62  random.ints(0,20).limit(3).sorted().forEach((x) -> System.out.print(x + "
63  "));
64      System.out.println();
65  }
66      //获取 List 集合中空字符个数
67   private static int getCountEmpty(List<String> strings){
68      int count = 0;
69      for(String string: strings){
70        if(string.isEmpty()){
71          count++;
72        }
73      }
74      return count;
75  }
76  // 获取字符串长度为 2 的集合数量
77  private static int getCountLength2(List<String> strings){
```

```java
78      int count = 0;
79      for(String string: strings){
80          if(string.length() == 2){
81              count++;
82          }
83      }
84      return count;
85  }
86  // 删除集合中的空字符串
87  private static List<String> deleteEmptyStrings(List<String>
88  strings){
89      List<String> newList = new ArrayList<String>();
90      // 遍历集合 strings 中的元素,如果非空,则把该元素添加至 newList 集合中
91      for(String string: strings){
92          if(!string.isEmpty()){
93              newList.add(string);
94          }
95      }
96      return newList;
97  }
98  // 合并字符串
99  private static String getMergedString(List<String> strings, String
100 separator){
101     StringBuilder stringBuilder = new StringBuilder();
102     for(String string: strings){
103         if(!string.isEmpty()){
104             stringBuilder.append(string);
105             stringBuilder.append(separator);
106         }
107     }
108     String mergedString = stringBuilder.toString();
109     return mergedString.substring(0, mergedString.length() - 2);
110 }
111 // 获取集合中的最大元素
112 private static int getMax(List<Integer> numbers){
113     int max = numbers.get(0);
114     for(int i = 1; i < numbers.size(); i++){
115         Integer number = numbers.get(i);
116         if(number.intValue() > max){
117             max = number.intValue();
118         }
119     }
120     return max;
121 }
122 // 获取集合中的最小元素
123 private static int getMin(List<Integer> numbers){
124     int min = numbers.get(0);
125     for(int i = 1; i < numbers.size(); i++){
126         Integer number = numbers.get(i);
127         if(number.intValue() < min){
```

```
128             min = number.intValue();
129         }
130     }
131     return min;
132 }
133 // 获取集合中的元素之和
134 private static int getSum(List<Integer> numbers){
135     int sum = (int)(numbers.get(0));
136     for(int i=1;i<numbers.size();i++){
137         sum += (int)numbers.get(i);
138     }
139     return sum;
140 }
141 // 获取集合元素中的平均值
142 private static double getAverage(List<Integer> numbers){
143     return (getSum(numbers) / (numbers.size() * 1.0));
144 }
145 }
```

以上代码中,分别通过 JDK 1.8 之前的方法和之后的方法分别实现了对集合元素的相关操作,运行结果如图 8.44 所示。

图 8.44　例 8-43 运行结果

小　　结

通过本章的学习,读者能够掌握 Java 集合框架的相关知识,了解 JDK 8.0 的 forEach 遍历,掌握 Java 8 新特性 Stream API 的使用。重点要了解的是 Java 泛型,可以保证如果程序在编译时没有发出警告,运行时就不会报 ClassCastException 异常,同时,代码更加简洁、健壮。

习　　题

1. 填空题

(1) _____ 接口是 List、Set 和 Queue 等接口的父接口,该接口里定义的方法既可用于操作 List 集合,也可用于操作 Set 和 Queue 集合。

(2) _____ 集合中元素是有序的且可重复的,相当于数学里面的数列,有序可重复。

(3) _____ 集合中元素是无序的、不可重复的,它也是继承自 Collection 接口,但它没有对 Collection 接口的方法进行扩充。

(4) _____ 接口不是继承自 Collection 接口,它与 Collection 接口是并列存在的,用于存储键值对(key-value)形式的元素,描述了由不重复的键到值的映射。

(5) JDK 1.8 中还提供了 _____ 方法进行遍历,不同的是其遍历输出剩余元素,只能用一次。

2. 选择题

(1) 在 Java 中,(　　)对象可以使用键/值的形式保存数据。
　　A. ArrayList　　　　B. HashSet　　　　C. LinkedList　　　　D. HashMap

(2) 下列属于线程安全的类的是(　　)。
　　A. ArrayList　　　　B. Vector　　　　C. HashMap　　　　D. HashSet

(3) ArrayList list＝new ArrayList(20); 这段代码中的 list 扩容了(　　)。
　　A. 0 次　　　　B. 1 次　　　　C. 2 次　　　　D. 3 次

(4) 下面(　　)是排序的。
　　A. TreeMap　　　　　　　　　　　　B. HashMap
　　C. WeakHashMap　　　　　　　　　　D. LinkedHashMap

(5) 下列关于 Stream 的描述中不正确的是(　　)。
　　A. Stream 被称作流,是用来处理集合以及数组的数据的
　　B. Stream 自己不会存储元素
　　C. Stream 可以改变源对象
　　D. Stream 操作是延迟执行的,这意味着它们会等到需要结果的时候才执行

3. 思考题

(1) 简述 Set 和 List 有哪些区别。

(2) 简述 Collection 与 Collections 的区别。

（3）请简述 Iterator 和 ListIterator 的区别。
（4）简述 Enumeration 接口和 Iterator 接口的区别。
（5）简述使用泛型的好处。

4. 编程题

（1）请从键盘随机输入 10 个整数保存到 List 中，并按从大到小的顺序倒序显示出来。
（2）请把学生名与考试分数录入到 Map 中，并按分数显示前三名成绩学员的名字。

第 9 章　I/O（输入/输出）流

本章学习目标

- 熟练掌握操作字节流和字符流读写文件。
- 了解其他 I/O 流。
- 熟练掌握 File 类及其用法。
- 了解 NI/O 的概念及其用法。
- 了解常见字符编码。

程序的主要任务是操作数据。在程序运行时，这些数据都必须位于内存中，并且属于特定的类型，程序才能操作它们。Java I/O 系统负责处理程序的输入和输出，I/O 类库位于 java.io 包中，它对各种常见的输入流和输出流进行了抽象。本章将对 I/O 流进行详细讲解。

9.1　流　概　述

流就是字节序列的抽象概念，能被连续读取数据的数据源和能被连续写入数据的接收端就是流，流机制是 Java 及 C++中的一个重要机制，通过流开发人员可以自由地控制文件、内存、I/O 设备等数据的流向。而 I/O 流就是用于处理设备上的数据，如硬盘、内存、键盘输入等，就好像管道，将两个容器连接起来，如图 9.1 所示。

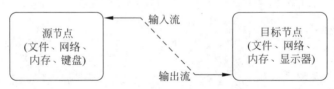

图 9.1　输入输出流示意图

I/O 流有很多种，按操作数据单位不同可分为字节流（8b）和字符流（16b），按数据流的流向不同可分为输入流和输出流，如表 9.1 所示。

表 9.1　流的分类

种　类	字　节　流	字　符　流
输入流	InputStream	Reader
输出流	OutputStream	Writer

从表 9.1 中可看出 I/O 流的大致分类，Java 的 I/O 流共涉及 40 多个类，实际上非常规则，都是从这 4 个抽象基类派生的，由这 4 个类派生出来的子类名称都是以其父类名作为子

类名后缀。接下来会详细讲解这些流的使用。

9.2 字 节 流

9.2.1 字节流的概念

在计算机中,所有的文件都能以二进制(字节)形式存在,Java 的 I/O 中针对字节传输操作提供了一系列流,统称为字节流。字节流有两个抽象基类 InputStream 和 OutputStream,分别处理字节流的输入和输出,所有的字节输入流都继承自 InputStream 类,所有的字节输出流都继承自 OutputStream 类。在这里,输入和输出的概念要有一个参照物,是站在程序的角度来理解这两个概念,如图 9.2 所示。

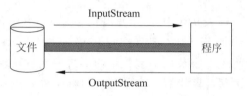

图 9.2 InputStream 和 OutputStream

在图 9.2 中,从程序到文件是输出流(OutputStream),将数据从程序输出到文件。从文件到程序是输入流(InputStream),通过程序读取文件中的数据。这样就实现了数据的传输。

Java 提供了一系列用于操作文件读写的有关方法,接下来先了解一下 InputStream 类的方法,如表 9.2 所示。

表 9.2 InputStream 类的方法

方 法 声 明	功 能 描 述
int available()	返回此输入流下一个方法调用可以不受阻塞地从此输入流读取(或跳过)的估计字节数
void close()	关闭此输入流并释放与此流关联的所有系统资源
void mark(int readlimit)	在此输入流中标记当前的位置
boolean markSupported()	测试此输入流是否支持 mark 和 reset 方法
long skip(long n)	跳过和丢弃此输入流中数据的 n 字节
int read()	从输入流中读取数据的下一字节
int read(byte[]b)	从输入流中读取一定数量的字节,并将其存储在缓冲区数组 b 中,返回读取的字节数
int read(byte[]b,int off,int len)	将输入流中最多 len 个数据字节读入 byte 数组
void reset()	将此流重新定位到最后一次对此输入流调用 mark 方法时的位置

表 9.2 中列出了 InputStream 类的方法,其中最常用的是三个重载的 read()方法和 close()方法,read()方法是从流中逐个读入字节,int read(byte[]b)方法和 int read(byte[]b,int off,int len)方法是将若干字节以字节数组形式一次性读入,提高读数据的效率。操作 I/O 流时会占用宝贵的系统资源,当操作完成后,应该将 I/O 所占用的系统资源释放,这时就需要调用 close()方法关闭流。

介绍完 InputStream 类的相关方法,接下来要介绍一下它所对应的 OutputStream 类的相关方法,如表 9.3 所示。

表 9.3　OutputStream 类的方法

方 法 声 明	功 能 描 述
void close()	关闭此输出流并释放与此流有关的所有系统资源
void flush()	刷新此输出流并强制写出所有缓冲的输出字节
void write(byte[] b)	将 b.length 字节从指定的 byte 数组写入此输出流
void write(int b)	将指定的字节写入此输出流
void write(byte[] b, int off, int len)	将指定 byte 数组中从偏移量 off 开始的 len 字节写入此输出流

　　表 9.3 中,三个重载的 write() 方法都是向输出流写入字节,其中,void write(int b) 方法是逐个写入字节;void write(byte[] b) 方法和 void write(byte[] b, int off, int len) 方法是将若干字节以字节数组的形式一次性写入,提高写数据的效率;flush() 方法用于将当前流的缓冲区中数据强制写入目标文件;close() 方法用来关闭此输出流并释放系统资源。

　　InputStream 和 OutputStream 都是抽象类,不能实例化,所以要实现功能,需要用到它们的子类,接下来先了解一下这些子类,如图 9.3 和图 9.4 所示。

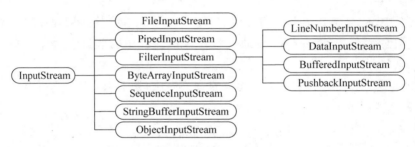

图 9.3　InputStream 子类结构图

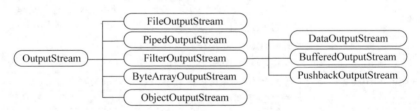

图 9.4　OutputStream 子类结构图

　　从图 9.3 和图 9.4 中可看出,InputStream 和 OutputStream 的子类虽然多,但都有规律可循,比如 InputStream 的子类都以 InputStream 为后缀,OutputStream 的子类都以 OutputStream 为后缀。另外,InputStream 和 OutputStream 的子类也相互对应,例如 FileInputStream 和 FileOutputStream。接下来会详细讲解这些类的使用。

9.2.2　字节流读写文件

　　9.2.1 节介绍了 InputStream 和 OutputStream 的众多子类,其中,FileInputStream 和 FileOutputStream 是两个很常用的子类,FileInputStream 用来从文件中读取数据,操作文件的字节输入流,接下来通过一个案例来演示如何从文件中读取数据。首先在 D 盘根目录下新建一个文本文件 read.txt,文件内容如下:

创建文件完成后，开始编写代码，如例 9-1 所示。

例 9-1 TestFileInputStream.java

```java
1   import java.io.*;
2   public class TestFileInputStream {
3       public static void main(String[] args) {
4           FileInputStream fis = null;
5           try {
6               // 创建文件输入流对象
7               fis = new FileInputStream("D://read.txt");
8               int n = 512;            // 设定读取的字节数
9               byte buffer[] = new byte[n];
10              // 读取输入流
11              while ((fis.read(buffer, 0, n) != -1) && (n > 0)) {
12                  System.out.print(new String(buffer));
13              }
14          } catch (Exception e) {
15              System.out.println(e);
16          } finally {
17              try {
18                  fis.close();           // 释放资源
19              } catch (IOException e) {
20                  e.printStackTrace();
21              }
22          }
23      }
24  }
```

程序的运行结果如图 9.5 所示。

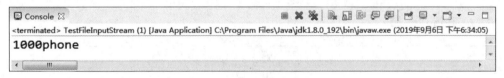

图 9.5　例 9-1 运行结果

在例 9-1 中，第 8 行设定了读取的字节数为 512，程序在读取时，一次性读取 512 个字符，所以图 9.5 运行结果中 1000phone 后还有很多空格。

脚下留心

在例 9-1 中，如果程序中途出现错误，程序将直接中断，所以一定要将关闭资源的 close() 方法写到 finally 中，因为 finally 中不能直接访问 try 中的内容，所以要将 FileInputStream 定义在 try 的外面。由于篇幅有限，后面的代码不再重复异常处理的标准写法，直接将异常抛出。

另外，当前目录下读取的文件一定要存在，否则会报 FileNotFoundException 异常，如图 9.6 所示。

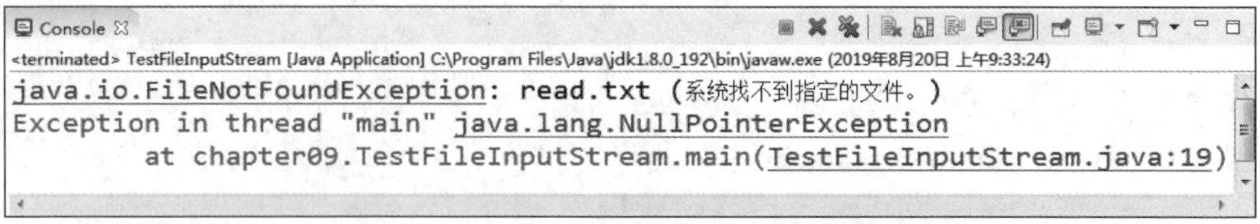

```
Console
<terminated> TestFileInputStream [Java Application] C:\Program Files\Java\jdk1.8.0_192\bin\javaw.exe (2019年8月20日 上午9:33:24)
java.io.FileNotFoundException: read.txt (系统找不到指定的文件。)
Exception in thread "main" java.lang.NullPointerException
        at chapter09.TestFileInputStream.main(TestFileInputStream.java:19)
```

图 9.6　文件未找到异常

与 FileInputStream 对应的是 FileOutputStream，它是用来将数据写入文件，操作文件字节输出流的，接下来通过一个案例来演示如何将数据写入文件，如例 9-2 所示。

例 9-2　TestFileOutputStream1.java

```
1    import java.io.*;
2    public class TestFileOutputStream1 {
3        public static void main(String[] args) throws IOException {
4            System.out.print("输入要保存文件的内容:");
5            int count, n = 512;
6            byte buffer[] = new byte[n];
7            count = System.in.read(buffer);            // 读取标准输入流
8            // 创建文件输出流对象
9            FileOutputStream fos = new FileOutputStream("D://read.txt");
10           fos.write(buffer, 0, count);               // 写入输出流
11           System.out.println("已保存到 read.txt!");
12           fos.close();                               // 释放资源
13       }
14   }
```

程序的运行结果如图 9.7 所示。

```
Console
<terminated> TestFileOutputStream1 [Java Application] C:\Program Files\Java\jdk1.8.0_192\bin\javaw.exe (2019年9月6日 下午6:35:31)
输入要保存文件的内容:.com
已保存到 read.txt!
```

图 9.7　例 9-2 运行结果

在图 9.7 中，运行结果显示将".com"成功存入了 read.txt 文件，此时文件内容如下。

.com

如果文件不存在，文件输出流会先创建文件，再将内容输出到文件中，例 9-2 中，read.txt 已经存在，从运行后的文件内容可看出，程序是先将之前的内容"1000phone"清除掉，然后写入了".com"，如果想不清除文件内容，可以使用 FileOutputStream 类的构造方法 FileOutputStream(String FileName, boolean append) 来创建文件输出流对象，指定参数 append 为 true。将 read.txt 文件内容重新修改为"1000phone"，修改例 9-2 代码，如例 9-3 所示。

例 9-3　TestFileOutputStream2.java

```
1   import java.io.*;
2   public class TestFileOutputStream2 {
3       public static void main(String[] args) throws Exception {
4           System.out.print("输入要保存文件的内容:");
5           int count, n = 512;
6           byte buffer[] = new byte[n];
7           count = System.in.read(buffer);            // 读取标准输入流
8           // 创建文件输出流对象
9           FileOutputStream fos = new FileOutputStream("D://read.txt", true);
10          fos.write(buffer, 0, count);               // 写入输出流
11          System.out.println("已保存到 read.txt!");
12          fos.close();                               // 释放资源
13      }
14  }
```

程序的运行结果如图 9.8 所示。

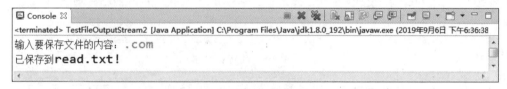

图 9.8　例 9-3 运行结果

在图 9.8 中，运行结果显示成功将 ".com" 存入了 read.txt 文件，此时文件内容如下。

```
1000phone.com
```

通过 FileOutputStream 类的构造方法指定参数 append 为 true，内容成功写入文件，并且没有清除之前的内容，将内容写入到文件末尾。

9.2.3　文件的复制

在 9.2.2 节中详细讲解了文件输入流和文件输出流，实际开发中，往往都是二者结合使用，比如文件的复制。接下来通过一个案例演示如何通过输入输出流实现文件的复制。首先在当前目录新建文件夹 src 和 tar，将一张图片 test.jpg 存入 src 中，然后开始编写代码，如例 9-4 所示。

例 9-4　TestFileCopy.java

```
1   import java.io.*;
2   public class TestFileCopy {
3       public static void main(String[] args) throws IOException {
4           // 创建文件输入流对象
5           FileInputStream fis = new FileInputStream("src/test.jpg");
6           // 创建文件输出流对象
7           FileOutputStream fos = new FileOutputStream("tar/test.jpg");
8           int len;// 定义 len,记录每次读取的字节
```

```
9        // 复制文件前的系统时间
10       long begin = System.currentTimeMillis();
11       // 读取文件并判断是否到达文件末尾
12       while ((len = fis.read()) != -1) {
13           fos.write(len);                  // 将读到的字节写入文件
14       }
15       // 复制文件后的系统时间
16       long end = System.currentTimeMillis();
17       System.out.println("复制文件耗时:" + (end - begin) + "毫秒");
18       fos.close();                         // 释放资源
19       fis.close();
20   }
21 }
```

程序的运行结果如图 9.9 所示。

图 9.9 例 9-4 运行结果

在图 9.9 中，运行结果显示了文件复制的消耗时间，文件成功从 src 文件夹复制到了 tar 文件夹，如图 9.10 所示。

另外，从图 9.9 中可看出，复制文件消耗了 71ms，由于计算机的性能差异等原因，复制文件的耗时可能每次都不相同。

图 9.10 文件复制的两个文件夹

💣 **脚下留心**

在例 9-4 中，如果在 D 盘中指定 src 和 tar 的目录用"\\"，这是因为 Windows 目录用反斜杠"\"表示，但 Java 中反斜杠是特殊字符，所以写成"\\"指定路径，也可以使用"/"指定目录，例如"src/test.jpg"。

9.2.4 字节流的缓冲区

在 9.2.3 节中讲解了如何复制文件，但复制的方式是一字节一字节地复制，频繁操作文件，效率非常低，利用字节流的缓冲区可以解决这一问题，提高效率。缓冲区可以存放一些数据，例如，某出版社要从北京往西安运送教材，如果有 1000 本教材，每次只运送一本教材，就需要运输 1000 次，为了减少运输次数，可以先把一批教材装在车厢中，这样就可以成批地运送教材，这时的车厢就相当于一个临时缓冲区。当通过流的方式复制文件时，为了提高效率也可以定义一个字节数组作为缓冲区，将多字节读到缓冲区，然后一次性输出到文件，这样会大大提高效率。接下来通过一个案例来演示如何在复制文件时应用缓冲区提高效率，如例 9-5 所示。

例 9-5　TestFileCopyBuffer.java

```java
1   import java.io.*;
2   public class TestFileCopyBuffer {
3       public static void main(String[] args) throws Exception {
4           // 创建文件输入流对象
5           FileInputStream fis = new FileInputStream("src/test.jpg");
6           // 创建文件输出流对象
7           FileOutputStream fos = new FileOutputStream("tar/test.jpg");
8           byte[] b = new byte[512];              // 定义缓冲区大小
9           int len;                               // 定义 len,记录每次读取的字节
10          // 复制文件前的系统时间
11          long begin = System.currentTimeMillis();
12          // 读取文件并判断是否到达文件末尾
13          while ((len = fis.read(b)) != -1) {
14              fos.write(b, 0, len);              // 从第1个字节开始,向文件写入 len 字节
15          }
16          // 复制文件后的系统时间
17          long end = System.currentTimeMillis();
18          System.out.println("复制文件耗时:" + (end - begin) + "毫秒");
19          fos.close();                           // 释放资源
20          fis.close();
21      }
22  }
```

程序的运行结果如图 9.11 所示。

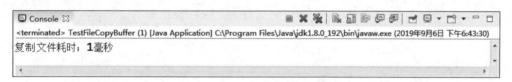

图 9.11　例 9-5 运行结果

从图 9.11 中运行结果可看出,与图 9.9 相比,复制同样的文件,耗时大大降低了,说明应用缓冲区后,程序运行效率大大提高了,这是因为应用缓冲区后,操作文件的次数减少了,从而提高了读写效率。

9.2.5　装饰设计模式

装饰模式是在不必改变原类文件和使用继承的情况下,动态地扩展一个对象的功能。它是通过创建一个包装对象,也就是装饰来包裹真实的对象。例如,在北京买了一套房,冬天天气很冷,想在房子的客厅安装一台空调,这就相当于为这套新房添加了新的功能。

装饰对象和被装饰对象要实现同一个接口,装饰对象持有被装饰对象的实例,如图 9.12 所示。

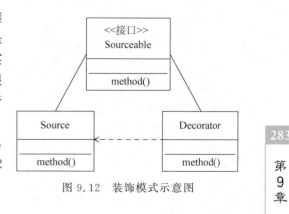

图 9.12　装饰模式示意图

Source 类和 Decorator 类都实现了 Sourceable 接口，Source 类是被装饰类，Decorator 类是一个装饰类，可以为 Source 类动态地添加一些功能，接下来通过一个案例来演示装饰模式的使用，如例 9-6 所示。

例 9-6　TestDecorator.java

```java
1  public class TestDecorator {
2      public static void main(String[] args) {
3          // 创建被装饰类对象
4          Sourceable source = new Source();
5          System.out.println(" -------- 装饰前 -------- ");
6          source.method();
7          System.out.println(" -------- 装饰后 -------- ");
8          // 创建装饰类对象,并将被装饰类当成参数传入
9          Sourceable obj = new Decorator(source);
10         obj.method();
11     }
12 }
13 interface Sourceable { // 定义公共接口
14     public void method();
15 }
16 // 定义被装饰类
17 class Source implements Sourceable {
18     public void method() {
19         System.out.println("功能1");
20     }
21 }
22 // 定义装饰类
23 class Decorator implements Sourceable {
24     private Sourceable source;
25     public Decorator(Sourceable source) {
26         super();
27         this.source = source;
28     }
29     public void method() {
30         source.method();
31         System.out.println("功能2");
32         System.out.println("功能3");
33     }
34 }
```

程序的运行结果如图 9.13 所示。

图 9.13　例 9-6 运行结果

在例 9-6 中,被装饰类 Source 本身只有一个功能,在装饰前打印了功能 1,经过装饰类 Decorator 装饰后,打印了功能 1、功能 2 和功能 3。Sourceable 公共接口保证了装饰类实现了被装饰类实现的方法。创建被装饰类对象后,创建装饰类时,通过装饰类的构造方法,将被装饰类以参数形式传入,执行装饰类的方法,这样就达到了动态增加功能的效果。

例 9-6 这样做的好处就是动态增加了对象的功能,而且还能动态撤销功能,继承是不能做到这一点的,继承的功能是静态的,不能动态增删。但这种方式也有不足,这样做会产生过多相似的对象,不易排错。

9.2.6 字节缓冲流

9.2.5 节讲解了装饰设计模式,实际上,在 I/O 中一些流也用到了这种模式,分别是 BufferedInputStream 类和 BufferedOutputStream 类,这两个流都使用了装饰设计模式。它们的构造方法中分别接收 InputStream 和 OutputStream 类型的参数作为被装饰对象,在执行读写操作时提供缓冲功能,如图 9.14 所示。

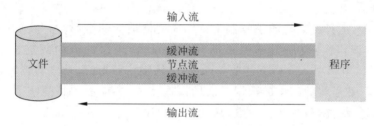

图 9.14 缓冲流示意图

在图 9.14 中,可以看到程序和文件两个节点相互传输数据是节点流,比如前面提到的 FileInputStream 类和 FileOutputStream 类都是节点流。在节点流之外,封装着一层缓冲流,它是对一个已存在的流的连接和封装,比如 BufferedInputStream 类和 BufferedOutputStream 类,接下来通过一个案例来演示这两个流的使用,如例 9-7 所示。

例 9-7 TestBuffered.java

```
1   import java.io.*;
2   public class TestBuffered {
3       public static void main(String[] args) throws IOException {
4           // 创建文件输入流对象
5           FileInputStream fis = new FileInputStream("src\\test.jpg");
6           // 创建文件输出流对象
7           FileOutputStream fos = new FileOutputStream("tar\\test.jpg");
8           // 将创建的节点流的对象作为形参传递给缓冲流的构造方法中
9           BufferedInputStream bis = new BufferedInputStream(fis);
10          BufferedOutputStream bos = new BufferedOutputStream(fos);
11          int len; // 定义 len,记录每次读取的字节
12          // 复制文件前的系统时间
13          long begin = System.currentTimeMillis();
14          // 读取文件并判断是否到达文件末尾
15          while ((len = bis.read()) != -1) {
16              bos.write(len);              // 将读到的字节写入文件
```

```
17        }
18        // 复制文件后的系统时间
19        long end = System.currentTimeMillis();
20        System.out.println("复制文件耗时:" + (end - begin) + "毫秒");
21        bos.close();
22        bis.close();
23    }
24 }
```

程序的运行结果如图 9.15 所示。

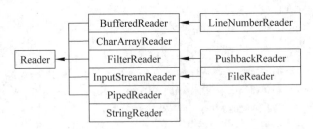

图 9.15　例 9-7 运行结果

在图 9.15 中，运行结果打印了复制 test.jpg 文件消耗的毫秒数，与例 9-4 相比，例 9-7 只是应用了缓冲流，就将复制效率明显提升，因为这两个缓冲流内部定义了一个大小为 8192 的字节数组，当调用 read()方法或 write()方法操作数据时，首先将读写的数据存入定义好的字节数组，然后将数组中的数据一次性操作完成，和前面讲解的字节流缓冲区类似，都是对数据进行了缓冲，减少操作次数，从而提高程序运行效率。

9.3　字　符　流

9.3.1　字符流定义及基本用法

前面讲解了字节流的相关内容，Java 还提供了字符流，用于操作字符。与字节流相似，字符流也有两个抽象基类，分别是 Reader 和 Writer，Reader 是字符输入流，用于从目标文件读取字符，Writer 是字符输出流，用于向目标文件写入字符。字符流也是由两个抽象基类衍生出很多子类，由子类来实现功能，先来了解一下它们的结构，如图 9.16 和图 9.17 所示。

```
                   ┌── BufferedReader ──── LineNumberReader
                   ├── CharArrayReader
        Reader ────┤── FilterReader   ──── PushbackReader
                   ├── InputStreamReader ── FileReader
                   ├── PipedReader
                   └── StringReader
```

图 9.16　Reader 子类结构图

从图 9.16 和图 9.17 中可以看出，字符流与字节流相似，也是很有规律的，这些子类都是以它们的抽象基类为结尾命名的，并且 Reader 和 Writer 很多子类相对应，例如 CharArrayReader 和 CharArrayWriter。接下来会详细讲解字符流的使用。

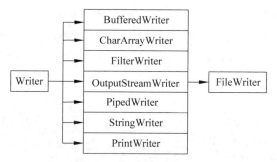

图 9.17 Writer 子类结构图

9.3.2 字符流操作文件

9.3.1 节介绍了 Reader 和 Writer 的众多子类,其中,FileReader 和 FileWriter 是两个很常用的子类,FileReader 类是用来从文件中读取字符的,操作文件的字符输入流,接下来通过一个案例来演示如何从文件中读取字符。首先在 D 盘根目录下新建一个文本文件 read.txt,文件内容如下。

```
1000phone
```

创建文件完成后,开始编写代码,如例 9-8 所示。

例 9-8 TestFileReader.java

```
1   import java.io.*;
2   public class TestFileReader {
3       public static void main(String[] args) throws Exception {
4           File file = new File("read.txt");
5           FileReader fr = new FileReader(file);
6           int len;                    // 定义 len,记录读取的字符
7           // 判断是否读取到文件的末尾
8           while ((len = fr.read()) != -1) {
9               // 打印文件内容
10              System.out.print((char) len);
11          }
12          fr.close();                 // 释放资源
13      }
14  }
```

程序的运行结果如图 9.18 所示。

图 9.18 例 9-8 运行结果

在例 9-8 中,首先声明一个文件字符输入流,然后在创建输入流实例时,将文件以参数传入,读取到文件后,用变量 len 记录读取的字符,然后循环输出。这里要注意 len 是 int 类

型，所以输出时要强转类型，第 10 行中将 len 强转为 char 类型。

与 FileReader 类对应的是 FileWriter 类，它是用来将字符写入文件，操作文件字符输出流的，接下来通过一个案例来演示如何将字符写入文件，如例 9-9 所示。

例 9-9 TestFileWriter.java

```
1   import java.io.*;
2   public class TestFileWriter {
3       public static void main(String[] args) throws IOException {
4           File file = new File("read.txt");
5           FileWriter fw = new FileWriter(file);
6           fw.write(".com");                      // 写入文件的内容
7           System.out.println("已保存到 read.txt!");
8           fw.close();                            // 释放资源
9       }
10  }
```

程序的运行结果如图 9.19 所示。

```
已保存到 read.txt!
```

图 9.19　例 9-9 运行结果

在图 9.19 中，运行结果显示将 ".com" 成功存入了 read.txt 文件，文件内容如下。

```
.com
```

FileWriter 与 FileOutputStream 类似，如果指定的目标文件不存在，则先新建文件，再写入内容。如果文件存在，会先清空文件内容，然后写入新内容。如果想在文件内容的末尾追加内容，则需要调用构造方法 FileWriter(String FileName, boolean append)来创建文件输出流对象，将参数 append 指定为 true 即可，将例 9-9 第 5 行代码修改如下。

```
FileWriter fw = new FileWriter(file,true);
```

再次运行程序，输出流会将字符追加到文件内容的末尾，不会清除文件本身的内容。

9.3.3　字符流的缓冲区

前面讲解了字节流的缓冲区，字符流也同样有缓冲区。字符流中带缓冲区的流分别是 BufferedReader 类和 BufferedWriter 类，其中，BufferedReader 类用于对字符输入流进行包装，BufferedWriter 类用于对字符输出流进行包装，包装后会提高字符流的读写效率。接下来通过一个案例演示如何在复制文件时应用字符流缓冲区，先在项目的根目录下创建一个 src.txt 文件，文件内容如下。

```
千锋教育培训
用良心做教育
欢迎您的到来
```

创建好文件后,开始编写代码,如例 9-10 所示。

例 9-10 TestCopyBuffered.java

```
1   import java.io.*;
2   public class TestCopyBuffered {
3       public static void main(String[] args) throws IOException {
4           FileReader fr = new FileReader("src/src.txt");
5           FileWriter fw = new FileWriter("src/tar.txt");
6           BufferedReader br = new BufferedReader(fr);
7           BufferedWriter bw = new BufferedWriter(fw);
8           String str;
9           // 每次读取一行文本,判断是否到文件末尾
10          while ((str = br.readLine()) != null) {
11              bw.write(str);
12              // 写入一个换行符,该方法会根据不同操作系统生成相应换行符
13              bw.newLine();
14          }
15          bw.close();           // 释放资源
16          br.close();
17      }
18  }
```

在例 9-10 程序运行结束后,会在 src 根目录下生成一个 tar.txt 文件,内容与之前创建的 src.txt 文件内容相同,如图 9.20 所示。

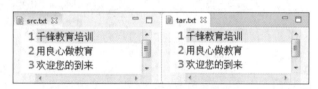

图 9.20 文件复制前后的内容

在图 9.20 中,展示了文件复制前后的文件内容,可以看到,文件字符缓冲流成功复制了文件。在例 9-10 中,第 10 行每次循环都用 readLine()方法读取一行字符,然后通过 write()方法写入目标文件。

💣 **脚下留心**

例 9-10 中,循环中调用了 BufferedWriter 的 write()方法写字符时,这些字符首先会被写入缓冲区,当缓冲区写满时或调用 close()方法时,缓冲区中字符才会被写入目标文件,因此在循环结束后一定要调用 close()方法,否则可能会出现部分数据未写入目标文件。

9.3.4 LineNumberReader

Java 程序在编译或运行期间经常会出现一些错误,在错误中通常会报告出错的行号,为了方便查找错误,需要在代码中加入行号。JDK 提供了一个可以跟踪行号的流——LineNumberReader,它是 BufferedReader 的子类。接下来通过一个案例演示复制文件时,如何为文件内容加上行号。首先在当前目录新建一个文件 code1.txt,文件内容如下。

```
import java.io.*;
public class TestFileInputStream {
    public static void main(String[] args) throws Exception{
        FileInputStream fis = new FileInputStream("xxx.txt");
        int n = 512;
        byte buffer[] = new byte[n];
        while ((fis.read(buffer, 0, n) != -1) && (n > 0)) {
            System.out.print(new String(buffer));
        }
        fis.close();
    }
}
```

创建好文件后,开始编写代码,如例 9-11 所示。

例 9-11 TestLineNumberReader.java

```
1   import java.io.*;
2   public class TestLineNumberReader {
3       public static void main(String[] args) throws IOException {
4           FileReader fr = new FileReader("code1.txt");
5           FileWriter fw = new FileWriter("code2.txt");
6           LineNumberReader lnr = new LineNumberReader(fr);
7           lnr.setLineNumber(0);              // 设置文件起始行号
8           String str = null;
9           while ((str = lnr.readLine()) != null) {
10              // 将行号写入文件
11              fw.write(lnr.getLineNumber() + ":" + str);
12              fw.write("\r\n");              // 写入换行
13          }
14          fw.close();                        // 释放资源
15          lnr.close();
16      }
17  }
```

例 9-11 程序运行结束后,会在当前目录生成一个 code2.txt 文件,与 code1.txt 相比,文件内容增加了行号,如图 9.21 所示。

在例 9-11 的复制过程中,使用 LineNumberReader 类来跟踪行号,调用 setLineNumber()方法设置行号起始值为 0,从图 9.21 中可看到,第一行的行号是 1,这是因为 LineNumberReader 类在读取到换行符"\n"、回车符"\r"或者回车后紧跟换行符时,行号会自动加 1。这就是 LineNumberReader 类的基本使用。

9.3.5 转换流

前面分别讲解了字节流和字符流,有时字节流和字符流之间也需要进行转换,在 JDK 中提供了可以将字节流转换为字符流的两个类,分别是 InputStreamReader 类和 OutputStreamWriter 类,它们被称为转换流,其中,OutputStreamWriter 类可以将一个字符输出流转换成字节输出流,而 InputStreamReader 类可以将一个字节输入流转换成字符输

图 9.21 文件复制前后内容

入流,转换流的出现方便了对文件的读写,它在字符流与字节流之间架起了一座桥梁,使原本没有关联的两种流操作能够进行转换,提高了程序的灵活性。通过转换流进行读写数据的过程如图 9.22 所示。

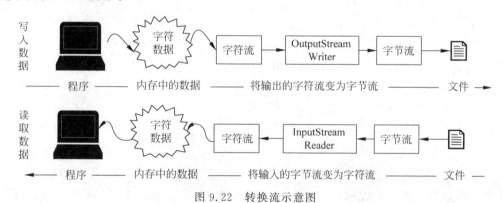

图 9.22 转换流示意图

在图 9.22 中,程序向文件写入数据时,将输出的字符流变为字节流,程序从文件读取数据时,将输入的字节流变为字符流,提高了读写效率。接下来通过一个案例来演示转换流的使用。首先在当前项目的根目录下新建一个文本文件 source.txt,文件内容如下。

1000phone

创建文件完成后,开始编写代码,如例 9-12 所示。

例 9-12　TestConvert.java

```java
1   import java.io.*;
2   public class TestConvert {
3       public static void main(String[] args) throws Exception {
4           // 创建字节输入流
5           FileInputStream fis = new FileInputStream("src/source.txt");
6           // 将字节输入流转换为字符输入流
7           InputStreamReader isr = new InputStreamReader(fis);
8           // 创建字节输出流
9           FileOutputStream fos = new FileOutputStream("src/target.txt");
10          // 将字符输出流转换成字节输出流
11          OutputStreamWriter osw = new OutputStreamWriter(fos);
12          int str;
13          while ((str = isr.read()) != -1) {
14              osw.write(str);
15          }
16          osw.close();
17          isr.close();
18      }
19  }
```

例 9-12 程序运行结束后，会在 src 根目录下生成一个 target.txt 文件，如图 9.23 所示。

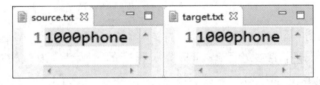

图 9.23　文件复制前后

在图 9.23 中，显示文件成功复制。在例 9-12 中实现了字节流与字符流之间的转换，将字节流转换为字符流，从而实现直接对字符的读写。这里要注意，如果用字符流去操作非文本文件，例如操作视频文件，可能会造成部分数据丢失。

9.4　其他 I/O 流

通过前面几节的学习，读者已经了解了 I/O 中几个比较重要的流，在 I/O 流体系中还有很多其他的 I/O 流，如字节打印流、字节内存操作流、序列合并流等，接下来将对这些常见的 I/O 流进行讲解。

9.4.1　ObjectInputStream 和 ObjectOutputStream

前面讲解了如何通过流读取文件，实际上通过流也可以读取对象，例如，将内存中的对象转换为二进制数据流的形式输出，保存到硬盘，这叫作对象的序列化。通过将对象序列化，可以方便地实现对象的传输和保存。

在 Java 中，并不是所有的类的对象都可以被序列化，如果一个类对象需要被序列化，则此类必须实现 java.io.Serializable 接口,这个接口内没有定义任何方法,是一个标识接口,表示一种能力。

Java 提供了两个类用于序列化对象的操作,它们分别是 ObjectInputStream 类和 ObjectOutputStream 类。对象序列化和反序列化通过以下两步实现。

(1)创建一个对象输出流 ObjectOutputStream,调用它的 writeObject()方法写入对象即可实现对象序列化操作。

(2)创建一个对象输入流 ObjectInputStream,调用它的 readObject()方法读取对象即可实现对象反序列化操作。

接下来通过一个案例演示对象如何通过 ObjectOutputStream 进行序列化,如例 9-13 所示。

例 9-13 TestObjectOutputStream.java

```
1  import java.io.*;
2  public class TestObjectOutputStream {
3      public static void main(String[] args) throws Exception {
4          Student s = new Student(10, "Lily");
5          // 创建文件输出流对象,将数据写入 student.txt 文件
6          FileOutputStream fos = new FileOutputStream("src/student.txt");
7          // 创建对象输出流对象
8          ObjectOutputStream oos = new ObjectOutputStream(fos);
9          oos.writeObject(s);            // 将 s 对象序列化
10     }
11 }
12 class Student implements Serializable {
13     private Integer id;
14     private String name;
15     public Student(Integer id, String name) {
16         this.id = id;
17         this.name = name;
18     }
19     public Integer getId() {
20         return id;
21     }
22     public void setId(Integer id) {
23         this.id = id;
24     }
25     public String getName() {
26         return name;
27     }
28     public void setName(String name) {
29         this.name = name;
30     }
31 }
```

例 9-13 程序运行结束后,会在当前目录生成一个 student.txt 文件,该文件中以二进制形式存储了 Student 对象的数据。

与序列化相对应的是反序列化,Java 提供的 ObjectInputStream 类可以进行对象的反

序列化,根据序列化保存的二进制数据文件,恢复到序列化之前的 Java 对象。接下来通过一个案例演示对象的反序列化,如例 9-14 所示。

例 9-14　TestObjectInputStream.java

```java
1  import java.io.*;
2  public class TestObjectInputStream {
3      public static void main(String[] args) throws Exception {
4          // 创建文件输入流对象,读取 student.txt 文件的内容
5          FileInputStream fis = new FileInputStream("src/student.txt");
6          ObjectInputStream ois = new ObjectInputStream(fis);
7          // 从 student.txt 文件中读取数据
8          Student s = (Student) ois.readObject();
9          System.out.println("Student 对象的 id 是:" + s.getId());
10         System.out.println("Student 对象的 name 是:" + s.getName());
11     }
12 }
13 class Student implements Serializable {
14     private Integer id;
15     private String name;
16
17     public Student(Integer id, String name) {
18         this.id = id;
19         this.name = name;
20     }
21     public Integer getId() {
22         return id;
23     }
24     public void setId(Integer id) {
25         this.id = id;
26     }
27     public String getName() {
28         return name;
29     }
30     public void setName(String name) {
31         this.name = name;
32     }
33 }
```

程序的运行结果如图 9.24 所示。

图 9.24　例 9-14 运行结果

图 9.24 中运行结果打印了 Student 对象的属性,打印出的结果与例 9-13 中序列化存储到 student.txt 的数据一致,说明例 9-14 中成功将 student.txt 中的二进制数据反序列化了。

> **脚下留心**
>
> 被存储和被读取的对象都必须实现 java.io.Serializable 接口,否则会报 NotSerializableException 异常。

9.4.2 DataInputStream 和 DataOutputStream

9.4.1 节讲解了将对象序列化和反序列化,Java 中还提供了将对象中的一部分数据进行序列化和反序列化的类,也就是将基本数据类型序列化和反序列化,它们分别是 DataOutputStream 类和 DataInputStream 类。

DataInputStream 类和 DataOutputStream 类是两个与平台无关的数据操作流,它们不仅提供了读写各种基本数据类型数据的方法,而且还提供了 readUTF()方法和 writeUTF()方法,用于输入输出时指定字符串的编码类型为 UTF-8,接下来通过一个案例演示这两个类如何读写数据,如例 9-15 所示。

例 9-15　TestDataStream.java

```java
1  import java.io.*;
2  public class TestDataStream {
3      public static void main(String[] args) throws Exception {
4          FileOutputStream fos = new FileOutputStream("src/data.txt");
5          DataOutputStream dos = new DataOutputStream(fos);
6          dos.write(10);                      // 写入数据,默认字节形式
7          dos.writeChar('c');                 // 写入一个字符
8          dos.writeBoolean(true);             // 写入一个布尔类型的值
9          dos.writeUTF("千锋教育");           // 写入以 UTF-8 编码的字符串
10         dos.close();
11         FileInputStream fis = new FileInputStream("src/data.txt");
12         DataInputStream dis = new DataInputStream(fis);
13         System.out.println(dis.read());     // 读取一字节
14         System.out.println(dis.readChar()); // 读取一个字符
15         System.out.println(dis.readBoolean()); // 读取一个布尔值
16         System.out.println(dis.readUTF());  // 读取 UTF-8 编码的字符串
17         dis.close();
18     }
19 }
```

程序的运行结果如图 9.25 所示。

图 9.25　例 9-15 运行结果

在例 9-15 中,将数据用 DataOutputStream 流存入 data.txt 文件,该文件生成在当前目录,这里要注意,读取数据的顺序要与存储数据的顺序保持一致,才能保证数据的正确。

9.4.3 PrintStream

前面讲解了使用输出流输出字节数组,如果想直接输出数组、日期、字符等呢?Java 中提供了 PrintStream 流来解决这一问题,它应用了装饰设计模式,使输出流的功能更完善,它提供了一系列用于打印数据的 print() 和 println() 方法,被称作打印流。接下来通过一个案例演示 PrintStream 流的用法,如例 9-16 所示。

例 9-16　TestPrintStream.java

```
1  import java.io.*;
2  public class TestPrintStream {
3      public static void main(String[] args) throws Exception {
4          // 创建 PrintStream 对象,将 FileOutputStream 读取到的数据输出
5          PrintStream ps = new PrintStream
6              (new FileOutputStream("print.txt"),true);
7          ps.print(1000);
8          ps.println("phone.com");
9          ps.print("千锋教育");
10     }
11 }
```

例 9-16 程序运行结束后,会在当前目录生成一个 print.txt 文件,文件内容如下。

```
1000phone.com
千锋教育
```

从文件内容可看出,例 9-16 输出的内容都成功存储到 print.txt 文件,print() 方法和 println() 方法的区别在于 print() 方法输出数据后,不输出换行符。

9.4.4 标准输入输出流

Java 中有 3 个特殊的流对象常量,如表 9.4 所示。

表 9.4　流对象常量

常量	功能
public static final PrintStream err	错误输出
public static final PrintStream out	系统输出
public static final InputStream in	系统输入

表 9.4 中列举了 3 个特殊的常量,它们被习惯性地称为标准输入输出流。其中,err 是将数据输出到控制台,通常是程序运行的错误信息,是不希望用户看到的。out 是标准输出流,默认将数据输出到命令行窗口,是希望用户看到的。in 是标准输入流,默认读取键盘输入的数据。接下来通过一个案例演示这 3 个常量的使用,如例 9-17 所示。

例 9-17　TestSystem.java

```
1  import java.util.Scanner;
2  public class TestSystem {
3      public static void main(String[] args) {
```

```
4            // 创建标准输入流
5            Scanner s = new Scanner(System.in);
6            System.out.println("请输入一个字母:");
7            String next = s.next();              // 接收输入的字母
8            try {
9                Integer.parseInt(next);          // 将字母解析成 Integer 类型
10           } catch (Exception e) {
11               System.err.println(e);           // 打印错误信息
12               System.out.println("程序内部发生错误");
13           }
14       }
15   }
```

程序的运行结果如图 9.26 所示。

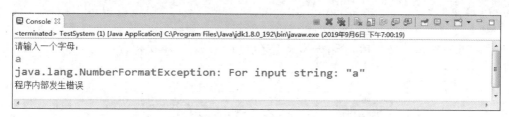

图 9.26　例 9-17 运行结果

在图 9.26 中,程序运行时先输入一个字母,然后运行结果打印出了两条错误,一条是程序错误的堆栈信息,一条是自定义的错误信息。例 9-17 中,先创建了标准输入流,读取从键盘输入的字母,用一个 String 类型的变量接收,然后试图将这个变量解析成 Integer 类型,程序出错,运行到 catch 代码块,用两种方式打印了错误信息。

有时程序会向命令行窗口输出大量的数据,例如程序运行中的日志,大量日志的输出会使命令行窗口快速滚动,浏览起来很不方便。在 System 类中提供了一些静态方法来解决这一问题,将标准输入输出流重定向到其他设备,例如,将数据输出到硬盘的文件中,这些静态方法如表 9.5 所示。

表 9.5　重定向流的静态方法

方法声明	功能描述
void setIn(InputStream in)	对标准输入流重定向
void setOut(PrintStream out)	对标准输出流重定向
void setErr(PrintStream out)	对标准错误输出流重定向

表 9.5 中列举了重定向流的常用静态方法,接下来通过一个案例演示这些静态方法的使用。首先在当前目录创建一个 src.txt 文件,文件内容如下。

千锋教育培训
用良心做教育
欢迎您的到来

创建好文件后,开始编写代码,如例 9-18 所示。

例 9-18　TestSystemRedirect.java

```java
1   import java.io.*;
2   public class TestSystemRedirect {
3       public static void main(String[] args) throws Exception {
4           System.setIn(new FileInputStream("src/src.txt"));    // 重定向输入流
5           System.setOut(new PrintStream("src/tar.txt"));       // 重定向输出流
6           BufferedReader br = new
7               BufferedReader(new InputStreamReader(System.in));
8           String str;
9           // 判断是否读取到文件末尾
10          while ((str = br.readLine()) != null) {
11              System.out.println(str);
12          }
13      }
14  }
```

例 9-18 程序运行结束后，会在当前目录生成一个 tar.txt 文件，tar.txt 和 src.txt 文件内容一致，如图 9.27 所示。

图 9.27　例 9-18 运行前后

在例 9-18 中，使用 setIn(InputStream in) 方法将标准输入流重定向到 FileInputStream 流，关联当前目录下的 src.txt 文件，使用 setOut(PrintStream) 方法将标准输出流重定向到一个 PrintStream 流，关联当前目录下的 tar.txt 文件，若文件不存在则创建文件，若文件存在则清空里面的内容，再写入数据，最后使用 BufferedReader 包装流进行包装，程序每次从 src.txt 文件读取一行，写入 tar.txt 文件。

9.4.5　PipedInputStream 和 PipedOutputStream

在 UNIX/Linux 中有一个很有用的概念——管道（pipe），它具有将一个程序的输出当作另一个程序的输入的能力。在 Java 中也提供了类似这个概念的管道流，可以使用管道流进行线程之间的通信。在这个机制中，输入流和输出流必须相连接，这样的通信有别于一般的共享数据，它不需要一个共享的数据空间。

管道流主要用于连接两个线程间的通信。管道流也分为字节流（PipedInputStream、PipedOutputStream）和字符流（PipedReader、PipedWriter），本节只讲解 PipedInputStream 类和 PipedOutputStream 类。接下来通过一个案例演示管道流的使用，如例 9-19 所示。

例 9-19　TestPiped.java

```java
1   import java.io.*;
2   public class TestPiped {
3       public static void main(String[] args) throws IOException {
```

```
4        Send send = new Send();
5        Receive receive = new Receive();
6        // 写入
7        PipedOutputStream pos = send.getOutputStream();
8        // 读出
9        PipedInputStream pis = receive.getInputStream();
10       pos.connect(pis);                    // 将输出发送到输入
11       send.start();                        // 启动线程
12       receive.start();
13   }
14 }
15 class Send extends Thread {
16     private PipedOutputStream pos = new PipedOutputStream();
17     public PipedOutputStream getOutputStream() {
18         return pos;
19     }
20     public void run() {
21         String s = new String("Send 发送的数据");
22         try {
23             pos.write(s.getBytes());         // 写入数据
24             pos.close();
25         } catch (IOException e) {
26             e.printStackTrace();
27         }
28     }
29 }
30 class Receive extends Thread {
31     private PipedInputStream pis = new PipedInputStream();
32     public PipedInputStream getInputStream() {
33         return pis;
34     }
35     public void run() {
36         String s = null;
37         byte[] b = new byte[1024];
38         try {
39             int len = pis.read(b);
40             s = new String(b, 0, len);
41             // 读出数据
42             System.out.println("Receive 接收到了:" + s);
43             pis.close();
44         } catch (IOException e) {
45             e.printStackTrace();
46         }
47     }
48 }
```

程序的运行结果如图 9.28 所示。

在例 9-19 中,Send 类用于发送数据,Receive 类用于接收其他线程发送的数据,main() 方法创建 Send 类和 Receive 类实例后,分别调用 send 对象的 getOutputStream()方法和

```
Console ※
<terminated> TestPiped (1) [Java Application] C:\Program Files\Java\jdk1.8.0_192\bin\javaw.exe (2019年9月6日 下午7:02:22)
Receive接收到了：Send发送的数据
```

图 9.28　例 9-19 运行结果

receive 对象的 getInputStream()方法，返回各自的管道输出流和管道输入流对象，然后通过调用管道输出流对象的 connect()方法，将两个管道连接在一起，最后通过调用 start()方法分别开启两个线程。

9.4.6　ByteArrayInputStream 和 ByteArrayOutputStream

前面学习的输入和输出流都是程序与文件之间的操作，有时程序在运行过程中要生成一些临时文件，可以采用虚拟文件的方式实现。Java 提供了内存流机制，可以实现将数据存储到内存中，称为内存操作流，它们分别是字节内存操作流（ByteArrayInputStream、ByteArrayOutputStream）和字符内存操作流（CharArrayWriter、CharArrayReader），本节只讲解字节内存操作流。接下来通过一个案例演示字节内存操作流的使用，如例 9-20 所示。

例 9-20　TestByteArray.java

```
1   import java.io.*;
2   public class TestByteArray {
3       public static void main(String[] args) throws Exception {
4           int a = 0;
5           int b = 1;
6           int c = 2;
7           // 创建字节内存输出流
8           ByteArrayOutputStream baos = new ByteArrayOutputStream();
9           baos.write(a);
10          baos.write(b);
11          baos.write(c);
12          baos.close();
13          byte[] buff = baos.toByteArray();          // 转为 byte[]数组
14          for (int i = 0; i < buff.length; i++)
15              System.out.println(buff[i]);           // 遍历数组内容
16          System.out.println("**********************");
17          // 创建字节内存输入流，读取内存中的 byte[]数组
18          ByteArrayInputStream bais = new ByteArrayInputStream(buff);
19          while ((b = bais.read()) != -1) {
20              System.out.println(b);
21          }
22          bais.close();
23      }
24  }
```

程序的运行结果如图 9.29 所示。

例 9-20 中，先将 3 个 int 类型变量用 ByteArrayOutputStream 流存入到内存中，然后将

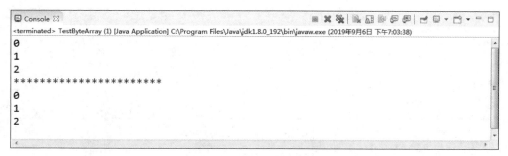

图 9.29　例 9-20 运行结果

这些数据转为 byte[] 数组的形式, 遍历打印, 最后将这些数据用 ByteArrayInputStream 流从内存中读取出来并遍历打印。

9.4.7　CharArrayReader 和 CharArrayWriter

9.4.6 节讲解了字节内存操作流, 与之对应的还有字符内存操作流, 分别是 CharArrayReader 类和 CharArrayWriter 类。CharArrayWriter 类可以将字符类型数据临时存入内存缓冲区中, CharArrayReader 类可以从内存缓冲区中读取字符类型数据。接下来通过一个案例演示这两个类的使用, 如例 9-21 所示。

例 9-21　TestCharArray.java

```
1   import java.io.*;
2   public class TestCharArray {
3       public static void main(String[] args) throws IOException {
4           // 创建字符内存输出流
5           CharArrayWriter caw = new CharArrayWriter();
6           caw.write("a");
7           caw.write("b");
8           caw.write("c");
9           System.out.println(caw);
10          caw.close();
11          // 将内存中数据转为 char[] 数组
12          char[] charArray = caw.toCharArray();
13          System.out.println("*********************");
14          // 创建字符内存输入流, 读取内存中的 char[] 数组
15          CharArrayReader car = new CharArrayReader(charArray);
16          int len;
17          while ((len = car.read()) != -1) {
18              System.out.println((char) len);
19          }
20      }
21  }
```

程序的运行结果如图 9.30 所示。

在例 9-21 中, 先将 3 个字符串用 CharArrayWriter 存入到内存中, 打印存入的数据, 然后将这些数据转为 char[] 数组的形式, 将内存中的 char[] 数组用 CharArrayReader 读取出来并遍历打印。

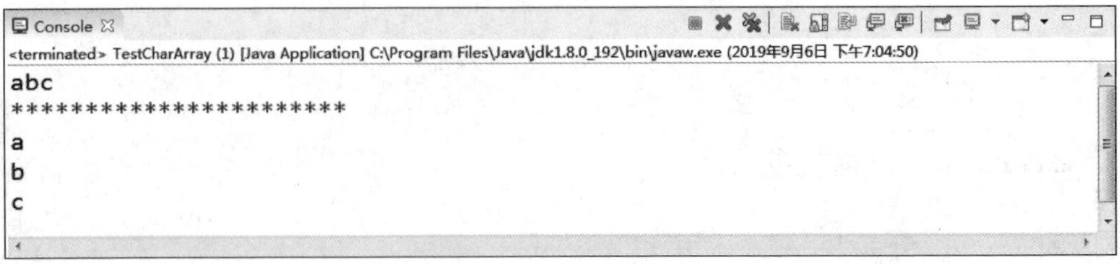

```
 Console ⊠
<terminated> TestCharArray (1) [Java Application] C:\Program Files\Java\jdk1.8.0_192\bin\javaw.exe (2019年9月6日 下午7:04:50)
abc
**********************
a
b
c
```

图 9.30　例 9-21 运行结果

9.4.8　SequenceInputStream

前面讲解的对文件进行操作都是通过一个流,Java 提供了 SequenceInputStream 类可以将多个输入流按顺序连接起来,合并为一个输入流。当通过这个类来读取数据时,它会依次从所有被串联的输入流中读取数据,对程序来说就好像对同一个流操作。接下来通过一个案例演示 SequenceInputStream 类的使用。首先在当前目录创建 file1.txt 文件和 file2.txt 文件,其中,file1.txt 文件内容如下。

千锋教育培训

file2.txt 文件内容如下。

用良心做教育

创建文件完成后,开始编写代码,如例 9-22 所示。

例 9-22　TestSequence1.java

```
1   import java.io.*;
2   public class TestSequence1 {
3       public static void main(String[] args) throws Exception {
4           // 创建两个文件输入流读取两个文件
5           FileInputStream fis1 = new FileInputStream("src/file1.txt");
6           FileInputStream fis2 = new FileInputStream("src/file2.txt");
7           // SequenceInputStream 对象用于合并两个文件输入流
8           SequenceInputStream sis = new SequenceInputStream(fis1, fis2);
9           FileOutputStream fos = new FileOutputStream("src/fileMerge.txt");
10          int len;
11          byte[] buff = new byte[1024];
12          while ((len = sis.read(buff)) != -1) {
13              fos.write(buff, 0, len);
14              fos.write("\r\n".getBytes());
15          }
16          sis.close();
17          fos.close();
18      }
19  }
```

例 9-22 程序运行结束后,会在当前目录生成一个 fileMerge.txt 文件,3 个文件的内容如图 9.31 所示。

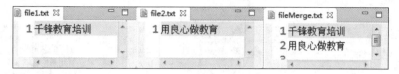

图 9.31 3 个文件的内容

在例 9-22 中，先创建两个文件输入流读取当前目录下的两个文件，然后创建 SequenceInputStream 对象用于合并两个文件输入流，接下来创建文件输出流生成 fileMerge.txt 文件。

在例 9-22 中，SequenceInputStream 对象将两个流合并，SequenceInputStream 对象还提供了合并多个流的构造方法，具体如下。

```
public SequenceInputStream(Enumeration<? extends InputStream> e)
```

这个构造方法接收一个 Enumeration 对象作为参数，Enumeration 对象会返回一系列 InputStream 类型的对象，提供给 SequenceInputStream 类读取。接下来通过一个案例演示 SequenceInputStream 类接收多个流的用法，如例 9-23 所示。

例 9-23   TestSequence2.java

```
1   import java.io.*;
2   import java.util.*;
3   public class TestSequence2 {
4       public static void main(String[] args) throws Exception {
5           // 创建 3 个文件输入流读取 3 个文件
6           FileInputStream fis1 = new FileInputStream("src/file1.txt");
7           FileInputStream fis2 = new FileInputStream("src/file2.txt");
8           FileInputStream fis3 = new FileInputStream("src/file3.txt");
9           // 创建 Vector 对象
10          Vector vector = new Vector();
11          vector.addElement(fis1);
12          vector.addElement(fis2);
13          vector.addElement(fis3);
14          // 获取 Vector 对象中的元素
15          Enumeration elements = vector.elements();
16          // 将 Enumeration 对象中的流合并
17          SequenceInputStream sis = new SequenceInputStream(elements);
18          FileOutputStream fos = new FileOutputStream("src/fileMerge.txt");
19          int len;
20          byte[] buff = new byte[1024];
21          while ((len = sis.read(buff)) != -1) {
22              fos.write(buff, 0, len);
23              fos.write("\r\n".getBytes());
24          }
25          sis.close();
26          fos.close();
27      }
28  }
```

例 9-23 程序运行结束后,会在当前目录生成一个 fileMerge.txt 文件,4 个文件的内容如图 9.32 所示。

图 9.32　4 个文件的内容

在例 9-23 中,先创建 3 个文件输入流读取当前目录下的 3 个文件,然后创建 Vector 对象用于存放 3 个流,接下来调用 Vector 的 elements() 方法返回 Enumeration 对象,创建 SequenceInputStream 对象并将 Enumeration 对象以参数形式传入,最后创建一个文件输出流生成 fileMerge.txt 文件,成功将 3 个文件的内容合并。

9.5　File 类

java.io 中定义的大多数类是对文件内容进行流式操作的,但 File 类例外,它是唯一一个与文件本身有关的操作类。它定义了一些与平台无关的方法来操作文件,通过调用 File 类提供的各种方法,能够完成创建、删除文件,重命名文件,判断文件的读写权限及文件是否存在,设置和查询文件创建时间、权限等操作。File 类除了对文件操作外,还可以将目录当作文件进行处理。

9.5.1　File 类的常用方法

使用 File 类进行操作,首先要设置一个操作文件的路径,File 类有 3 个构造方法可以用来生成 File 对象并且设置操作文件的路径,如下所示。

```
// 创建指定文件名的 File 对象,该文件与当前应用程序在同一目录中
public File(String filename)
// 创建指定路径与指定文件名的 File 对象
public File(String directoryPath,String filename)
// 创建指定文件目录路径和文件名的 File 对象
public File(File dirObj,String filename)
```

如上所示构造方法中,"directoryPath"表示文件的路径名,"filename"是文件名,"dirObj"是一个指定目录的 File 对象。通过这 3 个构造方法可以创建 File 对象,如下所示。

```
File f1 = new File("/");
File f2 = new File("/","test.txt");
File f3 = new File(F1,"text.txt");
```

如上所示创建 3 个 File 对象 f1、f2 和 f3,在指定路径时,使用了"/",Java 能正确处理 UNIX 和 Windows 约定路径分隔符,所以在 Windows 下用"/"是可以正确指定路径的,如果在 Windows 下使用反斜杠"\"作为路径分隔符,则需要转义,写两个反斜杠"\\"。

在 File 中提供了一系列用于操作文件的有关方法,接下来先了解一下 File 类的常用方

法,如表 9.6 所示。

表 9.6　File 类常用方法

方法声明	功能描述
boolean canRead()	测试应用程序是否能从指定的文件中进行读取
boolean canWrite()	测试应用程序是否能写当前文件
boolean delete()	删除当前对象指定的文件
boolean equals(Object obj)	比较该对象和指定对象
boolean exists()	测试当前 File 是否存在
String getAbsolutePath()	返回由该对象表示的文件的绝对路径名
String getCanonicalPath()	返回当前 File 对象的路径名的规范格式
String getName()	返回表示当前对象的文件名
String getParent()	返回当前 File 对象路径名的父路径名,如果此名没有父路径则返回 null
String getPath()	返回表示当前对象的路径名
boolean isAbsolute()	测试当前 File 对象表示的文件是否是一个绝对路径名
boolean isDirectory()	测试当前 File 对象表示的文件是否是一个路径
boolean isFile()	测试当前 File 对象表示的文件是否是一个"普通"文件
boolean lastModified()	返回当前 File 对象表示的文件最后修改的时间
long length()	返回当前 File 对象表示的文件长度
String list()	返回当前 File 对象指定的路径文件列表
String list(FilenameFilter filter)	返回当前 File 对象指定的目录中满足指定过滤器的文件列表
boolean mkdir()	创建一个目录,它的路径名由当前 File 对象指定
boolean mkdirs()	创建一个目录,它的路径名由当前 File 对象指定,包括任一必需的父路径
boolean renameTo(File file)	将当前 File 对象指定的文件更名为给定参数 file 指定的路径名

表 9.6 列举了 File 类的常用方法,接下来通过一个案例演示这些方法的基本使用,先在当前目录创建一个空的 file.txt 文件,然后编写代码,如例 9-24 所示。

例 9-24　TestFile.java

```
1   import java.io.*;
2   import java.text.SimpleDateFormat;
3   import java.util.*;
4   public class TestFile {
5       public static void main(String[] args) {
6           File file = new File("src/file.txt");
7           // 判断文件是否存在
8           System.out.println(file.exists() ? "文件存在" : "文件不存在");
9           // 判断文件是否可读
10          System.out.println(file.canRead() ? "文件可读" : "文件不可读");
11          // 判断是否是目录
12          System.out.println(file.isDirectory() ? "是" : "不是" + "目录");
13          // 判断是否是文件
14          System.out.println(file.isFile() ? "是文件" : "不是文件");
15          // 获得文件最后修改时间并格式化时间
16          System.out.println("文件最后修改时间:"
17                  + new SimpleDateFormat("yyyy-MM-dd").format(new Date(file
```

```
18                              .lastModified())));
19          // 获得文件大小
20          System.out.println("文件长度:" + file.length() + "Bytes");
21          // 判断是否是绝对路径名
22          System.out.println(file.isAbsolute() ? "是绝对路径" : "不是绝对路径");
23          // 获得文件名
24          System.out.println("文件名:" + file.getName());
25          // 获得文件路径
26          System.out.println("文件路径:" + file.getPath());
27          // 获得绝对路径名
28          System.out.println("绝对路径:" + file.getAbsolutePath());
29          // 获得父文件夹名
30          System.out.println("父文件夹名:" + file.getParent());
31      }
32  }
```

程序的运行结果如图 9.33 所示。

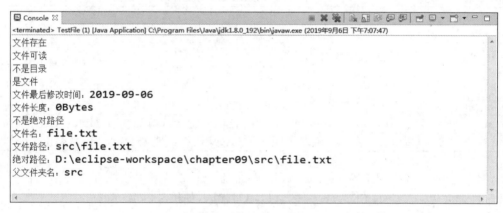

图 9.33　例 9-24 运行结果

在图 9.33 中，运行结果打印了 file.txt 相关的信息。表 9.6 中列举出了这些 API 的具体作用，这里就不再赘述。

9.5.2　遍历目录下的文件

在文件操作中，遍历某个目录下的文件是很常见的操作，File 类中提供的 list() 方法就是用来遍历目录下所有文件的。接下来通过一个案例演示 list() 方法的使用，如例 9-25 所示。

例 9-25　TestFileList.java

```
1  import java.io.*;
2  public class TestFileList {
3      public static void main(String[] args) {
4          // 创建 File 对象
5          File file = new File("D:\\eclipse-
6  workspace\\chapter08\\src\\chapter09");
```

```
7            if (file.isDirectory()) {                  // 判断 file 目录是否存在
8                String[] fileNames = file.list();
9                for (String fileName : fileNames) {
10                   System.out.println(fileName);        // 打印文件名
11               }
12           }
13       }
14   }
```

程序的运行结果如图 9.34 所示。

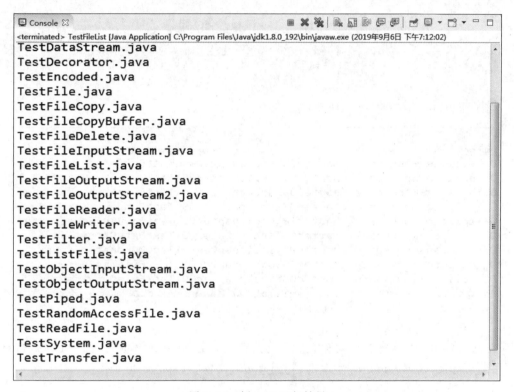

图 9.34　例 9-25 运行结果

在例 9-25 中，先创建 File 对象，指定 File 对象的目录，然后判断 file 目录是否存在，若存在，则调用 list() 方法，以 String 数组的形式得到所有文件名，最后循环遍历数组内容并打印。

例 9-25 遍历指定目录下的所有文件，如果目录下还有子目录就不能遍历到，这时就需要用到 File 类的 listFiles() 方法。接下来通过一个案例演示如何遍历目录及目录下所有子目录的文件，如例 9-26 所示。

例 9-26　TestListFiles.java

```
1   import java.io.*;
2   public class TestListFiles {
3       public static void main(String[] args) {
```

```
4       // 创建File对象,指定文件目录
5       File file = new File("D:\\eclipse-
6  workspace\\chapter08\\src\\chapter09");
7       files(file);
8   }
9   public static void files(File file) {
10      File[] files = file.listFiles();        // 遍历目录下所有文件
11      for (File f : files) {
12          if (f.isDirectory()) {              // 判断是否是目录
13              files(f);                        // 递归调用
14          }
15          System.out.println(f.getAbsolutePath());
16      }
17  }
18 }
```

程序的运行结果如图 9.35 所示。

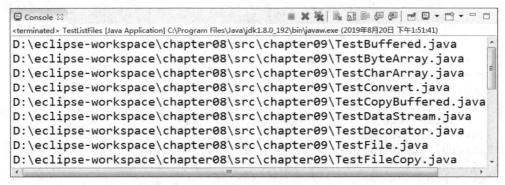

图 9.35 例 9-26 运行结果

在例 9-26 中,先创建 File 对象,遍历目录下所有文件后,循环判断遍历到的是否是目录,如果是目录,则再次调用方法本身,直到遍历到文件,这种方式也叫作递归调用。

9.5.3 文件过滤

9.5.2 节中讲解了如何遍历目录下的文件,调用 File 类的 list() 方法成功遍历了目录下的文件,但有时候可能只需要遍历某些文件,比如遍历目录下扩展名为".java"的文件,这就需要用到 File 类的 list(FilenameFilter filter) 方法。接下来通过一个案例演示如何遍历目录下扩展名为".java"的文件,如例 9-27 所示。

例 9-27 TestFilter.java

```
1  import java.io.*;
2  public class TestFilter {
3      public static void main(String[] args) {
4          // 匿名类
5          FilenameFilter filter = new FilenameFilter() {
6              public boolean accept(File dir, String name) {
```

```
7                   File currFile = new File(dir, name);
8                   if (currFile.isFile() && name.indexOf(".java") != -1) {
9                       return true;
10                  } else {
11                      return false;
12                  }
13              }
14          };
15          // 返回目录下扩展名为.java 的文件名
16          String[] list = new File
17                  ("D:\\eclipse-
18 workspace\\chapter08\\src\\chapter09").list(filter);
19          for (int i = 0; i < list.length; i++) {
20              System.out.println(list[i]);
21          }
22      }
23 }
```

程序的运行结果如图 9.36 所示。

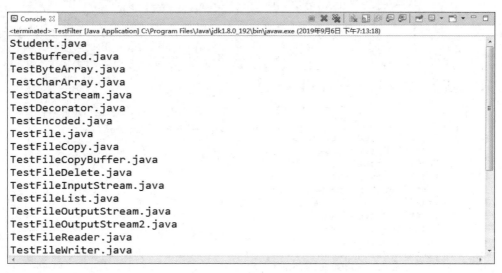

图 9.36 例 9-27 运行结果

在例 9-27 中,先创建了一个匿名内部类,实现 accept 方法,在 list()方法中已经实现了基本的功能,在运行时采用 FilenameFilter 对象提供的策略来执行程序,这种方式也叫作策略设计模式,可以在 FilenameFilter 实现类中指定具体的执行策略。

9.5.4 删除文件及目录

前面讲解了文件的遍历和过滤,文件的删除操作也是很常见的,接下来通过一个案例演示如何删除文件及目录,如例 9-28 所示。

例 9-28 TestFileDelete.java

```
1 import java.io.*;
```

```
2  public class TestFileDelete {
3      public static void main(String[] args) {
4          // 创建 File 对象,指定文件目录
5          File file = new File("D:\\eclipse-
6  workspace\\chapter08\\src\\chapter09");
7          deleteFiles(file);
8      }
9      public static void deleteFiles(File file) {
10         if (file.exists()) {
11             File[] files = file.listFiles();         // 遍历目录下所有文件
12             for (File f : files) {
13                 if (f.isDirectory()) {                // 判断是否是目录
14                     deleteFiles(f);                   // 递归调用
15                 } else {
16                     System.out.println("删除了文件:" + f.getName());
17                     f.delete();
18                 }
19             }
20         }
21         System.out.println("删除了目录:" + file.getName());
22         file.delete();                                // 删除文件后,删除目录
23     }
24 }
```

程序的运行结果如图 9.37 所示。

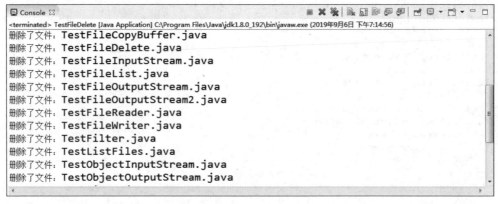

图 9.37 例 9-28 运行结果

在例 9-28 中,首先创建 File 对象,指定文件目录,在 deleteFiles(File file)方法中将 File 对象以参数传入,然后遍历目录下所有文件,循环判断遍历到的是否是目录,如果是目录,继续递归调用方法本身,如果是文件则直接删除,删除文件完成后,将目录删除。

💣 脚下留心

File 类的 delete()方法只是删除一个指定的文件,如果 File 对象的目录下还有子目录,则无法直接删除,要递归删除。另外,Java 中是直接从虚拟机中将文件或目录删除,不经过回收站,文件无法恢复,所以删除要谨慎。

9.6 RandomAccessFile

除了 File 类之外，Java 还提供了 RandomAccessFile 类用于专门处理文件，它支持"随机访问"的方式，这里"随机"是指可以跳转到文件的任意位置读写数据。使用 RandomAccessFile 类，程序可以直接跳到文件的任意地方读、写文件，既支持只访问文件的部分内容，又支持向已存在的文件追加内容。

RandomAccessFile 类在数据等长记录格式文件的随机（相对顺序而言）读取时有很大的优势，但该类仅限于操作文件，不能访问其他的 I/O 设备，如网络、内存影像等，接下来了解一下 RandomAccessFile 类的构造方法，具体示例如下。

```
//创建随机存储文件流，文件属性由参数 File 对象指定
public RandomAccessFile(File file, String mode)
//创建随机存储文件流，文件名由参数 name 指定
public RandomAccessFile(String name, String mode)
```

如上所示，RandomAccessFile 类的构造方法需要指定一个 mode 参数，该参数用于指定 RandomAccessFile 对象的访问模式，mode 的具体值及对应含义如表 9.7 所示。

表 9.7 mode 的值及含义

mode 值	含 义	mode 值	含 义
"r"	以只读的方式打开	"rws"	以读、写方式打开
"rw"	以读、写方式打开	"rwd"	以读、写方式打开

表 9.7 中列举了 mode 的具体值及含义，其中，"r" 如果向文件写入内容，会报 IOException 异常；"rw" 支持文件读写，若文件不存在，则创建；"rws" 与 "rw" 不同的是，还要对文件内容的每次更新都同步更新到潜在的存储设备中，这里的 "s" 表示同步 (synchronous) 的意思；"rwd" 与 "rw" 不同的是，还要对文件内容的每次更新都同步到潜在的设备中去，与 "rws" 不同的是，"rwd" 仅将文件内容更新到存储设备中，不需要更新文件的元数据。

RandomAccessFile 对象包含一个记录指针，用以标识当前读写的位置，它可以自由移动记录指针，RandomAccessFile 对象操作指针的方法如表 9.8 所示。

表 9.8 RandomAccessFile 对象操作指针的方法

方法声明	功能描述
long getFilePointer()	返回当前读写指针所处的位置
void seek(long pos)	设定读写指针的位置，与文件开头相隔 pos 字节数
int skipBytes(int i)	使读写指针从当前位置开始，跳过 i 字节
void setLength(long newLength)	设置文件长度

表 9.8 中列举了 RandomAccessFile 对象操作指针的方法，接下来通过一个案例演示这些方法的使用，如例 9-29 所示。

例 9-29 TestRandomAccessFile.java

```
1   import java.io.*;
2   public class TestRandomAccessFile {
3       public static void main(String[] args) throws Exception {
4           // 创建 RandomAccessFile 对象
5           RandomAccessFile raf = new RandomAccessFile(
6                   "D:\\eclipse-workspace\\chapter09\\src\\test\\test.txt",
7   "rw");
8           for (int i = 0; i < 10; i++) {
9               raf.writeLong(i * 1000);
10          }
11          raf.seek(2 * 8);              // 跳过第2个long数据,接下来写第3个long数据
12          raf.writeLong(666);
13          raf.seek(0);                  // 把读写指针定位到文件开头
14          for (int i = 0; i < 10; i++) {
15              System.out.println("第" + i + "个值:" + raf.readLong());
16          }
17          raf.close();                  // 释放资源
18      }
19  }
```

程序的运行结果如图 9.38 所示。

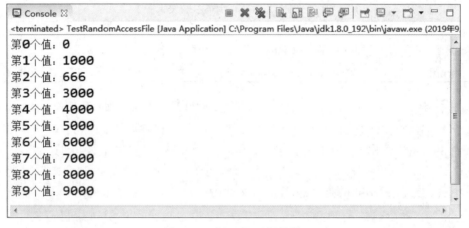

图 9.38 例 9-29 运行结果

在例 9-29 中,先按"rw"打开文件,若文件不存在,则创建文件,写入 10 个 long 型数据,每个 long 型数据占 8 字节,然后用 seek(2*8)方法使读写指针从文件开头开始,跳过第 2 个数据,接下来通过 writeLong(666)方法将原来的第 6 个数据覆盖为 666,调用 seek(0)将读写指针定位到文件开头,读取文件中所有 long 型数据。

9.7 字符编码

9.7.1 常用字符集

大家在看谍战片时,经常会看到情报员将其得到的军事计划和命令等情报用密码本将

文字翻译成秘密代码发出，敌人就算接收到该代码也要花很长时间进行破译，而队友就可以使用同样的密码本将收到的代码翻译成文字，计算机之间进行传输同样需要使用一种"密码本"，它叫作字符编码表。计算机只能识别二进制数据，为了让它识别各个国家的文字，就将各个国家的文字用数字来表示，并一一对应，形成一张表，这就是编码表。编码表是一种可以让计算机识别的特定字符集，针对不同文字，每个国家都指定了自己的编码表，接下来介绍几种常见的编码表。

1. ASCII

ASCII 是最早的也是最基本最重要的一种英美文字的字符集，也可以说是编码。ASCII 被定为国际标准之后的代号为 ISO-646。由于 ASCII 只使用了低 7 位二进制位，其他的认为无效，它仅使用了 0～127 这 128 个码位，剩下的 128 个码位便可以用来做扩展，并且 ASCII 的字符集序号与存储的编码完全相同。

2. ISO-8859-*

随着西欧国家的崛起，在 ASCII 的基础上对剩余的码位做了扩展，就形成了一系列 ISO-8859-* 的标准。例如，为英语做了专门扩展的字符集编码标准编号 ISO-8859-1，也叫作 Latin-1。由于西欧小国众多，稍有发言权的小国就纷纷在 ASCII 的基础上扩展形成自己的编码，这就是 ISO-8859-* 系列。很显然，ISO-8859-* 系列的码也是 8 位的，并且其字符集序号与存储的编码也完全相同。

3. GB 2312

GB 2312 字集是简体字集，全称为 GB 2312(80)字集，共包括国标简体汉字 6763 个。

4. Unicode

国际标准组织于 1984 年 4 月成立 ISO/IEC JTC1/SC2/WG2 工作组，针对各国文字、符号进行统一性编码。1991 年，美国跨国公司成立 Unicode Consortium，并于 1991 年 10 月与 WG2 达成协议，采用同一编码字集。目前，Unicode 是采用 16 位编码体系，其字符集内容与 ISO 10646 的 BMP(Basic Multilingual Plane)相同。Unicode 于 1992 年 6 月通过 DIS(Draft International Standard)，版本 V2.0 于 1996 年发布，内容包含符号 6811 个，汉字 20 902 个，韩文拼音 11 172 个，造字区 6400 个，保留 20 249 个，共计 65 534 个。用 Unicode 编码后占用空间的大小是一样的。例如，一个英文字母"a"和一个汉字"好"，编码后占用的空间大小是一样的，都是 2 字节。

5. GBK

GBK 字集包括 GB 字集、BIG5 字集和一些符号，共包括 21 003 个字符。GBK 编码是 GB2312 编码的超集，向下完全兼容 GB2312，同时 GBK 收录了 Unicode 基本多文种平面中的所有 CJK 汉字。同 GB 2312 一样，GBK 也支持希腊字母、日文假名字母、俄语字母等字符，但不支持韩语中的表音字符(非汉字字符)。GBK 还收录了 GB 2312 不包含的汉字部首符号、竖排标点符号等字符。

6. UTF-8

UTF-8 是用以解决国际上字符的一种多字节编码，它对英文使用 8 位(即 1 字节)，中文使用 24 位(3 字节)来编码。UTF-8 包含全世界所有国家需要用到的字符，是国际编码，通用性强。UTF-8 编码的文字可以在各国支持 UTF-8 字符集的浏览器上显示。例如，使用 UTF-8 编码，则在外国人的英文 IE 上也能显示中文，他们无须下载 IE 的中文语言支持包。在实际开发中采用 UTF-8 编码是最常见的。

9.7.2 字符编码和解码

在前面讲解过 Java 的转换流,将字节流转换为字符流,或者将字符流转换为字节流,这实际上涉及编码和解码。将字符流转换为字节流称为编码,便于计算机识别;将字节流转换为字符流称为解码,便于用户看懂。

在转换流中,有可能出现乱码的情况,出现这种情况的原因一般是编码与解码字符集不统一,另外缺少字节数或长度丢失也会出现乱码。接下来通过一个案例演示字符的编码和解码,如例 9-30 所示。

例 9-30　TestEncoded.java

```
1  public class TestEncoded {
2      public static void main(String[] args) throws Exception {
3          String str = "千锋";
4          byte[] byte1 = str.getBytes("GBK");
5          byte[] byte2 = str.getBytes("UTF-8");
6          System.out.println(new String(byte1, "GBK"));
7          System.out.println(new String(byte2, "UTF-8"));
8          System.out.println(new String(byte1, "UTF-8"));
9          System.out.println(new String(byte2, "GBK"));
10     }
11 }
```

程序的运行结果如图 9.39 所示。

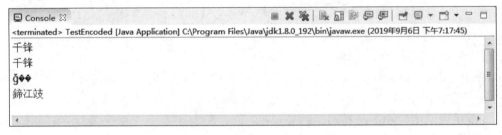

图 9.39　例 9-30 运行结果

在例 9-30 中,先声明一个字符串,然后 byte1 以 GBK 形式编码,byte2 以 UTF-8 形式编码,前两次打印的是按对应编码格式解码,正确输出字符串,后两次打印反之,出现乱码情况。

另外,Windows 系统默认使用的字符集是 GBK,接下来通过一个案例演示如何使用流读取文件并指定字符集。首先在 D 盘下新建一个 test.txt 文件,文件内容如下。

千锋教育

创建文件完成后,开始编写代码,如例 9-31 所示。

例 9-31　TestReadFile.txt

```
1  import java.io.*;
2  public class TestReadFile {
```

```
3      public static void main(String[] args) throws Exception {
4          FileInputStream fis = new FileInputStream("D:/test.txt");
5          int len = 0;
6          byte[] buffer = new byte[1024];
7          while ((len = fis.read(buffer)) != -1) {
8              System.out.println(new String(buffer, 0, len, "GBK"));
9          }
10         fis.close();
11     }
12 }
```

程序的运行结果如图9.40所示。

图 9.40　例 9-31 运行结果

在例 9-31 中，将 D 盘 test.txt 文件内容读取，指定 GBK 为解码方式，正确输出了文件内容，证明了上面提到的 Windows 系统默认使用的字符集是 GBK。如果将例 9-31 中第 8 行的 GBK 改为其他字符集，例如 UTF-8，就会出现乱码的情况，程序的运行结果如图 9.41 所示。

图 9.41　修改代码后运行结果

在图 9.41 中，运行结果打印了乱码，因为修改了解码方式为 UTF-8，与 Windows 系统默认使用的 GBK 不统一。

9.7.3　字符传输

前面讲解的 I/O 文件传输用的都是 Windows 系统默认编码字符集 GBK，读写文件没有发生乱码问题。但如果读取一个编码格式为 GBK 的文件，将读取的数据写入一个编码格式为 UTF-8 的文件时，则会出现乱码的情况。接下来通过一个案例演示这种情况，如例 9-32 所示。

例 9-32　TestTransfer.java

```
1  import java.io.*;
2  public class TestTransfer {
3      public static void main(String[] args) throws IOException {
4          String str1 = "千锋IT教育";
5          String str2 = "欢迎你的到来";
6          // 创建使用 GBK 字符集的文件 file1.txt
```

```
7       OutputStreamWriter osw1 = new OutputStreamWriter
8               (new FileOutputStream("D:/file1.txt"), "GBK");
9       // 创建使用 UTF-8 字符集的文件 file2.txt
10      OutputStreamWriter osw2 = new OutputStreamWriter
11              (new FileOutputStream("D:/file2.txt"), "UTF-8");
12      osw1.write(str1);
13      osw2.write(str2);
14      osw1.close();
15      osw2.close();
16      FileReader fr = new FileReader("D:/file2.txt");
17      FileWriter fw = new FileWriter("D:/file1.txt", true);
18      int len;        // 定义 len,记录读取的字符
19      // 判断是否读取到文件的末尾
20      while ((len = fr.read()) != -1) {
21          fw.write(len);
22      }
23      fr.close();
24      fw.close();
25  }
26 }
```

在例 9-32 中,分别以 GBK 字符集和 UTF-8 字符集创建两个文件 file1.txt 和 file2.txt,将两个字符串分别写入两个文件,然后用字符输入流读取 file2.txt 的内容,最后用字符输出流将读取到的内容输出到 file1.txt,生成文件如图 9.42 所示。

图 9.42 例 9-32 运行生成的文件

在图 9.42 中,显示了例 9-32 运行后生成的两个文件,其中,file1.txt 后半段乱码,就是因为 file1.txt 使用的是 GBK 字符集,file2.txt 使用的是 UTF-8 字符集,将 file2.txt 的内容读取到写入 file1.txt 就出现了乱码,所以在文件传输时,一定要注意两个文件的字符集问题。

9.8 NI/O

9.8.1 NI/O 概述

NI/O(New Input/Output)也称为 New I/O,是一种基于通道和缓冲区的 I/O 方式,与之前学习面向流的 I/O 相比,NI/O 是面向缓存的,其效率会提高很多。而且,NI/O 是一种同步非阻塞的 I/O 模型,会不断轮询 I/O 事件检查其是否准备就绪,在等待 I/O 的时候,可以同时做其他任务。

在 NI/O 中同步的核心就是 Selector,Selector 代替了线程本身轮询 I/O 事件,避免了

阻塞的同时减少了不必要的线程消耗；非阻塞的核心就是通道和缓冲区，当 I/O 事件就绪时，可以通过写到缓冲区，保证 I/O 的成功，而无需线程阻塞式地等待。在 Java API 中提供了两套 NI/O，一套是针对标准输入输出 NI/O，另一套就是网络编程 NI/O。

面向流的 I/O 一次一字节地处理数据，一个输入流产生一字节，一个输出流就消费一字节。但是面向流的 I/O 通常处理得很慢。面向块的 I/O 系统以块的形式处理数据。每一个操作都在一步中产生或消费一个数据块。按块要比按流快得多，但面向块的 I/O 缺少了面向流 I/O 所具有的简单性。

（1）I/O 与 NI/O 的对比如表 9.9 所示。

表 9.9 I/O 与 NI/O 对比

I/O 模型	I/O	NI/O
方式	从硬盘到内存	从内存到硬盘
通信	面向流	面向缓存
处理流	阻塞 I/O	非阻塞 I/O
触发	无	选择器

（2）面向流与面向缓冲。

Java NI/O 和 I/O 之间一个最大的区别是，I/O 是面向流的，NI/O 是面向缓冲区的。Java I/O 面向流就意味着每次从流中读一字节，直至读取完所有字节，这些字节不会被缓存。此外，不能前后移动流中的数据。如果需要前后移动从流中读取的数据，需要先将它缓存到一个缓冲区。Java NI/O 的缓冲导向方法略有不同，会将数据读取到一个缓冲区，需要时可在缓冲区中前后移动，这就增加了处理过程中的灵活性。但是，还需要检查是否该缓冲区中包含所有需要处理的数据。而且，需确保当更多的数据读入缓冲区时，不要覆盖缓冲区里尚未处理的数据。

（3）阻塞与非阻塞。

Java I/O 的流是阻塞的，每当一个线程调用 read() 方法或 write() 方法时，该线程都会被阻塞，直到有一些数据被读取，或者数据完全写入，该线程在此期间不能再做其他任何事情。Java NI/O 的非阻塞模式下一个线程从某通道发送请求读取数据，只会请求得到目前可用的数据，如果目前没有数据可用时，就什么都不会获取。而不是保持线程阻塞，所以直至数据变为可以读取的状态之前，该线程依旧能够继续做其他的事情，非阻塞写也是如此。一个线程请求写入一些数据到某通道，但不需要等待它完全写入，这个线程同时可以去做别的事情。线程通常将非阻塞 I/O 的空闲时间用于在其他通道上执行 I/O 操作，所以一个单独的线程现在可以管理多个输入和输出通道。

9.8.2 NI/O 基础

NI/O 主要有三大核心部分：Channel（通道），Buffer（缓冲区），Selector（选择器）。传统 I/O 基于字节流和字符流进行操作，而 NI/O 基于 Channel（通道）和 Buffer（缓冲区）进行操作，数据总是从通道读取到缓冲区中，或者从缓冲区写入到通道中。Selector（选择区）用于监听多个通道的事件（比如连接打开，数据到达）。

Buffer 是一个对象，它包含一些要写入或读出的数据。在 NI/O 中，数据是放入 Buffer

对象的,而在 I/O 中,数据是直接写入或者读到 Stream 对象的。应用程序不能直接对 Channel 进行读写操作,而必须通过 Buffer 来进行,即 Channel 是通过 Buffer 来读写数据的。在 NI/O 中,所有的数据都是用 Buffer 处理的,它是 NI/O 读写数据的中转池。Buffer 实质上是一个数组,通常是一个字节数据,但也可以是其他类型的数组。但一个缓冲区不仅是一个数组,重要的是它提供了对数据的结构化访问,而且还可以跟踪系统的读写进程。

使用 Buffer 读写数据一般遵循以下四个步骤。

(1) 写入数据到 Buffer。

(2) 调用 flip() 方法。

(3) 从 Buffer 中读取数据。

(4) 调用 clear() 方法或者 compact() 方法。

当向 Buffer 写入数据时,Buffer 会记录下写了多少数据,一旦要读取数据,需要通过 flip()方法将 Buffer 从写模式切换到读模式。在读模式下,可以读取之前写入到 Buffer 的所有数据。一旦读完了所有的数据,就需要清空缓冲区,让它可以再次被写入。有两种方式能清空缓冲区:调用 clear() 方法或 compact() 方法。clear() 方法会清空整个缓冲区,compact()方法只会清除已经读过的数据。任何未读的数据都被移到缓冲区的起始处,新写入的数据将放到缓冲区未读数据的后面。

1. Channel

Channel 也是一个对象,可以通过它读取和写入数据。可以把它看作 I/O 中的流。但是它和流相比还有一些不同,Channel 是双向的,既可以读又可以写,而流是单向的。Channel 可以进行异步的读写,但是需要注意的是对 Channel 的读写必须通过 Buffer 对象,正如上面提到的,所有数据都通过 Buffer 对象处理,所以永远不会将字节直接写入到 Channel 中,相反,是将数据写入到 Buffer 中;同样,也不会从 Channel 中读取字节,而是将数据从 Channel 读入 Buffer,再从 Buffer 获取这个字节。因为 Channel 是双向的,所以 Channel 可以比流更好地反映出底层操作系统的真实情况。特别是在 UNIX 模型中,底层操作系统通常都是双向的。

在 Java NI/O 中,Channel 主要有如下几种类型。

FileChannel:从文件读取数据的。

DatagramChannel:读写 UDP 网络协议数据。

SocketChannel:读写 TCP 网络协议数据。

ServerSocketChannel:可以监听 TCP 连接。

2. Selector

Selector 同样也是一个对象,它可以注册到很多个 Channel 上,监听各个 Channel 上发生的事件,并且能够根据事件情况决定 Channel 读写。这样,通过一个线程管理多个 Channel,就可以处理大量网络连接了。有了 Selector,可以利用一个线程来处理所有的 channels。线程之间的切换对操作系统来说代价是很高的,并且每个线程也会占用一定的系统资源。所以,对系统来说使用的线程越少越好。

通过 Selector selector = Selector.open(); 创建一个 Selector,然后,就需要注册 Channel 到 Selector 了,通过调用 channel.register()方法来实现注册:

```
channel.configureBlocking(false);
SelectionKey key = channel.register(selector,SelectionKey.OP_READ);
```

注意：注册的 Channel 必须设置成异步模式才可以，否则异步 I/O 就无法工作，这就意味着我们不能把一个 FileChannel 注册到 Selector，因为 FileChannel 没有异步模式，但是网络编程中的 SocketChannel 是可以的。

9.8.3 NI/O 中的读和写操作

I/O 中的读和写对应的是数据和 Stream，NI/O 中的读和写则对应的是通道和缓冲区。NI/O 中从通道中读取：创建一个缓冲区，然后让通道读取数据到缓冲区。NI/O 写入数据到通道：创建一个缓冲区，用数据填充它，然后让通道用这些数据来执行写入。

1. 从文件中读取

通过前面的学习读者已经知道，在 NI/O 系统中，任何时候执行一个读操作，都是从 Channel 中读取，而不是直接从文件中读取数据，因为所有的数据都必须用 Buffer 来封装，所以应该是从 Channel 读取数据到 Buffer。因此，如果从文件读取数据的话，需要如下三步。

（1）从 FileInputStream 获取 Channel。
（2）创建 Buffer。
（3）从 Channel 读取数据到 Buffer。

第一步：获取通道。

```
FileInputStream fin = new FileInputStream( "readandshow.txt" );
FileChannel fc = fin.getChannel();
```

第二步：创建缓冲区。

```
ByteBuffer buffer = ByteBuffer.allocate( 1024 );
```

第三步：将数据从通道读到缓冲区。

```
fc.read( buffer );
```

2. 写入数据到文件

步骤类似于从文件读数据。

第一步：获取一个通道。

```
FileOutputStream fout = new FileOutputStream( "writesomebytes.txt" );
FileChannel fc = fout.getChannel();
```

第二步：创建缓冲区，将数据放入缓冲区。

```
ByteBuffer buffer = ByteBuffer.allocate( 1024 );
for (int i = 0; i< message.length; ++i) {
buffer.put( message[i] );
}
buffer.flip();
```

第三步：把缓冲区数据写入通道中。

```
fc.write( buffer );
```

3. 读写结合

CopyFile 是一个非常好的读写结合的例子，可以通过 CopyFile 这个实例让读者体会 NI/O 的操作过程。CopyFile 执行三个基本的操作：创建一个 Buffer，然后从源文件读取数据到缓冲区，再将缓冲区写入目标文件。

```java
public static void copyFileUseNIO(String src,String dst) throws
IOException{
    //声明源文件和目标文件
    FileInputStream fi = new FileInputStream(new File(src));
    FileOutputStream fo = new FileOutputStream(new File(dst));
    //获得传输通道 channel
    FileChannel inChannel = fi.getChannel();
    FileChannel outChannel = fo.getChannel();
    //获得容器 buffer
    ByteBuffer buffer = ByteBuffer.allocate(1024);
    while(true){
        //判断是否读完文件
        int eof = inChannel.read(buffer);
        if(eof == -1){
            break;
        }
        //重设一下 buffer 的 position = 0, limit = position
        buffer.flip();
        //开始写
        outChannel.write(buffer);
        //写完要重置 buffer,重设 position = 0, limit = capacity
        buffer.clear();
    }
    inChannel.close();
    outChannel.close();
    fi.close();
    fo.close();
}
```

9.8.4 注意事项

上面程序中有以下几个地方需要注意。

1. 检查状态

当没有更多的数据时，复制就算完成，此时 read() 方法会返回 -1，可以根据这个方法判断是否读完。

```java
int r = fcin.read( buffer );
if (r == -1) {
    break;
}
```

2. Buffer 类的 flip、clear 方法

flip 方法的源码：

```
public final Buffer flip() {
    limit = position;
    position = 0;
    mark = -1;
    return this;
}
```

在上面的 FileCopy 程序中，写入数据之前调用了 Buffer.flip()；方法，这个方法把当前的指针位置 position 设置成了 limit，再将当前指针 position 指向数据的最开始端。现在可以将数据从缓冲区写入通道了。position 被设置为 0，这意味着得到的下一个字节是第一个字节。limit 已被设置为原来的 position，这意味着它包括以前读到的所有字节，并且一个字节也不多。

clear 方法的源码：

```
public final Buffer clear() {
    position = 0;
    limit = capacity;
    mark = -1;
    return this;
}
```

在上面的 FileCopy 程序中，写入数据之后也就是读数据之前，调用了 buffer.clear()；方法，这个方法重设缓冲区以便接收更多的字节。

小 结

通过本章的学习，读者能够掌握 Java 输入、输出体系的相关知识。重点要理解的是输入流和输出流的区别，其中对输入流只能进行读操作，而对输出流只能进行写操作，程序中需要根据待传输数据的不同特性而使用不同的流。

习 题

1. 填空题

(1) I/O 流有很多种，按操作数据单位不同可分为_____和_____，按数据流的流向不同分为_____和_____。

(2) 在计算机中，所有的文件都能以二进制形式存在，Java 的 I/O 中针对该传输操作提供了一系列流，统称为_____。

(3) 字符流中带缓冲区的流分别是_____类和_____类。

(4) 在文件操作中，遍历某个目录下的文件是很常见的操作，File 类中提供的_____方法就是用来遍历目录下所有文件的。

(5) 除了 File 类之外，Java 还提供了_____类用于专门处理文件，它支持"随机访问"的方式，这里"随机"是指可以跳转到文件的任意位置处读写数据。

2. 选择题

(1) 下面哪个流类属于面向字符的输入流？（　　）

  A. BufferedWriter   B. FileInputStream

  C. ObjectInputStream   D. InputStreamReader

(2) 新建一个流对象，下面哪个选项的代码是错误的？（　　）

  A. new BufferedWriter(new FileWriter("a.txt"));

  B. new BufferedReader(new FileInputStream("a.dat"));

  C. new GZIPOutputStream(new FileOutputStream("a.zip"));

  D. new ObjectInputStream(new FileInputStream("a.dat"));

(3) 要从文件 file.dat 中读出第 10 个字节到变量 c 中，下列哪个方法适合？（　　）

  A. FileInputStream in=new FileInputStream("file.dat"); in.skip(9); int c=in.read();

  B. FileInputStream in=new FileInputStream("file.dat"); in.skip(10); int c=in.read();

  C. FileInputStream in=new FileInputStream("file.dat"); int c=in.read();

  D. RandomAccessFile in=new RandomAccessFile("file.dat"); in.skip(9);

(4) Java I/O 程序设计中，下列描述正确的是（　　）。

  A. OutputStream 用于写操作   B. InputStream 用于写操作

  C. 只有字节流可以进行读操作   D. I/O 库不支持对文件可读可写 API

(5) 下列哪个不是合法的字符编码？（　　）

  A. UTF-8   B. ISO8859-1

  C. GBL   D. ASCII

3. 思考题

(1) 请简述 Java 中有几种类型的流。

(2) 请简述什么是 Java 序列化。

(3) 请简述如何实现 Java 序列化。

(4) 请简述什么是标准的 I/O 流。

(5) 请简述 3 个常见的字符集。实际开发中最常用的是哪种？

(6) 使用 NI/O 怎样能够从文件中读取数据？

4. 编程题

(1) 利用程序在 D 盘下新建一个文本文件 test.txt,利用程序在文件中写入"千锋 IT 教育"。

(2) 利用程序读取 test.txt 文件内容并打印到控制台。

(3) 利用转换流复制 test.txt 为 my.txt。

第 10 章　GUI（图形用户界面）

本章学习目标
- 熟练掌握 AWT 事件处理。
- 了解常用事件和布局管理器。
- 熟练掌握常用的 Swing 组件的使用。
- 熟练掌握 JavaFX 图形用户界面工具的使用。

GUI 全称是 Graphical User Interface，即图形用户界面，在一个系统中，拥有良好的人机界面无疑是最重要的，Windows 以其良好的人机操作界面在操作系统中占有着绝对的统治地位，用户体验逐渐成为关注的重点，目前几乎所有的程序设计语言都提供了 GUI 设计功能。Java 提供了丰富的类库用于 GUI 设计，这些类分别位于 java.awt 包和 javax.swing 包中，简称为 AWT 和 Swing。

AWT 是 Sun 公司提供的用于图形界面编程的类库。基本的 AWT 库处理用户界面元素时，是把这些元素的创建和行为委托给每个目标平台上（Windows、UNIX 等）的本地 GUI 工具进行处理，实际上它所创建和使用的界面或按钮具有本地外观的感觉，没有做到完全的跨平台。

Swing 是在 AWT 基础上发展而来的轻量级组件，与 AWT 相比不但改进了用户界面，而且所需系统资源更少。Swing 是纯 Java 组件，完全实现了跨平台，Swing 会用到 AWT 中的许多知识。本章主要对图形用户接口的使用以及 Swing 和 JavaFX 进行详细讲解。

10.1　AWT 概述

AWT（Abstract Window Toolkit，抽象窗口工具包）提供了一套与本地图形界面进行交互的接口，是 Java 提供的用来建立和设置图形用户界面的基本工具。

在 AWT 中有两个抽象基类将组件分为两大类，两个抽象基类分别为 MenuComponent 类和 Component 类。接下来分别了解一下这两个抽象基类的结构，如图 10.1 和图 10.2 所示。

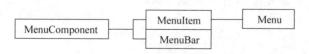

图 10.1　MenuComponent 结构图

图 10.1 中所示的 MenuComponent 类是所有与菜单相关的抽象基类。
图 10.2 中所示的 Component 类是除菜单外其他 AWT 组件的抽象基类。其中，

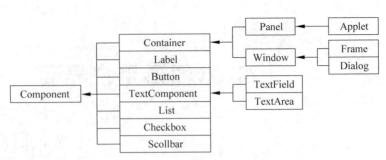

图 10.2 Component 结构图

Component 类的子类 Container 表示容器，容器是用来存放其他的组件。有两种类型的容器，分别是 Window 和 Panel，接下来详细介绍这两种容器。

1．Window

Window 是不依赖于其他容器而独立存在的容器。Window 有两个子类：Frame 类和 Dialog 类。Frame 类带有标题，可以调整大小。Dialog 类可以被移动，但不能改变大小。接下来通过一个案例演示 Window 两个子类的使用，如例 10-1 所示。

例 10-1　TestWindow.java

```
1   import java.awt.*;
2   public class TestWindow {
3       public static void main(String[] args) {
4           // 创建 Frame 对象
5           Frame f = new Frame("Frame 窗口");
6           f.setSize(300, 200);           // 设置长和宽
7           f.setVisible(true);            // 设置为可见
8           // 创建 Dialog 对象，指定该对话框依赖的窗口
9           Dialog d = new Dialog(f, "Dialog 窗口");
10          d.setSize(100, 100);           // 设置长和宽
11          d.setVisible(true);            // 设置为可见
12      }
13  }
```

程序的运行结果如图 10.3 所示。

在图 10.3 中，运行程序弹出了两个窗口，一个是 Frame 窗口，一个是 Dialog 窗口。例 10-1 中先创建了 Frame 窗口，设置长和宽，参数是左上角坐标，并且设为可见，后创建了 Dialog 窗口，指定该对话框依赖 Frame 窗口，设置大小和可见，两个窗口创建成功。

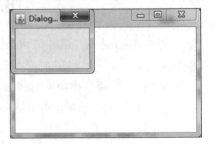

图 10.3　例 10-1 运行结果

● 脚下留心

例 10-1 运行弹出两个窗口后，单击"关闭"按钮是无法关闭窗口的，在命令行控制台下按 Ctrl＋C 组合键终止程序，两个窗口自动关闭，如果希望单击按钮后窗口关闭，必须使 Frame 注册 WindowListener 监听器，在后面会详细讲解。

2. Panel

Panel 不能单独存在,只能存在于其他容器(Window 或其子类)中,一个 Panel 对象代表了一个长方形的区域,在这个区域中可以容纳其他的组件。接下来通过一个案例演示 Panel 的使用,如例 10-2 所示。

例 10-2   TestPanel.java

```
1   import java.awt.*;
2   public class TestPanel {
3       public static void main(String[] args) {
4           // 创建 Frame 对象
5           Frame f = new Frame("Frame 窗口");
6           Panel p = new Panel();
7           p.add(new Button("Button"));
8           f.add(p);
9           f.setSize(300, 200);          // 设置长和宽
10          f.setVisible(true);           // 设置为可见
11      }
12  }
```

程序的运行结果如图 10.4 所示。

在图 10.4 中,运行程序弹出了 Frame 窗口,里面包含一个按钮。例 10-2 中,先创建 Frame 窗口,然后创建 Panel 对象,在 Panel 对象中创建一个按钮,随后将 Panel 对象添加到 Frame 窗口,设置窗口长和宽且可见。在这里,Panel 充斥了整个 Frame 空间,Panel 容器中有一个 Button 按钮。

图 10.4   例 10-2 运行结果

10.2   AWT 事件处理

10.2.1   事件处理机制

前面介绍的创建 Frame 窗口后,单击"关闭"按钮无法将窗口关闭,因为在 AWT 中,所有事件必须由特定对象(事件监听器)来处理,而 Frame 和组件本身并没有事件处理能力。为了使图形化界面能接收用户的指令,必须给各个组件加上事件处理机制。

在事件处理的过程中,主要涉及三个对象,具体示例如下。

Event(事件):事件封装了 GUI 组件上发生的特定事情(通常是用户的一次操作)。
Event Source(事件源):事件发生的场所,通常就是各个组件,例如窗口、按钮等。
Event Listener(事件监听器):负责监听事件源所发生的事件,并做出响应。

如上所示的三个对象有着非常紧密的联系,在 AWT 事件处理中有非常重要的作用,接下来了解一下 AWT 的事件处理流程,如图 10.5 所示。

在图 10.5 中,显示了 AWT 的事件处理流程,事件源是一个组件,当用户进行一些操作时,例如鼠标单击,则会触发相应事件,如果事件源注册了事件监听器,则触发的相应事件将

GUI(图形用户界面)

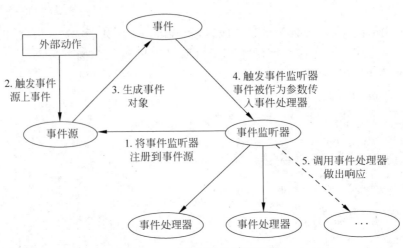

图 10.5　AWT 事件处理流程

会被处理。接下来通过一个案例演示如何使界面中的"关闭"按钮生效，如例 10-3 所示。

例 10-3　TestClose.java

```java
1  import java.awt.*;
2  import java.awt.event.*;
3  public class TestClose {
4      public static void main(String[] args) {
5          // 创建 Frame 对象
6          Frame f = new Frame("Frame 窗口");
7          f.setSize(300, 200);              // 设置长和宽
8          f.setVisible(true);               // 设置为可见
9          ListenerClose lc = new ListenerClose();
10         f.addWindowListener(lc);          // 为窗口注册监听器
11     }
12 }
13 class ListenerClose implements WindowListener {
14     public void windowClosing(WindowEvent e) {
15         Window w = e.getWindow();
16         w.setVisible(false);
17         w.dispose();                      // 释放窗口
18     }
19     public void windowOpened(WindowEvent e) {
20     }
21     public void windowClosed(WindowEvent e) {
22     }
23     public void windowIconified(WindowEvent e) {
24     }
25     public void windowDeiconified(WindowEvent e) {
26     }
27     public void windowActivated(WindowEvent e) {
28     }
29     public void windowDeactivated(WindowEvent e) {
30     }
31 }
```

程序的运行结果如图 10.6 所示。

图 10.6 中，运行程序弹出 Frame 窗口，单击右上角"关闭"按钮，窗口立即关闭。例 10-3 中，创建了 Frame 窗口并且为窗口设置长和宽，将窗口设为可见，接下来为窗口注册了监听事件，监听事件的对象 ListenerClose 实现了 WindowListener 接口，重写了 windowClosing()方法，方法内将窗口设为不可见并释放窗口，从而实现窗口关闭。

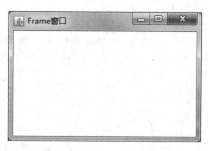

图 10.6　例 10-3 运行结果

10.2.2　事件适配器

例 10-3 中通过注册事件监听器实现窗口的关闭，但 ListenerClose 类实现 WindowListener 接口后需要定义 7 个方法，而程序中只需要重写 windowClosing()一个方法，这种方式显然不是很好。Java 提供了一些事件适配器类，事件适配器是监听器接口的空实现，即事件适配器实现了监听器接口，并为该接口里的每个方法都提供了实现，但方法体内没有任何代码，这是一种空实现。所有包含多个方法的监听器接口都有一个对应的适配器，但只包含一个方法的监听器接口没有对应的适配器，接下来了解一下这些监听器接口和对应的事件适配器，如表 10.1 所示。

表 10.1　监听器接口和对应的事件适配器

方 法 声 明	功 能 描 述
ContainerListener	ContainerAdapter
FocusListener	FocusAdapter
ComponentListener	ComponentAdapter
KeyListener	KeyAdapter
MouseListener	MouseAdapter
MouseMotionListener	MouseMotionAdapter
WindowListener	WindowAdapter

在表 10.1 中列举了监听器接口和对应的事件适配器，接下来通过应用适配器，解决例 10-3 代码冗余的问题，如例 10-4 所示。

例 10-4　TestAdapter.java

```
1   import java.awt.*;
2   import java.awt.event.*;
3   public class TestAdapter {
4       public static void main(String[] args) {
5           // 创建 Frame 对象
6           Frame f = new Frame("Frame 窗口");
7           f.setSize(300, 200);              // 设置长和宽
8           f.setVisible(true);               // 设置为可见
9           ListenerClose lc = new ListenerClose();
10          f.addWindowListener(lc);          // 为窗口注册监听器
11      }
```

```
12    }
13    class ListenerClose extends WindowAdapter {
14        public void windowClosing(WindowEvent e) {
15            Window w = e.getWindow();
16            w.setVisible(false);
17            w.dispose();                           // 释放窗口
18        }
19    }
```

例10-4运行效果与例10-3相同,但与例10-3的代码相比,明显简洁了很多。ListenerClose类继承WindowListener接口的事件适配器WindowAdapter类,只重写windowClosing()方法即可,这就是事件适配器的应用。

10.2.3 用匿名内部类实现事件处理

在10.2.2节中,讲解了用事件适配器解决代码冗余的问题,可以看出代码明显简洁了,但是除了主方法,还需要额外创建一个类,还是有些冗余,可以通过利用匿名内部类继续优化。接下来通过一个案例演示如何继续优化例10-4中的代码,如例10-5所示。

例10-5 TestAnonymous.java

```
1    import java.awt.*;
2    import java.awt.event.*;
3    public class TestAnonymous {
4        public static void main(String[] args) {
5            // 创建Frame对象
6            Frame f = new Frame("Frame窗口");
7            f.setSize(300, 200);                   // 设置长和宽
8            f.setLocation(500, 200);               // 设置窗口相对位置
9            f.setVisible(true);                    // 设置为可见
10           f.addWindowListener(new WindowAdapter() {
11               public void windowClosing(WindowEvent e) {
12                   Window w = e.getWindow();
13                   w.setVisible(false);
14                   w.dispose();                   // 释放窗口
15               }
16           });
17       }
18   }
```

程序的运行结果如图10.7所示。

在图10.7中,运行程序弹出Frame窗口,单击右上角"关闭"按钮成功关闭窗口。例10-5中,创建Frame窗口后,调用了Frame类的addWindowListener()方法,直接创建了一个匿名内部类,在类中实现了将窗口关闭的方法,这种实现方式比用事件适配器更加简洁。

图10.7 例10-5运行结果

10.3　常用事件分类

前面介绍了 AWT 的事件处理，在 AWT 中提供了各种事件供用户选择，例如窗体事件、鼠标事件、键盘事件、动作事件等，接下来对这些事件详细讲解。

10.3.1　窗体事件

Java 提供的 WindowListener 是专门处理窗体的事件监听接口，一个窗口的所有变化，如窗口的打开、关闭等都可以使用这个接口进行监听。此接口定义的方法如表 10.2 所示。

表 10.2　WindowListener 接口的方法

方 法 声 明	功 能 描 述
void windowActivated(WindowEvent e)	将窗口变为活动窗口时触发
void windowDeactivated(WindowEvent e)	将窗口变为不活动窗口时触发
void windowClosed(WindowEvent e)	当窗口被关闭时触发
void windowClosing(WindowEvent e)	当窗口正在关闭时触发
void windowIconified(WindowEvent e)	窗口最小化时触发
void windowDeiconified(WindowEvent e)	窗口从最小化恢复到正常状态时触发
void windowOpened(WindowEvent e)	窗口打开时触发

在表 10.2 中列出了 WindowListener 接口的方法，接下来通过一个案例演示窗体事件的使用，如例 10-6 所示。

例 10-6　TestWindowEvent.java

```
1   import java.awt.*;
2   import java.awt.event.*;
3   public class TestWindowEvent {
4       public static void main(String[] args) {
5           // 创建 Frame 对象
6           Frame f = new Frame("Frame 窗口");
7           f.setSize(300, 200);                    // 设置长和宽
8           f.setLocation(500, 200);                // 设置窗口相对位置
9           f.setVisible(true);                     // 设置为可见
10          // 创建匿名内部类，监听窗体事件
11          f.addWindowListener(new WindowListener() {
12              public void windowOpened(WindowEvent e) {
13                  System.out.println("windowOpened-->窗口被打开");
14              }
15              public void windowIconified(WindowEvent e) {
16                  System.out.println("windowIconified-->窗口最小化");
17              }
18              public void windowDeiconified(WindowEvent e) {
19                  System.out.println("windowDeiconified-->窗口从最小化恢复");
20              }
21              public void windowDeactivated(WindowEvent e) {
22                  System.out.println("windowDeactivated-->取消窗口选中");
23              }
24              public void windowClosing(WindowEvent e) {
```

```
25                    System.out.println("windowClosing-->窗口正在关闭");
26                    ((Window) e.getComponent()).dispose();
27                }
28                public void windowClosed(WindowEvent e) {
29                    System.out.println("windowClosed-->窗口关闭");
30                }
31                public void windowActivated(WindowEvent e) {
32                    System.out.println("windowActivated-->窗口被选中");
33                }
34            });
35    }
36 }
```

程序的运行结果如图 10.8 所示。

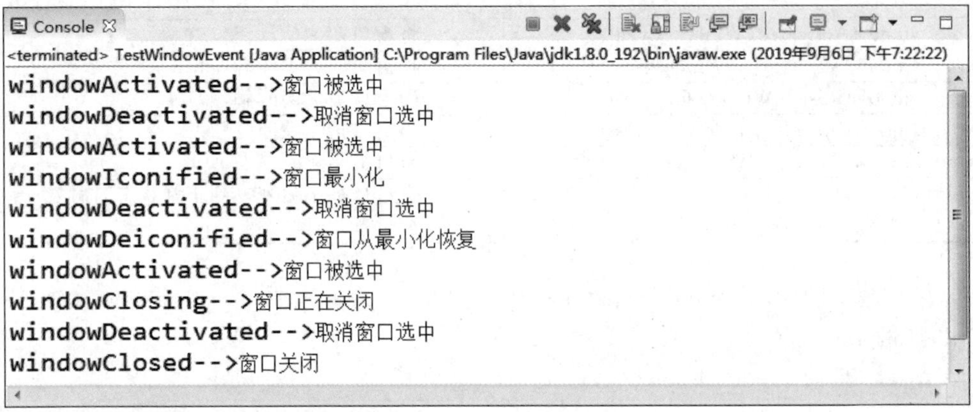

```
windowActivated-->窗口被选中
windowDeactivated-->取消窗口选中
windowActivated-->窗口被选中
windowIconified-->窗口最小化
windowDeactivated-->取消窗口选中
windowDeiconified-->窗口从最小化恢复
windowActivated-->窗口被选中
windowClosing-->窗口正在关闭
windowDeactivated-->取消窗口选中
windowClosed-->窗口关闭
```

图 10.8 例 10-6 运行结果

在图 10.8 中，运行结果打印出窗体事件的各种状态。首先运行程序弹出窗口后，打印"窗口被选中"；将窗口最小化，打印"窗口最小化"，打印"取消窗口选中"；然后单击任务栏上的图标将窗口恢复，打印出"窗口从最小化恢复"，打印"窗口被选中"；最后单击右上角的"关闭"按钮，打印出"窗口正在关闭"，打印"取消窗口选中"，打印"窗口关闭"。这些是窗体事件的基本用法，开发中根据实际需求在监听器中自定义事件处理器。

10.3.2 鼠标事件

Java 提供的 MouseListener 是专门处理鼠标的事件监听接口，如果想对一个鼠标的操作进行监听，如鼠标按下、松开等，则可以使用此接口。此接口定义的方法如表 10.3 所示。

表 10.3 MouseListener 接口的方法

方法声明	功能描述
void mouseClicked(MouseEvent e)	鼠标单击时调用（按下并释放）
void mousePressed(MouseEvent e)	鼠标按下时调用
void mouseReleased(MouseEvent e)	鼠标松开时调用
void mouseEntered(MouseEvent e)	鼠标进入组件时调用
void mouseExited(MouseEvent e)	鼠标离开组件时调用

表 10.3 中列出了 MouseListener 接口的方法,每个事件触发后都会产生 MouseEvent 事件,此事件可以得到鼠标的相关操作,如左键单击、右键单击等。MouseEvent 类的常量及常用方法如表 10.4 所示。

表 10.4 MouseEvent 类的常量及常用方法

常量及方法声明	功 能 描 述
public static final int BUTTON1	表示鼠标左键的常量
public static final int BUTTON2	表示鼠标滚轴的常量
public static final int BUTTON3	表示鼠标右键的常量
int getClickCount()	返回鼠标的单击次数
int getButton()	以数字形式返回按下的鼠标键

表 10.4 中列举出 MouseEvent 类的常量及常用方法,接下来通过一个案例演示鼠标事件的使用,如例 10-7 所示。

例 10-7 TestMouseEvent.java

```
1   import java.awt.*;
2   import java.awt.event.*;
3   public class TestMouseEvent {
4       public static void main(String[] args) {
5           // 创建 Frame 对象
6           Frame f = new Frame("Frame 窗口");
7           Panel p = new Panel();
8           Button b = new Button("按钮");
9           p.add(b);
10          f.add(p);
11          f.setSize(300, 200);              // 设置长和宽
12          f.setLocation(500, 200);          // 设置窗口相对位置
13          f.setVisible(true);               // 设置为可见
14          b.addMouseListener(new MouseListener() {
15              public void mouseReleased(MouseEvent e) {
16                  System.out.println("mouseReleased-->鼠标松开");
17              }
18              public void mousePressed(MouseEvent e) {
19                  System.out.println("mousePressed-->鼠标按下");
20              }
21              public void mouseExited(MouseEvent e) {
22                  System.out.println("mouseExited-->鼠标离开组件");
23              }
24              public void mouseEntered(MouseEvent e) {
25                  System.out.println("mouseEntered-->鼠标进入组件");
26              }
27              public void mouseClicked(MouseEvent e) {
28                  int i = e.getButton();
29                  if (i == MouseEvent.BUTTON1) {
30                      System.out.println("mouseClicked-->鼠标左键单击"
31                              + e.getClickCount() + "次");
32                  }else if(i == MouseEvent.BUTTON3){
33                      System.out.println("mouseClicked-->鼠标右键单击
```

```
34                                + e.getClickCount() + "次");
35                    }else{
36                        System.out.println("mouseClicked-->鼠标右键滚轴"
37                                + e.getClickCount() + "次");
38                    }
39                }
40            });
41        }
42 }
```

程序的运行结果如图 10.9 所示。

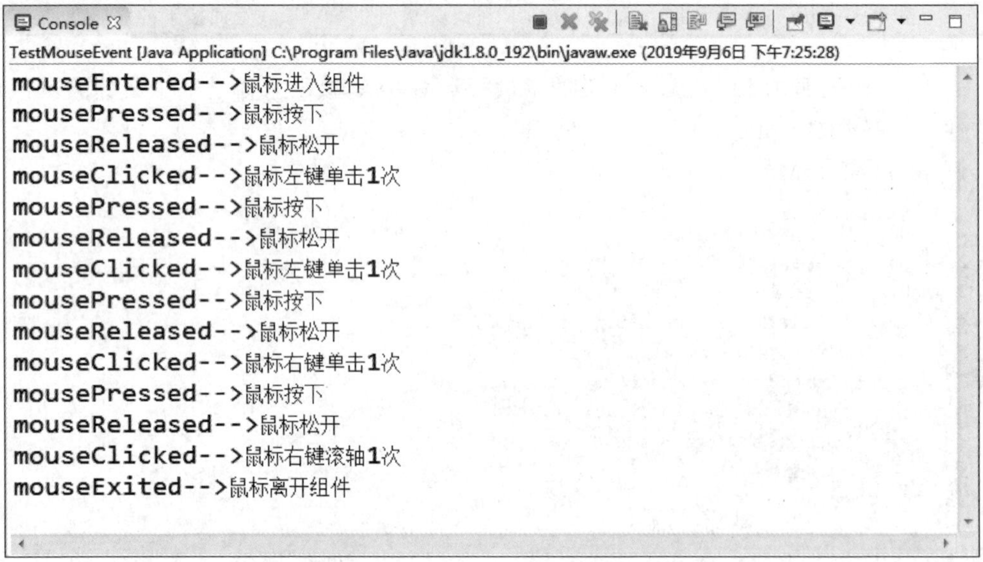

```
mouseEntered-->鼠标进入组件
mousePressed-->鼠标按下
mouseReleased-->鼠标松开
mouseClicked-->鼠标左键单击1次
mousePressed-->鼠标按下
mouseReleased-->鼠标松开
mouseClicked-->鼠标左键单击1次
mousePressed-->鼠标按下
mouseReleased-->鼠标松开
mouseClicked-->鼠标右键单击1次
mousePressed-->鼠标按下
mouseReleased-->鼠标松开
mouseClicked-->鼠标右键滚轴1次
mouseExited-->鼠标离开组件
```

图 10.9 例 10-7 运行结果

图 10.9 中,运行结果打印出鼠标事件的各种状态。首先运行程序弹出窗口后,将鼠标移入按钮,打印"鼠标进入组件";然后快速单击鼠标左键两次,打印出鼠标两次单击的流程;同理,单击一次鼠标滚轴和单击一次鼠标右键都打印出了运行流程;最后将鼠标移出按钮,打印"鼠标离开组件"。这些是鼠标事件的基本用法,开发中根据实际需求在监听器中自定义事件处理器。

10.3.3 键盘事件

Java 提供的 KeyListener 是专门处理键盘的事件监听接口,如果想对键盘的操作进行监听,如键盘按键、松开键等,则可以使用此接口。此接口定义的方法如表 10.5 所示。

表 10.5 KeyListener 接口的方法

方法声明	功能描述
void KeyTyped(KeyEvent e)	按某个键时调用
void KeyPressed(KeyEvent e)	按下键时调用
void KeyReleased(KeyEvent e)	松开键时调用

表 10.5 中列出了 KeyListener 接口的方法，每个事件触发后都会产生 KeyEvent 事件，此事件可以得到键盘的相关操作。KeyEvent 类的常用方法如表 10.6 所示。

表 10.6 KeyEvent 类的常用方法

方法声明	功能描述
char getKeyChar()	返回输入的字符，只针对 keyTyped 有意义
int getKeyCode()	返回输入字符的键码
static Sring getKeyText(int KeyCode)	返回此键的信息，如"F1""H"等

表 10.6 中列举出 KeyEvent 类的常用方法，接下来通过一个案例演示键盘事件的使用，如例 10-8 所示。

例 10-8　TestKeyEvent.java

```
1   import java.awt.*;
2   import java.awt.event.*;
3   public class TestKeyEvent {
4       public static void main(String[] args) {
5           // 创建 Frame 对象
6           Frame f = new Frame("Frame 窗口");
7           Panel p = new Panel();
8           TextField tf = new TextField(10);        // 创建文本框
9           p.add(tf);
10          f.add(p);
11          f.setSize(300, 200);                     // 设置长和宽
12          f.setLocation(500, 200);                 // 设置窗口相对位置
13          f.setVisible(true);                      // 设置为可见
14          tf.addKeyListener(new KeyAdapter() {
15              public void keyPressed(KeyEvent e) {
16                  System.out.println("keyPressed-->键盘"
17                          + KeyEvent.getKeyText(e.getKeyCode()) + "键按下");
18              }
19              public void keyReleased(KeyEvent e) {
20                  System.out.println("keyReleased-->键盘"
21                          + KeyEvent.getKeyText(e.getKeyCode()) + "键松开");
22              }
23              public void keyTyped(KeyEvent e) {
24                  System.out.println("keyTyped-->键盘输入的内容是:"
25                          + e.getKeyChar());
26              }
27          });
28      }
29  }
```

程序的运行结果如图 10.10 所示。

在图 10.10 中，运行结果打印出键盘事件的各种状态。运行程序弹出窗口后，首先输入"o"，然后输入"k"，控制台打印出了键盘的运行流程。这些是键盘事件的基本用法，开发中根据实际需求在监听器中自定义事件处理器。

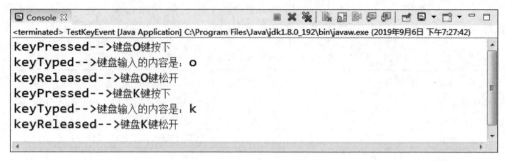

图 10.10　例 10-8 运行结果

10.3.4　动作事件

前面讲解的内容中涉及按钮,如果想让一个按钮变得有意义,就必须使用动作事件。AWT 的事件处理中,动作事件与前三种事件不同,它不代表具体某个动作,只代表一个动作发生了,例如复制一段话,鼠标右键能复制,按 Ctrl+C 组合键也能复制,但不需要知道用哪种方式复制的,只要是进行复制操作后,就触发了该动作事件。

Java 提供的 ActionListener 是专门处理动作的事件监听接口,触发某个动作事件后执行,则可以使用此接口,关于动作事件的案例将在后面进行讲解。

10.4　布局管理器

组件在容器中的位置及尺寸是由布局管理来决定的,所有的容器都会引用一个布局管理器的实例,通过它来自动进行组件的布局管理。

当一个容器被创建后,它们有相应的默认布局管理器。Window、Frame 和 Dialog 的默认布局管理器是 BorderLayout,Panel 和 Applet 的默认布局管理器是 FlowLayout。在 java.awt 包中提供了五种布局管理器,分别是 FlowLayout(流式布局管理器)、BorderLayout(边界布局管理器)、GridLayout(网格布局管理器)、GridBagLayout(网格包布局管理器)和 CardLayout(卡片布局管理器)。接下来详细讲解这 5 种布局管理器。

10.4.1　FlowLayout

FlowLayout 类属于流式布局管理器,使用此种布局方式会使所有的组件像流水一样依次进行排列,FlowLayout 类的常量及构造方法如表 10.7 所示。

表 10.7　FlowLayout 类的常量及构造方法

常量及构造方法声明	功 能 描 述
public static final int CENTER	居中对齐
public static final int LEADING	与容器的开始端对齐方式一样
public static final int LEFT	左对齐
public static final int RIGHT	右对齐
public static final int TRAILING	与容器的结束端对齐方式一样

续表

常量及构造方法声明	功 能 描 述
public FlowLayout()	构造一个 FlowLayout,居中对齐,默认的水平和垂直间距是 5 个单位
public FlowLayout(int align)	构造一个 FlowLayout,并指定对齐方式,垂直间距默认是 5 个单位
public FlowLayout(int align,int hgap,int vgap)	构造一个 FlowLayout,并指定对齐方式和垂直间距

表 10.7 中列举了 FlowLayout 类的常量及构造方法,接下来通过一个案例演示 FlowLayout 布局管理器的使用,如例 10-9 所示。

例 10-9 TestFlow.java

```
1   import java.awt.*;
2   public class TestFlow {
3       public static void main(String[] args) {
4           Frame f = new Frame("Frame 窗口");        // 创建 Frame 对象
5           // 设置窗体中布局管理器为 FlowLayout
6           f.setLayout(new FlowLayout(FlowLayout.CENTER, 30, 3));
7           Button b = null;
8           for (int i = 0; i < 8; i++) {
9               b = new Button("按钮 - " + i);        // 创建按钮
10              f.add(b);                              // 将按钮加入 Frame
11          }
12          f.setSize(200, 150);                       // 设置长和宽
13          f.setLocation(500, 200);                   // 设置窗口相对位置
14          f.setVisible(true);                        // 设置为可见
15      }
16  }
```

程序的运行结果如图 10.11 所示。

在图 10.11 中,运行程序弹出了 Frame 窗口,窗口内有 8 个按钮,所有按钮都是按照顺序依次向下排列,每个按钮之间的水平距离是 30,垂直距离是 3。例 10-9 中,创建 Frame 窗体后,将布局设置为使用 FlowLayout 布局管理器并设置组件之间的水平和垂直距离,之后循环添加 8 个按钮到 Frame 中,最后设置 Frame 窗体的长宽以及可见。这是 FlowLayout 布局管理器的基本使用。

图 10.11 例 10-9 运行结果

10.4.2 BorderLayout

BorderLayout 类将一个窗体的版面分成东、西、南、北、中 5 个区域,可以直接将需要的组件放到这 5 个区域中。BorderLayout 类的常量及构造方法如表 10.8 所示。

表 10.8　BorderLayout 类的常量及构造方法

常量及构造方法声明	功能描述
public static final StringEAST	将组件设置在东区域
public static final StringWEST	将组件设置在西区域
public static final StringSOUTH	将组件设置在南区域
public static final StringNORTH	将组件设置在北区域
public static final StringCENTER	将组件设置在中区域
public BorderLayout()	构造一个没有间距的 BorderLayout 布局器
public BorderLayout(int hgap,int vgap)	构造一个有水平和垂直间距的 BorderLayout 布局器

表 10.8 中列举了 BorderLayout 类的常量及构造方法，接下来通过一个案例演示 BorderLayout 布局管理器的使用，如例 10-10 所示。

例 10-10　TestBorder.java

```
1   import java.awt.*;
2   public class TestBorder {
3       public static void main(String[] args) {
4           Frame f = new Frame("Frame 窗口");        // 创建 Frame 对象
5           // 设置窗体中布局管理器为 BorderLayout
6           f.setLayout(new BorderLayout(10,10));
7           f.add(new Button("东部"),BorderLayout.EAST);
8           f.add(new Button("西部"),BorderLayout.WEST);
9           f.add(new Button("南部"),BorderLayout.SOUTH);
10          f.add(new Button("北部"),BorderLayout.NORTH);
11          f.add(new Button("中部"),BorderLayout.CENTER);
12          f.setSize(200, 150);                      // 设置长和宽
13          f.setLocation(500, 200);                  // 设置窗口相对位置
14          f.setVisible(true);                       // 设置为可见
15      }
16  }
```

程序的运行结果如图 10.12 所示。

在图 10.12 中，运行程序弹出了 Frame 窗口，窗口内有 5 个按钮，东西南北中这 5 个按钮按照相应位置排列，每个按钮水平间距和垂直间距都是 10。例 10-10 中，创建 Frame 窗体后，将布局设置为使用 BorderLayout 布局管理器并设置组件之间的水平和垂直距离都为 10，之后添加 5 个按钮到 Frame 中并指定常量，用于布局的位置，最后设置 Frame 窗体的长宽以及可见。这是 BorderLayout 布局管理器的基本使用。

图 10.12　例 10-10 运行结果

10.4.3　GridLayout

GridLayout 布局管理器是以表格形式进行管理的，在使用此布局管理器时必须设置显示的行数和列数。GridLayout 类的构造方法如表 10.9 所示。

表 10.9　GridLayout 类的构造方法

构造方法声明	功能描述
GridLayout()	构造一个具有默认值的 GridLayout 布局管理器,即每个组件占一行一列
GridLayout(int rows,int cols)	构造一个指定行和列数的 GridLayout 布局管理器
GridLayout(int rows,int cols,int hgap,int vgap)	构造一个指定行和列数以及水平和垂直间距的 GridLayout 布局管理器

表 10.9 中列举了 GridLayout 类的构造方法,接下来通过一个案例演示 GridLayout 布局管理器的使用,如例 10-11 所示。

例 10-11　TestGrid.java

```
1   import java.awt.*;
2   public class TestGrid {
3       public static void main(String[] args) {
4           Frame f = new Frame("Frame窗口");    // 创建 Frame 对象
5           // 设置窗体中布局管理器为 GridLayout
6           f.setLayout(new GridLayout(2,3,10,10));
7           Button b = null;
8           for (int i = 0; i < 6; i++) {
9               b = new Button("按钮 - " + i);    // 创建按钮
10              f.add(b);                         // 将按钮加入 Frame
11          }
12          f.setSize(200, 150);                  // 设置长和宽
13          f.setLocation(500, 200);              // 设置窗口相对位置
14          f.setVisible(true);                   // 设置为可见
15      }
16  }
```

程序的运行结果如图 10.13 所示。

在图 10.13 中,运行程序弹出了 Frame 窗口,窗口内有 6 个按钮,按钮按两行三列布局,每个按钮水平和垂直间距都是 10。例 10-11 中,创建 Frame 窗体后,将布局设置为使用 GridLayout 布局管理器,设置以两行三列布局,并设置组件之间的水平和垂直间距都为 10,之后添加 6 个按钮到 Frame 中,最后设置 Frame 窗体的长宽以及可见。这是 GridLayout 布局管理器的基本使用。

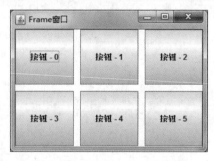

图 10.13　例 10-11 运行结果

10.4.4　GridBagLayout

GridBagLayout 类是在 GridLayout 类基础上提供的更为复杂的布局管理器。与 GridLayout 布局管理器不同的是,GridBagLayout 类允许容器中各个组件的大小不相同,还允许单个组件所在的显示区域占多个网格。

使用 GridBagLayout 布局管理器的关键在于 GridBagConstraints 对象,在这个对象中

设置相关属性,然后调用 GridBagLayout 对象的 setConstraints()方法建立对象和受控组件直接的关联,GridBagConstraints 类的常用属性如表 10.10 所示。

表 10.10 GridBagConstraints 类的常用属性

属 性 声 明	功 能 描 述
gridx 和 gridy	设置组件的左上角所在网格的横向和纵向索引(即所在的行和列)
gridwidth 和 gridheight	设置组件横向、纵向跨越几个网格,两个属性的默认值都是 1
fill	如果组件的显示区域大于组件需要的大小,设置是否以及如何改变组件大小
weightx 和 weighty	设置组件占领容器中多余的水平方向和垂直方向空白的比例(也称为权重)

表 10.10 中列举了 GridBagConstraints 类的常用属性,其中,gridx 和 gridy 的值如果设置为 RELATIVE,表示当前组件紧跟在上一个组件后面;gridwidth 和 gridheight 的值如果设为 REMAINER,表示当前组件在其行或列上为最后一个组件,如果两个属性值都设为 RELATIVE,表示当前组件在其行或列上为倒数第二个组件;weightx 和 weighty 的默认值是 0,例如容器中有两个组件,weightx 分别为 2 和 1,当容器宽度增加 30 像素时,两个容器分别增加 20 像素和 10 像素;fill 属性可以接收 4 个属性值,具体示例如下。

```
NONE:默认,不改变组件大小
HORIZONTAL:使组件水平方向足够长以填充显示区域,但是高度不变
VERTICAL:使组件垂直方向足够高以填充显示区域,但长度不变
BOTH:使组件足够大,以填充整个显示区域
```

接下来通过一个案例演示 GridBagLayout 布局管理器的使用,如例 10-12 所示。

例 10-12   TestGridBag.java

```
1    import java.awt.*;
2    public class TestGridBag {
3        public static void main(String[] args) {
4            Frame f = new Frame("Frame 窗口");        // 创建 Frame 对象
5            GridBagLayout gbl = new GridBagLayout();
6            // 设置窗体中布局管理器为 GridBagLayout
7            f.setLayout(gbl);
8            GridBagConstraints gbc = new GridBagConstraints();
9            gbc.fill = GridBagConstraints.BOTH;        // 设置组件横向纵向可以拉伸
10           gbc.weightx = 2;                            // 设置横向权重为 2
11           gbc.weighty = 1;                            // 设置纵向权重为 1
12           f.add(addButton("Button1", gbl, gbc));
13           f.add(addButton("Button2", gbl, gbc));
14           // 设置添加组件是本行最后一个组件
15           gbc.gridwidth = GridBagConstraints.REMAINDER;
16           f.add(addButton("Button3", gbl, gbc));
17           gbc.weightx = 1;                            // 设置横向权重为 1
18           gbc.weighty = 1;                            // 设置纵向权重为 1
19           f.add(addButton("Button4", gbl, gbc));
20           gbc.gridwidth = 2;                          // 设置组件横向跨两个网格
21           f.add(addButton("Button5", gbl, gbc));
22           gbc.gridheight = 1;
```

```
23        gbc.gridwidth = 1;
24        f.add(addButton("Button6", gbl, gbc));
25        // 设置添加组件是本行最后一个组件
26        gbc.gridwidth = GridBagConstraints.REMAINDER;
27        gbc.gridheight = 2;
28        f.add(addButton("Button7", gbl, gbc));
29        f.add(addButton("Button8", gbl, gbc));
30        f.setSize(200, 150);                // 设置长和宽
31        f.setLocation(500, 200);            // 设置窗口相对位置
32        f.setVisible(true);                 // 设置为可见
33    }
34    // 返回一个可添加的组件
35    private static Component addButton(String name, GridBagLayout gbl,
36            GridBagConstraints gbc) {
37        Button butt = new Button(name);
38        gbl.setConstraints(butt, gbc);
39        return butt;
40    }
41 }
```

程序的运行结果如图 10.14 所示。

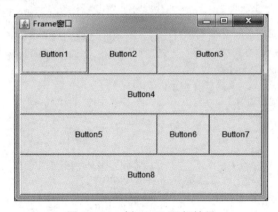

图 10.14　例 10-12 运行结果

在图 10.14 中，运行程序弹出 Frame 窗口。在例 10-12 中，创建 Frame 窗口后，创建了 GridBagLayout 对象和 GridBagConstraints 对象，调用 fill 属性，将组件设为横向纵向可以拉伸，然后设置横纵权重为 2 和 1，添加两个按钮到窗口。接着设置添加组件是本行最后一个组件，添加第三个按钮，可以看出第三个按钮是第一行的最后一个按钮，接下来设置权重为 1 和 1。添加第四个按钮，第四个按钮占了一整行，添加第五个按钮之前，设置 GridBagConstraints 的 gridwidth 属性为 2，使组件横向跨两个网格，可以看出按钮 5 占据两列。接下来添加第六和第七个按钮，第七个按钮添加前，设置该按钮为本行最后一个组件，最后添加按钮 8。这是 GridBagLayout 布局管理器的基本使用。

10.4.5　CardLayout

CardLayout 布局管理器是将一些组件彼此重叠地进行布局，像一张张卡片叠放在一起

一样,这样每次只会展现一个界面。CardLayout 类的构造方法和常用方法如表 10.11 所示。

表 10.11　CardLayout 类构造方法和常用方法

方法声明	功能描述
public CardLayout()	构造一个各组件间距为 0 的 CardLayout 布局管理器
public CardLayout(int hgap,int vgap)	构造一个各组件指定水平和垂直间距的 CardLayout 布局管理器
void next(Container parent)	翻到下一张卡片
void previous(Container parent)	翻到上一张卡片
void first(Container parent)	翻到第一张卡片
void last(Container parent)	翻到最后一张卡片
void show(Container parent,String name)	显示具有指定组件名称的卡片

表 10.11 中列举了 CardLayout 类的构造方法和常用方法,接下来通过一个案例演示 CardLayout 布局管理器的使用,如例 10-13 所示。

例 10-13　TestCard.java

```
1   import java.awt.*;
2   import java.awt.event.*;
3   public class TestCard {
4       Frame f = new Frame("Frame 窗口"); // 创建 Frame 对象
5       String[] names = { "第一张", "第二张", "第三张", "第四张", "第五张" };
6       Panel p1 = new Panel();
7       public static void main(String[] args) {
8           new TestCard().init();
9       }
10      public void init() {
11          final CardLayout cl = new CardLayout();
12          p1.setLayout(cl);                    // 设置窗体中布局管理器为 CardLayout
13          for (int i = 0; i < names.length; i++) {
14              p1.add(names[i], new Button(names[i]));
15          }
16          Panel p = new Panel();
17          // 创建匿名内部类
18          ActionListener listener = new ActionListener() {
19              public void actionPerformed(ActionEvent e) {
20                  switch (e.getActionCommand()) {
21                      case "上一张":
22                          cl.previous(p1);
23                          break;
24                      case "下一张":
25                          cl.next(p1);
26                          break;
27                      case "第一张":
28                          cl.first(p1);
29                          break;
30                      case "最后一张":
```

```
31                    cl.last(p1);
32                    break;
33                case "第二张":
34                    cl.show(p1, "第二张");
35                }
36            }
37        };
38        // 创建5个按钮,并注册监听事件
39        Button previous = new Button("上一张");
40        previous.addActionListener(listener);
41        Button next = new Button("下一张");
42        next.addActionListener(listener);
43        Button first = new Button("第一张");
44        first.addActionListener(listener);
45        Button last = new Button("最后一张");
46        last.addActionListener(listener);
47        Button second = new Button("第二张");
48        second.addActionListener(listener);
49        p.add(previous);
50        p.add(next);
51        p.add(first);
52        p.add(last);
53        p.add(second);
54        f.add(p1);
55        f.add(p, BorderLayout.SOUTH);
56        f.setSize(300, 150);              // 设置长和宽
57        f.setLocation(500, 200);          // 设置窗口相对位置
58        f.setVisible(true);               // 设置为可见
59    }
60 }
```

程序的运行结果如图 10.15 所示。

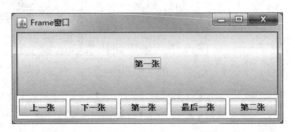

图 10.15 例 10-13 运行结果

在图 10.15 中,运行程序弹出 Frame 窗口,该窗口被分为上下两个部分,其中上面的 Panel 区域使用 CardLayout 布局管理器,该 Panel 区域中放置了五张卡片,每张卡片里放一个按钮。下面的 Panel 区域使用 FlowLayout 布局管理器,依次放置了五个按钮,用于控制上面 Panel 区域中卡片的显示。这是 CardLayout 布局管理器的基本使用。

10.4.6 不使用布局管理器

容器被创建后,都会有一个默认的布局管理器。例如,Window、Frame 和 Dialog 的默认布局管理器是 BorderLayout,Panel 和 Applet 的默认布局管理器是 FlowLayout。如果不希望通过布局管理器来对容器进行布局,也可以调用容器的 setLayout(null)方法,将布局管理器取消。在这种情况下,程序必须调用容器中每个组件的 setSize()方法和 setLocation()方法或者是 setBounds()方法,分别设置左上角 x、y 坐标和组件的长、宽。接下来通过一个案例演示不使用布局管理器对组件进行布局,如例 10-14 所示。

例 10-14 TestNull.java

```
1   import java.awt.*;
2   public class TestNull {
3       public static void main(String[] args) {
4           Frame f = new Frame("Frame窗口");        // 创建 Frame 对象
5           f.setLayout(null);                        // 设置不使用布局管理器
6           f.setSize(400, 200);
7           Button b1 = new Button("按钮 1");
8           Button b2 = new Button("按钮 2");
9           b1.setBounds(40, 60, 100, 30);
10          b2.setBounds(160, 60, 100, 30);
11          f.add(b1);
12          f.add(b2);
13          f.setSize(300, 150);                      // 设置长和宽
14          f.setLocation(500, 200);                  // 设置窗口相对位置
15          f.setVisible(true);                       // 设置为可见
16      }
17  }
```

程序的运行结果如图 10.16 所示。

在图 10.16 中,运行程序弹出 Frame 窗口。例 10-14 中,先创建 Frame 窗体,设置不使用布局管理器,创建了两个按钮,调用 setBounds()方法设置两个按钮的位置,然后将按钮添加进 Frame 窗体。这就是不使用布局管理器的基本方法。

图 10.16 例 10-14 运行结果

10.5 AWT 绘图

前面讲解了 AWT 的基本使用,实现这种基本的功能后,可以再追求更高的要求,进行绘图,将窗体内容做得更好看,提高用户体验。java.awt 包中提供了一个 Graphics 类,它专门用于绘制图形,相当于一个虚拟的画笔。Graphics 类的常用方法如表 10.12 所示。

表 10.12 中列举了 Graphics 类的常用方法,接下来通过一个案例演示 Graphics 类的使用,如例 10-15 所示。

表 10.12　Graphics 类的常用方法

方法声明	功能描述	绘制效果
void drawArc(int x, int y, int width, int height, int startAngle, int arcAngle)	弧形	
void drawLine(int x1, int y1, int x2, int y2)	直线	
void drawPolygon(int[] xPoints, int[] yPoints, int nPoints)	椭圆	
void drawRect(int x, int y, int width, int height)	矩形	
void drawRoundRect(int x, int y, int width, int height, int arcWidth, int arcHeight)	圆角矩形	

例 10-15　TestPicture.java

```
1   import java.awt.*;
2   public class TestPicture {
3       public static void main(String[] args) {
4           Frame f = new Frame("Frame 窗口");      // 创建 Frame 对象
5           Panel p = new DrawFrame();              // 创建绘图面板
6           f.add(p);
7           f.setSize(200, 150);                    // 设置长和宽
8           f.setLocation(500, 200);                // 设置窗口相对位置
9           f.setVisible(true);                     // 设置为可见
10      }
11  }
12  class DrawFrame extends Panel {
13      public void paint(Graphics g) {
14          g.drawArc(10, 10, 30, 30, 300, 180);
15          g.drawLine(50, 10, 70, 40);
16          g.drawRect(10, 50, 30, 30);
17          g.drawRoundRect(50, 50, 30, 30, 20, 20);
18      }
19  }
```

程序的运行结果如图 10.17 所示。

在图 10.17 中，运行程序弹出 Frame 窗口，窗口中有 4 个图形，分别是弧形、直线、矩形、圆角矩形。例 10-15 中，先创建 Frame 窗体，然后创建绘图面板，在面板中调用绘图方法绘制了 4 个图形，然后将面板添加到 Frame 窗体，设置窗体大小位置且为可见。这就是 AWT 绘图的基本用法。

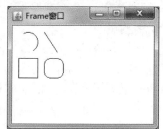

图 10.17　例 10-15 运行结果

GUI(图形用户界面)

10.6 Swing

前面讲解了 AWT 的相关知识,AWT 创建和使用的界面或按钮具有本地外观的感觉,绘制出的界面不完全具有跨平台性,操作系统不同绘制出来的界面可能不同。Swing 与本地图形库没有太大的关系,也就是说,不管什么操作系统只要使用了 Swing 绘制界面,那么显示都是一样的。Swing 具有跨平台性,而且能绘制比 AWT 更丰富的图形界面。虽然 Swing 提供的组件可以更方便地开发 Java 应用程序,但是 Swing 并不能取代 AWT,在开发 Swing 程序时通常借助于 AWT 的一些对象来共同完成应用程序的设计。

在 java.awt 包中有一个 Container 类,JComponent 是它的子类,大部分 Swing 组件都是 JComponent 的直接或间接子类。接下来先了解一下 Swing 的体系结构,如图 10.18 所示。

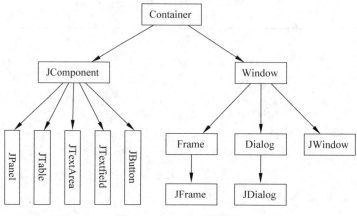

图 10.18 Swing 结构图

从图 10.18 中可以清晰地看到 Swing 的体系结构,它的组件大多数与 AWT 命名相似,只是名字前加了一个"J",JFrame、JDialog、JWindow 都是 Window 的子类,其中,JWindow 很少使用,接下来会详细讲解 Swing 的各个组件。

10.6.1 JFrame

JFrame 窗体是一个容器,它是 Swing 程序中各个组件的载体,可以将 JFrame 看作承载这些 Swing 组件的容器。可以通过继承 JFrame 类创建一个窗体,在这个窗体中添加组件,同时为组件设置事件。由于该窗体继承了 Frame 类,所以它拥有一些最大化、最小化、关闭的按钮。

JFrame 窗体与 Frame 窗体有所不同,Frame 窗体需要注册监听事件实现窗体关闭功能,JFrame 只需调用 setDefaultCloseOperation(int operation)方法。Java 提供了几种可设置的常量用于关闭窗体,封装在 javax.swing.WindowConstants 中,如表 10.13 所示。

表 10.13 中列举了 WindowConstants 接口中常量的含义,接下来通过一个案例演示 JFrame 的具体使用,如例 10-16 所示。

表 10.13 WindowConstants 接口的常量

常 量	含 义
DO_NOTHING_ON_CLOSE	直接将窗体关闭
DISPOSE_ON_CLOSE	任何注册监听程序对象后会自动隐藏并释放窗体
HIDE_ON_CLOSE	隐藏窗口的默认窗口关闭
EXIT_ON_CLOSE	退出应用程序默认关闭窗口

例 10-16 TestJFrame.java

```
1   import java.awt.*;
2   import javax.swing.*;
3   public class TestJFrame {
4       public static void main(String[] args) {
5           JFrame jf = new JFrame("JFrame 窗口");          // 创建 JFrame 窗体
6           JButton jb = new JButton("按钮");
7           jf.add(jb);                                      // 添加按钮
8           jf.setLayout(new FlowLayout());                  // 设置布局
9           jf.setSize(200, 150);
10          //设置窗体关闭方式
11          jf.setDefaultCloseOperation(JFrame.EXIT_ON_CLOSE);
12          jf.setVisible(true);
13      }
14  }
```

程序的运行结果如图 10.19 所示。

在图 10.19 中，运行程序弹出了 JFrame 窗口。例 10-16 中，先创建了 JFrame 窗体，然后创建一个按钮并添加到窗体中，设置窗体布局和大小，调用 setDefaultCloseOperation (int operation)方法设置窗体关闭方式，最后设置窗体可见。这是 JFrame 窗体的基本使用。

图 10.19 例 10-16 运行结果

10.6.2 JDialog

JDialog 是 Swing 组件中的对话框，它继承了 AWT 组件中的 Dialog 类，它的功能是从一个窗体中弹出另一个窗体。JDialog 窗体与 JFrame 窗体类似，实质上是另一种类型的窗体，JDialog 类常用的构造方法如表 10.14 所示。

表 10.14 JDialog 类常用构造方法

构造方法声明	功能描述
public JDialog()	创建一个没有标题和父窗体的对话框
public JDialog(Frame f)	创建一个指定父窗体无标题的对话框
public JDialog(Frame f, String title)	创建一个指定父窗体有标题的对话框
public JDialog(Frame f, boolean model)	创建一个指定父窗体无标题且指定类型的对话框

表 10.14 中列举了 JDialog 类常用的构造方法，接下来通过一个案例演示如何使用 JDialog 对话框，如例 10-17 所示。

例 10-17 TestJDialog.java

```java
1   import java.awt.*;
2   import java.awt.event.*;
3   import javax.swing.*;
4   public class TestJDialog {
5       public static void main(String[] args) {
6           JFrame jf = new JFrame("JFrame 窗口");              // 建 JFrame 窗体
7           JButton jb1 = new JButton("JDialog 窗口 1");
8           JButton jb2 = new JButton("JDialog 窗口 2");
9           jf.setLayout(new FlowLayout());                      // 设置布局
10          jf.setDefaultCloseOperation(JFrame.EXIT_ON_CLOSE);
11          jf.setSize(300, 250);
12          jf.setVisible(true);
13          jf.add(jb1);                                         // 添加按钮
14          jf.add(jb2);
15          final JLabel jLabel = new JLabel();
16          final JDialog jd = new JDialog(jf, "JDialog 窗口");
17          jd.setSize(200, 150);
18          jd.setLocation(50, 60);
19          jd.setLayout(new FlowLayout());
20          jb1.addActionListener(new ActionListener() {
21              public void actionPerformed(ActionEvent e) {
22                  jd.setModal(true);
23                  if (jd.getComponents().length == 1) {
24                      jd.add(jLabel);
25                  }
26                  jLabel.setText("JDialog 窗口 1");
27                  jd.setVisible(true);
28              }
29          });
30          jb2.addActionListener(new ActionListener() {
31              public void actionPerformed(ActionEvent e) {
32                  jd.setModal(false);
33                  if (jd.getComponents().length == 1) {
34                      jd.add(jLabel);
35                  }
36                  jLabel.setText("JDialog 窗口 2");
37                  jd.setVisible(true);
38              }
39          });
40      }
41  }
```

程序的运行结果如图 10.20 所示。

在图 10.20 中，运行程序弹出了 JFrame 窗口，窗口内有两个按钮，分别是"JDialog 窗口 1"和"JDialog 窗口 2"，单击两个按钮，弹出相应的对话框。例 10-17 中，先创建了 JFrame 窗体，在窗体中添加两个按钮，用于弹出 JDialog 窗口，然后分别为两个按钮添加监听事件，单击按钮触发事件，将对应窗口弹出，此时不能操作 JFrame 窗体，要先将弹出的 JDialog 对话框关闭才可以操作。这是 JDialog 对话框的基本使用。

图 10.20　例 10-17 运行结果

10.6.3　中间容器

Swing 中不仅有 JFrame 和 JDialog 这样的顶级窗口，还提供了一些中间容器，这些容器不能单独存在，只能放置在顶级窗口中，其中常用的两种分别为 JPanel 和 JScrollPane，接下来分别介绍这两种容器。

1. JPanel

JPanel 与 AWT 中的 Panel 组件类似，它没有边框，不能被移动、放大、缩小或关闭，它的默认布局管理器是 FlowLayout。JPanel 类的构造方法如表 10.15 所示。

表 10.15　JPanel 类的构造方法

构造方法声明	功能描述
public JPanel()	创建具有双缓冲和流布局的新 JPanel
public JPanel(Boolean isDoubleBuffered)	创建具有 FlowLayout 和指定缓冲策略的新 JPanel
public JPanel(LayoutManager layout)	创建具有指定布局管理器的新缓冲 JPanel
public JPanel(LayoutManager layout, boolean isDoubleBuffered)	创建具有指定布局管理器和缓冲策略的新 JPanel

表 10.15 中列举了 JPanel 类常用的构造方法，接下来通过一个案例演示 JPanel 的使用，如例 10-18 所示。

例 10-18　TestJPanel.java

```
1   import java.awt.*;
2   import javax.swing.*;
3   public class TestJPanel {
4       public static void main(String[] args) {
5           JFrame jf = new JFrame("JFrame 窗口");           // 创建 JFrame 窗体
6           jf.setLayout(new GridLayout(2, 1, 10, 10));      // 设置布局
7           JPanel jp1 = new JPanel(new GridLayout(1, 3, 10, 10));
8           JPanel jp2 = new JPanel(new GridLayout(1, 2, 10, 10));
9           JPanel jp3 = new JPanel(new GridLayout(1, 2, 10, 10));
10          JPanel jp4 = new JPanel(new GridLayout(2, 1, 10, 10));
11          jp1.add(new JButton("按钮 1"));                   // 添加按钮
12          jp2.add(new JButton("按钮 2"));
13          jp3.add(new JButton("按钮 3"));
14          jp4.add(new JButton("按钮 4"));
```

```
15        jf.add(jp1);         // 将JPanel添加进JFrame
16        jf.add(jp2);
17        jf.add(jp3);
18        jf.add(jp4);
19        jf.setSize(200, 150);
20        // 设置窗体关闭方式
21        jf.setDefaultCloseOperation(JFrame.EXIT_ON_CLOSE);
22        jf.setVisible(true);
23     }
24 }
```

程序的运行结果如图10.21所示。

在图10.21中,运行程序弹出了JFrame窗口,窗口内有4个按钮。例10-18中,先创建了JFrame窗体,然后设置布局,创建4个中间容器JPanel,将4个按钮添加进4个JPanel,最后将4个中间容器添加进JFrame窗体。这是JPanel容器的基本使用。

图10.21　例10-18运行结果

2. JScrollPane

在设置界面时,可能会遇到一个较小的容器窗体中显示较多内容的情况,这时可以使用JScrollPane面板,JScrollPane是一个带滚动条的面板容器,但是JScrollPane只能放置一个组件,并且不能使用布局管理器,如果需要在其中放置多个组件,需要将多个组件放置在JPanel面板容器上,然后将JPanel面板作为一个整体组件添加到JScrollPane面板中。JScrollPane类的构造方法如表10.16所示。

表10.16　JScrollPane类的构造方法

构造方法声明	功 能 描 述
public JScrollPane()	创建一个空的JScrollPane,需要时水平和垂直滚动条都可显示
public JScrollPane(Component view)	创建一个显示指定组件内容的JScrollPane,只要组件的内容超过视图大小就会显示水平和垂直滚动条
public JScrollPane(Component view, int vsbPolicy, int hsbPolicy)	创建一个JScrollPane,它将视图组件显示在一个视口中,视图位置可使用一对滚动条控制
public JScrollPane(int vsbPolicy, int hsbPolicy)	创建一个具有指定滚动条策略的空JScrollPane

表10.16列出了JScrollPane类的构造方法,接下来通过一个案例演示JScrollPane的使用,如例10-19所示。

例10-19 TestJScrollPane.java

```
1   import javax.swing.*;
2   public class TestJScrollPane {
3       public static void main(String[] args) {
4           JFrame jf = new JFrame("JFrame窗口");
5           // 创建文本区域组件
```

```
6        JTextArea jta = new JTextArea(20, 50);
7        jta.setText("带滚动条的文字编译器");
8        JScrollPane jsp = new JScrollPane(jta);
9        jf.add(jsp);
10       jf.setSize(200, 150);
11       // 设置窗体关闭方式
12       jf.setDefaultCloseOperation(JFrame.EXIT_ON_CLOSE);
13       jf.setVisible(true);
14    }
15 }
```

程序的运行结果如图10.22所示。

在图10.22中,运行程序弹出了JFrame窗口,窗口内有滚动条可以上下左右移动。例10-19中先创建了JFrame窗体,然后创建了JTextArea文本域组件并设置文字,创建一个JScrollPane面板容器,将文本域组件添加进面板容器,最后将JScrollPane面板添加到JFrame窗体中。这是JScrollPane面板容器的基本使用。

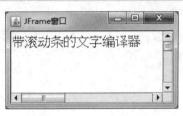

图10.22 例10-19运行结果

10.6.4 文本组件

文本组件用于接收用户输入的信息或向用户展示信息,其中包括文本框(JTextField)、密码框(JPasswordField)和文本域(JTextArea),它们都继承自JTextComponent抽象类,这些组件在实际开发中应用广泛,接下来对这些组件详细讲解。

1. 文本框

文本框(JTextField)用来显示或编辑一个单行文本,在Swing中通过JTextField类创建,该类继承自JTextComponent类。JTextField类的构造方法如表10.17所示。

表10.17 JTextField类的构造方法

构造方法声明	功能描述
public JTextField()	构造一个新的 TextField
public JTextField(Document doc, String text, int columns)	构造一个新的 JTextField,它使用给定文本存储模型和给定的列数
public JTextField(int columns)	构造一个具有指定列数的新的空 TextField
public JTextField(String text)	构造一个用指定文本初始化的新 TextField
public JTextField(String text, int columns)	构造一个用指定文本和列初始化的新 TextField

表10.17中列举出了JTextField类的构造方法,接下来通过一个案例演示JTextField类的使用,如例10-20所示。

例10-20 TestJTextField.java

```
1  import java.awt.*;
2  import java.awt.event.*;
3  import javax.swing.*;
4  public class TestJTextField {
```

```
5       public static void main(String[] args) {
6           JFrame jf = new JFrame("JFrame窗口");           // 创建JFrame窗体
7           // 创建文本框
8           final JTextField jtf = new JTextField("1000phone", 15);
9           jf.add(jtf);                                    // 将文本框添加到JFrame
10          JButton jb = new JButton("清空");
11          jb.addActionListener(new ActionListener() {
12              public void actionPerformed(ActionEvent e) {
13                  jtf.setText("");                        // 清空文本框
14                  jtf.requestFocus();                     // 回到文本框焦点
15              }
16          });
17          jf.add(jb);
18          jf.setLayout(new FlowLayout());
19          jf.setSize(200, 150);
20          // 设置窗体关闭方式
21          jf.setDefaultCloseOperation(JFrame.EXIT_ON_CLOSE);
22          jf.setVisible(true);
23      }
24  }
```

程序的运行结果如图 10.23 所示。

在图 10.23 中，运行程序弹出了 JFrame 窗口，窗口内有一个文本框，单击"清空"按钮，可将文本框内容清空。例 10-20 中先创建了 JFrame 窗体，然后创建了 JTextField 文本框对象并设置内容为"1000phone"，将文本框添加到 JFrame 窗体，接着创建一个"清空"按钮并设置监听事件，将其添加到 JFrame 窗体。这是 JTextField 文本框的基本使用。

图 10.23　例 10-20 运行结果

2. 密码框

密码框(JPasswordField)与文本框的定义和用法类似，唯一不同的就是密码框将用户输入的字符串以某种符号进行加密。密码框对象是通过 JPasswordField 类来创建的，JPasswordField 类的构造方法与 JTextField 类的构造方法类似，它的构造方法如表 10.18 所示。

表 10.18　JPasswordField 类的构造方法

构造方法声明	功 能 描 述
public JPasswordField()	构造一个新 JPasswordField，使其具有默认文档、为 null 的开始文本字符串和为 0 的列宽度
public JPasswordField(Document doc, String txt, int columns)	构造一个使用给定文本存储模型和给定列数的新 JPasswordField
public JPasswordField(int columns)	构造一个具有指定列数的新的空 JPasswordField
public JPasswordField(String text)	构造一个利用指定文本初始化的新 JPasswordField
public JPasswordField(String text, int columns)	构造一个利用指定文本和列初始化的新 JPasswordField

表 10.18 中列举出了 JPasswordField 类的构造方法，接下来通过一个案例演示 JPasswordField 类的使用，如例 10-21 所示。

例 10-21　TestJPasswordField.java

```java
1   import java.awt.*;
2   import java.awt.event.*;
3   import javax.swing.*;
4   public class TestJPasswordField {
5       public static void main(String[] args) {
6           JFrame jf = new JFrame("JFrame窗口");            // 创建JFrame窗体
7           // 创建密码框
8           final JPasswordField jpf = new JPasswordField("1000phone", 15);
9           jpf.setEchoChar('$');
10          jf.add(jpf);                                     // 将文本框添加到JFrame
11          JButton jb = new JButton("清空");
12          jb.addActionListener(new ActionListener() {
13              public void actionPerformed(ActionEvent e) {
14                  jpf.setText("");                         // 清空文本框
15                  jpf.requestFocus();                      // 回到文本框焦点
16              }
17          });
18          jf.add(jb);
19          jf.setLayout(new FlowLayout());
20          jf.setSize(200, 150);
21          // 设置窗体关闭方式
22          jf.setDefaultCloseOperation(JFrame.EXIT_ON_CLOSE);
23          jf.setVisible(true);
24      }
25  }
```

程序的运行结果如图 10.24 所示。

在图 10.24 中，运行程序弹出了 JFrame 窗口，窗口内有一个密码框，框内为内容加密后的显示，单击"清空"按钮，可将密码框内容清空。例 10-21 中先创建了 JFrame 窗体，然后创建了 JPasswordField 密码框并设置内容为"1000phone"，调用 setEchoChar(Char char) 方法设置回显字符为 "$"，将密码框添加到 JFrame 窗体，接着创建一个"清空"按钮并设置监听事件，将其添加到 JFrame 窗体。这是 JPasswordField 密码框的基本使用。

图 10.24　例 10-21 运行结果

3. 文本域

Swing 中任何一个文本域（JTextArea）都是 JTextArea 类型的对象。JTextArea 类的构造方法如表 10.19 所示。

表 10.19　JTextArea 类的构造方法

构造方法声明	功能描述
public JTextArea()	构造新的 TextArea
public JTextArea(Document doc)	构造新的 JTextArea，使其具有给定的文档模型，所有其他参数均默认为（null, 0, 0）

构造方法声明	功能描述
public JTextArea(Document doc, String text, int rows, int columns)	构造具有指定行数和列数以及给定模型的新的 JTextArea
public JTextArea(int rows, int columns)	构造具有指定行数和列数的新的空 JTextArea
public JTextArea(String text)	构造显示指定文本的新的 JTextArea
public JTextArea(String text, int rows, int columns)	构造具有指定文本、行数和列数的新的 JTextArea

表 10.19 中列举出了 JTextArea 类的构造方法,接下来通过一个案例演示 JTextArea 类的使用,如例 10-22 所示。

例 10-22 TestJTextArea.java

```
1   import java.awt.*;
2   import javax.swing.*;
3   public class TestJTextArea {
4       public static void main(String[] args) {
5           JFrame jf = new JFrame("JFrame 窗口");          // 创建 JFrame 窗体
6           JTextArea jta = new JTextArea("自动换行的文本域", 6, 6);
7           jta.setSize(190, 200);
8           jta.setLineWrap(true);
9           jf.add(jta);
10          jf.setLayout(new FlowLayout());                 // 设置布局
11          jf.setSize(200, 150);
12          // 设置窗体关闭方式
13          jf.setDefaultCloseOperation(JFrame.EXIT_ON_CLOSE);
14          jf.setVisible(true);
15      }
16  }
```

程序的运行结果如图 10.25 所示。

在图 10.25 中,运行程序弹出了 JFrame 窗口,窗口内有一个文本域,在文本域内输入内容到达行尾时,会自动换行。例 10-22 中先创建了 JFrame 窗体,然后创建了 JTextArea 文本域并设置内容为"自动换行的文本域",调用 setLineWrap (boolean b)方法设置自动换行。这是 JTextArea 文本域的基本使用。

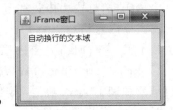

图 10.25 例 10-22 运行结果

10.6.5 按钮组件

按钮组件在 Swing 中是较为常见的组件,它用于触发特定动作,其中包含提交按钮(JButton)、单选按钮(JRadioButton)和复选框(JCheckBox)等,它们都继承自 AbstractButton 抽象类,这些组件在实际开发中应用广泛,接下来对这些组件详细讲解。

1. 提交按钮

Swing 中的提交按钮由 JButton 对象创建,它的构造方法如表 10.20 所示。

表 10.20　JButton 类的构造方法

构造方法声明	功 能 描 述
public JButton()	创建不带有设置文本或图标的按钮
public JButton(Action a)	创建一个按钮,其属性从所提供的 Action 中获取
public JButton(Icon icon)	创建一个带图标的按钮
public JButton(String text)	创建一个带文本的按钮
public (String text,Icon icon)	创建一个带初始文本和图标的按钮

表 10.20 中列举出了 JButton 类的构造方法,之前创建 JButton 按钮都是用默认图标,从表 10.20 中的构造方法可看出按钮图标可以自定义,接下来通过一个案例演示 JButton 按钮自定义图标。首先将自定义的图标 button.png 放到当前目录,然后编写代码,如例 10-23 所示。

例 10-23　TestJButton.java

```
1   import java.awt.*;
2   import java.net.URL;
3   import javax.swing.*;
4   public class TestJButton {
5       public static void main(String[] args) {
6           JFrame jf = new JFrame("JFrame窗口");        // 创建JFrame窗体
7           // 引入图片
8           URL url = TestJButton.class.getResource("button.png");
9           Icon icon = new ImageIcon(url);
10          JButton jb = new JButton(icon);              // 创建按钮
11          jf.add(jb);                                   // 添加按钮
12          jf.setLayout(new FlowLayout());               // 设置布局
13          jf.setSize(300, 250);
14          // 设置窗体关闭方式
15          jf.setDefaultCloseOperation(JFrame.EXIT_ON_CLOSE);
16          jf.setVisible(true);
17      }
18  }
```

程序的运行结果如图 10.26 所示。

在图 10.26 中,运行程序弹出了 JFrame 窗口,窗口内有一个图标按钮。例 10-22 中先创建了 JFrame 窗体,然后指定 URL 引入图片,在新建按钮时将 icon 以参数传入,按钮图标使用了自定义的图标。这是 JButton 自定义图标的基本使用。

2. 单选按钮

在默认情况下,单选按钮(JRadioButton)显示一个圆形图标,并且通常在该图标旁放置一些说明性文字,而在应用程序中,一般将多个单选按钮放置在按钮组中,使这些单选按钮表现出某种功能,当用

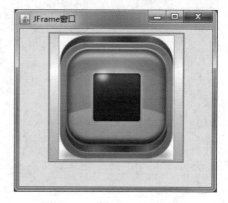

图 10.26　例 10-23 运行结果

户选中某个单选按钮后,按钮组中其他按钮将被自动取消。单选按钮是 Swing 组件中 JRadioButton 类的对象,该类是 JToggleButton 的子类。JRadioButton 类的构造方法如表 10.21 所示。

表 10.21 JRadioButton 类的构造方法

构造方法声明	功能描述
public JRadioButton()	创建一个初始化为未选择的单选按钮,其文本未设定
public JRadioButton(Action a)	创建一个单选按钮,其属性来自提供的 Action
public JRadioButton(Icon icon)	创建一个初始化为未选择的单选按钮,其具有指定的图像但无文本
public JRadioButton(Icon icon, boolean selected)	创建一个具有指定图像和选择状态的单选按钮,但无文本
public JRadioButton(String text)	创建一个具有指定文本的状态为未选择的单选按钮
public JRadioButton(String text, boolean selected)	创建一个具有指定文本和选择状态的单选按钮
public JRadioButton(String text,Icon icon)	创建一个具有指定的文本和图像并初始化为未选择的单选按钮
public JRadioButton(String text, Icon icon, boolean selected)	创建一个具有指定的文本、图像和选择状态的单选按钮

表 10.21 中列出了 JRadioButton 类的构造方法,实质上单选按钮与提交按钮的用法基本类似,只是实例化单选按钮对象后需要将其添加至按钮组中。接下来通过一个案例演示 JRadioButton 类的使用,如例 10-24 所示。

例 10-24　TestJRadioButton.java

```
1   import java.awt.*;
2   import javax.swing.*;
3   public class TestJRadioButton {
4       public static void main(String[] args) {
5           JFrame jf = new JFrame("JFrame 窗口");          // 创建 JFrame 窗体
6           JRadioButton jrb1 = new JRadioButton("aa");
7           JRadioButton jrb2 = new JRadioButton("bb");
8           JRadioButton jrb3 = new JRadioButton("cc");
9           ButtonGroup bg = new ButtonGroup();              // 创建按钮组
10          bg.add(jrb1);                                     // 添加到按钮组
11          bg.add(jrb2);
12          bg.add(jrb3);
13          jf.add(jrb1);                                     // 添加到 JFrame
14          jf.add(jrb2);
15          jf.add(jrb3);
16          jf.setLayout(new FlowLayout());                   // 设置布局
17          jf.setSize(200, 150);
18          // 设置窗体关闭方式
19          jf.setDefaultCloseOperation(JFrame.EXIT_ON_CLOSE);
20          jf.setVisible(true);
21      }
22  }
```

程序的运行结果如图 10.27 所示。

图 10.27　例 10-24 运行结果

在图 10.27 中，运行程序弹出 JFrame 窗口，窗口中有 3 个按钮，单击第一个按钮，显示选中状态，再单击第二个按钮，之前的状态消失，第二个按钮显示选中状态。例 10-24 中，先创建 JFrame 窗体，然后创建 3 个单选按钮，创建按钮组，将单选按钮添加至按钮组，按钮组的作用是负责维护该组按钮的"开启"状态，在按钮组中只能有一个按钮处于"开启"状态，最后需要把单选按钮添加到 JFrame 窗体。这是 JRadioButton 单选按钮的基本使用。

3. 复选框

复选框（JCheckBox）在 Swing 组件中的使用也非常广泛，它有一个方框图标，外加一段描述性文字。与单选按钮不同的是，复选框可以进行多选设置，每一个复选框都提供"选中"与"不选中"两种状态。复选框由 JCheckBox 类的对象表示，它同样继承于 AbstractButton 抽象类，JCheckBox 类的构造方法如表 10.22 所示。

表 10.22　JCheckBox 类的构造方法

构造方法声明	功 能 描 述
public JCheckBox()	创建一个没有文本、没有图标并且最初未被选定的复选框
public JCheckBox(Action a)	创建一个复选框，其属性从所提供的 Action 获取
public JCheckBox(Icon icon)	创建有一个图标、最初未被选定的复选框
public JCheckBox(Icon icon, boolean selected)	创建一个带图标的复选框，并指定其最初是否处于选定状态
public JCheckBox(String text)	创建一个带文本的、最初未被选定的复选框
public JCheckBox(String text, boolean selected)	创建一个带文本的复选框，并指定其最初是否处于选定状态
public JCheckBox(String text, Icon icon)	创建带有指定文本和图标的、最初未选定的复选框
public JCheckBox(String text, Icon icon, boolean selected)	创建一个带文本和图标的复选框，并指定其最初是否处于选定状态

表 10.22 中列举出了 JCheckBox 类的构造方法，接下来通过一个案例演示 JCheckBox 类的使用，如例 10-25 所示。

例 10-25　TestJCheckBox.java

```
1    import java.awt.*;
2    import javax.swing.*;
3    public class TestJCheckBox {
```

```
4       public static void main(String[] args) {
5           JFrame jf = new JFrame("JFrame 窗口");        // 创建 JFrame 窗体
6           jf.add(new JCheckBox("aa"));                    // 创建复选框并添加到 JFrame
7           jf.add(new JCheckBox("bb"));
8           jf.add(new JCheckBox("cc"));
9           jf.setLayout(new FlowLayout());
10          jf.setSize(200, 150);
11          // 设置窗体关闭方式
12          jf.setDefaultCloseOperation(JFrame.EXIT_ON_CLOSE);
13          jf.setVisible(true);
14      }
15  }
```

程序的运行结果如图 10.28 所示。

图 10.28　例 10-25 运行结果

在图 10.28 中,运行程序弹出 JFrame 窗口,窗口中有三个复选框,默认为不选中状态,每单击一个复选框,就选中一个复选框,可选多个复选框。例 10-25 中,先创建 JFrame 窗体,然后创建三个复选框并添加进 JFrame 窗体,创建复选框时调用 public JCheckBox(String text)构造方法,创建一个带文本的、最初未被选定的复选框。这是 JCheckBox 复选框的基本使用。

10.6.6　JComboBox

Swing 提供了一个 JComboBox 组件,被称为组合框或者下拉列表框,它将所有选项折叠在一起,默认显示的是第一个添加的选项。JComboBox 类的构造方法如表 10.23 所示。

表 10.23　JComboBox 类的构造方法

构造方法声明	功能描述
public JComboBox()	创建具有默认数据模型的 JComboBox
public JComboBox(ComboBoxModel aModel)	创建一个 JComboBox,其项取自现有的 ComboBoxModel
public JComboBox(Object[] items)	创建包含指定数组中的元素的 JComboBox
public JComboBox(Vector<?> items)	创建包含指定 Vector 中的元素的 JComboBox

表 10.23 列举出了 JComboBox 类的构造方法,初始化下拉列表框时,可以同时指定下拉列表框的选项内容,也可以在程序中使用其他方法设置下拉列表框的内容,下拉列表框中的内容可以被封装在 ComboBoxModel 类型、数组或者 Vector 类型中。另外,它还有一些常用的方法,如表 10.24 所示。

表 10.24　JComboBox 类的常用方法

方法声明	功能描述
void addItem(Object anObject)	为项列表添加项
void insertItemAt(Object anObject, int index)	在项列表中的给定索引处插入项
Object getSelectedItem()	返回当前所选项
void addItemListener(ItemListener aListener)	添加 ItemListener 监听事件

表 10.24 中列举了 JComboBox 类的常用方法，接下来通过一个案例演示 JComboBox 类的使用，如例 10-26 所示。

例 10-26　TestJComboBox.java

```java
import java.awt.*;
import java.awt.event.*;
import javax.swing.*;
public class TestJComboBox implements ItemListener {
    JFrame jf = new JFrame("JFrame 窗口");      // 创建 JFrame 窗体
    JComboBox jcb;
    JPanel p = new JPanel();
    public TestJComboBox() {
        jcb = new JComboBox();                  // 创建下拉框
        jcb.addItem("aa");                      // 添加下拉框选项
        jcb.addItem("bb");
        jcb.addItem("cc");
        jcb.addItemListener(this);
        p.add(jcb);
        jf.getContentPane().add(p);
        jf.setLayout(new FlowLayout());         // 设置布局
        jf.setSize(200, 150);
        // 设置窗体关闭方式
        jf.setDefaultCloseOperation(JFrame.EXIT_ON_CLOSE);
        jf.setVisible(true);
    }
    // 实现事件监听
    public void itemStateChanged(ItemEvent e) {
        if (e.getStateChange() == ItemEvent.SELECTED) {
            String s = (String) jcb.getSelectedItem();
            System.out.println(s);
        }
    }
    public static void main(String args[]) {
        new TestJComboBox();                    // 主方法
    }
}
```

程序的运行结果如图 10.29 和图 10.30 所示。

在图 10.29 中，运行程序弹出 JFrame 窗口，窗口中有下拉列表，列表中有三个选项，当选择 bb 时，控制台打印出了 "bb"，如图 10.30 所示，程序监听到了下拉框选择的选项。

例 10-26 中，先创建 JFrame 窗体，在构造方法中初始化窗体，将下拉框及其选项都添加进去，实现监听接口用于监听用户选择的选项，最后通过 main() 方法运行程序。这是 JComboBox 组件的基本使用。

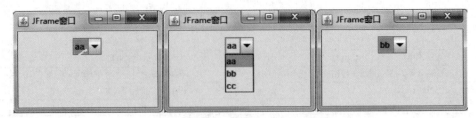

图 10.29　例 10-26 运行结果（窗口）

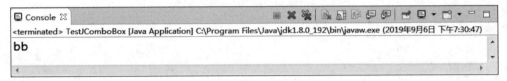

图 10.30　例 10-26 运行结果（终端）

10.6.7　菜单组件

在 Swing 的组件中，菜单组件是很常见的，利用菜单组件可以创建出多种样式的菜单，菜单组件包括下拉式菜单和弹出式菜单，接下来对这两种菜单详细讲解。

1. 下拉式菜单

对于下拉式菜单读者肯定不会陌生，在 Windows 中经常会看到下拉式菜单，如图 10.31 所示。

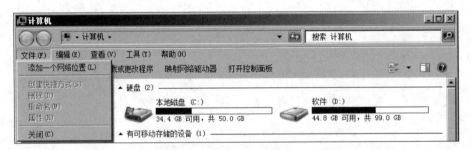

图 10.31　下拉式菜单

在图 10.31 中展示了 Windows 中的菜单，如果要在 Java 中实现此菜单，可以使用 JMenu 菜单组件。在使用 JMenu 组件时要先了解 JMenuBar 组件。JMenuBar 组件是用来摆放 JMenu 的菜单栏组件，当建立很多 JMenu 组件后，需要通过 JMenuBar 组件将 JMenu 组件加入到窗体中。接下来先了解一下 JMenu 类的构造方法，如表 10.25 所示。

表 10.25　JMenu 类的构造方法

构造方法声明	功 能 描 述
public JMenu()	构造没有文本的新 JMenu
public JMenu(Action a)	构造一个从提供的 Action 获取其属性的菜单
public JMenu(String s)	构造一个新 JMenu，用提供的字符串作为其文本
public JMenu(String s, boolean b)	构造一个新 JMenu，用提供的字符串作为其文本并指定其是否为分离式（tear-off）菜单

表 10.25 中列举了 JMenu 类的构造方法,它还有一些常用的方法,如表 10.26 所示。

表 10.26　JMenu 类的常用方法

方法声明	功能描述
void add(JMenuItem menuItem)	将某个菜单项追加到此菜单的末尾
void addSeparator()	将新分隔符追加到菜单的末尾
int getItemCount()	返回菜单上的项数,包括分隔符
void remove(int pos)	从此菜单移除指定索引处的菜单项
void remove(JMenuItem item)	从此菜单移除指定的菜单项
void removeAll()	从此菜单移除所有菜单项

表 10.26 中列举了 JMenu 类的常用方法,接下来通过一个案例演示下拉式菜单的使用,如例 10-27 所示。

例 10-27　TestJMenu.java

```
1  import java.awt.*;
2  import java.awt.event.*;
3  import javax.swing.*;
4  public class TestJMenu {
5      public static void main(String[] args) {
6          final JFrame jf = new JFrame("JFrame 窗口");    // 创建 JFrame 窗体
7          JMenuBar jmb = new JMenuBar();                  // 创建菜单栏
8          jf.setJMenuBar(jmb);
9          JMenu jm = new JMenu("文件");                   // 创建菜单
10         jmb.add(jm);
11         // 创建两个菜单项
12         JMenuItem item1 = new JMenuItem("保存");
13         JMenuItem item2 = new JMenuItem("退出");
14         // 为第二个菜单项添加事件监听
15         item2.addActionListener(new ActionListener() {
16             public void actionPerformed(ActionEvent e) {
17                 jf.dispose();
18             }
19         });
20         jm.add(item1);                                  // 将菜单项添加到菜单
21         jm.addSeparator();                              // 添加分隔符
22         jm.add(item2);
23         jf.setLayout(new FlowLayout());                 // 设置布局
24         jf.setSize(200, 150);
25         // 设置窗体关闭方式
26         jf.setDefaultCloseOperation(JFrame.EXIT_ON_CLOSE);
27         jf.setVisible(true);
28     }
29 }
```

程序的运行结果如图 10.32 所示。

在图 10.32 中,运行程序弹出 JFrame 窗口,窗口中有一个菜单栏,菜单栏中有一个文件菜单,单击"文件"菜单可以看到两个菜单项,单击"退出"项,窗口成功关闭。例 10-27 中,

图 10.32 例 10-27 运行结果

先创建了 JFrame 窗体,然后创建菜单栏、菜单、菜单项,调用 setJMenuBar(JMenuBar menuBar)方法将菜单栏添加进窗体,在"退出"菜单项中添加事件监听,单击"退出"项窗体立即关闭。这是下拉式菜单的基本使用。

2. 弹出式菜单

前面讲解了下拉式菜单,还有一种菜单是弹出式菜单,读者肯定也不会陌生,例如,在 Windows 桌面中单击右键会弹出一个菜单。这就是弹出式菜单。如果要在 Java 中实现此菜单,可以使用 JPopupMenu 菜单组件,先来了解一下它的构造方法,如表 10.27 所示。

表 10.27 JPopupMenu 类的构造方法

构造方法声明	功 能 描 述
public JPopupMenu()	构造一个不带"调用者"的 JPopupMenu
public JPopupMenu(String label)	构造一个具有指定标题的 JPopupMenu

表 10.27 中列出了 JPopupMenu 类的构造方法,它的常用方法和 JMenu 类似,这里就不再赘述,读者可以参考 JDK 的使用文档,接下来通过一个案例演示弹出式菜单的使用,如例 10-28 所示。

例 10-28 TestJPopupMenu.java

```
1   import java.awt.*;
2   import java.awt.event.*;
3   import javax.swing.*;
4   public class TestJPopupMenu {
5       public static void main(String[] args) {
6           final JFrame jf = new JFrame("JFrame 窗口");        // 创建 JFrame 窗体
7           final JPopupMenu jpm = new JPopupMenu();           // 创建菜单
8           // 创建两个菜单项
9           JMenuItem item1 = new JMenuItem("保存");
10          JMenuItem item2 = new JMenuItem("退出");
11          // 为第二个菜单项添加事件监听
12          item2.addActionListener(new ActionListener() {
13              public void actionPerformed(ActionEvent e) {
14                  jf.dispose();
15              }
16          });
17          jpm.add(item1);                                    // 将菜单项添加到菜单
18          jpm.add(item2);
19          // 为 JFrame 添加鼠标单击事件监听器
20          jf.addMouseListener(new MouseAdapter() {
```

```
21              public void mouseClicked(MouseEvent e) {
22                  if (e.getButton() == e.BUTTON3) {
23                      jpm.show(e.getComponent(), e.getX(), e.getY());
24                  }
25              }
26          });
27          jf.setLayout(new FlowLayout());         // 设置布局
28          jf.setSize(200, 150);
29          // 设置窗体关闭方式
30          jf.setDefaultCloseOperation(JFrame.EXIT_ON_CLOSE);
31          jf.setVisible(true);
32      }
33  }
```

程序的运行结果如图 10.33 所示。

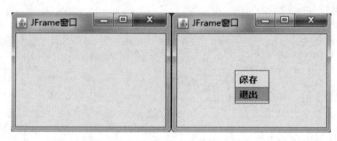

图 10.33　例 10-28 运行结果

在图 10.33 中，运行程序弹出 JFrame 窗口，在窗口中单击右键，会弹出菜单栏，单击"退出"项，窗口成功关闭。例 10-28 中，先创建了 JFrame 窗体，然后创建菜单、菜单项，在"退出"的菜单项中添加事件监听，单击"退出"项窗体就会关闭，最后为 JFrame 窗体添加鼠标单击事件监听器，实现右键弹出菜单的效果。这是弹出式菜单的基本使用。

10.6.8　创建 Tree

树也是图形化用户界面中使用非常广泛的 GUI 组件，例如，打开 Windows 资源管理器时就会看到目录树，如图 10.34 所示。

图 10.34　目录树

在图 10.34 中展示了 Windows 资源管理器的目录树，在 Swing 中使用 JTree 对象来代表一棵树，JTree 树中节点可以使用 TreePath 标识，该对象封装了当前节点及其所有的父节点。当一个节点具有子节点时，该节点具有展开和折叠两种状态。如果希望创建一棵树，可使用 JTree 类的构造方法，它的构造方法如表 10.28 所示。

表 10.28　JTree 类的构造方法

构造方法声明	功 能 描 述
public JTree()	返回带有示例模型的 JTree
public JTree(Hashtable<?,?> value)	返回从 Hashtable 创建的 JTree，它不显示根
public JTree(Object[] value)	返回 JTree，指定数组的每个元素作为不被显示的新根节点的子节点

续表

构造方法声明	功能描述
public JTree(TreeModel newModel)	返回 JTree 的一个实例,它显示根节点,并使用指定的数据模型创建树
public JTree(TreeNode root)	返回 JTree,指定的 TreeNode 作为其根,它显示根节点
public JTree(TreeNode root, boolean asksAllowsChildren)	返回 JTree,指定的 TreeNode 作为其根,它用指定的方式显示根节点,并确定节点是否为叶节点
public JTree(Vector<?> value)	返回 JTree,指定 Vector 的每个元素作为不被显示的新根节点的子节点

表 10.28 中列举了 JTree 类的构造方法,接下来通过一个案例演示 JTree 类的使用,如例 10-29 所示。

例 10-29　TestJTree.java

```
1   import javax.swing.*;
2   import javax.swing.tree.*;
3   public class TestJTree {
4       public static void main(String[] args) {
5           JFrame jf = new JFrame("JFrame 窗口");            // 创建 JFrame 窗体
6           // 创建树中所有节点
7           DefaultMutableTreeNode root = new DefaultMutableTreeNode("中国");
8           DefaultMutableTreeNode bj = new DefaultMutableTreeNode("北京");
9           DefaultMutableTreeNode hb = new DefaultMutableTreeNode("河北");
10          DefaultMutableTreeNode lf = new DefaultMutableTreeNode("廊坊");
11          DefaultMutableTreeNode sjz = new DefaultMutableTreeNode("石家庄");
12          // 建立节点之间的父子关系
13          hb.add(lf);
14          hb.add(sjz);
15          root.add(bj);
16          root.add(hb);
17          JTree tree = new JTree(root);                      // 创建树
18          jf.add(new JScrollPane(tree));
19          jf.setSize(200, 150);
20          // 设置窗体关闭方式
21          jf.setDefaultCloseOperation(JFrame.EXIT_ON_CLOSE);
22          jf.setVisible(true);
23      }
24  }
```

程序的运行结果如图 10.35 所示。

图 10.35　例 10-29 运行结果

在图 10.35 中,程序运行弹出 JFrame 窗口,在窗口中有一个目录树,这里"中国"和"河北"有子节点,可以展开或折叠,双击"河北"节点,可以看到"河北"的两个子节点。例 10-29 中,先创建了 JFrame 窗体,然后创建树中所有节点,接着建立节点之间的父子关系,最后以根节点创建树。这是 JTree 类的基本使用。

10.6.9 JTable

10.6.8 节中讲解了 GUI 中的树,表格也是 GUI 中常用的组件,表格是一个由多行、多列组成的二维显示区,Swing 的 JTable 提供了对表格的支持,通过使用 JTable 创建表格是非常容易的,它的构造方法如表 10.29 所示。

表 10.29 JTable 类的构造方法

构造方法声明	功能描述
public JTable()	构造一个默认的 JTable,使用默认的数据模型、默认的列模型和默认的选择模型对其进行初始化
public JTable(int numRows, int numColumns)	使用 DefaultTableModel 构造具有 numRows 行和 numColumns 列个空单元格的 JTable
public (Object[][] rowData, Object[] columnNames)	构造一个 JTable 来显示二维数组 rowData 中的值,其列名称为 columnNames
public (TableModel dm)	构造一个 JTable,使用数据模型 dm、默认的列模型和默认的选择模型对其进行初始化
public JTable(TableModel dm, TableColumnModel cm)	构造一个 JTable,使用数据模型 dm、列模型 cm 和默认的选择模型对其进行初始化
public JTable(TableModel dm, TableColumnModel cm, ListSelectionModel sm)	构造一个 JTable,使用数据模型 dm、列模型 cm 和选择模型 sm 对其进行初始化
public (Vector rowData, Vector columnNames)	构造一个 JTable 来显示 Vector 所组成的 Vector rowData 中的值,其列名称为 columnNames

表 10.29 列举了 JTable 类的构造方法,它在创建的时候,可以把一个二维数据包装成一个表格,这个二维数据既可以是一个二维数组,也可以是集合元素为 Vector 的 Vector 对象,为了给表格每列设置列标题,还需要传入一个一维数据作为列标题。接下来通过一个案例演示 JTable 类的使用,如例 10-30 所示。

例 10-30 TestJTable.java

```
1   import javax.swing.*;
2   public class TestJTable {
3       public static void main(String[] args) {
4           JFrame jf = new JFrame("JFrame 窗口");          // 创建 JFrame 窗体
5           String[] title = { "序号", "教室", "课程" };      // 定义表格标题
6           // 定义表格数据
7           Object[][] data = { new Object[] { 1, 12, "Java" },
8                               new Object[] { 2, 9, "IOS" },
9                               new Object[] { 3, 15, "Android" } };
10          JTable table = new JTable(data, title);        // 创建 JTable
11          jf.add(new JScrollPane(table));
```

```
12          jf.setSize(200, 150);
13          // 设置窗体关闭方式
14          jf.setDefaultCloseOperation(JFrame.EXIT_ON_CLOSE);
15          jf.setVisible(true);
16     }
17 }
```

程序的运行结果如图 10.36 所示。

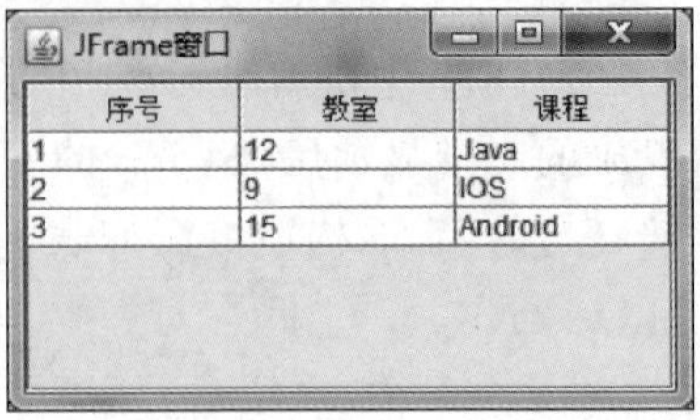

在图 10.36 中，程序运行弹出 JFrame 窗口，在窗口中有一个表格，其中包括列标题和表格内容。例 10-30 中，先创建了 JFrame 窗体，然后定义了表格标题和数据的两个数组，最后创建 JTable 时将两个数组以参数传入，利用 JTable 类成功展现了一个表格。这是 JTable 类的基本使用。

图 10.36 例 10-30 运行结果

10.6.10 Swing 模仿 QQ 登录界面

通过之前章节的学习，读者对 Swing 组件的使用都有所掌握了，在本节中，将带领读者学习对 Swing 组件的整合，模仿 QQ 软件实现一个登录界面。

QQ 是人们日常生活中经常使用的软件之一，在日常的生活和工作中给人们带来了极大的便利，本节旨在让读者通过案例了解 Swing 组件的整合，掌握窗口、菜单、按钮、工具栏和其他各种图形界面元素的使用，完成图形用户界面的展示及其操作的功能。

QQ 的登录页面分为三个部分，顶部包含一个带有 QQ 标识的背景图片，通过 JLabel 标签＋图片的形式展现；中部是由三个部分组成，第一个部分是 QQ 用户的头像展示，也可以通过 JLabel 标签＋图片的形式展现，第二个部分是由两个输入框组成，可以通过 JPasswordFiled 组件实现，输入框的正下方有一个包含"记住密码"和"自动登录"的复选框，此部分内容可以通过 JCheckBox 组件实现，右侧是两个文本标签，可以通过 JLabel 标签组件实现；底部是一个"登录"按钮，当用户名、密码输入正确后，单击该按钮会跳转至登录成功界面，否则会弹出消息框并提示错误信息，可以通过 JButton 组件实现按钮功能。具体的页面结构如图 10.37 所示。

打开 Eclipse 开发工具，新建一个 QQLogin 的项目，在该项目的根目录下新建 demo、images 两个包，分别用来存放案例代码和引用的图片，项目结构如图 10.38 所示。

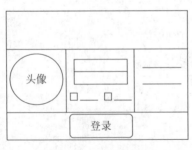

图 10.37 页面结构图

图 10.38 项目结构图

在 demo 包下新建 Login 类,继承 JFrame,完成 QQ 窗口的创建。在该类中定义界面中所需要的组件,通过这些组件完成界面的布局。然后在构造函数中实现顶部背景图片的展示、QQ 头像展示、输入框、多选框、按钮等功能,最后创建按钮监听器,将文本框对象及窗口对象传至按钮监听器 ButtonListener 类,由于这些功能都是在 Login 类的构造方法中被调用实现的,因此,当程序编写完成后,可以在该类中添加程序入口 main 方法,在主方法中初始化 Login 对象时,即可实现 QQ 登录功能,如例 10-31 所示。

例 10-31 Login.java

```
1   package demo;
2   import java.awt.Color;
3   import javax.swing.ImageIcon;
4   import javax.swing.JButton;
5   import javax.swing.JCheckBox;
6   import javax.swing.JFrame;
7   import javax.swing.JLabel;
8   import javax.swing.JPanel;
9   import javax.swing.JPasswordField;
10  import javax.swing.JTextField;
11  public class Login extends JFrame{
12      //定义所需要的组件
13      JLabel jlbTop,jlbImg,jlbReg,jlbPsw;
14      //用于界面下部区域
15      JPanel jp;
16      JTextField jtf;
17      JPasswordField jpf;
18      JCheckBox box1,box2;
19      //"登录"按钮
20      JButton jbLogin;
21      public static void main(String[] args) {
22          Login login = new Login();
23      }
24      public Login() {
25          //向顶部面板添加背景图片
26          jlbTop = new JLabel(new ImageIcon("src/images/0.jpg"));
27          //创建中部面板
28          jp = new JPanel();
29          //取消中部面板内默认布局
30          jp.setLayout(null);
31          //设置 QQ 头像的背景位置及尺寸
32          jlbImg = new JLabel(new ImageIcon("src/images/1.jpg"));
33          jlbImg.setBounds(25,0,70,70);
34          //设置账号、密码输入框的位置
35          jtf = new JTextField("请输入 QQ 账号...");
36          jtf.setBounds(115,10,180,30);
37          jpf = new JPasswordField(15);
38          jpf.setBounds(115,35,180,30);
39          //创建两个 JCheckBox 多选框组件
40          box1 = new JCheckBox("记住密码");
```

```
41      box1.setBounds(110,75,90,15);
42      box2 = new JCheckBox("自动登录");
43      box2.setBounds(210,75,90,15);
44      //创建两个 JLabel 标签组件
45      jlbReg = new JLabel("注册账号");
46      jlbReg.setBounds(300,15,60,15);
47      jlbReg.setForeground(Color.blue);
48      jlbPsw = new JLabel("找回密码");
49      jlbPsw.setBounds(300,50,60,15);
50      jlbPsw.setForeground(Color.blue);
51      //创建一个底部 JButton 登录按钮
52      jbLogin = new JButton("登录");
53      jbLogin.setBounds(110,100,180,32);
54      //添加组件
55      jp.add(jlbImg);
56      jp.add(jtf);
57      jp.add(jpf);
58      jp.add(box1);
59      jp.add(box2);
60      jp.add(jlbReg);
61      jp.add(jlbPsw);
62      jp.add(jbLogin);
63      //添加组件到 JFrame
64      this.add(jlbTop,"North");
65      this.add(jp,"Center");
66      //设置窗体属性
67      this.setTitle("QQ2019");
68      this.setIconImage(new ImageIcon("src/images/2.jpg").getImage());
69      this.setSize(400,350);
70      // 窗体大小不能改变
71      this.setResizable(false);
72      this.setDefaultCloseOperation(JFrame.EXIT_ON_CLOSE);
73      this.setVisible(true);
74      //创建监听器
75      ButtonListener bl = new ButtonListener();
76      //给按钮加监听器
77      jbLogin.addActionListener(bl);
78      //将文本框对象及窗口对象传至按钮监听器类
79      bl.setJt1(jtf);
80      bl.setJt2(jpf);
81      bl.setJt3(this);
82  }
83 }
```

以上代码中需要依赖 ButtonListener 类,因此上述代码在创建监听器前需要在 demo 包下新建 ButtonListener 类,该类实现了 ActionListener 接口,对监听事件进行统一处理,实现交互功能。当 QQ 的账号和密码都输入正确时,将会调用欢迎窗口对象的 show()方法,实现登录成功页面的跳转,否则将会弹出一个消息框,告知用户"信息输入错误,请重新登录!",如例 10-32 所示。

例 10-32　ButtonListener.java

```java
1  package demo;
2  import java.awt.event.ActionEvent;
3  import java.awt.event.ActionListener;
4  import javax.swing.JFrame;
5  import javax.swing.JOptionPane;
6  import javax.swing.JTextField;
7  public class ButtonListener implements ActionListener {
8      private JFrame jf;
9      private JTextField jt1;
10     private JTextField jt2;
11     public void setJt1(JTextField jtext) {
12         jt1 = jtext;
13     }
14     public void setJt2(JTextField jtext) {
15         jt2 = jtext;
16     }
17     public void setJt3(JFrame jframe) {
18         jf = jframe;
19     }
20     public void actionPerformed(ActionEvent e) {
21         // 输入的账号
22         String username = jt1.getText();
23         // 输入的密码
24         String password = jt2.getText();
25         //创建欢迎窗口对象
26         Welcome wel = new Welcome();
27         //设置QQ登录主界面窗口不可见
28         jf.setVisible(false);
29         //账号密码正确弹出欢迎窗口,错误弹出确认信息
30         if ("千锋教育".equals(username) && "123456".equals(password)) {
31             wel.show();
32         } else {
33             JOptionPane jop = new JOptionPane();
34             JOptionPane.showMessageDialog(jop, "信息输入有误,请重新登录!
35  ");
36         }
37     }
38 }
```

以上代码中需要依赖 Welcome 类,因此需要在 demo 包下创建一个 Welcome 类,完成登录成功后的界面展示功能。在该类中设置窗体标题为"QQ 登录成功",通过 setSize() 方法设置窗体大小,通过 JLabel 组件,完成登录成功标语的展示,如例 10-33 所示。

例 10-33　Welcome.java

```java
1  package demo;
2  import java.awt.Font;
3  import javax.swing.ImageIcon;
```

```java
4   import javax.swing.JFrame;
5   import javax.swing.JLabel;
6   import javax.swing.SwingConstants;
7   public class Welcome {
8       public void show() {
9           JFrame jf = new JFrame();
10          jf.setTitle("QQ登录成功");
11          jf.setIconImage(new ImageIcon("src/images/2.jpg").getImage());
12          jf.setSize(400,350);
13          // 设置窗体大小
14          jf.setSize(360, 450);
15          // 设置窗体居中
16          jf.setLocationRelativeTo(null);
17          // 设置退出方式
18          jf.setDefaultCloseOperation(1);
19          JLabel jl = new JLabel("千锋教育,欢迎您!", SwingConstants.CENTER);
20          jl.setFont(new Font("宋体", Font.BOLD, 30));
21          jf.add(jl);
22          jf.setVisible(true);
23      }
24  }
```

代码编写完成后,启动 Login 类中的程序入口,即可得到如图 10.39 所示结果。

此时,如果不输入 QQ 账号和密码,或者在信息输入错误的情况下单击"登录"按钮,将会弹出错误提示消息框,如图 10.40 所示。

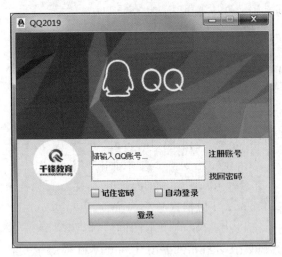

图 10.39　登录界面　　　　　　　　图 10.40　登录失败

单击"确定"按钮后,重新启动 Login 类中的程序入口。如图 10.41 所示,在新开界面的 QQ 账号输入框中输入"千锋教育",密码框中输入"123456"后,单击"登录"按钮。

此时,可以发现页面发生了跳转,已经成功登录,界面中打印出在 Welcome 类中定义的登录成功标语"千锋教育,欢迎您!",如图 10.42 所示。

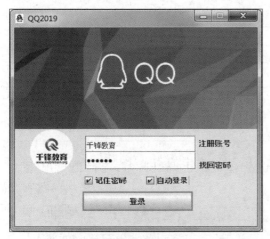

图 10.41　输入登录信息

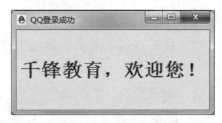

图 10.42　登录成功

10.7　JavaFX 图形用户界面工具

10.7.1　JavaFX 简介

JavaFX 和 Swing 都可以处理图形用户界面，JavaFX 是用来构建应用程序的 Java 库。使用此库编写的应用程序和 Java 一样拥有跨平台的特性，可以在各种设备上运行。在没学习 JavaFX 之前，如果想要使用 Java 编程语言来开发一个 GUI 应用程序，需要依赖高级窗口工具包（AWT）和 Swing 之类的库。然而，当 JavaFX 出现之后，这些 Java 程序开发就可以有效地利用其丰富的类库来开发 GUI 应用程序了。

JavaFX 在发展的过程中历经了多个版本的变迁，JavaFX 8 版本中，将 JavaFX 直接与 JDK 捆绑，并结合了 JDK 8.0 的新特性，增加了更多的功能，使其在开发过程中越来越受欢迎。接下来将就 JavaFX 8 版本，对其已发布的关键特性的概要信息进行介绍，具体如下所示。

（1）JavaFX 8 内嵌为 Java API：其运行环境被直接加入至 JRE 中，在编写代码时可以直接进行相关类和接口的调用。

（2）FXML 与 SceneBuilder 进行图形用户界面设计：FXML 是以 XML 为基础的 UI 界面描述文件，用来构造 JavaFX 应用程序的用户界面，SceneBuilder 是一种可视化拖曳的 FXML 生成器，以可视化方式设计图形用户界面。

（3）提供了 WebView 组件：WebView 是一个 Webkit 浏览器组件，支持 HTML、HTML5、JS、CSS 等，JavaFX 8 强化了对 HTML5 的支持，可以支持 HTML5 的一些新特性，如 WebWork、WebSocket 等。同时允许 Java API 与 JS 相互调用。

（4）支持 Swing 集成：JavaFX 可以与 Swing 组件相互集成，JavaFX 8 新增了 SwingNode 类，可以使 Swing 组件集成到 JavaFX 中。

（5）内嵌 UI 组件与 CSS 样式：JavaFX 组件可以自由地通过 CSS 来设计样式。

（6）3D 绘图能力：JavaFX 8 新增了 3D 类库，更好地支持 3D 图形的处理。

（7）RichText Support：JavaFX 强化了富文本的支持。

10.7.2 配置 JavaFX 开发环境

从 Java 8 开始,JDK 包括 JavaFX 库,因此,要运行 JavaFX 应用程序,只需要在系统中安装 Java 8 或更高版本。在常用的 IDE 开发工具中都为 JavaFX 提供了支持,在使用时只需要进行相关配置即可。接下来以 Eclipse 为例,介绍 JavaFX 开发环境的配置。

想要在 Eclipse 中开发 JavaFX,需要安装 JavaFX 的开发工具——e(fx)clipse 插件,安装步骤如下:

(1) 打开 Eclipse 开发工具,选中并打开 Help 菜单栏中的 Install New Software 选项,如图 10.43 所示。

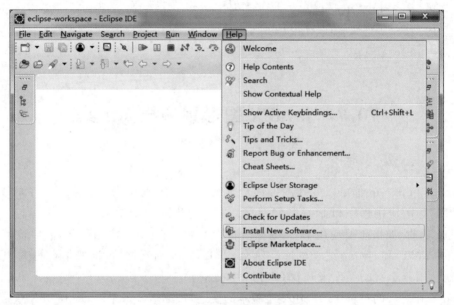

图 10.43　Eclipse 安装插件

(2) 在弹出框中单击右上角的 Add 按钮,如图 10.44 所示。

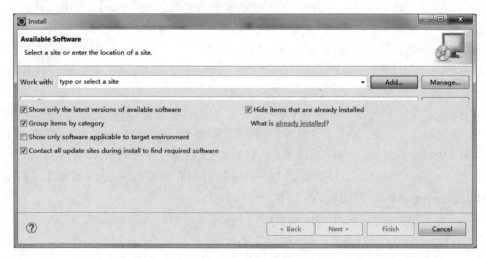

图 10.44　添加插件

(3) 在新弹出的界面中输入要安装的插件名称和安装的地址,如下所示。

```
Name: e(fx)clipse
Location: http://download.eclipse.org/efxclipse/updates-released/3.4.0/site
```

然后单击 Add 按钮,如图 10.45 所示。

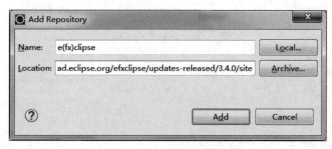

图 10.45　添加插件下载信息

(4) 单击图 10.45 中的 Add 按钮添加完成 e(fx)clipse 插件的配置信息后,将会弹出如图 10.46 所示的窗口,选中图中出现的两个复选框,然后单击 Next 按钮,如图 10.46 所示。

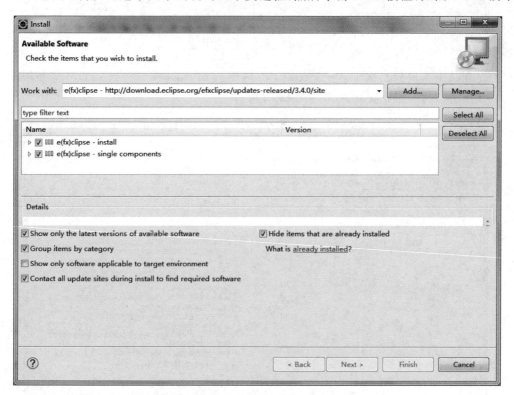

图 10.46　选中将安装的配置

(5) 完成上述步骤等待片刻后,会弹出显示安装的所有详细信息的窗口,单击 Next 按钮,如图 10.47 所示。

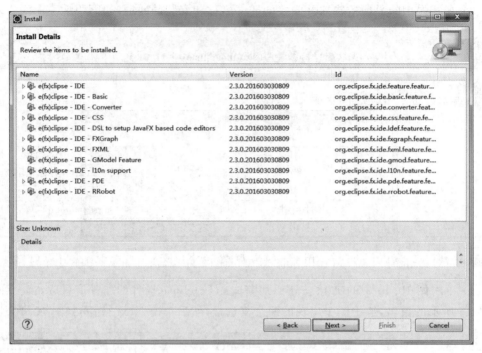

图 10.47　待安装文件信息

（6）在接下来的弹出框中选中 I accept the terms of the license agreement 同意协议，然后单击 Finish 按钮，完成安装，如图 10.48 所示。

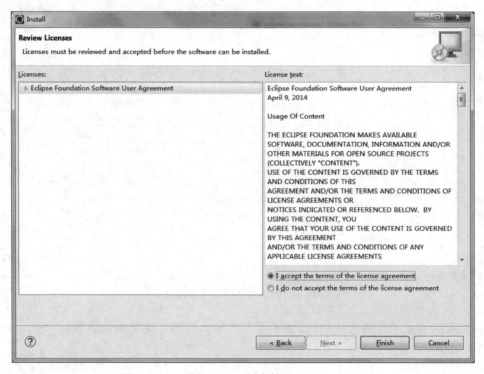

图 10.48　同意协议

（7）安装完成后，单击 Restart Now 按钮重新启动 Eclipse 即可，如图 10.49 所示。

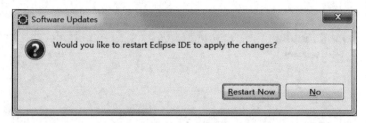

图 10.49　重启 Eclipse

Eclipse 重新启动后，依次单击窗口左上角的 File→New→Other..选项，对安装 JavaFX 插件是否成功进行校验，如图 10.50 所示。

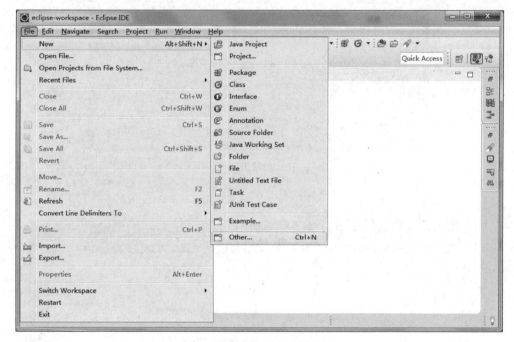

图 10.50　安装校验

在弹出的 Select a wizard 窗口中输入"JavaFX"查询，如果出现如图 10.51 所示结果即代表 JavaFX 插件安装成功。

注意：在安装的第(6)步，添加 Location 时，由于本机安装的 Eclipse 的版本为 4.9，因此，提供的 e(fx)clipse 插件链接地址的版本为 3.4.0，该版本需要与 Eclipse 的版本相匹配，否则当下载时会报连接超时、软件不存在的错误。

查看 Eclipse 版本的方式如下。

打开 Eclipse 开发工具，选中并打开 Help 菜单栏中的 About Eclipse IDE 选项，如图 10.52 所示。

弹出的窗口中显示的版本信息为 2018-09(4.9.0)，如图 10.53 所示。

图 10.51 查询 JavaFX 插件

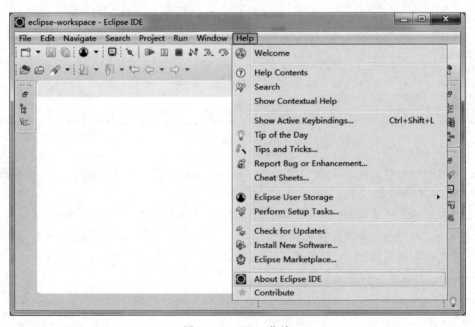

图 10.52 Help 菜单

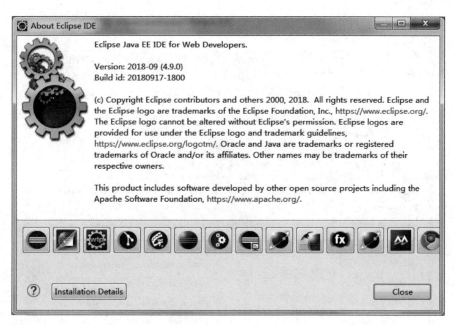

图 10.53　Eclipse 版本信息

10.7.3　Eclipse 安装 JavaFX Scene Builder

JavaFX Scene Builder 是一种可视布局工具，允许用户快速设计 JavaFX 应用程序用户界面，而无须编码。用户可以将 UI 组件拖放到工作区，修改其属性，应用样式表，并且它们正在创建的布局的 FXML 代码将在后台自动生成。它的结果是一个 FXML 文件，然后可以通过绑定到应用程序的逻辑与 Java 项目组合，但是如果想要在 Eclipse 中使用 JavaFX Scene Builder 工具，需要进行配置。

配置 JavaFX Scene Builder 前要确保在 Eclipse 中已经安装完成 e(fx)clipse 插件，然后再下载工具、安装，步骤如下所示。

(1) 下载 JavaFX Scene Builder。

打开浏览器，访问 Oracle 官网下载。本节以 JavaFX Scene Builder2 版本为例，在该网页中勾选 Accept License Agreement 复选框，然后选择 javafx_scenebuilder-2_0-windows.msi 安装文件下载，如图 10.54 所示。

(2) 安装 JavaFX Scene Builder。

安装文件下载完成后，双击运行安装该文件，在弹出的对话框中单击"下一步"按钮，如图 10.55 所示。

在接下来的弹出对话框中单击"更改"按钮，更改安装目录，如图 10.56 所示。

可以自定义安装目录，此处将 JavaFX Scene Builder 安装至 D:\JavaFX Scene Builder 2.0\目录下，然后单击"确定"按钮，如图 10.57 所示。

在接下来的弹出对话框中单击"安装"按钮，待工具安装完成后，单击"完成"按钮即可，如图 10.58 所示。

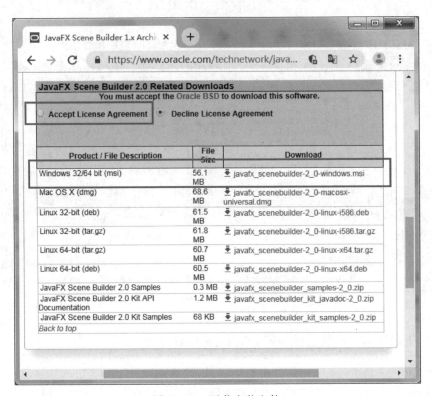

图 10.54　下载安装文件

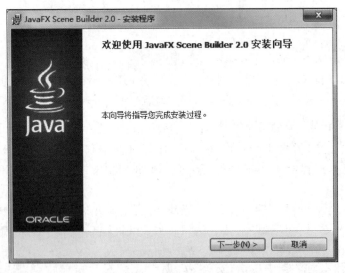

图 10.55　执行安装文件

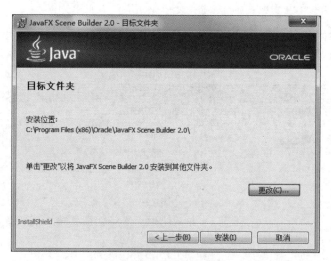

图 10.56 更改安装目录

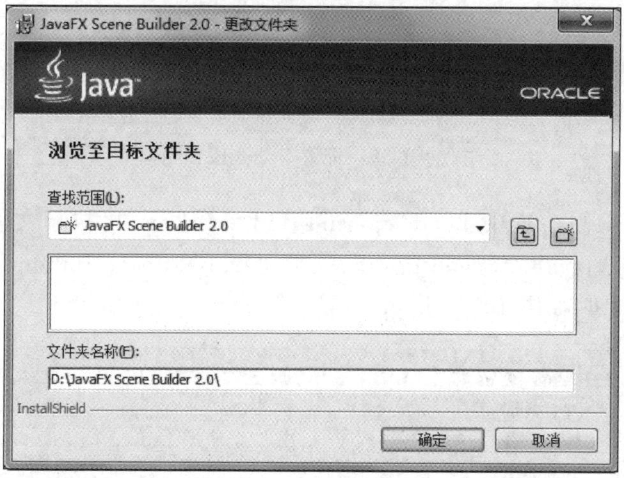

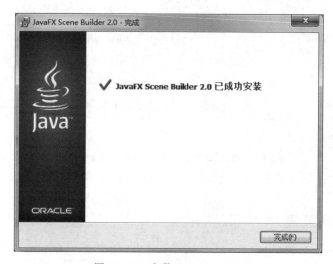

图 10.57 设置安装目录

图 10.58 安装 Scene Builder

10.7.4 Eclipse 中配置 Scene Builder

启动 Eclipse,并选择 Window→References 选项,如图 10.59 所示。

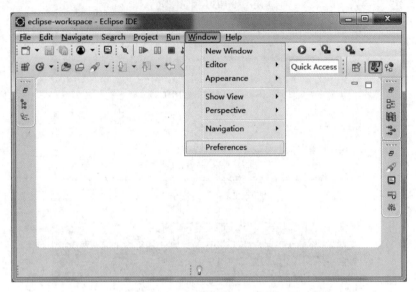

图 10.59 配置 Scene Builder

接下来在弹出窗口中选中 JavaFX Scene Builder 的 exe 可执行文件位置,在这个示例中安装的位置是 D:\JavaFX Scene Builder 2.0\JavaFX Scene Builder 2.0.exe,最后单击 Apply and Close 按钮,如图 10.60 所示。

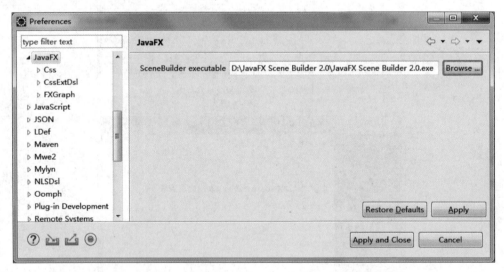

图 10.60 设置 JavaFX Scene Builder 文件位置

10.7.5 JavaFX 基础入门

在前面的章节中已经讲解了图形用户界面开发,接下来演示在 Eclipse 中 JavaFX 项目的基本用法。

打开 Eclipse 开发工具,新建一个 JavaFX 项目,鼠标依次单击菜单栏中的 File→New→Other→JavaFX Project 按钮,如图 10.61 所示。

图 10.61　创建 JavaFX 项目

给该项目起名为 FirstFX,项目创建完成后的结构如图 10.62 所示。

这里需要注意的是,创建成功的 JavaFX 项目中会自动帮助用户创建两个在 application 包下的文件：Main.java 和 application.css,前者是程序的入口,后者为图形用户界面的样式文件。

打开 Main.java 文件,可以看见项目中自动生成的代码如下所示。

图 10.62　项目结构

```
package application;
import javafx.application.Application;
import javafx.stage.Stage;
import javafx.scene.Scene;
import javafx.scene.layout.BorderPane;
public class Main extends Application {
@Override
public void start(Stage primaryStage) {
    try {
        BorderPane root = new BorderPane();
        Scene scene = new Scene(root,400,400);
```

GUI(图形用户界面)

```
        scene.getStylesheets().add(getClass().getResource("application.css").toExternalForm());
            primaryStage.setScene(scene);
            primaryStage.show();
        } catch(Exception e) {
            e.printStackTrace();
        }
    }
    public static void main(String[] args) {
        launch(args);
    }
}
```

可以看到 Main 类继承了 Application 抽象类,并重写了 start()方法,右键单击主类 main 运行代码,可以发现运行结果是一个空白的界面,如图 10.63 所示。

以上代码的 start()方法中传入了一个 Stage 类型的参数。Stage 就是用来表示图形工具界面窗口的类,在该类中加入了 Scene(场景)进行填充,Scene 包含界面中的所有组件,如 Button、Text、Container 等,它们之间的关系如图 10.64 所示。

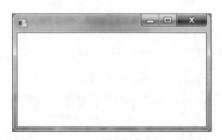
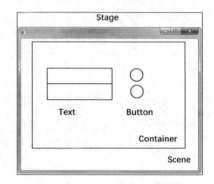

图 10.63　用户图形界面窗口　　　　　图 10.64　用户图形界面结构

学习了 JavaFX 的项目后,读者可以了解到,创建一个图形用户界面可以完全通过编写 Java 代码实现,但是如果在界面的样式比较复杂、控件较多的情况下,编写代码必定会花费大量的时间去完成,为了简化操作、提高效率,JavaFX Scene Builder 可视化工具就可以派上用场了。JavaFX Scene Builder 工具可帮助用户使用拖曳的方式快速设计自己的 Scene 界面,然后根据可视化界面自动生成代码,保存在＊.fxml 文件中。接下来通过一个显示当前时间的小案例演示 JavaFX Scene Builder 工具的使用。

首先创建一个 JavaFX 项目,命名为 clock。鼠标依次选择 File→New→Other→New FXML Document,在 application 包下新建一个 Onefxml.fxml 文件,如图 10.65 所示。

接下来右键选中 Onefxml.fxml 文件,选择 Open with SceneBuilder 工具打开文件,结果如图 10.66 所示。

在开发的过程中可以通过拖曳左上角合适的控件至布局设置区域,然后在右侧对控件进行属性的配置,完成界面的设计。首先,选择 AnchorPane 面板组件,将其拖至中部,并将该组件拉伸至合适大小,如图 10.67 所示。

图 10.65 新建 Onefxml.fxml 文件

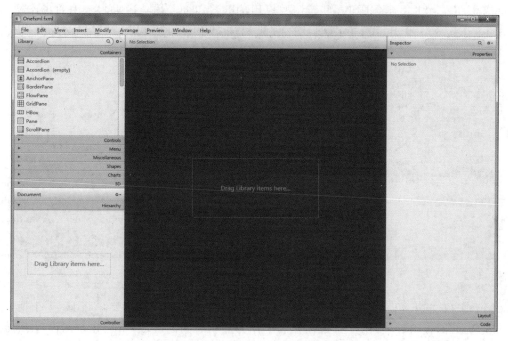

图 10.66 打开 Onefxml.fxml 文件

然后,在左上角的搜索框中输入"Button",搜索该组件,并将控件拖曳至 AnchorPane 面板组件内,并在右边 Text 输入框中输入"显示当前时间",设置 ID 属性值为 myButton,如图 10.68 所示。

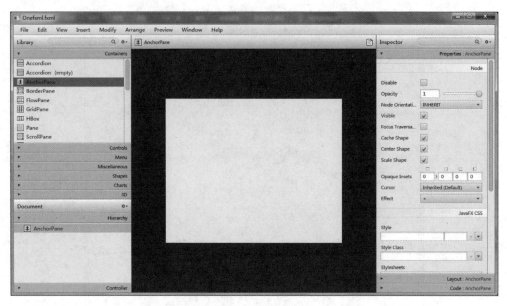

图 10.67 添加组件

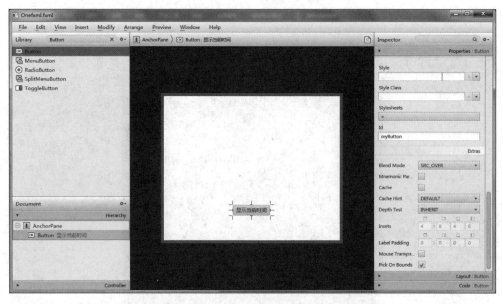

图 10.68 添加按钮

接下来在左上角的搜索框中输入"TextField",搜索该组件,并将该组件拖曳至 AnchorPane 面板组件内,用于将来在界面中作为显示时间的区域,最后在右侧设置 ID 的属性值为 myTextField,如图 10.69 所示。

接下来在左上角的搜索框中输入"ImageView",搜索该组件,并将该组件拖曳至 AnchorPane 面板组件内,用于将来在界面中作为展示图片的区域,最后在右侧 Image 属性中选择合适的图片位置,如图 10.70 所示。

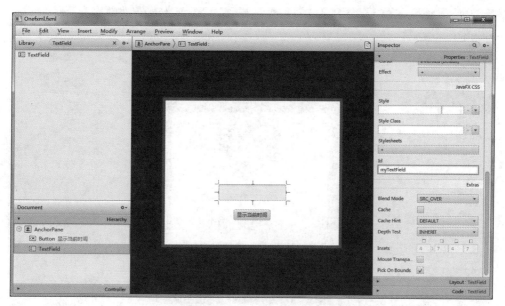

图 10.69　添加 TextField 组件

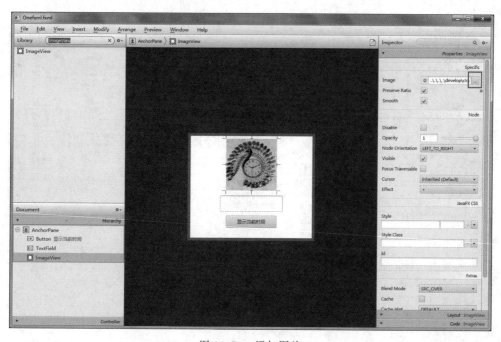

图 10.70　添加图片

最后,鼠标依次单击窗口左上角 File→Save 保存后,关闭窗口,如图 10.71 所示。

接着,右键选中 Onefxml.fxml 文件并使用 Open with FXML Editor 选项打开,可以发现刚刚通过工具设计的界面已经自动生成了代码,代码如图 10.72 所示。

通过上述步骤,图形用户界面已经完成,接下来就需要在 application 包下新建一个 MyController 的事件处理类,并在该类中编写事件处理方法,如例 10-34 所示。

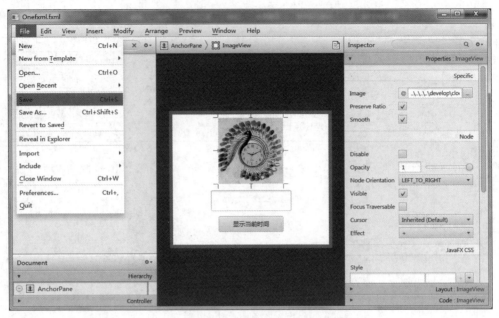

图 10.71 保存设计界面

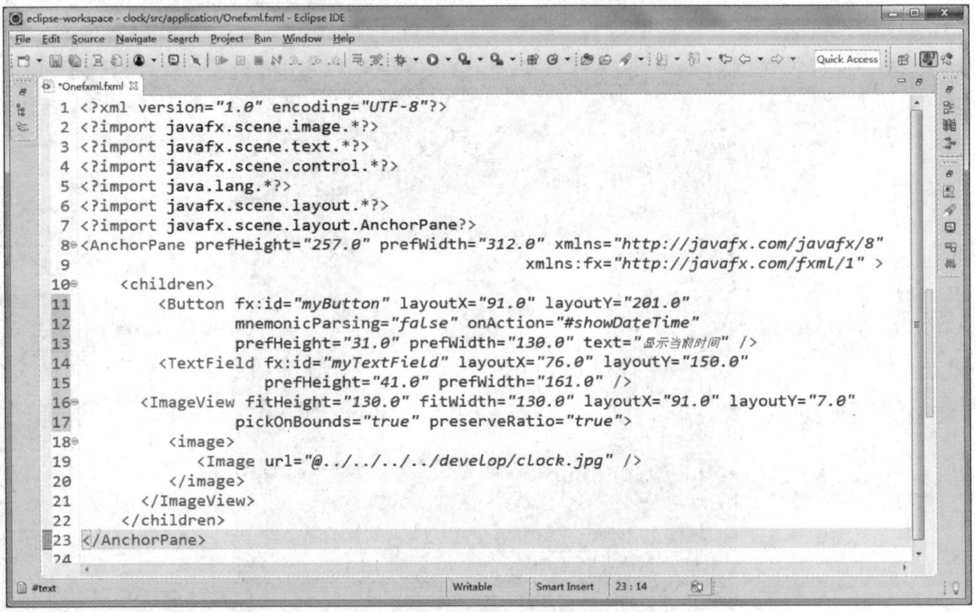

图 10.72 查看 Onefxml.fxml 文件

例 10-34　MyController.java

```
1  package application;
2  import java.text.DateFormat;
3  import java.text.SimpleDateFormat;
4  import java.util.Date;
5  import javafx.event.ActionEvent;
```

```java
6   import javafx.fxml.FXML;
7   import javafx.scene.control.Button;
8   import javafx.scene.control.TextField;
9   public class MyController {
10      @FXML
11      private Button myButton;
12      @FXML
13      private TextField myTextField;
14      //时间展示
15      public void showDateTime(ActionEvent event) {
16          System.out.println("按钮被单击了!");
17          //创建时间对象
18          Date now = new Date();
19          //格式转换
20          DateFormat df = new SimpleDateFormat("yyyy-dd-MM HH:mm:ss");
21          //获取当前时间
22          String dateTimeString = df.format(now);
23          // 将时间在 TextField 组件中展示
24          myTextField.setText(dateTimeString);
25      }
26  }
```

以上代码中@FXML 注解用来表示 myButton、myTextField 属性可以被 fxml 格式的文件访问。并在该类中定义了一个用于展示时间的 showDateTime()方法,当按钮被单击时,通过事件调用该方法,将鼠标单击时的时间打印至界面的 TextField 组件中进行展示。

打开 Onefxml.fxml 文件,将属性 fx:controller 添加到<AnchorPane>中,Controller 将对位于 AnchorPane 内部的控件(如 myButton 和 myTextField)有引用,添加的属性值为:fx:controller="application.MyController",添加后的效果如图 10.73 所示。

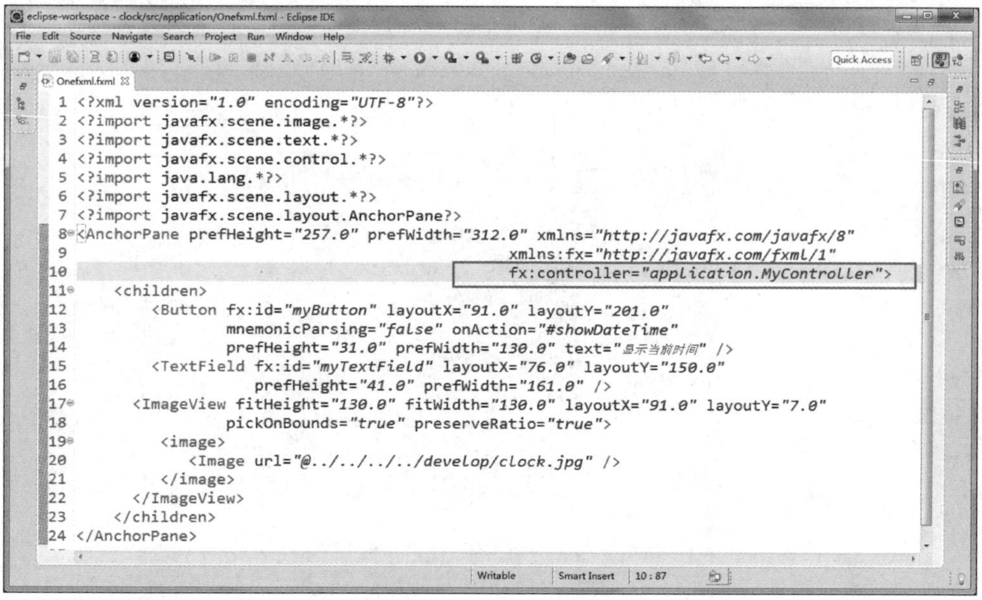

图 10.73 添加 fx:controller 属性

最后编辑 Main.java 文件,在该文件中使用加载器加载 fxml 格式的文件,并创建、设置场景,添加窗口标题,如例 10-35 所示。

例 10-35 Main.java

```
1  package application;
2  import javafx.application.Application;
3  import javafx.stage.Stage;
4  import javafx.scene.Scene;
5  import javafx.fxml.FXMLLoader;
6  import javafx.scene.Parent;
7  public class Main extends Application {
8      @Override
9      public void start(Stage primaryStage) {
10         try {
11             //使用 FXMLLoader 加载器,加载名为 Onefxml.fxml 的 fxml 文件
12             Parent root = FXMLLoader.load(getClass()
13                 .getResource("/application/Onefxml.fxml"));
14             //为图形界面窗口设置场景
15             primaryStage.setScene(new Scene(root));
16             //为图形界面窗口设置标题
17             primaryStage.setTitle("北京时间");
18             //将图形界面窗口设置为可见
19             primaryStage.show();
20         } catch(Exception e) {
21             e.printStackTrace();
22         }
23     }
24     public static void main(String[] args) {
25         //通过 Application 抽象类的 launch()方法启动程序
26         launch(args);
27     }
28 }
```

运行以上代码,运行结果如图 10.74 所示。

图 10.74 程序运行结果

每当鼠标单击一次"显示当前时间"按钮,窗口中就会将单击鼠标时的时间展示出来,并在控制台中打印"按钮被单击了!"。

小　　结

通过本章的学习,读者能够掌握如何开发 GUI 程序,掌握 JavaFX 图形用户界面工具的使用。重点要了解的是 Swing 中的某些组件在使用上与 AWT 组件还有些不同。如果想进一步了解 GUI,可以查阅 JDK 文档,动手做一些 Demo 程序。

习　　题

1. 填空题

(1) AWT 有两个抽象基类将组件分为两大类,两个抽象基类分别为_____、_____。

(2) Java 提供的_____是专门处理窗体的事件监听接口,一个窗口的所有变化,如窗口的打开、关闭等都可以使用这个接口进行监听。

(3) _____类属于流式布局管理器,使用此种布局方式会使所有的组件像流水一样依次进行排列。

(4) _____和 Swing 都可以处理图形用户界面,前者是用来构建应用程序的 Java 库,如果想要在 Eclipse 开发工具中使用它需要安装_____插件。

(5) AWT 事件处理的过程中,主要涉及三个对象,分别是_____、_____、_____。

2. 选择题

(1) 在 Java 中,要使用布局管理器,必须导入下列(　　)包。
　　A. java.awt.*　　　　　　　　　　B. java.awt.layout.*
　　C. javax.swing.layout.*　　　　　D. javax.swing.*

(2) Swing 与 AWT 的区别不包括(　　)。
　　A. Swing 是由纯 Java 实现的轻量级构件　　B. Swing 没有本地代码
　　C. Swing 不依赖操作系统的支持　　　　　　D. Swing 支持图形用户界面

(3) 在编写 Java Applet 程序时,若需要对发生事件做出响应和处理,一般需要在程序的开头写上(　　)语句。
　　A. import java.awt.*;　　　　　B. import java.applet.*;
　　C. import java.io.*;　　　　　　D. import java.awt.event.*;

(4) 下列不属于容器的是(　　)。
　　A. Window　　B. TextBox　　C. Panel　　D. ScrollPane

(5) 当 Frame 改变大小时,放在其中的按钮大小不变,则使用如下哪个 layout?(　　)
　　A. FlowLayout　　　　　　　B. CardLayout
　　C. BorderLayout　　　　　　D. GridLayout

3. 思考题

（1）简述 AWT 和 Swing 的区别。

（2）简述 java.awt 包中提供的布局管理器。

（3）简述在事件处理机制中所涉及的概念。

（4）简述 GUI 中实现事件监听的步骤。

（5）简述 AWT 的常用事件有哪些。

4. 编程题

（1）在 JFrame 窗体中添加 5 个按钮，使用 BorderLayout 布局管理器使 5 个按钮分布在东西南北中，在缩放或扩大界面时，南和北按钮总是保持最佳高度。

（2）在 JFrame 窗体下部添加 5 个按钮，分别为显示上一张、下一张和 1、2、3，控制窗体上部显示的红、蓝、绿颜色卡片，使用 CardLayout 布局管理器实现如上效果。

第 11 章　多　线　程

本章学习目标
- 理解进程和线程的区别。
- 熟练掌握创建线程的方式。
- 了解线程的生命周期及状态转换。
- 熟练掌握多线程的同步。
- 掌握多线程之间的通信。
- 了解线程池的使用。

前面章节讲到的都是单线程编程,单线程的程序如同现实生活中只雇佣一名员工的工厂,这名员工必须做完一件事情后才可以做下一件事,多线程的程序则如同雇佣多名员工的工厂,他们可以同时分别做多件事情,Java 语言提供了非常优秀的多线程支持,程序可以通过非常简单的方式来启动多线程。本章将对多线程的相关知识进行详细讲解。

11.1　线　程　概　述

多线程是实现并发机制的一种有效手段。进程和线程一样,都是实现并发的一个基本单位。线程是比进程更小的执行单位,线程是在进程的基础之上进行的进一步划分。所谓多线程是指一个进程在执行过程中可以产生多个更小的程序单元,这些更小的单元称为线程,这些线程可以同时存在、同时运行,一个进程可能包含多个同时执行的线程,进程与线程的区别如图 11.1 所示。

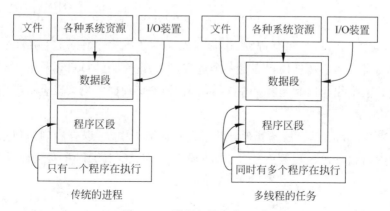

图 11.1　进程与线程的区别

11.1.1 进程

进程是程序的一次动态执行过程,它需要经历从代码加载、代码执行到执行完毕的一个完整过程,这个过程也是进程本身从产生、发展到最终消亡的过程。每个运行中的程序就是一个进程。一般而言,进程在系统中独立存在,拥有自己独立的资源,多个进程可以在单个处理器上并发执行且互不影响。例如,打开计算机中的杀毒软件,可以在 Windows 任务管理器中查看该进程,如图 11.2 所示。

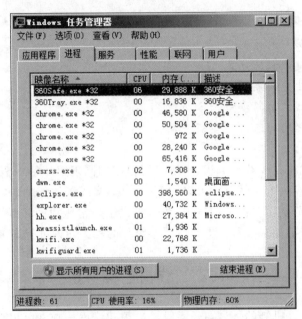

图 11.2 杀毒软件进程

图 11.2 中,Windows 任务管理器的"进程"选项卡中,可以查看到刚打开的杀毒软件,将软件正常关闭或者右击结束进程,都可以使这个进程消亡。

11.1.2 线程

操作系统可以同时执行多个进程,进程可以同时执行多个任务,其中每个任务就是线程。例如,前面讲解的杀毒软件程序是一个进程,那么它在为计算机体检的同时可以清理垃圾文件,这就是两个线程同时运行。在 Windows 任务管理器中也可以查看当前系统的线程数,如图 11.3 所示。

在图 11.3 中,Windows 任务管理器的"性能"选项卡中,可以查看到当前系统的总进程数和总线程数,可以看出线程数远远多于进程数。另外,多个线程并发执行时相互独立、互不影响。

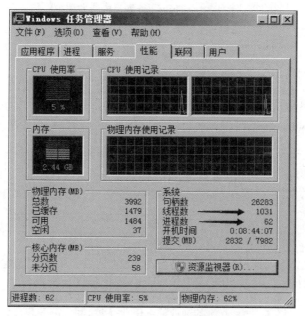

图 11.3　当前系统线程

11.2　线程的创建

在 Java 中，类仅支持单继承，也就是说，当定义一个新的类时，它只能扩展一个外部类。如果创建自定义线程类的时候是通过扩展 Thread 类的方法来实现的，那么这个自定义类就不能再去扩展其他的类，也就无法实现更加复杂的功能。因此，如果自定义类必须扩展其他的类，那么就可以使用实现 Runnable 接口的方法来定义该类为线程类，这样就可以避免 Java 单继承所带来的局限性。Java 提供了三种创建线程的方式，下面分别进行详细的讲解。

11.2.1　继承 Thread 类创建线程

Java 提供了 Thread 类代表线程，它位于 java.lang 包中，下面介绍 Thread 类创建并启动多线程的步骤，具体如下。

(1) 定义 Thread 类的子类，并重写 run()方法，run()方法称为线程执行体。
(2) 创建 Thread 子类的实例，即创建了线程对象。
(3) 调用线程对象的 start()方法启动线程。

启动一个新线程时，需要创建一个 Thread 类实例。接下来了解一下 Thread 类的常用构造方法，如表 11.1 所示。

表 11.1 中列出了 Thread 类的常用构造方法，这些构造方法可以创建线程实例，线程真正的功能代码在类的 run()方法中。当一个类继承 Thread 类后，可以在类中覆盖父类的 run()方法，在方法内写入功能代码。另外，Thread 类还有一些常用方法，如表 11.2 所示。

表 11.1 Thread 类常用构造方法

构造方法声明	功能描述
public Thread()	创建新的 Thread 对象,自动生成的线程名称为"Thread-"+n,其中的 n 为整数
public Thread(String name)	创建新的 Thread 对象,name 是新线程的名称
public Thread(Runnable target)	创建新的 Thread 对象,target 是其 run()方法被调用的对象
public Thread(Runnable target, String name)	创建新的 Thread 对象,target 是其 run()方法被调用的对象,name 是新线程的名称

表 11.2 Thread 类常用方法

方法声明	功能描述
String getName()	返回该线程的名称
Thread.State getState()	返回该线程的状态
boolean isAlive()	测试线程是否处于活动状态
void setName(String name)	改变线程名称,使之与参数 name 相同
void start()	使该线程开始执行;Java 虚拟机调用该线程的 run 方法
static void sleep(long millis)	在指定的毫秒数内让当前正在执行的线程休眠(暂停执行),此操作受到系统计时器和调度程序精度和准确性的影响

表 11.2 中列出了 Thread 类的常用方法,接下来用一个案例演示如何用继承 Thread 类的方式创建线程,如例 11-1 所示。

例 11-1 TestThread.java

```
1   public class TestThread {
2       public static void main(String[] args) {
3           SubThread1 st1 = new SubThread1();         // 创建 SubThread1 实例
4           SubThread1 st2 = new SubThread1();
5           st1.start();                                // 开启线程
6           st2.start();
7       }
8   }
9   class SubThread1 extends Thread {
10      public void run() {                             // 重写 run()方法
11          for (int i = 0; i < 4; i++) {
12              if (i % 2 != 0) {
13                  System.out.println(Thread.
14                      currentThread().getName() + ":" + i);
15              }
16          }
17      }
18  }
```

程序的运行结果如图 11.4 所示。

在例 11-1 中,声明 SubThread1 类继承 Thread 类,在类中重写了 run()方法,方法内循环打印小于 4 的奇数,其中,currentThread()方法是 Thread 类的静态方法,可以返回当前正在执行的线程对象的引用,最后在 main()方法中创建两个 SubThread1 类实例,分别调用

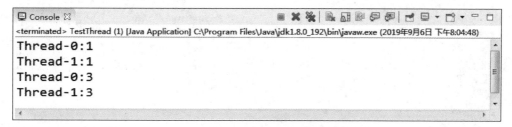

图 11.4 例 11-1 运行结果

start()方法启动两个线程,两个线程都运行成功。这是继承 Thread 类创建线程的方式。

💣 脚下留心

对一个已启动的线程调用 start()方法,程序会报 IllegalThreadStateException 异常。

11.2.2 实现 Runnable 接口创建线程

11.2.1 节讲解了继承 Thread 类的方式创建线程,但 Java 只支持单继承,一个类只能有一个父类,继承 Thread 类后,就不能再继承其他类。为了解决这个问题,可以用实现 Runnable 接口的方式创建线程。下面介绍实现 Runnable 接口创建并启动线程,具体步骤如下。

(1) 定义 Runnable 接口实现类,并重写 run()方法。

(2) 创建 Runnable 实现类的示例,并将实例对象传给 Thread 类的 target 来创建线程对象。

(3) 调用线程对象的 start()方法启动线程。

接下来通过一个案例演示如何用实现 Runnable 接口的方式创建线程,如例 11-2 所示。

例 11-2　TestRunnable.java

```
1  public class TestRunnable {
2      public static void main(String[] args) {
3          SubThread2 st = new SubThread2();         // 创建 SubThread2 实例
4          new Thread(st, "线程 1").start();           // 创建并开启线程对象
5          new Thread(st, "线程 2").start();
6      }
7  }
8  class SubThread2 implements Runnable {
9      public void run() {                            // 重写 run()方法
10         for (int i = 0; i < 4; i++) {
11             if (i % 2 != 0) {
12                 System.out.println(Thread.
13                     currentThread().getName() + ":" + i);
14             }
15         }
16     }
17 }
```

程序的运行结果如图 11.5 所示。

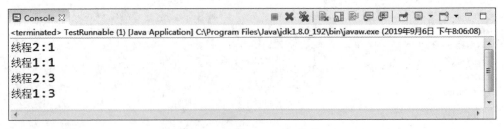

图 11.5 例 11-2 运行结果

在例 11-2 中,声明 SubThread2 类实现 Runnable 接口,在类中实现了 run()方法,方法内循环打印小于 4 的奇数,最后在 main()方法中创建 SubThread2 类实例,分别创建并开启两个线程对象,这里调用 public Thread(Runnable target,String name)构造方法,指定了线程名称,两个线程都运行成功。这是实现 Runnable 接口的方式创建线程。

11.2.3 使用 Callable 接口和 Future 接口创建线程

11.2.2 节讲解了实现 Runnable 接口的方式创建线程,但重写 run()方法实现功能代码有一定局限性,这样做方法没有返回值且不能抛出异常。JDK 5.0 后,Java 提供了 Callable 接口来解决此问题,接口内有一个 call()方法可以作为线程执行体,call()方法有返回值且可以抛出异常。下面介绍实现 Callable 接口创建并启动线程,具体步骤如下。

(1) 定义 Callable 接口实现类,指定返回值类型,并重写 call()方法。
(2) 创建 Callable 实现类的实例,使用 FutureTask 类来包装 Callable 对象,该 FutureTask 对象封装了该 Callable 对象的 call()方法的返回值。
(3) 使用 FutureTask 对象作为 Thread 对象的 target 创建并启动新线程。
(4) 调用 FutureTask 对象的 get()方法来获得子线程执行结束后的返回值。

Callable 接口不是 Runnable 接口的子接口,所以不能直接作为 Thread 的 target,而且 call()方法有返回值,是被调用者,JDK 5.0 还提供了一个 Future 接口代表 call()方法的返回值,Future 接口有一个 FutureTask 实现类,它实现了 Runnable 接口,可以作为 Thread 类的 target。接下来先了解一下 Future 接口的方法,如表 11.3 所示。

表 11.3 Future 接口的方法

方法声明	功能描述
boolean cancel(boolean b)	试图取消对此任务的执行
V get()	如有必要,等待计算完成,然后获取其结果
V get(long timeout,TimeUnit unit)	如有必要,最多等待为使计算完成所给定的时间之后,获取其结果(如果结果可用)
boolean isCancelled()	如果在任务正常完成前将其取消,则返回 true
boolean isDone()	如果任务已完成,则返回 true

表 11.3 中列出了 Future 接口的方法,接下来通过一个案例演示如何用 Callable 接口和 Future 接口创建线程,如例 11-3 所示。

例 11-3　TestCallable.java

```java
1   import java.util.concurrent.*;
2   public class TestCallable {
3       public static void main(String[] args) {
4           // 创建 MyCallable 对象
5           Callable<Integer> myCallable = new SubThread3();
6           // 使用 FutureTask 来包装 MyCallable 对象
7           FutureTask<Integer> ft = new FutureTask<Integer>(myCallable);
8           for (int i = 0; i < 4; i++) {
9               System.out.println(Thread.currentThread().getName() + ":" + i);
10              if (i == 1) {
11                  // FutureTask 对象作为 Thread 对象的 target 创建新的线程
12                  Thread thread = new Thread(ft);
13                  thread.start();          // 线程进入到就绪状态
14              }
15          }
16          System.out.println("主线程for循环执行完毕..");
17          try {
18              int sum = ft.get();          // 取得新创建线程中的 call()方法返回值
19              System.out.println("sum = " + sum);
20          } catch (InterruptedException e) {
21              e.printStackTrace();
22          } catch (ExecutionException e) {
23              e.printStackTrace();
24          }
25      }
26  }
27  class SubThread3 implements Callable<Integer> {
28      private int i = 0;
29      public Integer call() throws Exception {
30          int sum = 0;
31          for (i = 0; i < 3; i++) {
32              System.out.println(Thread.currentThread().getName() + ":" + i);
33              sum += i;
34          }
35          return sum;
36      }
37  }
```

程序的运行结果如图 11.6 和图 11.7 所示。

```
main: 0
main: 1
main: 2
main: 3
主线程for循环执行完毕..
Thread-0: 0
Thread-0: 1
Thread-0: 2
sum = 3
```

图 11.6　例 11-3 第一次运行结果

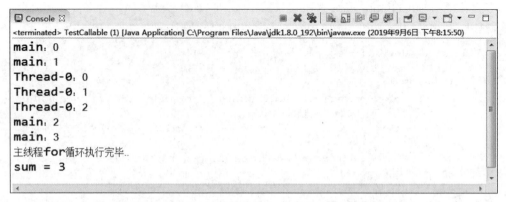

图 11.7　例 11-3 第二次运行结果

在例 11-3 中，声明 SubThread3 类实现 Callable 接口，重写 call()方法，在方法内实现功能代码，main()方法中执行 for 循环，循环中启动子线程，最后调用 get()方法获得子线程 call()方法的返回值。

另外，多次执行例 11-3 的程序，sum=3 永远都是最后打印，而"主线程 for 循环执行完毕.."可能在子线程循环前、后或中间输出。sum=3 永远都是最后输出，是因为通过 get()方法获取子线程 call()方法的返回值时，当子线程此方法还未执行完毕，get()方法会一直阻塞，直到 call()方法执行完毕才能取到返回值。这是用 Callable 接口和 Future 接口创建线程的方式。

11.2.4　三种实现线程方式的对比分析

前面讲解了可以通过三种方式创建线程，包括继承 Thread 类、实现 Runnable 接口和实现 Callable 接口的方式，接下来介绍一下这三种创建线程方式的优点和弊端。

1. 继承 Thread 类创建线程

优点：编写简单，如果需要访问当前线程，则无须使用 Thread.currentThread()方法，直接使用 this 即可获得当前线程。

弊端：线程类已经继承了 Thread 类，所以不能再继承其他父类。

2. 实现 Runnable 接口创建线程

优点：避免由于 Java 单继承带来的局限性。

弊端：编程稍微复杂，如果要访问当前线程，则必须使用 Thread.currentThread()方法。

3. 使用 Callable 接口和 Future 接口创建线程

优点：避免由于 Java 单继承带来的局限性，有返回值，可以抛出异常。

弊端：编程稍微复杂，如果要访问当前线程，则必须使用 Thread.currentThread()方法。

如上列出了三种创建线程方式的优点和弊端，一般情况下推荐使用后两种实现接口的方式创建线程，开发中要根据实际需求确定使用哪种方式。

11.3 线程的生命周期及状态转换

前面讲解了线程的创建,接下来了解一下线程的生命周期。线程有新建(New)、就绪(Runnable)、运行(Running)、阻塞(Blocked)和死亡(Terminated)五种状态,线程从新建到死亡称为线程的生命周期。接下来了解一下线程的生命周期及状态转换,如图11.8所示。

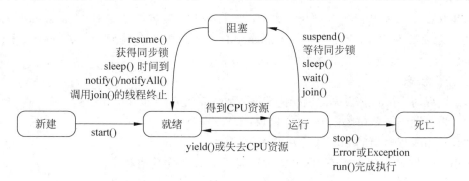

图 11.8　线程的生命周期及状态转换

图 11.8 描述了线程的生命周期及状态转换,下面详细讲解线程的这五种状态。

1. 新建状态

当程序使用 new 关键字创建一个线程后,该线程处于新建状态,此时它和其他 Java 对象一样,在堆空间内分配了一块内存,但还不能运行。

2. 就绪状态

当一个线程对象创建后,其他线程调用它的 start() 方法,该线程就进入就绪状态,Java 虚拟机会为它创建方法调用栈和程序计数器。处于这个状态的线程位于可运行池中,等待获得 CPU 的使用权。

3. 运行状态

处于这个状态的线程占用 CPU,执行程序代码。在并发执行时,如果计算机只有一个 CPU,那么只会有一个线程处于运行状态。如果计算机有多个 CPU,那么同一时刻可以有多个线程占用不同 CPU 处于运行状态,只有处于就绪状态的线程才可以转换到运行状态。

4. 阻塞状态

阻塞状态是指线程因为某些原因放弃 CPU,暂时停止运行。当线程处于阻塞状态时,Java 虚拟机不会给线程分配 CPU,直到线程重新进入就绪状态,它才有机会转换到运行状态。

下面列举一下线程由运行状态转换成阻塞状态的原因,以及如何从阻塞状态转换成就绪状态。

(1) 当线程调用了某个对象的 suspend() 方法时,也会使线程进入阻塞状态,如果想进入就绪状态需要使用 resume() 方法唤醒该线程。

(2) 当线程试图获取某个对象的同步锁时,如果该锁被其他线程持有,则当前线程就会进入阻塞状态,如果想从阻塞状态进入就绪状态必须要获取到其他线程持有的锁,关于锁的概念会在后面详细讲解。

(3) 当线程调用了 Thread 类的 sleep() 方法时,也会使线程进入阻塞状态,在这种情况下，需要等到线程睡眠的时间结束，线程会自动进入就绪状态。

（4）当线程调用了某个对象的 wait() 方法时，也会使线程进入阻塞状态，如果想进入就绪状态需要使用 notify() 方法或 notifyAll() 方法唤醒该线程。

（5）当在一个线程中调用了另一个线程的 join() 方法时，会使当前线程进入阻塞状态，在这种情况下，要等到新加入的线程运行结束后才会结束阻塞状态，进入就绪状态。

💣 **脚下留心**

线程从阻塞状态只能进入就绪状态，不能直接进入运行状态。另外，suspend() 方法和 resume() 方法已被标记为过时，因为 suspend() 方法具有死锁倾向，resume() 方法只与 suspend() 方法一起使用，建议不使用这两个方法。

5. 死亡状态

（1）线程的 run() 方法正常执行完成，线程正常结束。

（2）线程抛出异常（Exception）或错误（Error）。

（3）调用线程对象的 stop() 方法结束该线程。

线程一旦转换为死亡状态，就不能运行且不能转换为其他状态。

11.4 线程的调度

如果计算机只有一个 CPU，那么在任意时刻只能执行一条指令，每个线程只有获得 CPU 使用权才能执行指令。多线程的并发运行，从宏观上看，是各个线程轮流获得 CPU 的使用权，分别执行各自的任务。但在运行池中，会有多个处于就绪状态的线程在等待 CPU，Java 虚拟机的一项任务就是负责线程的调度，即按照特定的机制为多个线程分配 CPU 使用权。调度模型分为分时调度模型和抢占式调度模型两种。

分时调度模型是让所有线程轮流获得 CPU 使用权，平均分配每个线程占用 CPU 的时间片。抢占式调度模型是优先让可运行池中优先级高的线程占用 CPU，若运行池中线程优先级相同，则随机选择一个线程使用 CPU，当它失去 CPU 使用权，再随机选取一个线程获取 CPU 使用权。Java 默认使用抢占式调度模型，接下来详细讲解线程调度的相关知识。

11.4.1 线程的优先级

所有处于就绪状态的线程根据优先级存放在可运行池中，优先级低的线程运行机会较少，优先级高的线程运行机会更多。Thread 类的 setPriority(int newPriority) 方法和 getPriority() 方法分别用于设置优先级和读取优先级。优先级用整数表示，取值范围为 1～10，除了直接用数字表示线程的优先级外，还可以用 Thread 类中提供的三个静态常量来表示线程的优先级，如表 11.4 所示。

表 11.4 Thread 类的静态常量

常量声明	功能描述
static int MAX_PRIORITY	取值为 10，表示最高优先级
static int NORM_PRIORITY	取值为 5，表示默认优先级
static int MIN_PRIORITY	取值为 1，表示最低优先级

表 11.4 中列出了 Thread 类的三个静态常量,可以用这些常量设置线程的优先级,接下来用一个案例演示线程优先级的使用,如例 11-4 所示。

例 11-4 TestPriority.java

```
1  public class TestPriority {
2      public static void main(String[] args) {
3          // 创建 SubThread1 实例
4          SubThread1 st1 = new SubThread1("优先级低的线程");
5          SubThread1 st2 = new SubThread1("优先级高的线程");
6          st1.setPriority(Thread.MIN_PRIORITY);            // 设置优先级
7          st2.setPriority(Thread.MAX_PRIORITY);
8          st1.start();                                      // 开启线程
9          st2.start();
10     }
11 }
12 class SubThread1 extends Thread {
13     public SubThread1(String name) {
14         super(name);
15     }
16     public void run() {                                  // 重写 run()方法
17         for (int i = 0; i < 10; i++) {
18             if (i % 2 != 0) {
19                 System.out.println(Thread.
20                     currentThread().getName() + ":" + i);
21             }
22         }
23     }
24 }
```

程序的运行结果如图 11.9 所示。

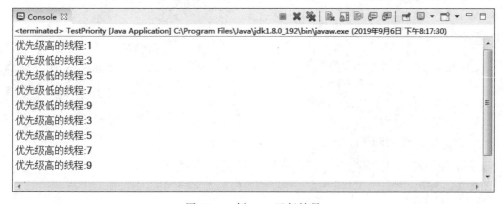

图 11.9 例 11-4 运行结果

在例 11-4 中,声明 SubThread1 类继承 Thread 类,在类中重写了 run()方法,方法内循环打印小于 6 的奇数,在 main()方法中创建三个 SubThread1 类实例并指定线程名称,调用 setPriority(int newPriority)方法分别设置三个线程的优先级,最后调用 start()方法启动三个线程,从执行结果看,优先级高的线程优先执行。这里要注意,优先级低的不一定永远后执行,有可能优先级低的线程先执行,只不过概率较小。

🎯 **脚下留心**

Thread 类的 setPriority(int newPriority)方法可以设置 10 种优先级,但这些优先级级别需要操作系统的支持,但是不同的操作系统上支持的优先级不同,不能很好地支持 Java 的 10 个优先级别,例如 Windows 2000 只支持 7 个优先级别,所以尽量避免直接用数字指定线程优先级,应该使用 Thread 类的三个常量指定线程优先级别,这样可以保证程序有很好的可移植性。

11.4.2 线程休眠

前面讲解了线程的优先级,可以发现将需要后执行的线程设置为低优先级,也有一定概率先执行该线程,可以用 Thread 类的静态方法 sleep()来解决这一问题,sleep()方法有两种重载形式,具体示例如下:

```
static void sleep(long millis)
static void sleep(long millis, int nanos)
```

如上所示是 sleep()方法的两种重载形式,前者参数是指定线程休眠的毫秒数,后者是指定线程休眠的毫秒数和毫微秒数。正在执行的线程调用 sleep()方法可以进入阻塞状态,也叫线程休眠,在休眠时间内,即使系统中没有其他可执行的线程,该线程也不会获得执行的机会,当休眠时间结束才可以执行该线程。接下来用一个案例来演示线程休眠,如例 11-5 所示。

例 11-5 TestSleep.java

```
1  import java.text.SimpleDateFormat;
2  import java.util.Date;
3  public class TestSleep {
4      public static void main(String[] args) throws Exception {
5          for (int i = 0; i < 5; i++) {
6              System.out.println("当前时间:"
7                      + new SimpleDateFormat("hh:mm:ss").format(new Date()));
8              Thread.sleep(2000);
9          }
10     }
11 }
```

程序的运行结果如图 11.10 所示。

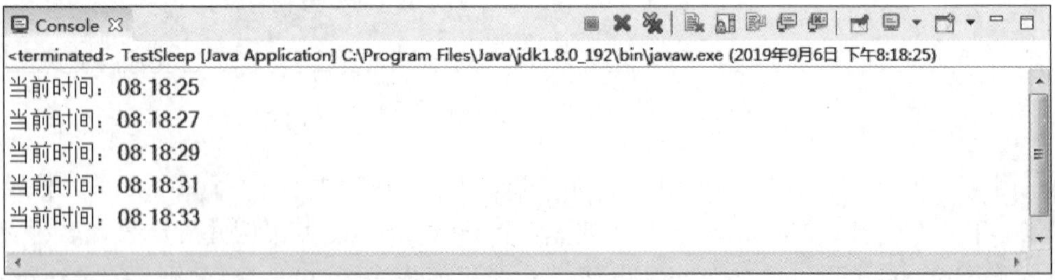

```
Console
<terminated> TestSleep [Java Application] C:\Program Files\Java\jdk1.8.0_192\bin\javaw.exe (2019年9月6日 下午8:18:25)
当前时间: 08:18:25
当前时间: 08:18:27
当前时间: 08:18:29
当前时间: 08:18:31
当前时间: 08:18:33
```

图 11.10 例 11-5 运行结果

在例 11-5 中,在循环中打印五次格式化后的当前时间,每次打印后都调用 Thread 类的 sleep()方法,让程序休眠 2s,打印的五次运行结果,每次的间隔都是 2s。这是线程休眠的基本使用。

11.4.3 线程让步

前面讲解了使用 sleep()方法使线程阻塞,Thread 类还提供一个 yield()方法,它与 sleep()方法类似,也可以让当前正在执行的线程暂停,但 yield()方法不会使线程阻塞,只是将线程转换为就绪状态,也就是让当前线程暂停一下,线程调度器重新调度一次,有可能还会将暂停的程序调度出来继续执行,这也称为线程让步。接下来用一个案例演示线程让步,如例 11-6 所示。

例 11-6　TestYield.java

```
1   public class TestYield {
2       public static void main(String[] args) {
3           SubThread3 st = new SubThread3();           // 创建 SubThread3 实例
4           new Thread(st, "线程 1").start();            // 创建并开启线程
5           new Thread(st, "线程 2").start();
6       }
7   }
8   class SubThread3 implements Runnable {
9       public void run() {                              // 重写 run()方法
10          for (int i = 1; i <= 6; i++) {
11              System.out.println(Thread.
12                  currentThread().getName() + ":" + i);
13              if (i % 3 == 0) {
14                  Thread.yield();
15              }
16          }
17      }
18  }
```

程序的运行结果如图 11.11 所示。

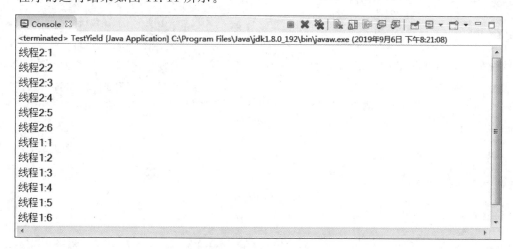

图 11.11　例 11-6 运行结果

在例 11-6 中，声明 SubThread3 类实现 Runnable 接口，在类中实现了 run()方法，方法内循环打印数字 1～6，当变量 i 能被 3 整除时，调用 yield()方法线程让步，在 main()方法中创建 SubThread3 类实例，分别创建并开启两个线程，运行结果中，线程执行到 3 或 6 次时，变量 i 能被 3 整除，调用 Thread 类的 yield()方法线程让步，切换到其他线程。这里注意，并不是线程执行到 3 或 6 次一定切换到其他线程，也有可能线程继续执行。这是线程让步的基本使用。

11.4.4 线程插队

Thread 类提供了一个 join()方法，当某个线程执行中调用其他线程的 join()方法时，此线程将被阻塞，直到被 join()方法加入的线程执行完为止，也称为线程插队。接下来用一个案例演示线程插队，如例 11-7 所示。

例 11-7 TestJoin.java

```
1   public class TestJoin {
2       public static void main(String[] args) throws Exception {
3           SubThread4 st = new SubThread4();            // 创建 SubThread4 实例
4           Thread t = new Thread(st, "线程1");           // 创建并开启线程
5           t.start();
6           for (int i = 1; i < 6; i++) {
7               System.out.println(Thread.
8                       currentThread().getName() + ":" + i);
9               if (i == 2) {
10                  t.join();                            // 线程插队
11              }
12          }
13      }
14  }
15  class SubThread4 implements Runnable {
16      public void run() {                              // 重写 run()方法
17          for (int i = 1; i < 6; i++) {
18              System.out.println(Thread.
19                      currentThread().getName() + ":" + i);
20          }
21      }
22  }
```

程序的运行结果如图 11.12 所示。

```
main:1
线程1:1
main:2
线程1:2
线程1:3
线程1:4
线程1:5
main:3
main:4
main:5
```

图 11.12　例 11-7 运行结果

在例 11-7 中,声明 SubThread4 类实现 Runnable 接口,在类中实现了 run()方法,方法内循环打印数字 1~5,在 main()方法中创建 SubThread4 类实例并启动线程,main()方法中同样循环打印数字 1~5,当变量 i 为 2 时,调用 join()方法将子线程插入,子线程开始执行,直到子线程执行完,main()方法的主线程才能继续执行。这是线程插队的基本使用。

11.4.5 后台线程

线程中还有一种后台线程,它是为其他线程提供服务的,又称为"守护线程"或"精灵线程",JVM 的垃圾回收线程就是典型的后台线程。

如果所有的前台线程都死亡,后台线程会自动死亡。当整个虚拟机中只剩下后台线程,程序就没有继续运行的必要了,所以虚拟机也就退出了。

若将一个线程设置为后台线程,可以调用 Thread 类的 setDaemon(boolean on)方法,将参数指定为 true 即可,Thread 类还提供了一个 isDaemon()方法,用于判断一个线程是否是后台线程,接下来用一个案例演示后台线程,如例 11-8 所示。

例 11-8 TestBackThread.java

```
1   public class TestBackThread {
2       public static void main(String[] args) {
3           // 创建 SubThread5 实例
4           SubThread5 st1 = new SubThread5("新线程");
5           st1.setDaemon(true);
6           st1.start();
7           for (int i = 0; i < 2; i++) {
8               System.out.println(Thread.
9                       currentThread().getName() + ":" + i);
10          }
11      }
12  }
13  class SubThread5 extends Thread {
14      public SubThread5(String name) {
15          super(name);
16      }
17      public void run() {                    // 重写 run()方法
18          for (int i = 0; i < 1000; i++) {
19              if (i % 2 != 0) {
20                  System.out.println(Thread.
21                          currentThread().getName() + ":" + i);
22              }
23          }
24      }
25  }
```

程序的运行结果如图 11.13 所示。

在例 11-8 中,声明 SubThread5 类继承 Thread 类,在类中实现了 run()方法,方法内循环打印数字 0~1000 的奇数,在 main()方法中创建 SubThread5 类实例,调用 setDaemon(boolean on)方法,将参数指定为 true,此线程被设置为后台线程,随后开启线程,最后循环

```
Console
<terminated> TestBackThread [Java Application] C:\Program Files\Java\jdk1.8.0_192\bin\javaw.exe (2019年9月6日 下午8:25:51)
main:0
main:1
新线程:1
新线程:3
新线程:5
```

图 11.13　例 11-8 运行结果

打印 0~2 的数字,这里可以看到,新线程本应该执行到打印 999,但是这里执行到 3 就结束了,因为前台线程执行完毕,线程死亡,后台线程随之死亡。这是后台线程的基本使用。

11.5　多线程同步

前面讲解了线程的基本使用,在并发执行的情况下,多线程可能会突然出现"错误",这是因为系统的线程调度有一定随机性,多线程操作同一数据时,很容易出现这种"错误",接下来会详细讲解如何解决这种"错误"。

11.5.1　线程安全

关于线程安全,有一个经典的问题——窗口卖票的问题。窗口卖票的基本流程大致为首先知道共有多少张票,每卖掉一张票,票的总数要减 1,多个窗口同时卖票,当票数剩余 0 时说明没有余票,停止售票。流程很简单,但如果这个流程放在多线程并发的场景下,就存在问题,可能问题不会及时暴露出来,运行很多次才出一次问题。接下来用一个案例来演示这个卖票窗口的经典问题,如例 11-9 所示。

例 11-9　TestTicket1.java

```java
1   public class TestTicket1 {
2       public static void main(String[] args) {
3           Ticket1 ticket = new Ticket1();
4           Thread t1 = new Thread(ticket);
5           Thread t2 = new Thread(ticket);
6           Thread t3 = new Thread(ticket);
7           t1.start();
8           t2.start();
9           t3.start();
10      }
11  }
12  class Ticket1 implements Runnable {
13      private int ticket = 5;
14      public void run() {
15          for (int i = 0; i < 100; i++) {
16              if (ticket > 0) {
17                  try {
18                      Thread.sleep(100);
```

```
19                    } catch (InterruptedException e) {
20                        e.printStackTrace();
21                    }
22                    System.out.println(
23                        "卖出第" + ticket + "张票,还剩" + --ticket + "张票");
24            }
25        }
26    }
27 }
```

程序的运行结果如图 11.14 所示。

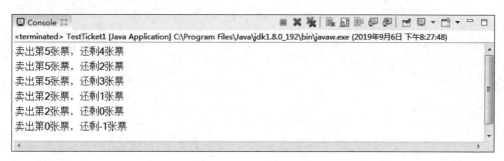

图 11.14　例 11-9 运行结果

在例 11-9 中,声明 Ticket1 类实现 Runnable 接口,首先在类中定义一个 int 型变量,用于记录总票数,然后在 for 循环中卖票,每卖一张,票总数减 1,为了让程序的问题暴露出来,这里调用 sleep()方法让程序每次循环都休眠 100ms,最后在 main()方法中创建并启动三个线程,模拟三个窗口同时售票。从运行结果可以看出,第 5 张票重复卖了两次,剩余的票数还出现了 -1 张。

例 11-9 中出现这种情况是因为 run()方法的循环中判断票数是否大于 0,大于 0 则继续出售,但这里调用 sleep()方法让程序每次循环都休眠 100ms,这就会出现第一个线程执行到此处休眠的同时,第二个和第三个线程也进入执行,所以总票数减的次数增多,这就是线程安全的问题。

11.5.2　同步代码块

前面提出了线程安全的问题,为了解决这个问题,Java 的多线程引入了同步监视器来解决这个问题,使用同步监视器的通用方法就是同步代码块,具体示例如下。

```
synchronized (obj) {
    // 要同步的代码块
}
```

如上所示,synchronized 关键字后括号里的 obj 就是同步监视器,当线程执行同步代码块时,首先会检查同步监视器的标志位,默认情况下标志位为 1,线程会执行同步代码块,同时将标志位改为 0,当第二个线程执行同步代码块前,检查到标志位为 0,第二个线程会进入阻塞状态,直到前一个线程执行完同步代码块内的操作,标志位重新改为 1,第二个线程才有可能进入同步代码块。接下来通过修改例 11-9 的代码演示用同步代码块解决线程安全问题，如例 11-10 所示。

例 11-10　TestSynBlock.java

```java
1  public class TestSynBlock {
2      public static void main(String[] args) {
3          Ticket2 ticket = new Ticket2();
4          Thread t1 = new Thread(ticket);
5          Thread t2 = new Thread(ticket);
6          Thread t3 = new Thread(ticket);
7          t1.start();
8          t2.start();
9          t3.start();
10     }
11 }
12 class Ticket2 implements Runnable {
13     private int ticket = 5;
14     public void run() {
15         for (int i = 0; i < 100; i++) {
16             synchronized (this) {
17                 if (ticket > 0) {
18                     try {
19                         Thread.sleep(100);
20                     } catch (InterruptedException e) {
21                         e.printStackTrace();
22                     }
23                     System.out.println(
24                             "卖出第" + ticket + "张票,还剩" + --ticket + "张票");
25                 }
26             }
27         }
28     }
29 }
```

程序的运行结果如图 11.15 所示。

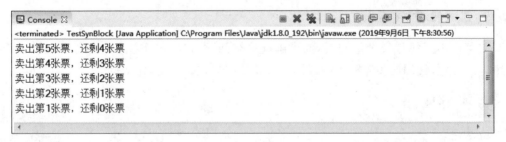

图 11.15　例 11-10 运行结果

例 11-10 与例 11-9 几乎完全一样，区别就是例 11-10 在 run() 方法的循环中执行售票操作时，将操作变量 ticket 的操作都放到同步代码块中，在使用同步代码块时必须指定一个需要同步的对象，一般用当前对象(this)即可。将例 11-9 修改为例 11-10 后，多次运行该程序不会出现重票或票数为负值的情况。

> **脚下留心**
> 同步代码块中的锁对象可以是任意类型的对象,但多个线程共享的锁对象必须是唯一的。"任意"说的是共享锁对象的类型。所以,锁对象的创建代码不能放到 run() 方法中,否则每个线程运行到 run() 方法都会创建一个新对象,这样每个线程都会有一个不同的锁,每个锁都有自己的标志位,线程之间便不能产生同步的效果。

11.5.3 同步方法

前面讲解了用同步代码块解决线程安全问题,Java 还提供了同步方法,即使用 synchronized 关键字修饰方法,该方法就是同步方法,同步方法的监视器是 this,也就是调用该方法的对象,同步方法也可以解决线程安全的问题。接下来通过修改例 11-9 的代码来演示用同步方法解决线程安全问题,如例 11-11 所示。

例 11-11　TestSynMethod.java

```
1   public class TestSynMethod {
2       public static void main(String[] args) {
3           Ticket3 ticket = new Ticket3();
4           Thread t1 = new Thread(ticket);
5           Thread t2 = new Thread(ticket);
6           Thread t3 = new Thread(ticket);
7           t1.start();
8           t2.start();
9           t3.start();
10      }
11  }
12  class Ticket3 implements Runnable {
13      private int ticket = 5;
14      public synchronized void run() {
15          for (int i = 0; i < 100; i++) {
16              if (ticket > 0) {
17                  try {
18                      Thread.sleep(100);
19                  } catch (InterruptedException e) {
20                      e.printStackTrace();
21                  }
22                  System.out.println(
23                      "卖出第" + ticket + "张票,还剩" + --ticket + "张票");
24              }
25          }
26      }
27  }
```

程序的运行结果如图 11.16 所示。

例 11-11 与例 11-9 几乎完全一样,区别就是例 11-11 的 run() 方法是用 synchronized 关键字修饰的,将例 11-9 修改为例 11-11 后,多次运行该程序不会出现重票或票数为负值的情况。

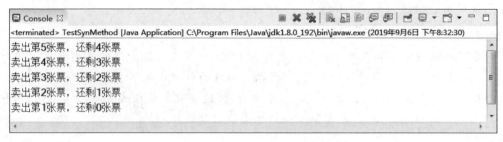

图 11.16　例 11-11 运行结果

> **脚下留心**
>
> 同步方法的锁就是当前调用该方法的对象,也就是 this 指向的对象,但是静态方法不需要创建对象就可以用"类名.方法名()"的方式调用,这时的锁不再是 this,静态同步方法的锁是该方法所在类的 class 对象,该对象可以直接用"类名.class"的方式获取。

11.5.4　死锁问题

在多线程应用中还存在死锁的问题,不同的线程分别占用对方需要的同步资源不放弃,都在等待对方放弃自己需要的同步资源,就形成了线程的死锁。接下来通过一个案例演示死锁的情况,如例 11-12 所示。

例 11-12　TestDeadLock.java

```java
1   public class TestDeadLock implements Runnable {
2       public int flag = 1;
3       // 静态对象是类的所有对象共享的
4       private static Object o1 = new Object();
5       private static Object o2 = new Object();
6       public static void main(String[] args) {
7           TestDeadLock td1 = new TestDeadLock();
8           TestDeadLock td2 = new TestDeadLock();
9           td1.flag = 1;
10          td2.flag = 0;
11          new Thread(td1).start();
12          new Thread(td2).start();
13      }
14      public void run() {
15          System.out.println("flag = " + flag);
16          if (flag == 1) {
17              synchronized (o1) {
18                  try {
19                      Thread.sleep(500);
20                  } catch (Exception e) {
21                      e.printStackTrace();
22                  }
23                  synchronized (o2) {
24                      System.out.println("1");
25                  }
```

```
26              }
27          }
28          if (flag == 0) {
29              synchronized (o2) {
30                  try {
31                      Thread.sleep(500);
32                  } catch (Exception e) {
33                      e.printStackTrace();
34                  }
35                  synchronized (o1) {
36                      System.out.println("0");
37                  }
38              }
39          }
40      }
41  }
```

程序的运行结果如图 11.17 所示。

图 11.17　例 11-12 运行结果

在例 11-12 中，当 TestDeadLock 类的对象 flag==1 时(td1)，先锁定 o1，睡眠 500ms，而 td1 在睡眠的时候另一个 flag==0 的对象(td2)线程启动，再锁定 o2，睡眠 500ms，td1 睡眠结束后需要锁定 o2 才能继续执行，而此时 o2 已被 td2 锁定；td2 睡眠结束后需要锁定 o1 才能继续执行，而此时 o1 已被 td1 锁定；td1、td2 相互等待，都需要得到对方锁定的资源才能继续执行，从而死锁，程序出现阻塞状态。

在编写代码时要尽量避免死锁，采用专门的算法、原则，尽量减少同步资源的定义。此外，Thread 类的 suspend()方法也容易导致死锁，已被标记为过时的方法。

11.6　多线程通信

不同的线程执行不同的任务，如果这些任务有某种联系，线程之间必须能够通信，协调完成工作，例如，生产者和消费者互相操作仓库，当仓库为空时，消费者无法从仓库取出产品，应该先通知生产者向仓库中加入产品。当仓库已满时，生产者无法继续加入产品，应该先通知消费者从仓库取出产品。java.lang 包中 Object 类提供了三个用于线程通信的方法，如表 11.5 所示。

表 11.5 中列出了 Object 类提供的三个用于线程通信的方法，这里要注意的是，这三个方法只有在 synchronized 方法或 synchronized 代码块中才能使用，否则会报 IllegalMonitorStateException 异常。

表 11.5 Object 类线程通信方法

方法声明	功能描述
void wait()	在其他线程调用此对象的 notify()方法或 notifyAll()方法前,导致当前线程等待
void notify()	唤醒在此对象监视器上等待的单个线程
void notifyAll()	唤醒在此对象监视器上等待的所有线程

线程通信中有一个经典例子就是生产者和消费者问题。生产者(Producer)将产品交给售货员(Clerk),而消费者(Customer)从售货员处取走产品。售货员一次最多只能持有固定数量的产品(比如 10),如果生产者试图生产更多的产品,售货员会让生产者停一下,如果店中有空位放产品了再通知生产者继续生产;如果店中没有产品了,售货员会告诉消费者等一下,如果店中有产品了再通知消费者来取走产品。接下来通过一个案例演示生产者和消费者的问题,首先需要创建一个代表售货员的类,如例 11-13 所示。

例 11-13 Clerk.java

```java
1   public class Clerk {                          // 售货员
2       private int product = 0;
3       public synchronized void addProduct() {
4           if (product >= 10) {
5               try {
6                   wait();
7               } catch (InterruptedException e) {
8                   e.printStackTrace();
9               }
10          } else {
11              product++;
12              System.out.println("生产者生产了第" + product + "个产品");
13              notifyAll();
14          }
15      }
16      public synchronized void getProduct() {
17          if (this.product <= 0) {
18              try {
19                  wait();
20              } catch (InterruptedException e) {
21                  e.printStackTrace();
22              }
23          } else {
24              System.out.println("消费者取走了第" + product + "个产品");
25              product--;
26              notifyAll();
27          }
28      }
29  }
```

例 11-13 的 Clerk 类代表售货员,它有两个方法和一个变量,两个方法都是同步方法,其中,addProduct()方法用来添加商品,getProduct()方法用来取走商品,接下来继续编写代表生产者和消费者的类,如例 11-14 和例 11-15 所示。

例 11-14 Producer.java

```
1   class Producer implements Runnable {                    // 生产者
2       Clerk clerk;
3       public Producer(Clerk clerk) {
4           this.clerk = clerk;
5       }
6       public void run() {
7           while (true) {
8               try {
9                   Thread.sleep((int) Math.random() * 1000);
10              } catch (InterruptedException e) {
11              }
12              clerk.addProduct();
13          }
14      }
15  }
```

例 11-15 Consumer.java

```
1   class Consumer implements Runnable {                    // 消费者
2       Clerk clerk;
3       public Consumer(Clerk clerk) {
4           this.clerk = clerk;
5       }
6       public void run() {
7           while (true) {
8               try {
9                   Thread.sleep((int) Math.random() * 1000);
10              } catch (InterruptedException e) {
11              }
12              clerk.getProduct();
13          }
14      }
15  }
```

例 11-14 的 Producer 类代表生产者，调用 Clerk 类的 addProduct()方法不停地生产产品，例 11-15 的 Consumer 类代表消费者，调用 Clerk 类的 getProduct()方法不停地消费产品，最后来编写程序的入口 main()方法，如例 11-16 所示。

例 11-16 TestProduct.java

```
1   public class TestProduct {
2       public static void main(String[] args) {
3           Clerk clerk = new Clerk();
4           Thread producerThread = new Thread(new Producer(clerk));
5           Thread consumerThread = new Thread(new Consumer(clerk));
6           productorThread.start();
7           consumerThread.start();
8       }
9   }
```

程序的运行结果如图 11.18 所示。

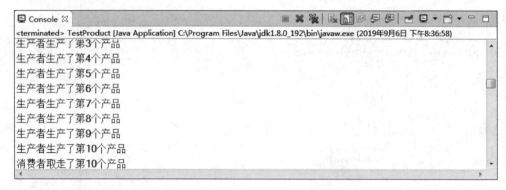

图 11.18　例 11-16 运行结果

在例 11-16 中，先创建售货员实例，然后创建并开启生产者和消费者两个线程，生产者和消费者不停地生产和消费产品，且售货员一次持有的产品数量不超过 10 个，这就是线程通信中生产者和消费者的经典问题。

11.7　线程组和未处理的异常

Java 中使用 ThreadGroup 来表示线程组，它可以对一批线程进行分类管理，Java 允许程序直接对线程组进行控制。用户创建的所有线程都属于指定的线程组，若未指定线程属于哪个线程组，则该线程属于默认线程组。在默认情况下，子线程和创建它的父线程处于同一个线程组内。另外，线程运行中不能改变它所属的线程组。Thread 类提供了一些构造方法来设置新创建的线程属于哪个线程组，如表 11.6 所示。

表 11.6　Thread 类构造方法

构造方法声明	功 能 描 述
Thread(ThreadGroup group, Runnable target)	创建新的 Thread 对象，target 是其 run() 方法被调用的对象。该线程属于 group 线程组
Thread(ThreadGroup group, Runnable target, String name)	创建新的 Thread 对象，target 是其 run() 方法被调用的对象。该线程属于 group 线程组，且线程名为 name
Thread(ThreadGroup group, Runnable target, String name, long stackSize)	创建新的 Thread 对象，target 是其 run() 方法被调用的对象。该线程属于 group 线程组，线程名为 name。指定 stackSize 为堆栈大小
Thread(ThreadGroup group, String name)	创建新的 Thread 对象，该线程属于 group 线程组，且线程名为 name

表 11.6 列出了 Thread 类的构造方法，这些构造方法可以为线程指定所属的线程组，指定线程组的参数为 ThreadGroup 类型。接下来了解一下 ThreadGroup 类的构造方法，如表 11.7 所示。

表 11.7　ThreadGroup 类构造方法

构造方法声明	功能描述
ThreadGroup(String name)	创建一个新的线程组,名称为 name
ThreadGroup(ThreadGroup parent,String name)	创建一个新的线程组,parent 为父线程组,名称为 name

表 11.7 列出了 ThreadGroup 类的构造方法,构造方法中都有一个 String 类型的名称,这就是线程组的名字,可以通过 ThreadGroup 类的 getName()方法来获取,但不允许修改线程组的名字。另外,还需要了解一下 ThreadGroup 类的常用方法,如表 11.8 所示。

表 11.8　ThreadGroup 类常用方法

方法声明	功能描述
String getName()	返回此线程组的名称
int activeCount()	返回此线程组中活动线程的估计数
void interrupt()	中断此线程组中的所有线程
boolean isDaemon()	测试此线程组是否为一个后台程序线程组
void setDaemon(boolean daemon)	更改此线程组的后台程序状态
void setMaxPriority(int pri)	设置线程组的最高优先级

表 11.8 列出了 ThreadGroup 类的常用方法,接下来通过一个案例演示线程组的使用,如例 11-17 所示。

例 11-17　TestThreadGroup.java

```
1   public class TestThreadGroup {
2       public static void main(String[] args) {
3           ThreadGroup tg1 = Thread.currentThread().getThreadGroup();
4           System.out.println("主线程的名字:" + tg1.getName());
5           System.out.println("主线程组是否是后台线程组:" + tg1.isDaemon());
6           SubThread st = new SubThread("主线程组的线程");
7           st.start();
8           ThreadGroup tg2 = new ThreadGroup("新线程组");
9           tg2.setDaemon(true);
10          System.out.println("新线程组是否是后台线程组:" + tg2.isDaemon());
11          SubThread st2 = new SubThread(tg2, "tg2 组的线程 1");
12          st2.start();
13          new SubThread(tg2, "tg2 组的线程 2").start();
14      }
15  }
16  class SubThread extends Thread {
17      public SubThread(String name) {
18          super(name);
19      }
20      public SubThread(ThreadGroup group, String name) {
21          super(group, name);
22      }
23      public void run() {
24          for (int i = 0; i < 3; i++) {
```

```
25                System.out.println(getName() + "线程执行第" + i + "次");
26            }
27        }
28 }
```

程序的运行结果如图 11.19 所示。

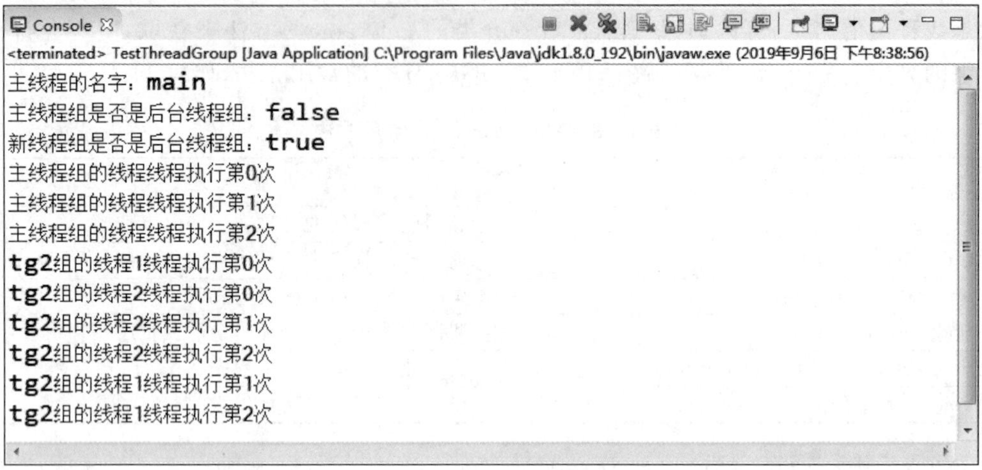

```
主线程的名字：main
主线程组是否是后台线程组：false
新线程组是否是后台线程组：true
主线程组的线程线程执行第0次
主线程组的线程线程执行第1次
主线程组的线程线程执行第2次
tg2组的线程1线程执行第0次
tg2组的线程2线程执行第0次
tg2组的线程2线程执行第1次
tg2组的线程2线程执行第2次
tg2组的线程1线程执行第1次
tg2组的线程1线程执行第2次
```

图 11.19　例 11-17 运行结果

在例 11-17 中，声明 SubThread 类继承 Thread 类，该类有两个构造方法，一个是指定名称，一个是指定线程组和名称。在 run() 方法的循环中打印执行了第几次，在 main() 方法中先得到主线程名称并判断是否是后台线程，然后创建一个新线程组并设为后台线程组，判断新线程是否是后台线程，最后同时运行这些线程。从运行结果可看出，主线程、tg2 组的线程 1、tg2 组的线程 2 分别执行了 3 次。这就是线程组的基本使用。

ThreadGroup 类还定义了一个可以处理线程组内任意线程抛出的未处理异常，具体示例如下。

void uncaughtException(Thread t, Throwable e)

当此线程组中的线程因为一个未捕获的异常而停止，并且线程在 JVM 结束该线程之前没有查找到对应的 Thread.UncaughtExceptionHandler 时，由 JVM 调用如上方法。Thread.UncaughtExceptionHandler 是 Thread 类的一个静态内部接口，接口内只有一个方法 void uncaughtException(Thread t, Throwable e)，方法中的 t 代表出现异常的线程，e 代表该线程抛出的异常。接下来通过一个案例演示主线程运行抛出未处理异常如何处理，如例 11-18 所示。

例 11-18　TestExceptionHandling.java

```
1  import java.lang.Thread.UncaughtExceptionHandler;
2  public class TestExceptionHandling {
3      public static void main(String[] args) {
4          Thread.currentThread().
```

```
5            setUncaughtExceptionHandler(new MyHandler());
6            int i = 10 / 0;
7            System.out.println("程序正常结束");
8        }
9   }
10  class MyHandler implements UncaughtExceptionHandler {
11      public void uncaughtException(Thread t, Throwable e) {
12          System.out.println(t + "线程出现了异常:" + e);
13      }
14  }
```

程序的运行结果如图 11.20 所示。

图 11.20　例 11-18 运行结果

在例 11-18 中，声明 MyHandler 类实现 UncaughtExceptionHandler 类，在 uncaughtException （Thread t, Throwable e)方法中打印某个线程出现某个异常，在 main()方法中用 0 作除数，运行程序报错。可以看到异常处理器对未捕获的异常进行处理了，但程序仍然不能正常结束，说明异常处理器与通过 catch 捕获异常是不同的，异常处理器对异常进行处理后，异常依然会传播给上一级调用者。

11.8　线　程　池

程序启动一个新线程成本是比较高的，因为它涉及与操作系统进行交互。而使用线程池可以很好地提高性能，尤其是当程序中要创建大量生存期很短的线程时，更应该考虑使用线程池。线程池里的每一个线程代码结束后，并不会死亡，而是再次回到线程池中成为空闲状态，等待下一个对象来使用。

在 JDK 5.0 之前，必须手动实现自己的线程池。从 JDK 5.0 开始，Java 内置支持线程池，提供一个 Executors 工厂类来产生线程池，该类中都是静态工厂方法。下面先来了解一下 Executors 类的常用方法，如表 11.9 所示。

表 11.9　Executors 类常用方法

方法声明	功能描述
static ExecutorService newCachedThreadPool()	创建一个可根据需要创建新线程的线程池，但是在以前构造的线程可用时将重用它们
static ExecutorService newFixedThreadPool(int nThreads)	创建一个可重用固定线程数的线程池，以共享的无界队列方式来运行这些线程
static ExecutorService newSingleThreadExecutor()	创建一个使用单个 worker 线程的 Executor，以无界队列方式来运行该线程
static ThreadFactory privilegedThreadFactory()	返回用于创建新线程的线程工厂，这些新线程与当前线程具有相同的权限

表 11.9 列出了 Executors 类的常用方法,接下来通过一个案例演示线程池的使用,如例 11-19 所示。

例 11-19 TestThreadPool.java

```java
import java.util.concurrent.*;
public class TestThreadPool {
    public static void main(String[] args) {
        ExecutorService es = Executors.newFixedThreadPool(10);
        Runnable run = new Runnable() {
            public void run() {
                for (int i = 0; i < 3; i++) {
                    System.out.println(Thread.currentThread().getName()
                            + "执行了第" + i + "次");
                }
            }
        };
        es.submit(run);
        es.submit(run);
        es.shutdown();
    }
}
```

程序的运行结果如图 11.21 所示。

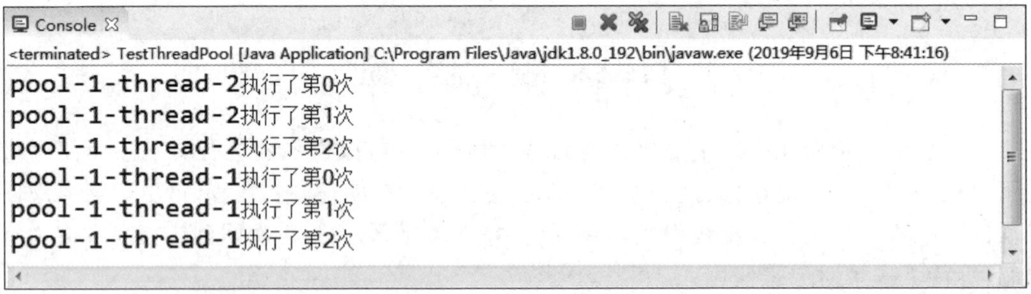

```
Console
<terminated> TestThreadPool [Java Application] C:\Program Files\Java\jdk1.8.0_192\bin\javaw.exe (2019年9月6日 下午8:41:16)
pool-1-thread-2执行了第0次
pool-1-thread-2执行了第1次
pool-1-thread-2执行了第2次
pool-1-thread-1执行了第0次
pool-1-thread-1执行了第1次
pool-1-thread-1执行了第2次
```

图 11.21 例 11-19 运行结果

在例 11-19 中,调用 Executors 类的 newFixedThreadPool(int nThreads)方法,创建了一个大小为 10 的线程池,向线程池中添加了两个线程,两个线程分别循环打印执行了第几次,最后关闭线程池。

小 结

通过本章的学习,读者能够掌握 Java 多线程的相关知识。重点要了解的是 Java 的多线程机制可以同时运行多个程序块,从而使程序有更好的用户体验,也解决了传统程序设计语言所无法解决的问题。

习 题

1. 填空题

(1) _____是 Java 程序的并发机制,它能同步共享数据、处理不同的事件。

(2) 线程有新建、就绪、运行、_____和死亡五种状态。

(3) JDK 5.0 以前,线程的创建有两种方法:实现_____接口和继承 Thread 类。

(4) 多线程程序设计的含义是可以将程序任务分成几个_____的子任务。

(5) 在多线程系统中,多个线程之间有_____和互斥两种关系。

2. 选择题

(1) 线程调用了 sleep()方法后,该线程将进入(　　)状态。

　　A. 可运行状态　　　　　　　　　　B. 运行状态

　　C. 阻塞状态　　　　　　　　　　　D. 终止状态

(2) 关于 Java 线程,下面说法错误的是(　　)。

　　A. 线程是以 CPU 为主体的行为

　　B. Java 利用线程使整个系统成为异步

　　C. 继承 Thread 类可以创建线程

　　D. 新线程被创建后,它将自动开始运行

(3) 线程控制方法中,yield()的作用是(　　)。

　　A. 返回当前线程的引用　　　　　　B. 使比其低的优先级线程执行

　　C. 强行终止线程　　　　　　　　　D. 只让给同优先级线程运行

(4) 当(　　)方法终止时,能使线程进入死亡状态。

　　A. run()　　　　B. setPriority()　　　　C. yield()　　　　D. sleep()

(5) 线程通过(　　)方法可以改变优先级。

　　A. run()　　　　B. setPriority()　　　　C. yield()　　　　D. sleep()

3. 思考题

(1) 简述什么是线程,什么是进程。

(2) 简述 Java 有哪几种创建线程的方式。

(3) 简述什么是线程的生命周期。

(4) 简述启动一个线程使用什么方法。

4. 编程题

(1) 利用多线程设计一个程序,同时输出 10 以内的奇数和偶数,以及当前运行的线程名称,输出数字完毕后输出 end。

(2) 编写一个继承 Thread 类的方式实现多线程的程序。该类 MyThread 有两个属性,一个字符串 WhoAmI 代表线程名,一个整数 delay 代表该线程随机要休眠的时间。利用有参的构造函数指定线程名称和休眠时间,休眠时间为随机数,线程执行时,显示线程名和要休眠时间。最后,在 main()方法中创建三个线程对象以展示执行情况。

第 12 章　网络编程

本章学习目标
- 了解网络通信协议。
- 熟练掌握 UDP 通信。
- 熟练掌握 TCP 通信。
- 熟练掌握网络程序的开发。

在如今时代,计算机网络缩短了人们之间的距离,把"地球村"变成现实,网络已成为计算机领域最广泛的应用。现代的人们已经越来越离不开网络,网络编程是 Java 程序设计重要的组成部分,使用 Java 可以轻松地开发出各种类型的网络程序。而要编写网络应用程序,首先必须明确网络应用程序所要使用的网络协议,TCP/IP 是网络应用程序的首选。本章将带领读者学习网络编程的相关知识,并通过这些知识点学习网络程序的开发。

12.1　网络通信协议

计算机网络的种类有很多,根据各种不同的分类原则,可以分为各种不同类型的计算机网络。计算机网络通常是按规模大小和延伸范围来分类的,常见的划分为:局域网(LAN)、城域网(MAN)和广域网(WAN),Internet 可以视为世界上最大的广域网。

计算机网络中实现通信必须有一些约定,这些约定被称为通信协议。通信协议负责对传输速率、传输代码、代码结构、传输控制步骤、出错控制等制定处理标准。通信协议通常由三部分组成:一是语义部分,用于决定双方对话的类型;二是语法部分,用于决定双方对话的格式;三是变换规则,用于决定通信双方的应答关系。

国际标准化组织 ISO 于 1978 年提出"开放系统互连参考模型",即著名的 OSI(Open System Interconnection),它力求将网络简化,并以模块化的方式来设计网络,把计算机网络分成 7 层,分别为物理层、数据链路层、网络层、传输层、会话层、表示层和应用层,但是 OSI 模型过于理想化,未能在因特网上进行广泛推广。

还有一种非常重要的通信协议是 IP(Internet Protocol),又称为互联网协议,它能提供网间连接的完善功能。与 IP 放在一起的还有 TCP(Transmission Control Protocol),即传输控制协议,它规定一种可靠的数据信息传递服务。TCP 与 IP 是在同一时期作为协议来设计的,功能互补,所以常统称为 TCP/IP,是事实上的国际标准。

TCP/IP 模型将网络分为 4 层,分别为物理+数据链路层、网络层、传输层和应用层,它与 OSI 的 7 层模型对应关系和各层对应协议如图 12.1 所示。

OSI 参考模型	TCP/IP 参考模型	TCP/IP 参考模型各层对应协议
应用层	应用层	HTTP、FTP、Telnet、DNS…
表示层		
会话层		
传输层	传输层	TCP、UDP…
网络层	网络层	IP、ICMP、ARP…
数据链路层	物理+数据链路层	Link
物理层		

图 12.1　两个模型对应关系及对应协议

图 12.1 中列举了 OSI 和 TCP/IP 参考模型的分层，还列举了分层所对应的协议，本章主要涉及的是传输层的 TCP、UDP 和网络层的 IP。

12.1.1　IP 地址和端口号

网络中的计算机互相通信，需要为每台计算机指定一个标识号，通过这个标识号来指定接收或发送数据的计算机，在 TCP/IP 中，这个标识号就是 IP 地址，它能唯一地标识 Internet 上的计算机。

IP 地址是数字型的，它由一个 32 位整数表示，但这样不方便记忆，通常把它分成 4 个 8 位的二进制数，每 8 位之间用圆点隔开，每个 8 位整数可以转换成一个 0～255 的十进制整数，例如 123.56.153.206。

通过 IP 地址可以唯一标识网络上的一个通信实体，但一个通信实体可以有多个通信程序同时提供网络服务，比如计算机同时运行 QQ 和 MSN，这就需要使用端口号来区分不同的应用程序，不同应用程序处理不同端口上的数据。

端口号是一个 16 位的整数，取值范围为 0～65 535，其中，0～1023 的端口号用于一些知名的网络服务和应用，用户的普通应用程序使用 1024 以上的端口号，避免端口号冲突。

如果把程序当作人，把计算机网络当作类似邮递员的角色，当一个程序需要发送数据时，指定目的地的 IP 地址就像指定了目的地的街道，但这样还是找不到目的地，还需要指定房间号，也就是端口号。接下来用一张图来描述 IP 地址和端口号的作用，如图 12.2 所示。

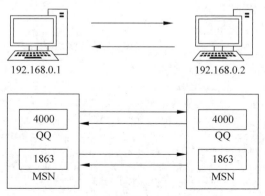

图 12.2　IP 地址和端口号

图 12.2 中，IP 为 192.168.0.1 的计算机和 IP 为 192.168.0.2 的计算机 QQ 相互通信，MSN 也相互通信，先要根据 IP 地址找到网络位置，然后根据端口号找到具体的应用程序。

例如，QQ 找到另一台计算机后，再找到端口号为 4000 的应用程序，从而准确连接并通信。

12.1.2 InetAddress

12.1.1 节中讲解了 IP 地址的相关知识，Java 提供了 InetAddress 类来代表 IP 地址，它有两个子类，分别为 Inet4Address 类和 Inet6Address 类，分别代表 IPv4 和 IPv6 的地址。InetAddress 类没有提供构造方法，提供了 5 个静态方法来获取 InetAddress 实例，如表 12.1 所示。

表 12.1 InetAddress 静态方法

方法声明	功能描述
static InetAddress[] getAllByName(String host)	在给定主机名的情况下，根据系统上配置的名称服务返回其 IP 地址所组成的数组
static InetAddress getByAddress(byte[] addr)	在给定原始 IP 地址的情况下，返回 InetAddress 对象
static InetAddress getByAddress(String host, byte[] addr)	根据提供的主机名和 IP 地址创建 InetAddress
static InetAddress getByName(String host)	在给定主机名的情况下确定主机的 IP 地址
static InetAddress getLocalHost()	返回本地 IP 地址对应的 InetAddress 实例

表 12.1 中列出了 InetAddress 类获取实例对象的静态方法，另外它还有一些常用方法，如表 12.2 所示。

表 12.2 InetAddress 常用方法

方法声明	功能描述
String getCanonicalHostName()	获取此 IP 地址的全限定域名
String getHostAddress()	返回 InetAddress 实例对应的 IP 地址字符串
String getHostName()	返回此 IP 地址的主机名
boolean isReachable(int timeout)	判定指定时间内地址是否可以到达

表 12.2 中列出了 InetAddress 类的一些常用方法，接下来通过一个案例演示这些方法的使用，如例 12-1 所示。

例 12-1 TestInetAddress.java

```
1   import java.net.InetAddress;
2   public class TestInetAddress {
3       public static void main(String[] args) throws Exception {
4           // 返回本地 IP 地址对应的 InetAddress 实例
5           InetAddress localHost = InetAddress.getLocalHost();
6           System.out.println("本机的 IP 地址:" + localHost.getHostAddress());
7           // 根据主机名返回对应的 InetAddress 实例
8           InetAddress ip = InetAddress.getByName("www.mobiletrain.org");
9           System.out.println("2 秒内是否可达:" + ip.isReachable(2000));
10          System.out.println("1000phone 的 IP 地址:" + ip.getHostAddress());
11          System.out.println("1000phone 的主机名:" + ip.getHostName());
12      }
13  }
```

程序的运行结果如图 12.3 所示。

```
Console ☒
<terminated> TestInetAddress [Java Application] C:\Program Files\Java\jdk1.8.0_192\bin\javaw.exe (2019年9月6日 下午8:45:11)
本机的IP地址: 10.0.36.237
2秒内是否可达: true
1000phone的IP地址: 218.11.8.232
1000phone的主机名: www.mobiletrain.org
```

图 12.3　例 12-1 运行结果

在例 12-1 中，先调用 getLocalHost() 方法得到本地 IP 地址对应的 InetAddress 实例并打印本机 IP 地址，然后根据主机名"www.mobiletrain.org"获得 InetAddress 实例，打印"2秒内是否可达"这个实例，最后打印出 InetAddress 实例对应的 IP 地址和主机名。这是 InetAddress 类的基本使用。

12.1.3　UDP 与 TCP

在前面提到传输层两个重要的协议是 UDP(User Datagram Protocol)和 TCP(Transmission Control Protocol)，分别被称为用户数据报协议和传输控制协议，接下来详细解释这两个概念。

UDP 是无连接的通信协议，将数据封装成数据包，直接发送出去，每个数据包的大小限制在 64KB 以内，发送数据结束时无须释放资源。因为 UDP 不需要建立连接就能发送数据，所以它是一种不可靠的网络通信协议，优点是效率高，缺点是容易丢失数据。一些视频、音频大多采用这种方式传输，即使丢失几个数据包，也不会对观看或收听产生较大影响。UDP 的传输过程如图 12.4 所示。

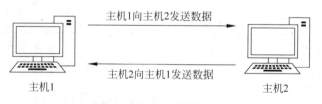

图 12.4　UDP 传输过程

在图 12.4 中，主机 1 向主机 2 发送数据，主机 2 向主机 1 发送数据，这是 UDP 传输数据的过程，不需要建立连接，直接发送即可。

TCP 是面向连接的通信协议。使用 TCP 前，须先采用"三次握手"方式建立 TCP 连接，形成数据传输通道，在连接中可进行大数据量的传输，传输完毕要释放已建立的连接。TCP 是一种可靠的网络通信协议，它的优点是数据传输安全和完整，缺点是效率低。一些对完整性和安全性要求高的数据采用 TCP 传输。TCP 的"三次握手"如图 12.5 所示。

在图 12.5 中，客户端先向服务器端发出连接请求，等待服务器确认，服务器端向客户端发送一个响应，通知客户端收到了连接请求，最后客户端再次向服务器端发送确认信息，确认连接。这是 TCP 的连接方式，保证了数据安全和完整性。接下来会详细讲解 UDP 和 TCP 的有关内容。

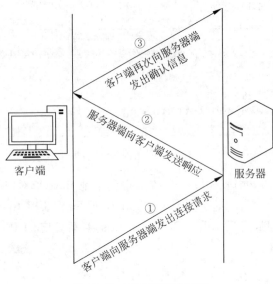

图 12.5　TCP"三次握手"

12.2　UDP 通信

12.2.1　DatagramPacket

前面讲解了 UDP 在发送数据时,先将数据封装成数据包,在 java.net 包中有一个 DatagramPacket 类,它就表示存放数据的数据包。DatagramPacket 类的构造方法如表 12.3 所示。

表 12.3　DatagramPacket 类构造方法

构造方法声明	功能描述
public DatagramPacket(byte[]buf,int length)	构造 DatagramPacket,用来接收长度为 length 的数据包
public DatagramPacket(byte[] buf, int length, InetAddress address,int port)	构造数据报包,用来将长度为 length 的包发送到指定主机上的指定端口号
public DatagramPacket(byte[]buf,int offset,int length)	构造 DatagramPacket,用来接收长度为 length 的包,在缓冲区中指定了偏移量
public DatagramPacket(byte[]buf,int offset,int length,InetAddress address,int port)	构造数据报包,用来将长度为 length 偏移量为 offset 的包发送到指定主机上的指定端口号
public DatagramPacket(byte[]buf,int offset,int length,SocketAddress address)	构造数据报包,用来将长度为 length 偏移量为 offset 的包发送到指定主机上的指定端口号
public DatagramPacket(byte[] buf, int length, SocketAddress address)	构造数据报包,用来将长度为 length 的包发送到指定主机上的指定端口号

表 12.3 中列出了 DatagramPacket 类的构造方法,通过这些方法可以获得 DatagramPacket 的实例,它还有一些常用方法,如表 12.4 所示。

表 12.4　DatagramPacket 常用方法

方法声明	功能描述
InetAddress getAddress()	返回某台机器的 IP 地址,此数据报将要发往该机器或者是从该机器接收到的
byte[] getData()	返回数据缓冲区
int getLength()	返回将要发送或接收到的数据的长度
int getPort()	返回某台远程主机的端口号,此数据报将要发往该主机或者是从该主机接收到的
SocketAddress getSocketAddress()	获取要将此包发送到的或发出此数据报的远程主机的 SocketAddress(通常为 IP 地址+端口号)

表 12.4 中列出了 DatagramPacket 类的常用方法,接下来会讲解与 DatagramPacket 类关系密切的另一个类。

12.2.2　DatagramSocket

在 java.net 包中还有一个 DatagramSocket 类,它是一个数据报套接字,包含源 IP 地址和目的 IP 地址以及源端口号和目的端口号的组合,用于发送和接收 UDP 数据。DatagramSocket 类的构造方法如表 12.5 所示。

表 12.5　DatagramSocket 类构造方法

构造方法声明	功能描述
public DatagramSocket()	构造数据报套接字并将其绑定到本地主机上任何可用的端口
protected DatagramSocket(DatagramSocketImpl impl)	创建带有指定 DatagramSocketImpl 的未绑定数据报套接字
public DatagramSocket(int port)	创建数据报套接字并将其绑定到本地主机上的指定端口
public DatagramSocket(int port,InetAddress laddr)	创建数据报套接字,将其绑定到指定的本地地址
public DatagramSocket(SocketAddress bindaddr)	创建数据报套接字,将其绑定到指定的本地套接字地址

表 12.5 中列出了 DatagramSocket 类的构造方法,通过这些方法可以获得 DatagramSocket 的实例,它还有一些常用方法,如表 12.6 所示。

表 12.6　DatagramSocket 常用方法

方法声明	功能描述
int getPort()	返回此套接字的端口
boolean isConnected()	返回套接字的连接状态
void receive(DatagramPacket p)	从此套接字接收数据报包
void send(DatagramPacket p)	从此套接字发送数据报包
void close()	关闭此数据报套接字

表 12.6 中列出了 DatagramSocket 类的常用方法,通过这些方法可以使用 UDP 进行网络通信。

12.2.3 UDP 网络程序

前面讲解了 java.net 包中两个重要的类:DatagramPacket 类和 DatagramSocket 类,接下来通过一个案例学习它们的使用。这里需要创建一个发送端程序,一个接收端程序,在运行程序时,必须接收端程序先运行才可以,首先编写接收端程序,如例 12-2 所示。

例 12-2 TestReceive.java

```
1   import java.net.*;
2   public class TestReceive {
3       public static void main(String[] args) throws Exception {
4           // 创建 DatagramSocket 对象,指定端口号为 8081
5           DatagramSocket ds = new DatagramSocket(8081);
6           byte[] by = new byte[1024];              // 创建接收数据的数组
7           // 创建 DatagramPacket 对象,用于接收数据
8           DatagramPacket dp = new DatagramPacket(by, by.length);
9           System.out.println("等待接收数据...");
10          ds.receive(dp);                          // 等待接收数据,没有数据会阻塞
11          // 获得接收数据的内容和长度
12          String str = new String(dp.getData(), 0, dp.getLength());
13          // 打印接收到的信息
14          System.out.println(str + "-->" + dp.getAddress().
15              getHostAddress() + ":" + dp.getPort());
16          ds.close();
17      }
18  }
```

程序的运行结果如图 12.6 所示。

图 12.6　例 12-2 程序运行结果

在例 12-2 中,先创建了 DatagramSocket 对象,并指定端口号为 8081,监听 8081 端口,然后创建接收数据的数组,创建 DatagramPacket 对象,用于接收数据,最后调用 receive (DatagramPacket p)方法等待接收数据,如果没有接收到数据,程序会一直处于停滞状态,发生阻塞,如果接收到数据,数据会填充到 DatagramPacket 中。

编写完接收端程序后,还需要有发送端程序,如例 12-3 所示。

例 12-3 TestSend.java

```
1   import java.net.*;
2   public class TestSend {
3       public static void main(String[] args) throws Exception {
```

```
4          // 创建 DatagramSocket 对象,指定端口号为 8090
5          DatagramSocket ds = new DatagramSocket(8090);
6          // 要发送的数据
7          byte[] by = "1000phone.com".getBytes();
8          // 指定接收端 IP 为 127.0.0.1,端口号为 8081
9          DatagramPacket dp = new DatagramPacket(by, 0, by.length,
10                  InetAddress.getByName("127.0.0.1"), 8081);
11         System.out.println("正在发送数据...");
12         ds.send(dp);                            // 发送数据
13         ds.close();
14     }
15 }
```

程序的运行结果如图 12.7 所示。

图 12.7 例 12-3 程序运行结果

在例 12-3 中,先创建了 DatagramSocket 对象,并指定端口号为 8090,使用这个端口发送数据,然后将一个字符串转换为字节数组作为要发送的数据,接着指定接收端的 IP 为 127.0.0.1,即本机 IP,指定接收端端口号为 8081,这里指定的端口号必须与接收端监听的端口号一致,最后调用 send(DatagramPacket p)方法发送数据。

接收端程序和发送端程序都创建好后,先运行接收端程序,再打开另一个终端运行发送端程序,接收端程序结束阻塞状态,程序的运行结果如图 12.8 所示。

图 12.8 接收端程序运行结果

在图 12.8 中,运行结果打印了接收端接收到的数据信息,接收到字符串"1000phone.com",它来自 IP 为 127.0.0.1,端口号为 8090 的发送端,这里的 8090 就是在例 12-3 中第 5 行代码指定的端口号。

另外,在运行例 12-2 程序时,可能会出现异常,如图 12.9 所示。

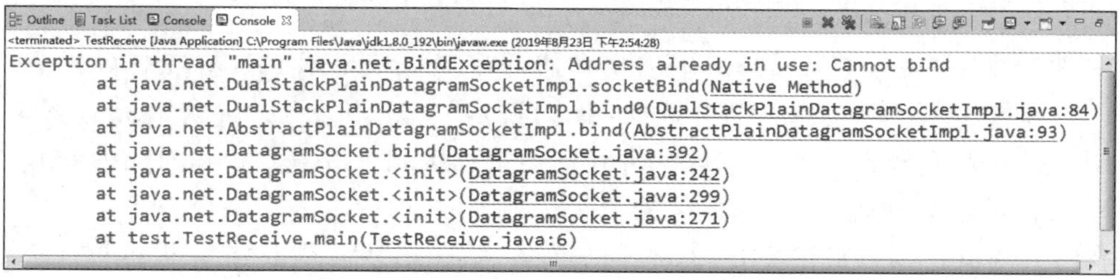

图 12.9 异常信息

在图 12.9 中,运行结果打印了异常信息,程序发生 BindException 端口号冲突异常,因为一个端口上只能运行一个程序,说明例 12-2 中用到的 8081 端口已经被占用,要解决这个问题,需要把占用端口的程序关闭才可以,要查询是哪个程序占用的端口,先打开终端,输入命令"netstat -ano"查询所有用到的端口号,如图 12.10 所示。

图 12.10 终端查询结果

在图 12.10 中,终端运行结果查询出占用的端口号以及该进程的 PID,从图中最后一行可以看到,8081 端口已被占用,占用该端口对应的 PID 为 3244,然后按 Ctrl+A/T+Delete 组合键,打开 Windows 任务管理器,单击选项卡中的"进程"标签,如图 12.11 所示。

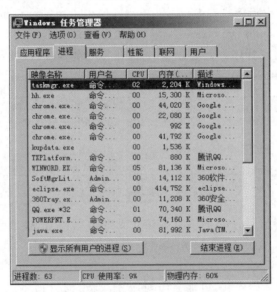

图 12.11 Windows 任务管理器

在图 12.11 中展示了 Windows 任务管理器,但此时没有显示 PID,单击任务栏上的"查看"菜单,单击"选择列",勾选 PID 复选框,单击"确定"按钮,如图 12.12 所示。

图 12.12 选择 PID 后,Windows 任务管理器进程中就可以看到进程对应的 PID,找到 PID 为 3244 的进程,如图 12.13 所示。

在图 12.13 中,查找到了 PID 为 3244 的进程,右击该进程,单击"结束进程"即可。此时运行例 12-2 程序再不会出现端口占用异常。

图 12.12 选择列

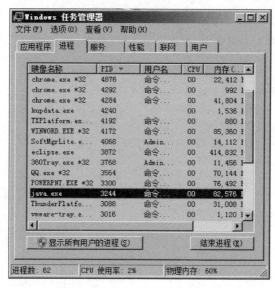

图 12.13 查找进程

12.2.4 UDP 案例——聊天程序

前面讲解了 UDP 的相关内容,发送端发送数据到指定端口,接收端接收指定端口的数据,按这个思想,可以实现一个接收端和发送端互相通信的小程序——聊天程序,在这里先结合多线程将基本原理讲解一下。

首先要明确一点,将接收端和发送端同时运行,实际上就是运行两个线程,应用到了以前讲的多线程,接下来用一个案例演示 UDP 结合多线程的应用,如例 12-4 所示。

例 12-4 TestUDP.java

```
1  import java.io.*;
2  import java.net.*;
```

```java
3   public class TestUDP {
4       public static void main(String[] args) {
5           // 运行接收端和发送端线程,开始通话
6           new Thread(new Sender()).start();
7           new Thread(new Receiver()).start();
8       }
9   }
10  // 发送端线程
11  class Sender implements Runnable {
12      public void run() {
13          try {
14              // 建立 Socket,无须指定端口
15              DatagramSocket ds = new DatagramSocket();
16              // 通过控制台标准输入
17              BufferedReader br = new BufferedReader(new InputStreamReader(
18                      System.in));
19              String line = null;
20              DatagramPacket dp = null;
21              // do-while 结构,发送为 exit 时,退出
22              do {
23                  line = br.readLine();
24                  byte[] buf = line.getBytes();
25                  // 指定为广播 IP
26                  dp = new DatagramPacket(buf, buf.length,
27                          InetAddress.getByName("127.0.0.1"), 9090);
28                  ds.send(dp);
29              } while (!line.equals("exit"));
30              ds.close();
31          } catch (IOException e) {
32              e.printStackTrace();
33          }
34      }
35  }
36  // 接收端线程
37  class Receiver implements Runnable {
38      public void run() {
39          try {
40              // 接收端需指定端口
41              DatagramSocket ds = new DatagramSocket(9090);
42              byte[] buf = new byte[1024];
43              DatagramPacket dp = new DatagramPacket(buf, buf.length);
44              String line = null;
45              // 当收到消息为 exit 时,退出
46              do {
47                  ds.receive(dp);
48                  line = new String(buf, 0, dp.getLength());
49                  System.out.println(line);
```

```
50              } while (!line.equals("exit"));
51              ds.close();
52          } catch (IOException e) {
53              e.printStackTrace();
54          }
55      }
56  }
```

程序的运行结果如图 12.14 所示。

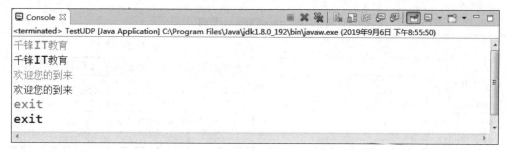

图 12.14 例 12-4 程序运行结果

在图 12.14 中,运行结果打印出发送端和接收端的信息,当发送或接收到 "exit" 时,程序运行结束,发送端和接收端资源将释放。例 12-4 中,创建了两个实现了 Runnable 接口的类,分别是发送端(Sender 类)和接收端(Receiver 类),发送端指定将数据发送到 IP 为本机 IP,端口号为 9090,接收端指定接收端口号为 9090 的数据,发送 "千锋 IT 教育" 或 "欢迎您的到来" 后,接收端成功接收并打印,程序继续执行,发送 "exit" 后,接收端接收并打印,程序结束。这是 UDP 实现聊天程序的基本原理,本章的最后将再结合 GUI 讲解一个完整的 Java 聊天应用程序。

12.3 TCP 通信

12.2 节中讲解了 UDP 通信,本节将讲解如何使用 TCP 实现通信。UDP 通信时只有发送端和接收端,不区分客户端和服务器端,计算机之间任意发送数据。TCP 通信严格区分客户端与服务器端,通信时必须先开启服务器端,等待客户端连接,然后开启客户端去连接服务器端才能实现通信。

Java 对基于 TCP 的网络提供了良好的封装,使用 ServerSocket 代表服务器端,使用 Socket 代表客户端,接下来会详细讲解这两个类。

12.3.1 ServerSocket

在 java.net 包中有一个 ServerSocket 类,它可以实现一个服务器端的程序。ServerSocket 类的构造方法如表 12.7 所示。

表 12.7 中列出了 ServerSocket 类的构造方法,通过这些方法可以获得 ServerSocket 的实例,它还有一些常用方法,如表 12.8 所示。

表 12.7 ServerSocket 构造方法

构造方法声明	功能描述
public ServerSocket()	创建非绑定服务器套接字
public ServerSocket(int port)	创建绑定到特定端口的服务器套接字
public ServerSocket(int port, int backlog)	利用指定的 backlog 创建服务器套接字并将其绑定到指定的本地端口号
public ServerSocket(int port, int backlog, InetAddress bindAddr)	使用指定的端口、侦听 backlog 和要绑定到的本地 IP 地址创建服务器

表 12.8 ServerSocket 常用方法

方法声明	功能描述
Socket accept()	侦听并接收到此套接字的连接
void close()	关闭此套接字
InetAddress getInetAddress()	返回此服务器套接字的本地地址
boolean isClosed()	返回 ServerSocket 的关闭状态
void bind(SocketAddress endpoint)	将 ServerSocket 绑定到特定地址(IP 地址和端口号)

表 12.8 中列出了 ServerSocket 类的常用方法,其中,accept()方法用来接收客户端的请求,执行此方法后,服务端程序发生阻塞,直到接收到客户端请求,程序才能继续执行,如图 12.15 所示。

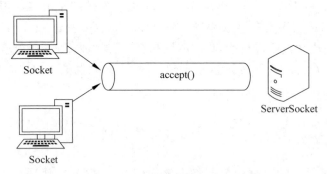

图 12.15 TCP 服务器端和客户端

在图 12.15 中,ServerSocket 代表服务器端,Socket 代表客户端,服务器端调用 accept()方法后等待客户端请求,客户端发出连接请求后,accept()方法会给服务器端返回一个 Socket 对象用于和客户端实现通信。接下来会讲解与 ServerSocket 类关系密切的 Socket 类。

12.3.2 Socket

在 java.net 包中还有一个 Socket 类,它是一个数据报套接字,包含源 IP 地址和目的 IP 地址以及源端口号和目的端口号的组合,用于发送和接收 UDP 数据。Socket 类的常用构造方法如表 12.9 所示。

表 12.9 中列出了 Socket 类的常用构造方法,通过这些方法可以获得 Socket 的实例,它还有一些常用方法,如表 12.10 所示。

表 12.9 Socket 常用构造方法

构造方法声明	功能描述
public Socket()	通过系统默认类型的 SocketImpl 创建未连接套接字
public Socket(InetAddress address,int port)	创建一个流套接字并将其连接到指定 IP 地址的指定端口号
public Socket(Proxy proxy)	创建一个未连接的套接字并指定代理类型(如果有),该代理不管其他设置如何都应被使用
public Socket(String host,int port)	创建一个流套接字并将其连接到指定主机上的指定端口号

表 12.10 Socket 常用方法

方法声明	功能描述
void close()	关闭此套接字
InetAddress getInetAddress()	返回套接字连接的地址
InputStream getInputStream()	返回此套接字的输入流
OutputStream getOutputStream()	返回此套接字的输出流
int getPort()	返回此套接字连接到的远程端口
boolean isClosed()	返回套接字的关闭状态
void shutdownOutput()	禁用此套接字的输出流

表 12.10 中列出了 Socket 类的常用方法,通过这些方法可以使用 TCP 进行网络通信。

12.3.3　简单的 TCP 网络程序

前面讲解了 java.net 包中两个重要的类,ServerSocket 类和 Socket 类,接下来通过一个案例来学习它们的使用。这里需要创建一个服务器端程序,一个客户端程序,在运行程序时,必须先运行服务器端程序,首先编写服务器端程序,如例 12-5 所示。

例 12-5　TestServer.java

```
1   import java.io.*;
2   import java.net.*;
3   public class TestServer {
4       public static void main(String[] args) throws IOException {
5           ServerSocket ss = new ServerSocket(9090);
6           System.out.println("等待接收数据...");
7           Socket s = ss.accept();
8           InputStream is = s.getInputStream();
9           byte[] b = new byte[20];
10          int len;
11          while ((len = is.read(b)) != -1) {
12              String str = new String(b, 0, len);
13              System.out.print(str);
14          }
15          OutputStream os = s.getOutputStream();
16          os.write("服务器端已收到 This is Server".getBytes());
17          os.close();
18          is.close();
19          s.close();
```

```
20        ss.close();
21     }
22 }
```

程序的运行结果如图 12.16 所示。

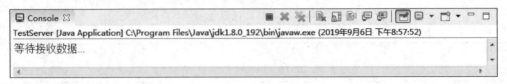

图 12.16 例 12-5 程序运行结果

在例 12-5 中,先创建了 ServerSocket 对象,并指定端口号为 9090,监听 9090 端口,然后调用 accept()方法等待客户端连接,创建接收数据的字节数组,用于接收数据,最后调用 getOutputStream()方法得到输出流,用于向服务器端发送数据。

编写完服务器端程序后,还需要客户端程序,如例 12-6 所示。

例 12-6 TestClient.java

```
1  import java.io.*;
2  import java.net.*;
3  public class TestClient {
4      public static void main(String[] args) throws IOException {
5          System.out.println("正在发送数据...");
6          Socket s = new Socket(InetAddress.getByName("127.0.0.1"), 9090);
7          OutputStream os = s.getOutputStream();
8          os.write("服务端你好,This is Client!".getBytes());
9          // shutdownOutput():执行此方法,显式地告诉服务器端发送完毕
10         s.shutdownOutput();
11         InputStream is = s.getInputStream();
12         byte[] b = new byte[20];
13         int len;
14         while ((len = is.read(b)) != -1) {
15             String str = new String(b, 0, len);
16             System.out.print(str);
17         }
18         is.close();
19         os.close();
20         s.close();
21     }
22 }
```

程序的运行结果如图 12.17 所示。

在例 12-6 中,先创建了 Socket 对象,并指定将数据发送到 IP 地址为 127.0.0.1,端口号为 9090,然后创建输出流,将一个字符串转换为字节并输出到服务器端,最后创建输入流,用于接收服务器端的响应数据。

例 12-6 中报出 ConnectException 异常,是由于客户端指定将数据发送到端口号为 9090,但此时没有启动服务器端,9090 端口未启动,应该先启动服务器端,再启动客户端,程序的运行结果如图 12.18 和图 12.19 所示。

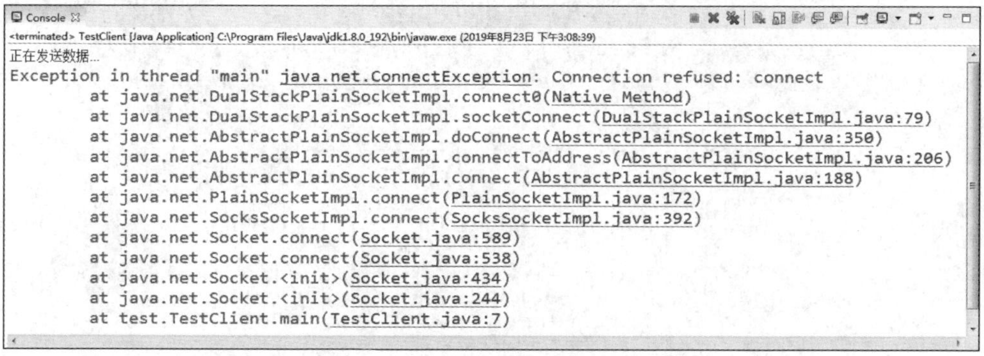

图 12.17　例 12-6 程序运行结果

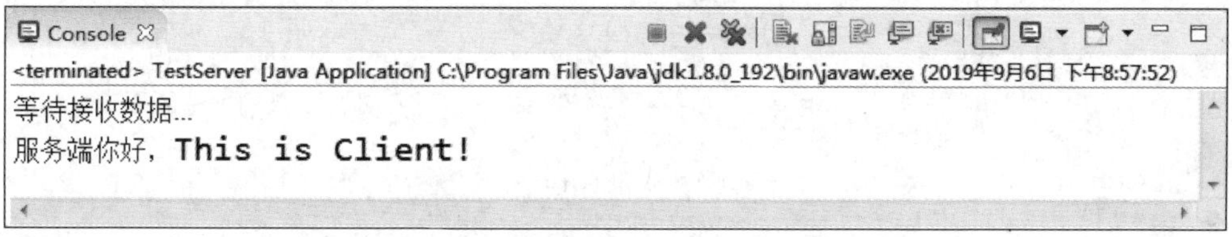

图 12.18　服务器端程序运行结果

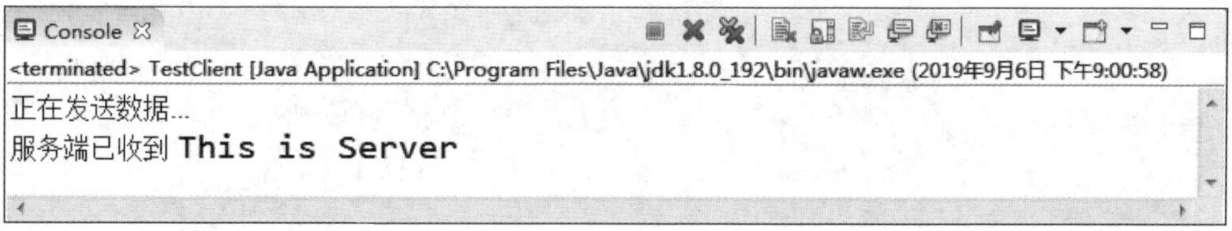

图 12.19　客户端程序运行结果

在图 12.18 中，运行结果打印出服务器端接收到的数据信息，图 12.19 中，运行结果打印出客户端接收到的数据信息。到此，服务器端与客户端的交互完成。

12.3.4　多线程的 TCP 网络程序

12.3.3 节中讲解了简单的服务器端、客户端通信，当服务器端接收到客户端数据后打印到控制台，并且向客户端发送响应数据，程序运行结束。在实际应用中客户端可能需要与服务器端保持长时间通信，或者多个客户端都要与服务器端通信，这就需要应用到前边学过的多线程，接下来先创建一个专门用于处理多线程操作的类，如例 12-7 所示。

例 12-7　TestThread.java

```
1   import java.io.*;
2   import java.net.Socket;
3   public class TestThread implements Runnable {
4       private Socket client = null;              // 接收客户端
5       public TestThread(Socket client) {
6           this.client = client;                  // 通过构造方法设置 Socket
7       }
```

```java
8      public void run() {
9          BufferedReader br = null;              // 用于接收客户端信息
10         PrintStream ps = null;                 // 定义输出流
11         try {
12             br = new BufferedReader(new InputStreamReader(
13                     client.getInputStream())); // 获得客户端信息
14             // 实例化客户端输出流
15             ps = new PrintStream(client.getOutputStream());
16             boolean flag = true;               // 标记客户端是否操作完毕
17             while (flag) {
18                 String str = br.readLine();
19                 if (str == null || "".equals(str)) {
20                     flag = false;              // 输入信息为空客户端操作结束
21                 } else {
22                     System.out.println(str);
23                     if ("bye".equals(str)) {
24                         flag = false;          // 输入信息为 bye 客户端操作接收
25                     } else {
26                         // 响应客户端的信息
27                         ps.println("服务端已收到");
28                     }
29                 }
30             }
31         } catch (Exception e) {
32             e.printStackTrace();
33         } finally {                            // 释放资源
34             if (ps != null) {
35                 ps.close();
36             }
37             if (client != null) {
38                 try {
39                     client.close();
40                 } catch (IOException e) {
41                     e.printStackTrace();
42                 }
43             }
44         }
45     }
46 }
```

例 12-7 中，TestThread 类实现了 Runnable 接口，构造方法接收每一个客户端的 Socket，重写 run()方法，在方法中通过循环的方式接收客户端信息，并向客户端输出响应信息，最后释放资源。接下来应用多线程改造例 12-5 的服务器端程序，如例 12-8 所示。

例 12-8 TestServerThread.java

```java
1  import java.io.*;
2  import java.net.*;
3  public class TestServerThread {
4      public static void main(String[] args) throws IOException {
```

```
5       ServerSocket ss = null;
6       Socket s = null;
7       ss = new ServerSocket(9090);
8       boolean flag = true;
9       while (flag) {
10          System.out.println("等待接收数据……");
11          s = ss.accept();
12          new Thread(new TestThread(s)).start();
13      }
14      ss.close();
15      InputStream is = s.getInputStream();
16      byte[] b = new byte[20];
17      int len;
18      while ((len = is.read(b)) != -1) {
19          String str = new String(b, 0, len);
20          System.out.print(str);
21      }
22      OutputStream os = s.getOutputStream();
23      os.write("服务端已收到".getBytes());
24      os.close();
25      is.close();
26      s.close();
27      ss.close();
28  }
29 }
```

在例 12-8 中,应用多线程修改了例 12-5 的服务器端程序,接着运行服务器端程序,之后运行三次例 12-6 的客户端程序,程序的运行结果如图 12.20 和图 12.21 所示。

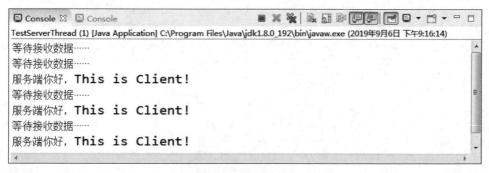

图 12.20 服务器端程序运行结果

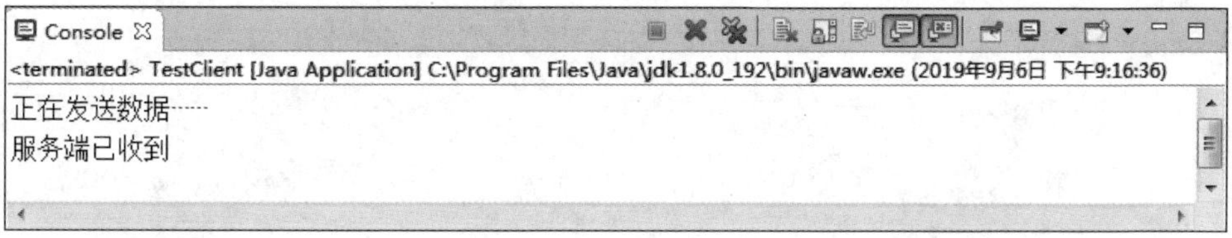

图 12.21 客户端程序运行结果

在图 12.20 中，运行结果打印了服务器端三次接收到的数据，可以看到光标依然在闪烁，程序处于阻塞状态，等待接收客户端信息，直到接收到信息为空或者为 bye 时，服务器端程序才会终止。图 12.21 中运行结果打印客户端三次接收到的数据信息。到此，服务器端与客户端的交互完成。与例 12-5 和例 12-6 例子不同的是，这里服务器端应用到了多线程。

12.3.5 TCP 案例——文件上传

通过前面的学习，基本掌握了客户端和服务器端通过 TCP 进行通信的方式。接下来进一步学习和练习，实现一个文件上传功能，以便加深理解和巩固 TCP 的相关知识。

首先准备一个要上传的文件，这里在当前文件创建了一个 file 文件夹，存放了一张图片 test.jpg 用于上传，上传后将文件保存到同一路径，上传后的文件名为 test-2.jpg，接下来开始编写服务器端代码，如例 12-9 所示。

例 12-9 TestUploadServer.java

```
1   import java.io.*;
2   import java.net.*;
3   public class TestUploadServer {
4       public static void main(String[] args) throws Exception {
5           ServerSocket ss = new ServerSocket(9090);           // 创建服务器端
6           System.out.println("服务端已开启,等待接收文件!");
7           Socket s = ss.accept();                             // 客户端连接服务器端
8           System.out.println("正在接收来自" +
9               s.getInetAddress().getHostAddress() + "的文件...");
10          receiveFile(s);                                     // 连接成功,开始传输文件
11          ss.close();
12      }
13      private static void receiveFile(Socket socket) throws Exception {
14          // buffer 起缓冲作用,一次读取或写入多字节的数据
15          byte[] buffer = new byte[1024];
16          // 创建 DataInputStream 对象,可以调用它的 readUTF 方法来读取要传输的文件名
17          DataInputStream dis = new DataInputStream(socket.getInputStream());
18          // 首先读取文件名
19          String oldFileName = dis.readUTF();
20          // 文件路径采用与客户端相同的路径,文件名重新命名
21          String filePath = TestUploadClient.fileDir
22              + genereateFileName(oldFileName);
23          System.out.println("接收文件成功,另存为:" + filePath);
24          // 利用 FileOutputStream 来操作文件输出流
25          FileOutputStream fos = new FileOutputStream(new File(filePath));
26          int length = 0;
27          while ((length = dis.read(buffer, 0, buffer.length)) > 0) {
28              fos.write(buffer, 0, length);
29              fos.flush();
30          }
31          dis.close();                                        // 释放资源
32          fos.close();
33          socket.close();
34      }
```

```
35    private static String genereateFileName(String oldName) {
36        String newName = null;
37        newName = oldName.substring(0, oldName.lastIndexOf(".")) + "-2"
38                + oldName.substring(oldName.lastIndexOf("."));
39        return newName;
40    }
41 }
```

程序的运行结果如图 12.22 所示。

图 12.22　例 12-9 程序运行结果

在例 12-9 中，首先创建 ServerSocket 对象，然后调用 accept()方法等待客户端连接，当客户端上传文件时，调用静态方法 receiveFile(Socket socket)实现文件上传操作，genereateFileName(String oldName)静态方法用于生成上传后的文件名。

服务器端的代码编写完后，接下来编写客户端代码，如例 12-10 所示。

例 12-10　TestUploadClient.java

```
1  import java.io.*;
2  import java.net.*;
3  public class TestUploadClient {
4      // 定义要发送的文件路径
5      public static final String fileDir = "D:\\eclipse-workspace\\"
6              + "chapter12/src/";
7      public static void main(String[] args) throws Exception {
8          String fileName = "test.jpg";              // 要发送的文件名称
9          String filePath = fileDir + fileName;
10         System.out.println("正在发送文件:" + filePath);
11         Socket socket = new Socket(InetAddress.
12                 getByName("127.0.0.1"), 9090);
13         if (socket != null) {
14             System.out.println("发送成功!");
15             sendFile(socket, filePath);
16         }
17     }
18     private static void sendFile(Socket socket, String filePath)
19             throws Exception {
20         byte[] bytes = new byte[1024];
21         BufferedInputStream bis = new BufferedInputStream(
22                 new FileInputStream(new File(filePath)));
23         DataOutputStream dos = new DataOutputStream(
24                 new BufferedOutputStream(socket.getOutputStream()));
25         // 首先发送文件名 客户端发送使用 writeUTF 方法,服务器端应该使用 readUTF 方法
26         dos.writeUTF(getFileName(filePath));
27         int length = 0;                            // 发送文件的内容
28         while ((length = bis.read(bytes, 0, bytes.length)) > 0) {
```

```
29              dos.write(bytes, 0, length);
30              dos.flush();
31          }
32          bis.close();                        // 释放资源
33          dos.close();
34          socket.close();
35      }
36      private static String getFileName(String filePath) {
37          String[] parts = filePath.split("/");
38          return parts[parts.length - 1];
39      }
40 }
```

编写好例 12-10 的客户端代码后,此时先开启例 12-9 的服务器端程序,然后开启例 12-10 的客户端程序,程序的运行结果如图 12.23 和图 12.24 所示。

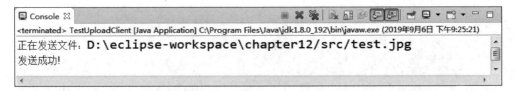

图 12.23　服务器端程序运行结果

图 12.24　客户端程序运行结果

在图 12.23 中,运行结果打印出服务器端接收到的来自 127.0.0.1 的文件,接收后保存到同一路径下,文件名称为 test-2.jpg。图 12.24 中,运行结果打印出客户端向服务器端发送 test.jpg 文件,发送成功。打开 file 文件查看,如图 12.25 所示。

图 12.25　file 文件夹

在图 12.25 中,file 文件夹中包含两个文件,test.jpg 是客户端上传的文件,test-2.jpg 是服务器端接收后保存的文件,这是应用 TCP 实现的文件上传功能。

12.4　Java Applet

前面提到本章将再结合 GUI 讲解一个完整的 Java 聊天应用程序。实际上前面讲解了聊天程序的基本原理,但是聊天程序是给用户使用的,需要界面,这里结合 GUI 讲解一个用于聊天的 Java Applet。

首先来分析一下,编写聊天程序需要用 UDP 通信,通过监听指定的端口号、目标 IP 地址和目标端口号,实现消息的发送和接收功能,并将聊天内容显示出来,这需要编写接收端和发送端的逻辑代码,还需要编写接收端和发送端的展示界面,本例中分别为窗口 1 和窗口 2。接下来首先编写接收端逻辑代码和展示界面,如例 12-11 和例 12-12 所示。

例 12-11　TestReceive.java

```
1   import java.net.*;
2   import javax.swing.JTextArea;
3   public class TestReceive extends Thread {
4       private String sendIP = "127.0.0.1";
5       private int sendPORT = 9090;
6       private int receivePORT = 9095;
7       // 声明发送信息的数据报套接字
8       private DatagramSocket sendSocket = null;
9       // 声明发送信息的数据包
10      private DatagramPacket sendPacket = null;
11      // 声明接收信息的数据报套接字
12      private DatagramSocket receiveSocket = null;
13      // 声明接收信息的数据报
14      private DatagramPacket receivePacket = null;
15      // 缓冲数组的大小
16      public static final int BUFFER_SIZE = 5120;
17      private byte inBuf[] = null;                    // 接收数据的缓冲数组
18      JTextArea jta;
19      public TestReceive(JTextArea jta) {             // 构造方法
20          this.jta = jta;
21      }
22      public void run() {
23          try {
24              inBuf = new byte[BUFFER_SIZE];
25              receivePacket = new DatagramPacket(inBuf, inBuf.length);
26              receiveSocket = new DatagramSocket(receivePORT);
27          } catch (Exception e) {
28              e.printStackTrace();
29          }
30          while (true) {
31              if (receiveSocket == null) {
32                  break;
```

```java
33              } else {
34                  try {
35                      receiveSocket.receive(receivePacket);
36                      String message = new String(receivePacket.getData(), 0,
37                              receivePacket.getLength());
38                      jta.append("收到窗口 2 信息:" + message + "\n");
39                  } catch (Exception e) {
40                      e.printStackTrace();
41                  }
42              }
43          }
44      }
45      public void sendData(byte buffer[]) {         // 发送数据
46          try {
47              InetAddress address = InetAddress.getByName(sendIP);
48              sendPacket = new DatagramPacket(buffer, buffer.length, address,
49                      sendPORT);
50              sendSocket = new DatagramSocket();
51              sendSocket.send(sendPacket);
52          } catch (Exception e) {
53              e.printStackTrace();
54          }
55      }
56      public void closeSocket() {                   // 释放资源
57          receiveSocket.close();
58      }
59 }
```

例 12-12　TestReceiveFrame.java

```java
1  import java.awt.event.*;
2  import javax.swing.*;
3  public class TestReceiveFrame extends JFrame implements ActionListener {
4      JTextArea jta;
5      JTextField jtf;
6      JButton jb;
7      JPanel jp;
8      String ownerId;
9      String friendId;
10     TestReceive ts;
11     public static void main(String[] args) {
12         new TestReceiveFrame();
13     }
14     public TestReceiveFrame() {
15         setTitle("窗口 1");
16         jta = new JTextArea();
17         jtf = new JTextField(15);
18         jb = new JButton("发送");
19         jb.addActionListener(this);
```

```java
20        jp = new JPanel();
21        jp.add(jtf);
22        jp.add(jb);
23        this.add(jta, "Center");
24        this.add(jp, "South");
25        this.setBounds(300, 200, 300, 200);
26        this.setVisible(true);
27        setDefaultCloseOperation(JFrame.DISPOSE_ON_CLOSE);
28        ts = new TestReceive(jta);
29        ts.start();
30        // 窗体关闭按钮事件
31        this.addWindowListener(new WindowAdapter() {
32            public void windowClosing(WindowEvent e) {
33                if (JOptionPane.showConfirmDialog(null,
34                    "<html><font size = 3>确定退出吗?</html>", "系统提示",
35                    JOptionPane.OK_CANCEL_OPTION,
36                    JOptionPane.INFORMATION_MESSAGE) == 0) {
37                    System.exit(0);
38                    ts.closeSocket();
39                } else {
40                    return;
41                }
42            }
43        });
44    }
45    public void actionPerformed(ActionEvent arg0) {
46        if (arg0.getSource() == jb) {
47            byte buffer[] = jtf.getText().trim().getBytes();
48            ts.sendData(buffer);
49        }
50    }
51 }
```

程序的运行结果如图 12.26 所示。

例 12-11 是接收端的逻辑代码，该类继承了 Thread，首先声明 IP 地址和端口号，用于监听端口，在构造方法中传入一个 JTextArea 文本域对象，用于显示文本，然后重写了 run() 方法，能不停接收数据，在最后写了两个被界面调用的方法，用于发送数据和释放资源。例 12-12 是接收端显示界面的代码，该类继承了 JFrame，实现了 ActionListener，在构造方法中将界面初始化完成，重写了 ActionListener 中的 actionPerformed

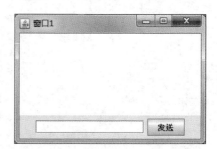

图 12.26 例 12-12 程序运行结果

(ActionEvent event) 方法，用于监听鼠标是否单击了"发送"按钮。

编写完接收端后，接下来编写发送端逻辑代码和展示界面，如例 12-13 和例 12-14 所示。

例 12-13 TestSend.java

```java
1   import java.net.*;
2   import javax.swing.JTextArea;
3   public class TestSend extends Thread {
4       private String serverIP = "127.0.0.1";
5       private int serverPORT = 9095;
6       private int receivePORT = 9090;
7       // 声明发送信息的数据报套接字
8       private DatagramSocket sendSocket = null;
9       // 声明发送信息的数据包
10      private DatagramPacket sendPacket = null;
11      // 声明接收信息的数据报套接字
12      private DatagramSocket receiveSocket = null;
13      // 声明接收信息的数据报
14      private DatagramPacket receivePacket = null;
15      // 缓冲数组的大小
16      public static final int BUFFER_SIZE = 5120;
17      private byte inBuf[] = null;                    // 接收数据的缓冲数组
18      JTextArea jta;
19      public TestSend(JTextArea jta) {                // 构造方法
20          this.jta = jta;
21      }
22      public void run() {
23          try {
24              inBuf = new byte[BUFFER_SIZE];
25              receivePacket = new DatagramPacket(inBuf, inBuf.length);
26              receiveSocket = new DatagramSocket(receivePORT);
27          } catch (Exception e) {
28              e.printStackTrace();
29          }
30          while (true) {
31              if (receiveSocket == null) {
32                  break;
33              } else {
34                  try {
35                      receiveSocket.receive(receivePacket);
36                      String message = new String(receivePacket.getData(), 0,
37                          receivePacket.getLength());
38                      jta.append("收到窗口 1 信息:" + message + "\n");
39                  } catch (Exception e) {
40                      e.printStackTrace();
41                  }
42              }
43          }
44      }
45      public void sendData(byte buffer[]) {           // 发送数据
46          try {
47              InetAddress address = InetAddress.getByName(serverIP);
48              sendPacket = new DatagramPacket(buffer, buffer.length, address,
```

```
49                        serverPORT);
50            sendSocket = new DatagramSocket();
51            sendSocket.send(sendPacket);
52        } catch (Exception e) {
53            e.printStackTrace();
54        }
55    }
56    public void closeSocket() {                    // 释放资源
57        receiveSocket.close();
58    }
59 }
```

例 12-14　TestSendFrame.java

```
1  import java.awt.event.*;
2  import javax.swing.*;
3  public class TestSendFrame extends JFrame implements ActionListener {
4      JTextArea jta;
5      JTextField jtf;
6      JButton jb;
7      JPanel jp;
8      String ownerId;
9      String friendId;
10     TestSend tc;
11     public static void main(String[] args) {
12         new TestSendFrame();
13     }
14     public TestSendFrame() {
15         setTitle("窗口 2");
16         jta = new JTextArea();
17         jtf = new JTextField(15);
18         jb = new JButton("发送");
19         jb.addActionListener(this);
20         jp = new JPanel();
21         jp.add(jtf);
22         jp.add(jb);
23         this.add(jta, "Center");
24         this.add(jp, "South");
25         this.setBounds(300, 200, 300, 200);
26         this.setVisible(true);
27         setDefaultCloseOperation(JFrame.DISPOSE_ON_CLOSE);
28         tc = new TestSend(jta);
29         tc.start();
30         // 窗体关闭按钮事件
31         this.addWindowListener(new WindowAdapter() {
32             public void windowClosing(WindowEvent e) {
33                 if (JOptionPane.showConfirmDialog(null,
34                     "<html><font size = 3>确定退出吗?</html>", "系统提示",
35                     JOptionPane.OK_CANCEL_OPTION,
```

```
36                        JOptionPane.INFORMATION_MESSAGE) == 0) {
37                    System.exit(0);
38                    tc.closeSocket();
39                } else {
40                    return;
41                }
42            }
43        });
44    }
45    public void actionPerformed(ActionEvent arg0) {
46        if (arg0.getSource() == jb) {
47            byte buffer[] = jtf.getText().trim().getBytes();
48            tc.sendData(buffer);
49        }
50    }
51 }
```

程序的运行结果如图 12.27 所示。

例 12-13 是发送端的逻辑代码，该类继承了 Thread，首先声明 IP 地址和端口号，在构造方法中传入一个 JTextArea 文本域对象，用于显示文本，然后重写了 run()方法，能不停接收数据，在最后写了两个被界面调用的方法，用于发送数据和释放资源。例 12-14 是发送端显示界面的代码，该类继承 JFrame 实现了 ActionListener，在构造方法中将界面初始化完成，重写了 ActionListener 中的 actionPerformed(ActionEvent event)方法，用于监听鼠标是否单击了"发送"按钮。

图 12.27 例 12-14 程序运行结果

编写完接收端和发送端程序后，接下来运行例 12-12 和例 12-14 的程序，进行连接通信，程序的运行结果如图 12.28 所示。

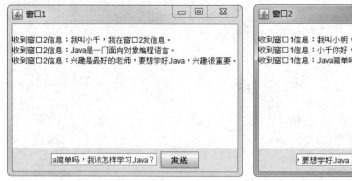 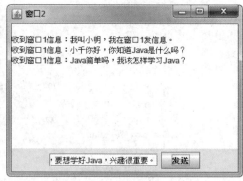

图 12.28 Java Applet 运行结果

在图 12.28 中，程序运行结果显示窗口 1 和窗口 2 成功通信，应用了 UDP 的聊天程序编写完成。

小 结

通过本章的学习,读者能够掌握Java网络编程的相关知识。重点理解网络编程的核心是IP、端口、协议三大元素,网络编程的本质是进程间通信。网络编程的两个主要问题:一是定位主机,二是数据传输。

习 题

1. 填空题

(1) 要编写网络应用程序,首先必须明确网络应用程序所要使用的网络协议,_____协议是网络应用程序的首选。

(2) Java 提供了 InetAddress 类来代表 IP 地址,它有两个子类,分别为_____类和 Inet6Address 类。

(3) _____协议是无连接的通信协议,将数据封装成数据包,直接发送出去,每个数据包的大小限制在 64KB 以内,发送数据结束时无须释放资源。

(4) TCP/IP 模型将网络分为 4 层,分别为物理层+数据链路层、网络层、传输层和_____。

(5) Java 对基于 TCP 的网络提供了良好的封装,使用 ServerSocket 代表服务器端,使用_____代表客户端。

2. 选择题

(1) Java 网络程序位于 TCP/IP 参考模型的哪一层?( )
    A. 网络互联层   B. 应用层
    C. 传输层   D. 主机-网络层

(2) 以下哪些协议位于传输层?( )
    A. TCP   B. HTTP   C. SMTP   D. IP

(3) 下列哪个不是 InetAddress 类的方法?( )
    A. getAddress()   B. getHostAddress()
    C. getLocalHost()   D. getInetAddress()

(4) 在客户端/服务器通信模式中,客户端与服务器程序的主要任务是( )。
    A. 客户程序在网络上找到一条到达服务器的路由
    B. 客户程序发送请求,不接收服务器的响应
    C. 服务器程序接收并处理客户请求,然后向客户端发送响应结果
    D. 客户端程序和服务器都会保证发送的数据不会在传输途中丢失

(5) 下面对端口的概述哪个是错误的?( )
    A. 端口是应用程序的逻辑标识   B. 端口是有范围限制的
    C. 端口的值可以任意   D. 0~1024 的端口不建议使用

3. 思考题

(1) 简述 TCP/IP 的参考模型层次结构。

(2) 简述你对 IP 地址和端口号的理解。

(3) 简述 UDP 和 TCP 的区别。

(4) 简述如何解决端口号冲突的问题。

(5) 简述建立 TCP 连接"三次握手"的过程。

4. 编程题

(1) 利用 TCP,使用 9999 端口,客户端向服务器端发送字符串"千锋 IT 教育",服务器端收到后给客户端回复消息确认。

(2) 利用 UDP,使用 8088 端口,发送端向接收端发送字符串"引领 IT 潮流",接收端接收字符串并打印到控制台。

图书资源支持

感谢您一直以来对清华版图书的支持和爱护。为了配合本书的使用,本书提供配套的资源,有需要的读者请扫描下方的"书圈"微信公众号二维码,在图书专区下载,也可以拨打电话或发送电子邮件咨询。

如果您在使用本书的过程中遇到了什么问题,或者有相关图书出版计划,也请您发邮件告诉我们,以便我们更好地为您服务。

我们的联系方式:

地　址:北京市海淀区双清路学研大厦 A 座 701
邮　编:100084
电　话:010-83470236　010-83470237
资源下载:http://www.tup.com.cn
客服邮箱:2301891038@qq.com
QQ:2301891038（请写明您的邮购和姓名）

用微信扫一扫右动的二维码,即可关注清华大学出版社公众号"书圈"。

资源下载

扫一扫,获取最新目录

书圈
资源下载、样书申请